食品生物化学

主 编 夏之云
副主编 齐 欣 张庆娜 贾 晶
　　　 王文哲 王建刚 梁 蒙
　　　 邓国哲 王 朋

北京理工大学出版社
BEIJING INSTITUTE OF TECHNOLOGY PRESS

内 容 提 要

本书为2022年国家在线精品课程食品生物化学配套教材,入选全国食品工业行业"十四五"职业教育规划教材。本书是依托国家水产养殖技术专业教学资源库、国家"双高"建设,依据国家职业教育教学标准及食品行业最新标准,对接食品行业岗位能力要求,融合职业院校技能大赛、"1+X"职业技能等级证书内容,系统开发的岗课赛证融通、线上线下融合新形态教材。本书主要内容包括:走进食品生物化学、糖类、脂类、蛋白质、核酸、酶、维生素、水、矿物质、食品中的其他成分、生物氧化与物质代谢。本书配套的数字化学习资源及教学资源,包括单元教学设计、导学动画、教学课件、微课视频、测试题及答案、虚拟仿真资源等。

本书可作为高等院校食品、生物、化工、环境、动物等相关专业教材,也可供食品及相关行业人员参考。

版权专有　侵权必究

图书在版编目(CIP)数据

食品生物化学 / 夏之云主编. -- 北京:北京理工大学出版社,2025.1.
ISBN 978-7-5763-4955-9
Ⅰ.TS201.2
中国国家版本馆CIP数据核字第2025GF6361号

责任编辑:江　立	文案编辑:江　立
责任校对:周瑞红	责任印制:王美丽

出版发行	/ 北京理工大学出版社有限责任公司
社　　址	/ 北京市丰台区四合庄路6号
邮　　编	/ 100070
电　　话	/ (010)68914026(教材售后服务热线)
	(010)63726648(课件资源服务热线)
网　　址	/ http://www.bitpress.com.cn
版 印 次	/ 2025年1月第1版第1次印刷
印　　刷	/ 河北鑫彩博图印刷有限公司
开　　本	/ 787 mm×1092 mm　1/16
印　　张	/ 20
字　　数	/ 499千字
定　　价	/ 89.00元

图书出现印装质量问题,请拨打售后服务热线,负责调换

前 言

食品生物化学是食品类专业的一门重要的专业基础课，主要讲述食品原料的基本组成、性质、功能及其在人体内和食品加工贮藏过程中的变化规律等内容。课程内容多、难度大、理论性强，利用新形态教材开展线上线下混合式教学能有效提升教学效果。

本书是以学生职业能力培养为导向，以食品基本成分为主线，以食品加工过程常见生化变化为引申，以各种类型食品的特性为拓展；依托国家水产养殖技术专业教学资源库、国家"双高"建设；依据国家职业教育教学标准及食品行业最新标准；对接"1+X"食品合规管理、食品检验管理、粮农食品安全评价职业技能等级证书；融合全国职业院校技能大赛食品安全与质量检测赛项、生物技术赛项相关内容，系统开发的岗课赛证融通、线上线下融合新形态教材。经与行业专家深入系统地分析，遵循学生职业能力培养螺旋上升、由易到难的学习规律，共设计 11 个项目，难度由低到高、循序渐进、系统完整、结构合理。本书打破传统体例，各教学项目下设项目背景、学习目标、思维导图、课前摸底等课前栏目，知识任务、技能任务、企业案例等课中栏目，考核评价、巩固提升等课后栏目，将课程内容根据认知规律进行课前、课中、课后分类，使学生有序学习。书中还设有拓展知识、科技前沿、技术提示、行业快讯、行成于思、扫码查标准、学习小贴士、虚拟仿真等辅助栏目，帮助学生将项目内知识融会贯通。

本书贯彻落实《习近平新时代中国特色社会主义思想进课程教材指南》文件要求和党的二十大精神，教材编写团队全方位多角度深挖可融入教学内容中的、具有价值引领性的元素，结合课程内容确定切入点、教学方法和载体，制作融入二十大精神、彰显课程特色的教学资源。各教学项目下设有学习进行时、案例启发、文化自信、自立自强、科学史话、人物小传、警钟长鸣、生态文明、健康中国等栏目，将二十大精神与专业教育有机衔接与融合，激发学生的浓厚兴趣和深度思考，于潜移默化中实现培根铸魂、启智增慧。

二维码索引

本书为 2022 年国家在线精品课程食品生物化学配套教材，在开发纸质教材的同时，开发了与教材配套的数字化学习资源及教学资源，包括单元教学设计、导学动画、教学课件、微课视频、测试题、测试题答案、3D 虚拟仿真资源（与北京东方仿真软件技术有限公司联合开发）等，共计 515 个。通过扫描书中的二维码，学生可以实现立体化学习，教师可参考相应数字化资源进行教学。

本书由日照职业技术学院夏之云任主编，由日照职业技术学院齐欣、张庆娜、贾晶、王文哲，山东药品食品职业学院王建刚，广西农业职业技术大学梁蒙，江苏食品药品职业技术学院邓国哲，日照市质量检验检测研究院王朋任副主编。具体编写分工如下：夏之云编写项目一、项目三、项目十，齐欣编写项目二，张庆娜编写项目四，贾晶编写项目五，王文哲编写项目六，王建刚编写项目七，梁蒙编写项目八，邓国哲编写项目九，王朋编写项目十一并提供企业案例的基本资料。全书由夏之云统稿。

在编写过程中，参考了大量文献、资料，在此一并感谢！

由于编写时间仓促、限于作者水平，书中难免有疏漏和不当之处，恳请各位读者批评指正，以便及时修订完善。

编 者

目 录

项目一 走进食品生物化学 ... 001
- 知识任务一 生物化学的起源与发展 ... 003
- 知识任务二 食品生物化学的研究内容及学习方法 ... 005
- 技能任务 认知食品生物化学实验室 ... 007
- 企业案例：企业实验室安全管理制度修改与完善 ... 009
- 考核评价 ... 010

项目二 甜甜蜜蜜就是我——糖类 ... 011
- 知识任务一 糖类概述 ... 014
- 知识任务二 单糖 ... 015
- 知识任务三 寡糖 ... 023
- 知识任务四 多糖 ... 026
- 知识任务五 糖与食品加工 ... 030
- 技能任务一 糖的颜色反应和还原反应 ... 032
- 技能任务二 提取马铃薯中的淀粉 ... 036
- 技能任务三 制作粉丝及感官评定 ... 038
- 企业案例：白砂糖生产工艺流程及要点分析 ... 040
- 考核评价 ... 041

项目三 餐桌上的能量炸弹——脂类 ... 042
- 知识任务一 脂类概述 ... 045
- 知识任务二 重要的脂类物质 ... 047
- 知识任务三 油脂与食品加工 ... 052
- 技能任务一 测定油脂的酸价 ... 059
- 技能任务二 测定油脂的皂化值 ... 062
- 技能任务三 提取鸡蛋中卵磷脂并进行鉴定及乳化 ... 064
- 企业案例：植物油脂生产工艺流程及要点分析 ... 067
- 考核评价 ... 068

项目四　生命活动的主要承担者——蛋白质　069

　　知识任务一　蛋白质概述　072
　　知识任务二　氨基酸　074
　　知识任务三　蛋白质的结构与性质　076
　　知识任务四　蛋白质与食品加工　081
　　技能任务一　双缩脲法测定蛋白质浓度　086
　　技能任务二　纸层析法分离鉴定氨基酸　088
　　技能任务三　制作豆腐　090
　　企业案例：鱼鳞胶原蛋白生产工艺流程及要点分析　092
　　考核评价　093

项目五　主宰生命的信息流——核酸　094

　　知识任务一　核酸概述　097
　　知识任务二　核酸的结构与性质　102
　　知识任务三　核酸与食品加工　106
　　技能任务一　快速提取植物组织中的DNA　108
　　技能任务二　提取酵母中的RNA　110
　　技能任务三　紫外分光光度法测定核酸的浓度和纯度　112
　　企业案例：PCR技术检测鸡蛋中沙门氏菌的检测方案　114
　　考核评价　115

项目六　自然界的神奇因子——酶　116

　　知识任务一　酶概述　119
　　知识任务二　酶的作用机制　121
　　知识任务三　酶与食品加工　127
　　技能任务一　探究酶促反应的影响因素　132
　　技能任务二　提取大蒜中SOD酶并测定酶活力　135
　　技能任务三　定性检测豆奶中的脲酶　138
　　企业案例：黄桃酶解法去皮工艺流程及要点分析　141
　　考核评价　142

项目七　生命的助燃剂——维生素　143

　　知识任务一　维生素概述　146
　　知识任务二　重要的维生素　148
　　知识任务三　维生素与食品加工　160
　　技能任务一　2，6-二氯靛酚滴定法测定果蔬中抗坏血酸含量　162
　　技能任务二　分光光度法测定鱼肝油中维生素A含量　165

技能任务三	液相色谱法测定婴幼儿食品中的维生素B_{12}	167
企业案例：NFC苹果汁生产工艺流程及维生素C活性保护要点分析		171
考核评价		172

项目八　万物之首、生命之源——水　173

知识任务一	水概述	176
知识任务二	水与食品加工	179
技能任务一	扩散法测定食品的水分活度	185
技能任务二	直接干燥法测定食品中的水分	187
技能任务三	减压干燥法测定食品中的水分	189
企业案例：真空冷冻干燥机操作要点及注意事项		192
考核评价		193

项目九　虽然我很少，但我很重要——矿物质　194

知识任务一	矿物质概述	197
知识任务二	矿物质与食品加工	205
技能任务一	火焰原子吸收光谱法测定豆腐中钙含量	209
技能任务二	碘量法测定海带中碘含量	211
技能任务三	电感耦合等离子体质谱法测定食品中多种元素含量	213
企业案例：富锌无铅皮蛋生产工艺流程及要点分析		218
考核评价		219

项目十　四两拨千斤——食品中的其他成分　220

知识任务一	呈色物质	223
知识任务二	嗅感物质	231
知识任务三	风味物质	235
知识任务四	食品添加剂	245
知识任务五	食品有毒有害成分	251
技能任务一	分光光度法测定绿色蔬菜中叶绿素含量	256
技能任务二	旋光法测定味精中谷氨酸钠含量	258
技能任务三	酸碱滴定法测定蜜饯中二氧化硫含量	260
企业案例：柿饼生产工艺流程及脱涩技术分析		263
考核评价		264

项目十一　食物与人的密切关系——生物氧化与物质代谢　265

知识任务一	生物氧化	268
知识任务二	糖代谢	271

知识任务三　脂类代谢 …… 281
知识任务四　蛋白质代谢 …… 287
知识任务五　核酸代谢 …… 293
知识任务六　物质代谢相互关系与调控 …… 296
知识任务七　动植物食品原料的组织代谢 …… 299
技能任务一　糖发酵试验 …… 303
技能任务二　酮体测定法测定脂肪酸β-氧化作用 …… 305
技能任务三　脂肪转化成糖的定性试验 …… 308
企业案例：干红葡萄酒发酵过程影响因素分析 …… 310
考核评价 …… 311

参考文献 …… 312

项目一　走进食品生物化学

项目背景

食品生物化学是食品科学的重要组成部分，对食品资源开发利用、食品贮藏与保鲜、食品加工工艺设计及改进、食品质量管理、食品安全检测、食品营养与健康等方面均具有重要作用。期待同学们通过本项目的学习，能够了解生物化学的起源与发展、食品生物化学主要内容，掌握食品生物化学的学习方法，为后续的学习和工作打下良好的基础。

学习目标

知识目标	能力目标	素质目标
1. 熟悉生物化学和食品生物化学的主要研究内容。	1. 能够说出生物化学发展史上的重大事件。	1. 培养探索未知、笃志不倦的科学精神。
2. 了解生物化学的起源与发展历程。	2. 能够明确生物化学和食品生物化学的研究内容。	2. 培养分析问题、解决问题的实践本领。
3. 了解我国对生物化学发展的贡献。	3. 能够对食品生物化学实验室进行正确且充分的认知。	3. 培养勇于开拓、敢为人先的创新思维。
4. 掌握食品生物化学的学习方法。	4. 能够运用合适的学习方法进行食品生物化学的学习。	4. 培养胸怀祖国、服务人民的爱国精神。

学习重点

1. 生物化学和食品生物化学的主要研究内容。
2. 食品生物化学实验室认知。

导学动画
走进食品生物化学

单元教学设计
走进食品生物化学

学习进行时

★明天的中国，希望寄予青年。青年兴则国家兴，中国发展要靠广大青年挺膺担当。年轻充满朝气，青春孕育希望。广大青年要厚植家国情怀、涵养进取品格，以奋斗姿态激扬青春，不负时代，不负华年。
——2022年12月31日，国家主席习近平发表二〇二三年新年贺词

学习小贴士

★在开始学习之前，制定明确的学习目标是至关重要的。明确的目标能够给你一个清晰的方向，让你知道自己要达到什么样的成果。通过设定具体的学习目标，你能更加专注和高效地学习。

思维导图

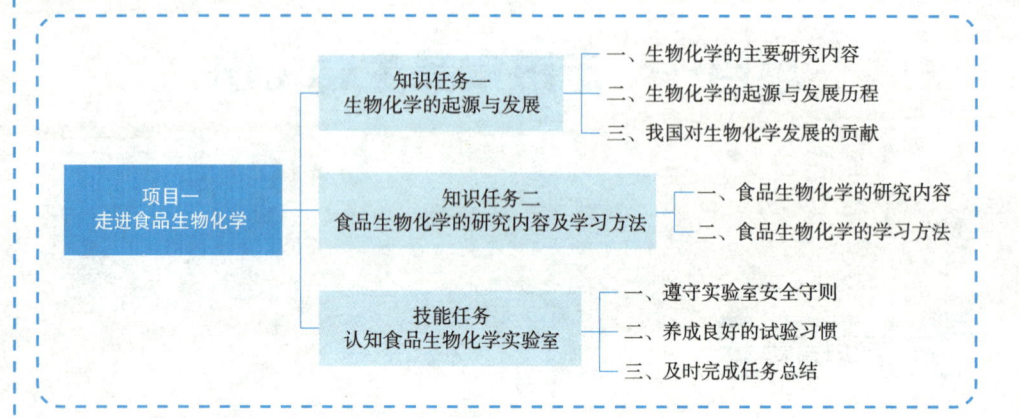

项目一 走进食品生物化学
- 知识任务一 生物化学的起源与发展
  - 一、生物化学的主要研究内容
  - 二、生物化学的起源与发展历程
  - 三、我国对生物化学发展的贡献
- 知识任务二 食品生物化学的研究内容及学习方法
  - 一、食品生物化学的研究内容
  - 二、食品生物化学的学习方法
- 技能任务 认知食品生物化学实验室
  - 一、遵守实验室安全守则
  - 二、养成良好的试验习惯
  - 三、及时完成任务总结

案例启发

中国古代生物化学的发展

生物化学是一门既古老又年轻的学科，生物化学的发展史最早可以追溯到公元前21世纪，但直到19世纪末才使用了"生物化学"这个名称，使之成为一门独立的学科。

公元前21世纪我国人民已能用曲造酒，称曲为酒母，即酶。

公元前12世纪前，我们的祖先已能利用豆、谷、麦等原料，制成酱、饴和醋，饴是淀粉酶催化淀粉水解的产物，这是酶学发展的早期阶段。

汉代淮南王刘安制作豆腐，这说明当时在提取豆类蛋白质方面已经应用了近代生物化学及胶体化学的方法。

公元7世纪孙思邈用猪肝治疗雀目的记载，这实际上是用富含维生素A的猪肝治疗夜盲症。

北宋沈括记载的"秋石阴炼法"，这实际上就是采用皂角汁沉淀等方法从尿中提取性激素制剂。

明末宋应星记载的用石灰澄清法作为甘蔗制糖的工艺被公认为近代最经济的方法。

这些事例凝聚着中国古代劳动人民的智慧，展现了中华文明的灿烂与辉煌，彰显了中国文明在人类文明发展进程中的重要地位，是我们民族和文化自信的源泉。

文化自信
中国古代生物化学的发展

课前摸底

（一）填空题

1. 生物化学是介于生物与化学之间的一门交叉学科，旨在运用化学的理论和方法，研究生物体分子组成及变化规律，从而阐明_____。
2. 1953年，沃森和克里克提出_____，标志着生物化学的发展进入分子生物学阶段。
3. 食品生物化学研究的基本对象就是_____。

课前摸底参考答案

(二)选择题

1. 食品生物化学的主要研究内容包括（　　）。
   A. 食品的化学组成
   B. 食品成分在生物体内的变化规律
   C. 食品成分在加工贮藏中的变化规律
   D. 食品的营销渠道
2. 下列选项中，进入食品生物化学实验室无须遵守的规则是（　　）。
   A. 进入实验室需穿着统一的试验服
   B. 必须佩戴口罩、手套
   C. 离开实验室时将水、电、门窗关好
   D. 不得随意混合各种化学药品，以免发生意外事故

> **学习小贴士**
>
> ★课前摸底可帮助学生了解自己的学习情况，明确学习目标，合理规划学习时间和方式；可帮助教师了解学生掌握知识点的程度和学习能力的水平，调整教学内容和方法，并根据学生的表现制定个性化的学习计划。

健康中国·什么是生化检查？

我们去医院体检时，常常会看到体检单上开具了生化检查项目。生化检查是什么？有什么作用呢？

生化检查就是指用生物化学的方法对人进行身体检查。生化全套检查内容包括肝功能（总蛋白、白蛋白、球蛋白、白球比、总胆红素、直接胆红素、间接胆红素、转氨酶）；血脂（总胆固醇、甘油三酯、高密度脂蛋白、低密度脂蛋白、载脂蛋白）；空腹血糖；肾功能（肌酐、尿素氮）；尿酸；乳酸脱氢酶；肌酸激酶等。不同的医院检查项目会略有差别。生化全套检查可用于常规体检普查及疾病的筛查和确证试验。

《健康中国行动（2019—2030年）》明确指出，将"定期体检"作为有效干预健康影响因素的主要手段，融入每个行动的具体对策，鼓励人们关注并记录自身健康状况，定期健康体检。

"每个人都是自己健康的第一责任人"，正视定期体检的作用，做健康中国行动的践行者和受益者。

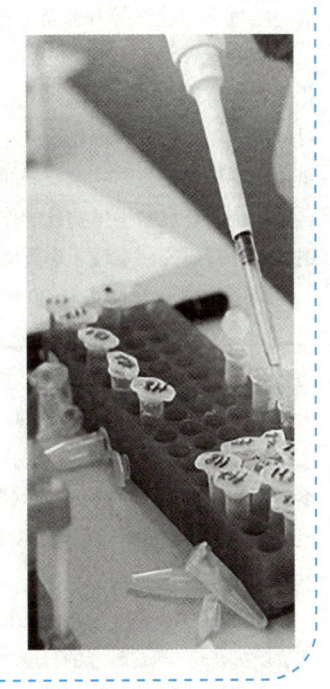

知识任务一　生物化学的起源与发展

问题引导：
1. 生物化学的研究内容和研究对象是什么？
2. 生物化学发展过程中有哪些重大事件？
3. 我国对生物化学的发展有哪些贡献？

微课视频
生物化学的起源与发展

一、生物化学的主要研究内容

生物化学是介于生物与化学之间的一门交叉学科,旨在运用化学的理论和方法,研究生物体分子组成及变化规律,从而阐明生命现象的本质。

生物化学的研究对象是自然界中存在的各种生物体(如动物、植物、微生物和病毒等),以及生物体含有的各种无机物和有机物(如糖类、脂类、蛋白质、核酸、酶、维生素等)。

生物化学的研究内容包括生物体的化学组成,重要生物大分子的结构、性质与功能,重要生物大分子的分解与合成,生物体新陈代谢及其调控,遗传信息的存储、传递和表达等。

二、生物化学的起源与发展历程

生物化学的起源可以追溯到人类早期对食物的选择和初步加工。早在史前,人们就已经在生产、生活和医疗等方面积累了许多与生物化学有关的实践经验。我们的祖先在公元前21世纪就用谷物酿酒;公元前12世纪就会制酱、制饴;公元前4—3世纪的柏拉图和亚里士多德对生理学、化学等都非常重视。这一时期是生物化学早期的知识积累阶段。

生物化学的启蒙阶段从18世纪中叶到20世纪初。在化学及生物学发展的影响下,生物化学在18世纪开始萌芽,19世纪初步发展。18世纪中叶,法国化学家拉瓦锡首次证实了动物身体的发热是由于体内物质氧化所致,阐明了机体呼吸的化学本质,这是生命科学史上的一个重大发现,也是生物化学发展的一个里程碑。1877年,德国科学家首先使用了"biochemistry"这个单词,它反映了生物化学作为一门独立学科的诞生。这一阶段主要完成了各种生物体化学组成的分析研究,发现了生物体主要由糖、脂类、蛋白质和核酸四大类有机物质组成。

动态生物化学阶段从20世纪初到20世纪50年代。在这一阶段,人类对各种化学物质代谢途径有了一定的了解。化学的发展及化学研究方法的多样化、综合化对于确定生物体的化学成分、性质及结构的认识与合成具有极大的推动作用。生物化学在这一阶段的主要成果:1932年,英国科学家汉斯·阿道夫·克雷布斯建立了尿素合成的鸟氨酸循环;1937年,英国科学家汉斯·阿道夫·克雷布斯又提出了各种化学物质的中心环节——三羧酸循环的基本代谢途径;1940年,德国科学家奥托·迈耶霍夫和卡尔·洛曼等提出了糖酵解代谢途径。但由于研究条件的限制,蛋白质和核酸等信息分子的序列分析和空间结构等方面的研究,尚未取得重要突破。

1953年,沃森和克里克提出DNA的双螺旋结构模型,标志着生物化学的发展进入分子生物学阶段。在这一阶段,随着化学、物理学等学科的渗透,得益于各种现代化技术和设备(如电镜技术、层析和电泳技术、超离心技术、X射线衍射分析技术等)的发明和发展,信息分子的序列分析和空间结构等方面的研究突飞猛进,生物化学得到快速发展,集中反映在蛋白质、酶和核酸等生物大分子的研究上。同时,科学家开始应用生物化学方法改变遗传性状,创立了遗传工程学。

如今,生物化学已融入分子生物学、生理学、细胞生物学、遗传学、免疫学、生物信息学等学科的理论和技术,成为一门极具发展前景的学科。

生物化学有着辉煌的发展历史,迄今为止,与生物化学有关的诺贝尔奖项达到了110多项。生物化学的发展为人类自然科学的发展带来了勃勃生机。

三、我国对生物化学发展的贡献

早在西方生物化学产生之前,我国劳动人民就已经在生产、饮食及医疗等方面积累了丰

项目一 走进食品生物化学

富的经验，摸索出很多生化原理与技术并加以应用，奠定了我国现代生物化学发展的基础。例如，灿烂的丝绸文化是中国宝贵的物质和精神财富。其中缫丝工艺中的蒸煮蚕茧，就是最有效的分离纯化蚕丝蛋白的技术。《伤寒论》中用豆豉作为健胃剂；《本草纲目》中不仅记录了上千种药物，而且对人体的代谢物进行了比较详细的记载。中国古代先进的制糖工艺、酿酒技术，用现代的眼光看，也都是利用酶以及生化技术提取和制备糖和酒。

生物化学作为一门独立学科诞生后，由于历史原因，近现代中国的研究条件十分艰苦落后。尽管如此，仍然有一批致力于现代科学的先驱人士不畏艰难、忘我钻研，为我国乃至世界生物化学的发展做出了巨大贡献。其中较为突出的有麻黄素药理作用的发现（20世纪20年代）、蛋白质变性理论的提出（20世纪20年代至20世纪30年代）、沙眼病原的发现（20世纪50年代）、吗啡作用位点的发现（20世纪60年代）、胰岛素的合成（20世纪50年代至20世纪60年代）、青蒿素的发现（20世纪60年代至20世纪70年代）、杂交水稻的发明（20世纪60年代至20世纪70年代）、三氧化二砷治疗急性早幼粒白血病作用的发现（20世纪70年代）、人工全合成酵母丙氨酸转移核糖核酸（20世纪70年代至20世纪80年代）、乙肝病毒基因研究（20世纪80年代至20世纪90年代）、参与国际人类基因组计划（20世纪90年代至21世纪初）、领衔发起并主导中国人类蛋白质组计划（2010至今）等。

近年来，我国生物化学迅猛发展，许多研究在国际生物化学界有了一席之地，基因组研究、蛋白质组研究、核酸研究、新基因克隆与功能研究等方面正迈向世界前列，一项项重大科学进展令世界瞩目。党的二十大报告把"实现高水平科技自立自强，进入创新型国家前列"纳入2035年我国发展的总体目标。在努力实现这个目标的新征程上，中国将逐步成为全球创新发展的领导者之一，为世界发展贡献更多中国智慧。

科技前沿
★中国人类蛋白质组计划（CNHPP）将覆盖中国人全部重大疾病，2014年6月10日全面启动实施，由此中国将成为世界蛋白质组学的领头羊。

知识任务二　食品生物化学的研究内容及学习方法

问题引导：
1. 食品生物化学与生物化学有何区别？
2. 食品生物化学的研究内容有哪些？
3. 如何学好食品生物化学？

微课视频
食品生物化学主要内容及学习方法

教学课件
食品生物化学主要内容及学习方法

一、食品生物化学的研究内容

食品生物化学研究的基本对象是食品。《中华人民共和国食品安全法》第一百五十条对食品的定义：食品指各种供人食用或者饮用的成品和原料以及按照传统既是食品又是中药材的物品，但是不包括以治疗为目的的物品。《食品工业基本术语》（GB/T 15091—1994）对食品的定义：可供人类食用或饮用的物质，包括加工食品、半成品和未加工食品，不包括烟草或只作药品用的物质。

食品生物化学的主要研究内容包括食品原料的基本化学组成、性质、功能及其在人体内和食品加工贮藏过程中的变化规律等。具体分为以下几个方面。

扫码查法律
《中华人民共和国食品安全法》

· 005 ·

（一）食品的化学组成

人类的各种机能活动都有赖于食物中的营养成分，因此食品成分的化学组成、结构、性质、功能及结构与功能的关系就成了食品生物化学研究的基本课题。

（二）食品成分在生物体内的变化规律

物质代谢是生命活动的基础。通过合成代谢，生物体将外界环境中的营养物质转化为自身的结构成分；通过分解代谢，生物体将摄入的营养物质或自身的结构成分不断分解，并释放出能量供机体利用。以代谢途径为中心，研究食品进入人体后的消化、吸收及转化成能量和组成机体成分的过程，有助于提高对食品加工目的的认识。

（三）食品成分在加工贮藏中的变化规律

食品从农田到餐桌的每一环节都会涉及一系列的化学变化，这些变化有些是有益的，有些是有害的。例如，氧化是造成食品腐败变质的重要原因之一，食品被氧化后可能会产生异味、变色和其他损害。美拉德反应对食品的营养价值存在不良影响，但反应所生成的风味物质以及所形成的诱人色泽往往又是人们需要和偏爱的。因此，研究食品成分在加工贮藏中的变化规律，如何加强有益变化、减少有害反应和防止食品污染就成为食品生物化学研究的重中之重。

二、食品生物化学的学习方法

（一）提升对食品生物化学的兴趣

兴趣是最好的老师，要想学好食品生物化学，首先要对这门课感兴趣，才会产生强烈的求知欲，做到主动学习。提升学习兴趣首先要了解学习的意义和价值。食品生物化学是食品类专业的一门重要的专业基础课，是学好后续课程、将来继续深造和从事食品行业工作的基础。食品生物化学不仅和人们的学业、事业密切相关，还能够指导人们健康生活。许多营养保健、疾病防治、医药卫生知识都蕴含着食品生物化学的原理。

（二）明确课程知识体系与教材内容编排

食品生物化学课程内容具有深奥、抽象、理论性强、涉及面广的特点，知识点多而零散，许多内容还需要记忆。但需要注意的是，食品生物化学的知识点之间是有内在联系的。在学习全部内容之前，首先通过目录了解教材内容编排，思考其编排逻辑。在学习过程中注重基础知识的掌握，并对各个知识点根据其内在联系进行归纳总结，从而明确课程知识体系。在理解的基础上加强记忆，将会提高整个课程的学习效果。

（三）注重理论联系实际

在课程的学习过程中，要做一个有心人，注重观察生产、生活中蕴含的食品生物化学知识，培养发现问题、分析问题的能力。积极完成教材中的技能任务、企业任务，加深对所学知识的理解，达到食品行业主要岗位群及典型工作任务的职业能力要求。

（四）善于利用教材及课程资源

充分利用与教材配套的国家精品在线开放课程资源，随时随地自主学习；充分利用项目背景、学习目标、思维导图、课前摸底等课前栏目，做到课前预习；充分利用知识任务、技能任务、企业案例等课中栏目，做到课中求实；充分利用考核评价、巩固提升等课后栏目，做到课后巩固；充分利用案例启发、科技前沿、拓展知识、技术提示等辅助栏目，做到项目内知识融会贯通。

技能任务　认知食品生物化学实验室

问题引导：
1. 食品生物化学实验室有哪些规则？
2. 如何保证完成技能任务过程中的安全？
3. 试验报告（任务总结）的书写有哪些要求？

任务工单
认知食品生物化学实验室

"1+X"食品检验管理职业技能要求
★实验室安全保障（中级）：
能正确使用危险化学品。
能正确处置有毒、有害和致病菌污染试验废弃物。
能排查实验室安全隐患。

一、任务导入

食品生物化学技能任务不仅是食品生物化学课程教学的重要组成部分，而且在培养学生分析和解决问题的能力、严谨的科学态度和独立工作的能力方面，有着不可替代的作用。通过完成食品生物化学的相关技能任务，能够验证所学理论知识，提升职业能力，为将来的学习和工作打下良好基础。

完成食品生物化学技能任务的场所是食品生物化学实验室，因此对食品生物化学实验室进行正确且充分的认知十分必要。

"1+X"食品检验管理职业技能要求
★实验室安全保障（高级）：
能对实验室日常安全进行监督。
能对实验室安全进行应急管理。
能编制实验室安全管理制度。
能进行安全风险识别和管控。

二、任务描述

（一）遵守实验室安全守则

（1）进入实验室需穿着统一的试验服。严禁在实验室吃东西、吸烟、嬉笑打闹，个人物品按规定放置整齐。

（2）进入实验室后先了解水阀及电闸所在处，注意安全用电。离开实验室时将水、电、门窗关好。

（3）有挥发性、刺激性、有毒气体及易燃易爆物质的试验应在通风橱内进行，必要时佩戴口罩、手套。

（4）取用药品不能用手直接拿取，需选用药匙等专用器具。不得随意混合各种化学药品，以免发生意外事故。

（二）养成良好的试验习惯

技能任务实施前，借助教材及在线课程认真预习，初步了解任务背景及原理，对操作方法及步骤要做到心中有数。提前检查仪器设备及试验耗材，如发现问题及时告知实验室管理人员。

虚拟仿真
实验室安全标识识别－禁止标识

技能任务实施过程中，严格按要求操作。对观察到的结果及数据及时、准确、客观地进行记录，切勿根据教材中已经了解的可能出现的现象做虚假记录。试验中配制溶液的过程、加样的体积、使用仪器的类型及试剂的规格、浓度，操作时的环境条件（如温度、湿度、光度等级）及反应时间都应该记录清楚，便于对技能任务的结果进行分析，为后续任务提供参考数据。

技能任务实施过程中，还要做到试验器材专用专放，不得随意乱动，避免交叉污染；使用时轻拿轻放，避免损伤；用完后立即清洁，及时复位。使用特殊仪器需在教师指导下进行，熟悉使用方法后再操作。

技能任务完成后，及时清理试验器材和工作台，做到物归原处；试验废弃物放到指定位置并合理处理，不得随意丢弃。

（三）及时完成任务总结

试验结束后，应及时整理试验数据，写出试验报告，完成任务总结。试验报告应包括任务标题、任务目的、任务原理、试验试剂、试验器材、操作步骤、试验数据记录与分析、讨论与思考等内容。

三、任务准备

各小组分别依据任务描述，讨论并尝试制定试验报告模板，便于在后续技能任务中使用。

四、任务实施

（1）统计实验室常用设备及药品。
（2）查阅资料，尝试写出实验室常用设备的原理及操作要点。
（3）查阅资料，尝试写出实验室常用药品使用方法及注意事项。

五、任务总结

> 本次技能任务中，你统计了哪些实验室常用设备和药品？这些设备的原理及操作要点，药品的使用方法及注意事项你都掌握了吗？你在本次技能任务中有哪些收获和感悟？（可上传至在线课相关讨论中，与全国学习者交流互动。）

六、成果展示

> 本次技能任务结束后，相信你已经有了很多收获，请将你的学习成果（试验过程及结果的照片和视频、试验报告、任务工单、检验报告单等均可）进行展示，与教师、同学一起互动交流。（可上传至在线课相关讨论中，与全国学习者交流互动。）

"1+X"食品检验管理职业技能要求

★常用玻璃器皿及仪器设备使用（中级）：
能对常用玻璃量器进行校准。
能规范使用pH计、紫外分光光度计、原子吸收分光光度计、微波消解仪、自动电位滴定仪等较复杂的仪器设备。
能对所使用仪器设备进行日常维护与简单故障排除。
能熟练使用食品快速检测设备，能对其进行日常维护保养及校准审核。

"1+X"食品检验管理职业技能要求

★常用仪器设备使用和维护（高级）：
能规范并熟练使用气相色谱仪、液相色谱仪、质谱仪等大型精密检测仪器设备。
能依据检测要求优化大型检测仪器设备的参数设置。
能拆装仪器设备部件并更换相应耗材。
能熟练维护维修所用仪器设备。

行成于思

★请思考：
1. 与化学实验室及生物实验室相比，食品生物化学实验室有哪些异同？
2. 试验结果有哪些表示方法？

虚拟仿真
实验室安全标识识别－警告标识

企业案例：企业实验室安全管理制度修改与完善

图 1-1 所示是一家食品企业的实验室安全管理制度。企业负责人期望能够进一步提升该制度的严谨性和规范性。请你利用所学知识，帮助该企业进行实验室安全管理制度的修改与完善。

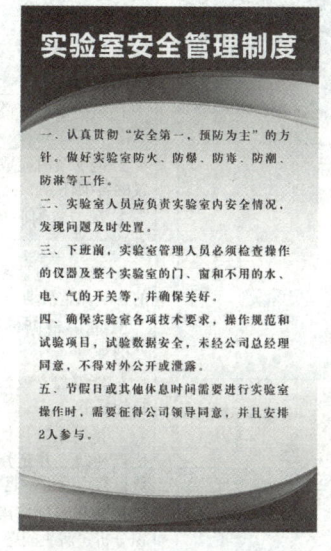

图 1-1　实验室安全管理制度

通过企业案例，同学们可以直观地了解企业在真实环境下面临的问题，探索和分析企业在解决问题时采取的策略和方法。

扫描右侧二维码，可查看自己和教师的参考答案有何异同。

学习进行时

★广大青年要如饥似渴、孜孜不倦学习，既多读有字之书，也多读无字之书，注重学习人生经验和社会知识。"纸上得来终觉浅，绝知此事要躬行。"所有知识要转化为能力，都必须躬身实践。要坚持知行合一，注重在实践中学真知、悟真谛，加强磨练、增长本领。
——2016 年 4 月 26 日，习近平在知识分子、劳动模范、青年代表座谈会上的讲话

扫码查看"企业案例"参考答案

"1+X"食品检验管理职业技能要求

★食品检验质量安全管理（高级）：能对实验室日常安全进行监督。能对实验室安全进行应急管理。能编制实验室安全管理制度。能进行安全风险识别和管控。

"1+X"食品合规管理职业技能要求

★合规管理应用（高级）：能够根据生产环境及条件合规法规文件，制定食品生产经营场所的内外部环境、布局要求、厂房、设施和设备等的具体要求。

考核评价

请同学们按照下面的几个表格（表 1-1 ～表 1-3），对本项目进行学习过程考核评价。

名言警句
★知人者智，自知者明。
——老子《道德经》

名言警句
★聪明出于勤奋，天才在于积累。
——华罗庚

表 1-1　学生自评表

评价项目	评价标准			
	非常优秀（8～10）	做得不错（6～8）	尚有潜力（4～6）	奋起直追（2～4）
1. 学习态度积极主动，能够及时完成教师布置的各项任务				
2. 能够完整地记录探究活动的过程，收集的有关学习信息和资料全面翔实				
3. 能够完全领会教师的授课内容，并迅速地掌握项目重难点知识与技能				
4. 积极参与各项课堂活动，并能够清晰地表达自己的观点				
5. 能够根据学习资料对项目进行合理分析，对所制定的技能任务试验方案进行可行性分析				
6. 能够独立或合作完成技能任务				
7. 能够主动思考学习过程中出现的问题，认识到自身知识的不足之处，并有效利用现有条件来解决问题				
8. 通过本项目学习达到所要求的知识目标				
9. 通过本项目学习达到所要求的能力目标				
10. 通过本项目学习达到所要求的素质目标				
总评				
改进方法				

表 1-2　学生互评表

评价项目	评价标准			
	非常优秀（8～10）	做得不错（6～8）	尚有潜力（4～6）	奋起直追（2～4）
1. 按时出勤，遵守课堂纪律				
2. 能够及时完成教师布置的各项任务				
3. 学习资料收集完备、有效				
4. 积极参与学习过程中的各项课堂活动				
5. 能够清晰地表达自己的观点				
6. 能够独立或合作完成技能任务				
7. 能够正确评估自己的优点和缺点并充分发挥优势，努力改进不足				
8. 能够灵活运用所学知识分析、解决问题				
9. 能够为他人着想，维护良好工作氛围				
10. 具有团队意识、责任感				
总评				
改进方法				

表 1-3　总评分表

评价内容		得分	总评
总结性评价	知识考核（20%）		
	技能考核（20%）		
过程性评价	教师评价（20%）		
	学习档案（10%）		
	小组互评（10%）		
	自我评价（10%）		
增值性评价	提升水平（10%）		

项目二　甜甜蜜蜜就是我——糖类

项目背景

糖类是自然界中广泛分布的一类重要的有机化合物。人们日常食用的蔗糖、粮食中的淀粉、植物体中的纤维素、人体血液中的葡萄糖等均属于糖类。糖类在生命活动过程中起着重要的作用，是一切生命体维持生命活动所需能量的主要来源。在食品加工及贮藏中，糖类可改善食品的性状、风味及色泽。因此，了解糖类的结构、分类、性质、功能，掌握糖类在食品加工及贮藏过程中的作用及所发生的变化，具有十分重要的意义。

学习目标

知识目标	能力目标	素质目标
1. 掌握糖类的概念、分类及生物学意义。 2. 掌握重要单糖、寡糖、多糖的结构及理化性质。 3. 掌握糖类在食品加工及贮藏中的作用及变化	1. 能够对常见糖类物质进行分类。 2. 能够说出重要单糖、寡糖、多糖的结构及理化特性。 3. 能够进行糖类的定性及定量测定。 4. 能够进行糖类物质的提取及加工。 5. 能够利用糖类的性质指导食品加工及贮藏	1. 培养追求真理、严谨治学的求实精神。 2. 培养追求卓越、精益求精的工匠精神。 3. 培养言出必行、信守承诺的诚信精神。 4. 培养心系社会、担当有为的社会责任感

学习重点

1. 重要单糖、寡糖、多糖的结构及理化性质。
2. 糖类的定性及定量测定。

导学动画
糖类

单元教学设计
糖类

学习进行时

★青年处于人生积累阶段，需要像海绵汲水一样汲取知识。广大青年抓学习，既要惜时如金、孜孜不倦，下一番心无旁骛、静谧自怡的功夫，又要突出主干、择其精要，努力做到又博又专、愈博愈专。特别是要克服浮躁之气，静下来多读经典，多知其所以然。
——2017年5月3日，习近平在中国政法大学考察时的讲话

食品生物化学

学习小贴士

★为了达成学习目标，制订一个合理的学习计划是必要的。合理规划学习时间和任务，将学习内容分解为小的可管理的部分，这样能够帮助你更好地掌控进度和避免拖延。

思维导图

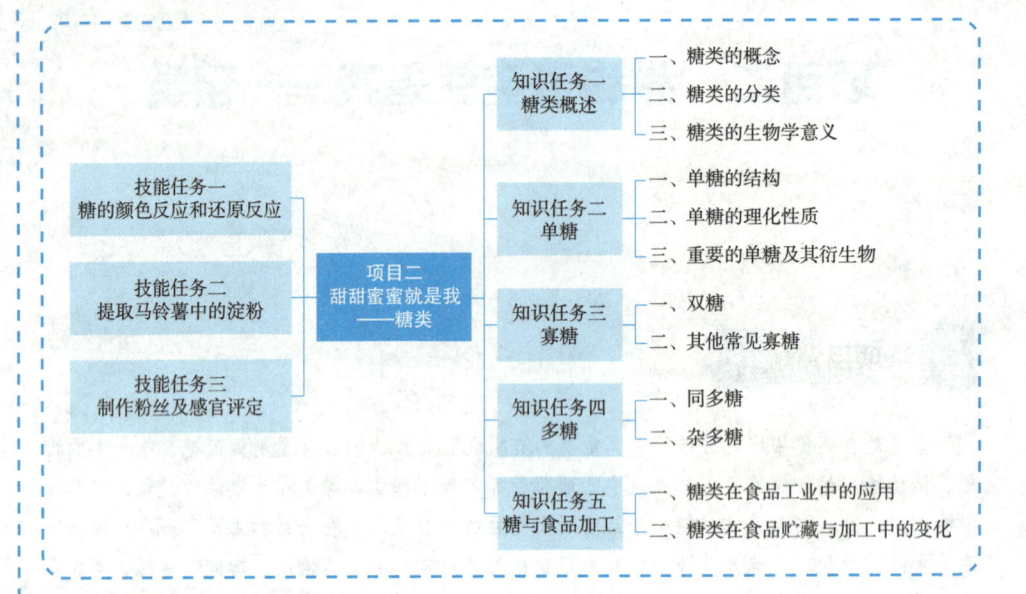

```
                                              ┌─ 一、糖类的概念
                          知识任务一 ──────────┼─ 二、糖类的分类
                          糖类概述             └─ 三、糖类的生物学意义

技能任务一                                     ┌─ 一、单糖的结构
糖的颜色反应和还原反应     知识任务二 ──────────┼─ 二、单糖的理化性质
                          单糖                 └─ 三、重要的单糖及其衍生物

技能任务二                项目二                ┌─ 一、双糖
提取马铃薯中的淀粉    ── 甜甜蜜蜜就是我 ── 知识任务三 ──┤
                          ──糖类              寡糖     └─ 二、其他常见寡糖

技能任务三                                     ┌─ 一、同多糖
制作粉丝及感官评定        知识任务四 ──────────┤
                          多糖                 └─ 二、杂多糖

                                              ┌─ 一、糖类在食品工业中的应用
                          知识任务五 ──────────┤
                          糖与食品加工         └─ 二、糖类在食品贮藏与加工中的变化
```

人物小传
生物化学的创始人——费歇尔

案例启发

生物化学的创始人——费歇尔

费歇尔（1852—1919）是德国著名的科学家之一，也是生物化学的创始人之一，曾荣获1902年的诺贝尔化学奖。他对科学发展的贡献主要有以下四个方面：对糖类的研究；对嘌呤类化合物的研究；对蛋白质（主要是氨基酸、多肽）的研究；在化工生产和化学教育上的贡献。

费歇尔最初的研究领域是染料，在研究各种染料的过程中，他发现了化合物苯肼，并发现它是鉴定醛和酮的更好试剂，这为他以后的研究提供了一种重要的手段。费歇尔从1884年起系统地研究了各种糖类，发现并总结出将糖类还原为多元醇、将醛糖氧化为羧酸等研究糖类的新方法。通过研究，费歇尔确定了许多糖类的构型。例如己醛糖的16种旋光异构体中，有12种是他鉴定的。

从1882年到1906年，嘌呤类化合物也是费歇尔的重要研究对象。费歇尔制备了当时尚未被认识的天然的嘌呤衍生物，还探索了嘌呤类化合物与糖类及磷酸的结合，指出由它们能够得到构成细胞的主要成分——核酸，从而为生物化学的发展奠定了基础。1899年开始，费歇尔选择对氨基酸、多肽及蛋白质进行研究。1902年，他提出了蛋白质的多肽结构学说。1907年，他制取由18种氨基酸分子组成的多肽，成为当时的重要科学新闻。费歇尔的研究过程说明，科学家不仅需要具备良好的科研素质和能力，还需要具备学科交叉的能力。

费歇尔临终前仍念念不忘化学的发展，在遗嘱中他吩咐从他的遗产中拿出75万马克献给科学院，作为基金提供给年轻化学家使用，鼓励他们为发展化学科学而努力。

课前摸底

（一）填空题

1. 糖类是_____、_____或其衍生物，或水解时能产生这些化合物的物质。
2. 糖类化合物主要由碳、氢、氧三种元素组成，很多糖类的分子式都符合通式_____，氢和氧的原子数之比为2∶1，与水分子中的氢和氧原子数之比相同，因此有人又将糖类称为"_____"。
3. 根据糖类水解情况，糖类可分为_____、_____、_____，以及糖复合物等。

（二）选择题

1. 根据糖类水解情况，糖类可分为（　　）。
   A. 单糖　　　　B. 寡糖　　　　C. 多糖　　　　D. 糖复合物
2. （　　）由一分子α-D-葡萄糖和一分子β-D-果糖通过α-1,2糖苷键缩合而成，是最重要的双糖。
   A. 蔗糖　　　　B. 麦芽糖　　　C. 乳糖　　　　D. 纤维二糖

文化自信·丝路"糖史"——中国制糖技术的交流与进步

中国食糖、用糖的历史十分悠久，在各类糖中，蔗糖的发展历程同"陆上丝绸之路"及"海上丝绸之路"都有着密切的关系。

早在先秦时期，中国南方就已经开始种植甘蔗，人们尝试对蔗浆做粗加工，制成浓度较高的"蔗饧"。唐朝贞观时期，唐太宗向印度摩揭陀国派出一支使团学习制糖技术。使团学成归来，试炼12年后，成功制出了品质远胜于"西极石蜜"的好糖块。

北宋时期，四川一带的匠人凭借"窖制法"，造出了一种异常细腻、净白的结晶糖霜。南宋绍兴年间，糖霜产量大增，向南销往占城、真腊、三佛齐、单马令等南洋国家，甚至到达波斯、罗马等地。

元朝崛起后，中外文化交流达到新的高峰，阿拉伯制糖人将"树灰炼糖法"传授给了福州糖工，进一步提高了中国白糖的质量。《马可·波罗游记》中提到，福州人能大量炼制"非常白的糖"，数量多到惊人。

明清时期，中国发明出"黄泥水淋脱色法"，生产出洁白如雪、颗粒晶莹的精制蔗糖，出口的目的地不仅包含占城、暹罗等东南亚"老主顾"，还覆盖了日本、波斯湾及欧洲多个国家。

中国制造的白糖与脱色技术在明代传入印度和孟加拉，此后在印地语、孟加拉语等几种印度语言中，白糖均被称为"继尼（cīnī）"，意为"中国的"。"继尼"与唐代的"西极石蜜""煞割令"遥相呼应，分别在"陆上丝绸之路"与"海上丝绸之路"上，见证了千百年来中外各国因蔗糖结下的缘分，以及彼此间互通有无、愿结友好的恒久心意，也见证了中国在促进东西方文化交流方面所起到的积极作用。中国古人于充满探索、精益求精的蔗糖制造历程中展现出的开阔胸怀与精进精神，在古老丝路重焕新生的今天，仍可成为烛照文化传承的一盏明灯。

知识任务一　糖类概述

问题引导：
1. 糖类是什么？
2. 糖类可分为哪几类？分类的依据是什么？
3. 糖类有哪些生理功能？

一、糖类的概念

　　糖类是多羟醛、多羟酮或其衍生物，或水解时能产生这些化合物的物质。糖类在自然界特别是植物界中分布十分广泛，是生物界重要的有机化合物之一，与脂类、蛋白质、核酸并列为四大类生物大分子。糖类的根本来源是绿色细胞的光合作用，地球上每年由绿色植物通过光合作用合成的糖类达到数千亿吨。按干重计，糖类占植物的85%～90%，细菌的10%～30%，动物体中也有分布。

　　糖类化合物主要由碳、氢、氧三种元素组成，很多糖类的分子式都符合通式$C_n(H_2O)_m$，氢和氧的原子数之比为2∶1，与水分子中的氢和氧原子数之比相同，因此有人又将糖类称为"碳水化合物"。

　　但随着对糖类研究的不断深入，人们发现很多糖类的组成并不符合这个通式，如脱氧核糖（$C_5H_{10}O_4$）、鼠李糖（$C_6H_{12}O_5$）等；而分子式符合这个通式的也不一定就是糖类，如甲醛（CH_2O）、乙酸（$C_2H_4O_2$）等。

二、糖类的分类

　　根据糖类水解情况，糖类可分为单糖、寡糖、多糖及糖复合物等。

（一）单糖

　　单糖是糖类物质中最简单的糖，不能被水解为更小的分子，也称简单糖。单糖是构成各种复杂糖类物质的基本单位。根据单糖分子中碳原子的数目，分子中含有3、4、5、6、7个碳原子的单糖分别称为丙糖、丁糖、戊糖、己糖、庚糖，或称为三碳糖、四碳糖、五碳糖、六碳糖、七碳糖。分子中含有醛基的单糖称为醛糖，含有酮基的单糖称为酮糖。常见的单糖有葡萄糖、果糖、核糖等。

（二）寡糖

　　由2～20个单糖分子脱水缩合生成的聚合物称为寡糖，又称低聚糖。水解时生成2分子单糖的糖称为双糖或二糖，如蔗糖、麦芽糖、乳糖等；水解时生成3分子单糖的糖称为三糖，如棉籽糖等；同理，水解时生成4、5、6分子单糖的糖分别称为四糖、五糖、六糖等。

（三）多糖

　　能够水解为20个以上单糖分子的糖类称为多糖。多糖可分为同多糖和杂多糖。由相同的单糖脱水缩合而成的多糖称为同多糖，水解时只产生一种单糖或单糖衍生物，如糖原、淀粉、壳多糖等；由不同的单糖缩聚而成的多糖称为杂多糖，水解时产生两种及以上的单糖或单糖衍生物，如果胶、半纤维素、透明质酸等。

（四）糖复合物

糖类还可以与蛋白质、脂质等非糖物质形成复合物，称为糖复合物、复合糖或结合糖，如糖脂、糖蛋白、蛋白聚糖等。

三、糖类的生物学意义

（一）生物体的结构物质

糖蛋白和糖脂是细胞膜的重要成分。纤维素、半纤维素、果胶物质等是植物细胞壁的主要成分，肽聚糖是原核生物细胞壁的主要成分，在昆虫和甲壳动物的外面的保护层是甲壳质（几丁质）。动物细胞表面没有细胞壁，但是另有一些糖类起保护细胞的作用，它们是细胞外的基质，细胞外基质中的重要成分之一是蛋白聚糖。蛋白聚糖和植物、微生物的细胞壁不同，不具有刚性。但是，蛋白聚糖中有非常长的糖胺聚糖链，因其带有大量酸性基团而产生了负电荷之间的相互作用，形成了柔软的网一样的结构。

（二）生物能量的主要来源

植物体内的淀粉和动物体内的糖原等物质，都是生物体内的主要能源物质。人类等动物以淀粉和葡萄糖、果糖为能源。牛和羊等则通过消化纤维素，得到葡萄糖。一般情况下，人体所需能量的70%来自糖的氧化供能。各种微生物的发酵培养剂离不开碳源，最常用的碳源还是葡萄糖。

（三）合成其他物质

有些糖是生物体中重要的中间代谢物，在合成其他生物分子（如核苷酸、脂肪酸、氨基酸等）时可作为碳源。

（四）生物体的信息分子

核酸是生命遗传信息的携带者和传递者，其中含有戊糖。糖与蛋白质形成的复合物称为糖蛋白，糖蛋白中的糖链在细胞间相互识别、黏附、调控。糖蛋白在生物受精、发育、分化、代谢调控、免疫、器官移植等活动中都起到重要作用，许多酶和激素也是糖蛋白。糖生物学已成为生物化学研究的热点领域。

> **拓展知识**
> ★糖生物学是当今自然科学领域中迅速发展的学科之一，糖链的研究已被公认为继蛋白质和核酸的研究后探索生命奥秘的第三个里程碑。

知识任务二　单糖

问题引导：
1. 单糖结构有哪些表示方法？
2. 单糖有哪些理化性质？
3. 重要的单糖及其衍生物有哪些？

微课视频
单糖

一、单糖的结构

单糖是糖类物质中最简单的糖,其种类很多,常见的有葡萄糖、果糖、核糖等。单糖的结构存在许多共性,现在以葡萄糖为例对单糖的结构进行阐述。单糖的结构式有多种表示方法,如链状结构、环状结构的费歇尔投影式、哈沃斯投影式、构象式等。

(一)单糖的链状结构

葡萄糖的分子式为 $C_6H_{12}O_6$,具有一个醛基和 5 个羟基,其链状结构式如图 2-1 所示。葡萄糖链状结构的讲解需引入一些新的概念。

(1)同分异构:同分异构又称异构现象,是指存在两个或多个具有相同数目和种类的原子并因而具有相同相对分子质量的化合物的现象。同分异构体具有相同的分子式,但并非同一种物质,可分为结构异构和立体异构两种类型。结构异构是由于分子中原子连接的次序不同造成的。立体异构体有相同的结构式,但原子在空间的分布不同,立体异构体之间的差别需用立体模型、透视式或投影式进行区分。

图 2-1 D(+)-葡萄糖和 L(-)-葡萄糖的链状结构式

(2)构象:由于分子中的单键基本可自由旋转,并且键角有一定的柔性,因此一种具有相同结构和构型的分子在空间里可采取多种形态,分子所采取的特定形态称为构象。分子构象的改变只需要分子中 C—C 单键转动即可发生,不需要共价键的断裂或再生。

(3)不对称碳原子:不对称碳原子又称手性碳原子、不对称中心或手性中心,是指与四个不同的原子或原子基团共价连接并因而失去对称性的四面体碳,常用 C* 表示。在有机化合物分子中,若存在对称面(镜面)、对称中心或四重交替对称轴三者之一,则分子可以和它的镜像叠合,因此不具有旋光性;相反,若分子不存在这三者之一,则不能与它的镜像叠合,具有旋光性。这种不能与自己的镜像叠合的分子称为手性分子。

(4)旋光性:当光波通过尼科尔棱镜时,只有振动方向与棱镜晶轴平行的光才能通过,这种光称为平面偏振光(图 2-2)。当平面偏振光通过旋光物质的溶液时,光的偏振面会向右(顺时针方向或正向,符号 +)旋转或向左(逆时针方向或负向,符号 -)旋转。使偏振面向右旋的称右旋光物质,如(+)-甘油醛,使偏振面向左旋的称左旋光物质,如(-)-甘油醛。

(5)构型:原子在空间的相对分布或排列即称为分子的构型。对旋光异构体来说,构型是指不对称碳原子的四个取代基在空间的相对取向。一个不对称碳原子只有两种可能的四面体形式,即两种构型。分子构型的改变必然伴随共价键的断裂或再生。

单糖构型以甘油醛的两种立体异构形式,即 D-(+)-甘油醛和 L-(-)-甘油醛为标准(图 2-3),由与羰基相距最远的不对称碳原子上的羟基方向来确定,若与 D-(+)-甘油醛相同,则为 D-型;若与 L-(-)-甘油醛相同,则为 L-型。自然界中的葡萄糖大多是 D-型结构(图 2-4)。

图 2-2 平面偏振光的形成

图 2-3 D-(+)-甘油醛、L-(-)-甘油醛

图 2-4 D-葡萄糖

科学史话

★ 己醛糖含 4 个手性碳原子,己酮糖含 3 个手性碳原子,它们分别存在 8 对和 4 对对映体。费歇尔根据当时有限的试验资料和立体化学知识进行逻辑推论,于 1891 年发表了有关葡萄糖立体化学(分子中各手性碳原子的构型)的著名论文,并利用与此类似的推理,论证了 16 个己醛糖旋光异构体中的 12 个异构体的立体化学。由于这一巨大成就,1902 年费歇尔获得诺贝尔化学奖。

（二）单糖的环状结构

葡萄糖的一些性质不能用链状结构来解释。例如，作为多羟基的醛糖，葡萄糖醛的特性却并不显著，醛可以与 NaHSO$_3$ 发生加成反应，葡萄糖不能发生该反应；品红试剂可以与醛类发生反应呈紫红色，葡萄糖不能发生该反应；简单醛类在无水甲醇中以氯化氢作催化剂时可得到二甲缩醛，葡萄糖只能得到含一个甲基的化合物。葡萄糖还具有变旋现象，即葡萄糖在低于 30 ℃的乙醇和 98 ℃的吡啶两种条件下精制可分别得到两种结晶，其比旋光度和熔点都不相同，前者的比旋光度是 +112.2°，熔点为 146 ℃，称为 α- 型，后者的比旋光度是 +18.7°，熔点为 148 ~ 155 ℃，称为 β- 型，这两种晶体分别溶于水中，放置一段时间后，其比旋光度最终均维持在 +52.6°。

上述现象用葡萄糖的链状结构是无法解释的，因此，在 1893 年，德国化学家费歇尔提出了葡萄糖分子环状结构学说。醇与醛或酮可发生亲核加成反应生成半缩醛，单糖分子是多羟基的醛或酮，可发生分子内的亲核加成反应，生成环状半缩醛。葡萄糖分子中的醛基可与 C$_5$ 上的羟基缩合形成六元环（五个碳原子），可视为吡喃的衍生物，称为吡喃环；也可与 C$_4$ 上的羟基缩合形成五元环（四个碳原子），可视为呋喃的衍生物，称为呋喃环（图 2-5）。葡萄糖的五元环化合物不太稳定，天然葡萄糖多以六元环的形式存在。

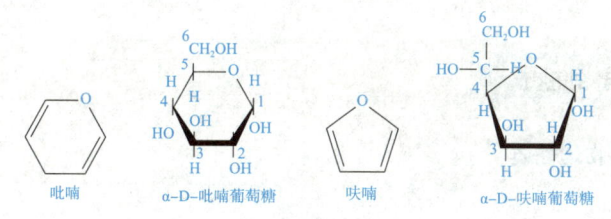

图 2-5　吡喃葡萄糖和呋喃葡萄糖

葡萄糖分子中的醛基与羟基作用形成环状半缩醛时，原来羰基的 C$_1$ 就变成手性碳原子，形成两种异构体。其中半缩醛碳原子（也称异头碳原子或异头中心）上的羟基（半缩醛羟基）与决定单糖构型的碳原子（C$_5$）上的羟基在同一侧的为 α- 葡萄糖；分别在两侧的为 β- 葡萄糖，两者可通过链式结构相互转化而达到平衡（图 2-6）。

α-D-(+)-葡萄糖（约36%）　　D-(+)-葡萄糖（约0.01%）　　β-D-(+)-葡萄糖（约64%）

图 2-6　葡萄糖 α- 构型和 β- 构型相互转化

在表示单糖的环状结构时，费歇尔投影式不能准确反映环中氧桥的长度及成环时绕 C$_4$ 和 C$_5$ 之间的键发生旋转的事实。因此，1926 年英国化学家哈沃斯提出一种专门表示单糖、双糖或多糖所含单糖环形结构的透视式，称为哈沃斯投影式、哈沃斯透视式或哈沃斯式。哈沃斯投影式是最直观的表示方法，可清楚地反映糖的氧环式结构，书写时先将碳链向右放成水平，使原基团处于左上右下的位置，再将碳链水平位置弯成六边形状，以 C$_4$—C$_5$ 为轴旋转 120° 使 C$_5$ 上的羟基与醛基接近，然后成环（因羟基在环平面的下面，它必须旋转到环平

人物小传

★哈沃斯（Norman Haworth），英国化学家，1883 年 3 月 19 日生于英国兰开夏郡。1912 哈沃斯在圣安德鲁斯大学研究碳水化合物。他发现糖的碳原子不是直线排列而成链状，此结构被称为哈沃斯结构式。此后，哈沃斯转而研究维生素 C，并发现其结构与单糖相似。1934 年他与英国化学家 E·赫斯特成功地合成了维生素 C，这是人工合成的第一种维生素。这一研究成果不仅丰富了有机化学的研究内容，而且可生产低价的医药用维生素 C（抗坏血酸）。因此，哈沃斯于 1937 年获得了诺贝尔化学奖。

面上才易与 C₁ 成环），葡萄糖环状结构的哈沃斯式如图 2-7 所示。

（三）单糖的构象

以葡萄糖为例，其分子中的六个碳原子并不在同一平面，因此葡萄糖的吡喃环有船式构象和椅式构象（图 2-8）。椅式构象的扭张强度比船式构象更低，因而更加稳定，而椅式构象中的 β-D- 吡喃葡萄糖椅式构象比 α-D- 吡喃葡萄糖椅式构象更加稳定，因此吡喃葡萄糖主要以 β- 型椅式构象存在。

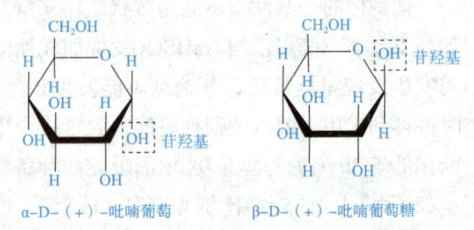

图 2-7　葡萄糖环状结构的哈沃斯式

图 2-8　β-D- 吡喃葡萄糖的船式构象和椅式构象

二、单糖的理化性质

（一）单糖的物理性质

1. 旋光性

除丙酮糖外，所有的单糖分子都含有不对称碳原子，因此除丙酮糖外的所有单糖的衍生物均具有旋光性。在一定条件下，测定一定浓度糖溶液的旋光性，可通过公式计算其比旋光度，比旋光度数值前面加"+"号表示右旋，加"-"号表示左旋。每种糖都有其特定的比旋光度，可根据糖的比旋光度对糖进行定性和定量检测。

一些常见单糖的比旋光度见表 2-1。

表 2-1　一些常见单糖的比旋光度

名称	$[\alpha]_D^{20}$	名称	$[\alpha]_D^{20}$
D- 甘油醛	+9.4°	D- 阿拉伯糖	-105°
D- 葡萄糖	+52.5°	L- 阿拉伯糖	+104.5°
D- 果糖	-92.4°	D- 核糖	-19.7°
D- 半乳糖	+80.2°	L- 山梨糖	-42.7°
D- 甘露糖	+14.2°	L- 岩藻糖	-75°
D- 赤藓糖	-7.3°	L- 鼠李糖	+8.2°

拓展知识
部分糖醇类、人工合成类甜味剂相对甜度

2. 相对甜度

甜味的高低程度称为甜度，严格来说甜度不是物理性质，而是一种感觉，利用人的味觉来进行判定。分子结构决定了糖类物质是否具有甜味及甜味的强弱。单糖、双糖和一些三糖均有甜味，多糖没有甜味。各种糖甜度不一，常以蔗糖的甜度为标准进行比较，一般将 10% 或 15% 的蔗糖溶液在 20 ℃时的甜度定为 1，以此为标准，其他糖类与蔗糖相比，得到该糖类的相对甜度，又称比甜度。

几种常见糖类及其他甜味剂的相对甜度见表2-2。

表2-2 几种常见糖类及其他甜味剂的相对甜度

糖的名称	相对甜度	糖的名称	相对甜度
蔗糖	1.0	麦芽糖	0.5
果糖	1.7	乳糖	0.3
葡萄糖	0.7	木糖醇	0.9
半乳糖	0.6	山梨醇	0.5
甘露糖	0.6	糖精	500
麦芽糖醇	0.7	应乐果甜蛋白	3 000

虚拟仿真
麦芽糖醇制备工艺

3. 溶解性

单糖分子中存在多个羟基,增加了其水溶性,除甘油醛微溶于水以外,其他单糖均易溶于水,不溶于丙酮、乙醚等非极性有机溶剂。单糖的溶解度随温度的升高而增大。不同单糖的溶解度各异,在常见单糖中,果糖的溶解度最高,其次是葡萄糖、乳糖等。

4. 吸湿性和保湿性

糖类在空气湿度较大的情况下会吸收水分,在空气湿度较低时能够保持水分,称为糖的吸湿性和保湿性。在食品贮藏与加工过程中,糖的吸湿性和保湿性是需要关注的内容。

5. 结晶性

不同种类的糖,结晶性不同,果糖较难结晶;葡萄糖易结晶,但晶体细小;蔗糖极易结晶,且晶体很大。因此在糖果制造加工时,要注意糖类结晶性质上的差别。

拓展知识
★ 单糖和寡糖在溶解于水的过程中,可以产生过饱和现象。利用这一点可生产夹心食品糖。控制过饱和溶液的冷却速度,使其速度很慢时,则可以产生大而且坚固的结晶,如利用蔗糖制备冰糖就是依据这个原理。

(二)单糖的化学性质

1. 氧化反应

单糖分子中含有游离羰基,因此具有还原性。某些弱氧化剂(如斐林试剂)与单糖作用时,单糖的羰基被氧化,而二价铜离子被还原成砖红色的氧化亚铜(图2-9),利用该反应可鉴定还原糖与非还原糖,测定生成氧化亚铜的质量可计算出溶液中还原糖的含量。

$$\begin{array}{c}CHO\\|\\(CHOH)_4\\|\\CH_2OH\end{array} + 2Cu(OH)_2 + NaOH \longrightarrow \begin{array}{c}COONa\\|\\(CHOH)_4\\|\\CH_2OH\end{array} + Cu_2O\downarrow + 3H_2O$$

图2-9 葡萄糖与斐林试剂反应

除羰基外,单糖分子中的羟基也可被氧化,在不同的氧化条件下可产生不同的产物。例如醛糖在弱氧化剂(如溴水)作用下形成相应的糖酸;在较强的氧化剂(如硝酸)作用下,醛糖除醛基被氧化外,伯醇基也被氧化成羧基,生成葡萄糖二酸;在特定的脱氢酶作用下,某些醛糖可以只氧化它的伯醇基成羧基,形成糖醛酸(图2-10)。

弱氧化剂如溴水等不能使酮糖氧化,因此可将酮糖与醛糖分开。在强氧化剂作用下,酮糖将在羰基处断裂,形成两个酸(图2-11)。

图2-10 醛糖的三种氧化形式

2. 还原反应

单糖的羰基在合适的还原条件下,可被还原为糖醇。如葡萄糖在还原剂(如Na、NaBH₄、

拓展知识
★ 山梨醇(葡萄糖醇)是一种人能缓慢代谢的糖醇,与单糖的结构相似,可通过还原葡萄糖上的醛基为羟基来获得。可作为化工原料,也常应用在食品及医药工业。

H₂）存在的条件下被还原成山梨醇（图2-12）。

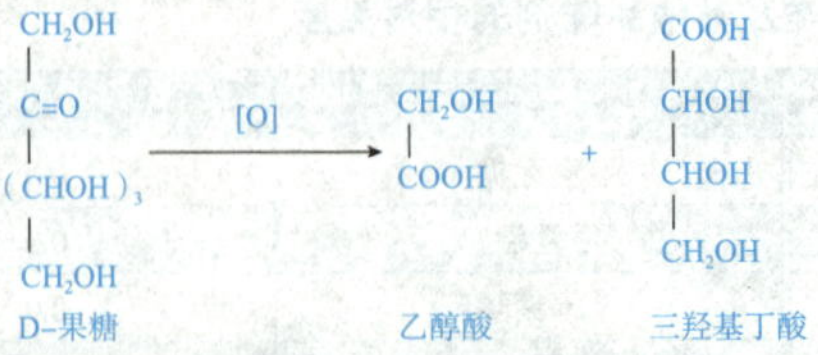

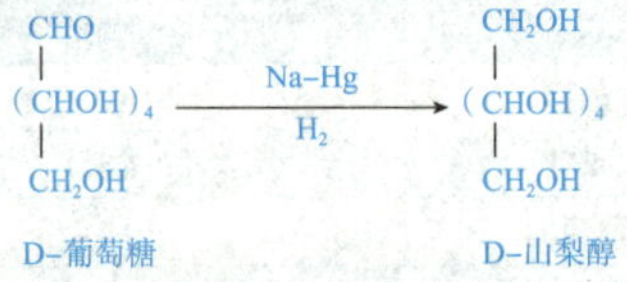

图 2-11　果糖分解为乙醇酸和三羟基丁酸　　图 2-12　葡萄糖还原为山梨醇

3. 形成糖脎

单糖具有自由羰基，能与3分子苯肼作用生成糖脎（图2-13）。不同还原糖生成的糖脎，其晶形与熔点都不同，例如葡萄糖脎是黄色细针状，麦芽糖脎是长薄片形，因此可用糖的成脎反应来鉴别多种还原糖。

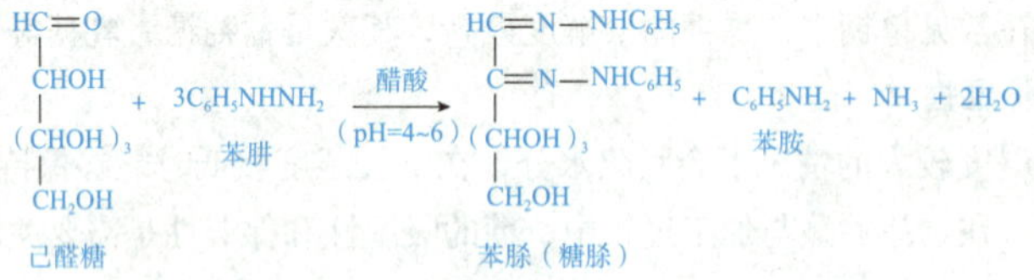

图 2-13　单糖与3分子苯肼反应生成糖脎

4. 形成糖苷

单糖环状结构中的半缩醛（或半缩酮）羟基比其他羟基活泼，容易与醇或酚的羟基发生反应，脱水生成缩醛（或缩酮）式衍生物，称为糖苷。非糖部分称为配糖体或配基，连接键称为糖苷键。由于单糖有 α- 型和 β- 型，因此生成的糖苷也有 α、β 两种形式，天然存在的糖苷多为 β- 型。如 β- 葡萄糖和甲醇在无水盐酸催化下通过成苷生成 β- 葡萄糖甲苷（图2-14）。

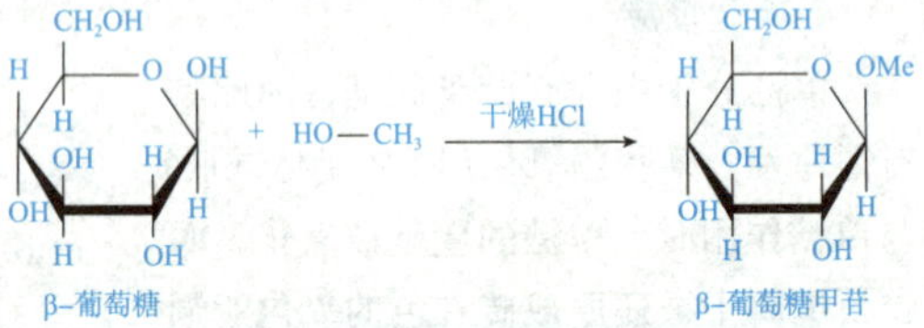

图 2-14　β- 葡萄糖和甲醇反应生成糖苷

5. 与酸反应

莫氏反应是指糖在浓无机酸作用下脱水形成醛糖及其衍生物，该产物可与 α- 萘酚作用生成紫红色化合物，在液面上形成紫环，该过程又被称为紫环反应。单糖、双糖、多糖一般都发生此反应，但氨基糖不发生此反应。莫氏反应可用来鉴定是否有糖存在。

塞氏试验是指酮糖在浓酸的作用下，脱水生成5-羟甲基糠醛，5-羟甲基糠醛与间苯二酚作用生成鲜红色复合物，有时也同时产生棕色沉淀，此沉淀溶于乙醇，形成鲜红色溶液，反应仅需 20～30 s。而醛糖在浓度较高时或长时间煮沸，才产生微弱的阳性反应。因此这一反应可用于鉴别醛糖与酮糖。

6. 美拉德反应

美拉德反应又称羰氨反应，指在加热条件下，蛋白质、氨基酸中的氨基与糖类中的羰基经缩合、聚合，生成黑色素的反应，该反应由法国化学家美拉德于1912年发现。美拉德反应不是由氧气和酶引起的，因此又名为非氧化褐变或非酶褐变，它是食品在加热或长期储存后发生褐变的主要原因，通常在140～165℃下能够快速进行。

在食品工业中，美拉德反应广泛应用于改善食品的色泽、风味和香气。该反应受温度、氧气、水分、金属离子、pH值等因素的影响，可通过控制这些条件来产生褐变或防止褐变。例如使焙烤食品产生金黄色、红烧肉产生棕红色、啤酒产生黄褐色，同时在加工过程中应注

拓展知识

★ 很多人容易将美拉德反应与焦糖化反应搞混，因为这两个反应经常同时进行且都会给食物"上色"。但焦糖化反应只涉及单糖在加热条件下脱水与降解过程，没有蛋白质参与，发生反应的温度也高于美拉德反应。最重要的是，它无法生成美拉德中各种氨基酸反应后，混合形成的类似肉类的香味。

意控制加热温度和时间，不使美拉德反应过度，避免产生大量的黑色素使食品焦黑发苦。

7. 焦糖化反应

焦糖化反应是指在没有氨基化合物存在的情况下，糖类尤其是单糖加热到熔点以上的温度（140～170 ℃）时，发生脱水、降解、缩合、聚合等反应，形成黏稠、黑褐色的焦糖的反应（图2-15）。焦糖化反应受糖的种类、加热温度、pH 值、催化剂等因素影响。果糖熔点为 95 ℃，麦芽糖为 103 ℃，葡萄糖为 146 ℃，因此果糖引起焦糖化反应最快。pH 对焦糖化反应的速度影响很大，在 pH 值为 8 时的反应速度比 pH 值为 5.9 时快 9 倍。与美拉德反应相似，适当的焦糖化反应可使产品得到悦人的色泽与风味。

图 2-15　焦糖化反应形成不同颜色的焦糖

> **拓展知识**
> ★ 软饮料是世界上焦糖用量最大的领域，一般是用亚硫酸铵焦糖，这种焦糖色素带负电荷，饮料中所用的香料，含有少量带负离子的胶体物质，这样在化学上就能相溶，不会形成浑浊或絮凝现象。

三、重要的单糖及其衍生物

（一）丙糖

丙糖又称三碳糖，是含三个碳原子的单糖，常见的丙糖有 D- 甘油醛和二羟丙酮。它们是最简单的单糖，其磷酸酯是糖酵解的重要中间产物。二羟丙酮无光学活性，甘油醛有光学活性，常用来确定生物分子的 D、L 构型。

（二）丁糖

丁糖又称四碳糖，是含四个碳原子的单糖。自然界常见的丁糖有 D- 赤藓糖和 D- 赤藓酮糖，一般存在于低等植物（如藻类、地衣）中，它们的磷酸酯也是糖代谢的重要中间产物。

（三）戊糖

戊糖又称五碳糖，是含五个碳原子的单糖。自然界存在的戊醛糖主要有 D- 核糖、D- 核糖的脱氧衍生物 2- 脱氧 -D- 核糖、D- 木糖、L- 阿拉伯糖等。它们大多以多聚戊糖或糖苷的形式存在。戊酮糖有 D- 核酮糖和 D- 木酮糖，均是糖代谢的中间产物。

1. D- 核糖及 2- 脱氧 -D- 核糖

D- 核糖是 RNA 的组成成分之一，2- 脱氧 -D- 核糖是 DNA 的组成成分之一。核糖与脱氧核糖以类似呋喃的结构存在于天然化合物中。

2. D- 木糖

D- 木糖是树胶和半纤维素的组分，多以戊聚糖形式存在于植物和细菌的细胞壁中，工业上以玉米秸秆、玉米芯、花生壳等加酸水解大规模生产 D- 木糖。木糖可以作为生产木糖醇的原料。

3. L- 阿拉伯糖

L- 阿拉伯糖又名果胶糖，广泛存在于植物及细菌的细胞壁中，是树胶、半纤维素等的组成成分，可使用树胶或提取蔗糖以后剩下的甜菜渣加酸水解制取。酵母菌不能使其发酵。

（四）己糖

己糖又称六碳糖，是含六个碳原子的单糖。常见的己糖有 D- 葡萄糖、D- 半乳糖、D- 果糖等。其中 D- 葡萄糖、D- 半乳糖属于己醛糖，D- 果糖属于己酮糖。

1. D- 葡萄糖

D- 葡萄糖简称葡萄糖，也称右旋糖。它是自然界分布最广、最丰富的单糖。葡萄糖是人体内最主要的单糖，是人体和动物代谢的重要能源，糖代谢的中心物质能被人体直接吸收

> **拓展知识**
> D- 核糖及 2- 脱氧 -D- 核糖化学结构

> **拓展知识**
> D- 木糖化学结构

并利用。医学和生理学上常称葡萄糖为血糖。在绿色植物的种子、果实及蜂蜜中也有游离的葡萄糖。葡萄糖是蔗糖、麦芽糖、乳糖、淀粉、糖原、纤维素等的组成单元，也是食品和制药工业的重要原料，工业上常以淀粉为原料，用无机酸或酶水解的方法大量制得。酵母菌可以发酵利用葡萄糖。

2. D-半乳糖

D-半乳糖是乳糖、蜜二糖和棉子糖等的组成成分，也是某些糖苷以及脑苷脂和神经节苷脂的组成成分。D-半乳糖主要以半乳聚糖形式存在于植物细胞壁中，只有少数植物的果实中存在游离的D-半乳糖，含有半乳糖的果实经冷冻后可在表面析出半乳糖结晶。

3. D-果糖

D-果糖简称果糖，又名左旋糖。D-果糖是自然界中含量最丰富的酮糖，以游离状态存在于果汁和蜂蜜中，或以果聚糖形式存在于菊科植物中，也可与其他单糖结合形成蔗糖、龙胆糖、松三糖等寡糖。酵母菌可以发酵利用果糖。

（五）庚糖

庚糖又称七碳糖，在自然界中天然存在的庚糖主要有D-景天庚酮糖和D-甘露庚酮糖。D-景天庚酮糖主要存在于景天科植物的叶子中，以游离状态存在。D-甘露庚酮糖在鳄梨果实中含量较多。

（六）单糖衍生物

1. 脱氧糖

脱氧糖是指分子的一个或多个羟基被氢原子取代的单糖。脱氧糖在植物、细菌和动物中均广泛存在，如D-2-脱氧核糖是构成DNA的重要组分；L-鼠李糖是最常见的天然脱氧糖，是很多糖苷和多糖的组成成分；人血型物质组分中含有的岩藻糖也是脱氧糖。

2. 糖醇

单糖的羰基被还原生成糖醇，自然界广泛存在的糖醇有山梨醇、甘露醇、半乳糖醇等。在食品工业中，糖醇可作为甜味剂和湿润剂，在制药工业中也有应用。

3. 糖胺

单糖分子中的一个羟基被氨基取代即形成糖胺，又称氨基糖。自然界中存在的糖胺都是己糖胺，一般以结合状态存在。常见的糖胺及衍生物有2-脱氧氨基糖、D-葡萄糖胺、半乳糖胺等。

4. 糖苷

单糖环状结构中的半缩醛（或半缩酮）羟基与醇或酚的羟基发生反应，脱水生成缩醛（或缩酮）式衍生物，称为糖苷。非糖部分称为配糖体或配基，连接键称为糖苷键。天然存在的糖苷主要存在于植物的种子、叶子及皮内，多为β-型。天然糖苷的糖苷配基有酚类、醇类、醛类、固醇、嘌呤等。常见的糖苷有苦杏仁苷、毛地黄毒苷、花色素苷、橘皮苷等。

5. 酸性糖

酸性糖包括糖酸和糖醛酸。单糖的醛基被氧化成羧基时生成糖酸，糖的末端羟甲基被氧化成羧基时生成糖醛酸。重要的糖醛酸有D-葡萄糖醛酸、半乳糖醛酸等。生物体内不存在游离的糖醛酸，但它们的某些衍生物是戊糖磷酸途径、糖代谢途径的重要中间产物。

6. 氨基糖

分子中一个羟基被氨基取代的单糖称为氨基糖，自然界中最常见的是C_2上的羟基被取代的 2- 脱氧氨基糖。常见的氨基糖有 D- 氨基葡萄糖和 D- 氨基半乳糖，两者都存在于黏多糖、软骨和糖蛋白中。

健康中国·减糖，减的不是米面粮

甜点、糖果等甜食能带给人们愉悦感，但摄入过多会增加肥胖、龋齿、慢性疾病的患病风险。《中国居民膳食指南（2022）》推荐每人每天添加糖摄入量不超过 50 g，最好控制在 25 g 以下。

减糖，减的不是主食中的糖分，而是添加糖，即人工加入食品中的糖类，包括单糖和双糖，常见的有蔗糖、果糖、葡萄糖等，除了提供能量、调味外，营养价值极低。正确减糖，首先要辨别食物是否含有添加糖及其含量。如果食品配料表中有白砂糖、蔗糖、果糖、葡萄糖、糊精、麦芽糊精、淀粉糖浆、果葡糖浆、麦芽糖、玉米糖浆等，就意味着额外添加了糖。其次，添加糖在配料表中的位置越靠前，表示其含量越高。

知识任务三 寡糖

问题引导：
1. 寡糖的定义是什么？
2. 寡糖如何分类？
3. 重要的寡糖及其衍生物有哪些？

寡糖又称低聚糖，由 2～20 个单糖通过糖苷键连接而成。寡糖是重要生物分子的组分、生物体的结构成分和信号分子。

寡糖可水解为各种单糖，按水解后生成的单糖分子数目，寡糖可分为二糖（双糖）、三糖、四糖、五糖、六糖等。自然界分布较多的是二糖和三糖。

一、双糖

双糖由两分子单糖缩合而成，是最简单的寡糖。在自然界中，双糖含量丰富，但仅有三种双糖（蔗糖、乳糖和麦芽糖）以游离状态存在，其他双糖如纤维二糖等均以结合状态存在。

（一）蔗糖

蔗糖由一分子 α-D- 葡萄糖和一分子 β-D- 果糖通过 α-1，2 糖苷键缩合而成（图 2-16），

行业快讯

新华社北京 12 月 15 日电题：中国糖业观察

★ 2023 年 12 月 14 日下午，习近平总书记到广西来宾市考察调研，察看了万亩甘蔗林和机械化作业收割场景，同蔗农、农机手和农技人员亲切交流。习近平总书记指出，广西是我国蔗糖主产区，要把这一特色优势产业做强做大，为保障国家糖业安全、促进蔗农增收致富发挥更大作用。

是最重要的双糖，我们日常所食用的糖主要就指蔗糖。蔗糖在植物中广泛分布，尤其以甘蔗、甜菜中含量最多。

蔗糖为白色晶体，甜度大，易结晶，易溶于水，但是较难溶于乙醇，由于分子中不含有半缩醛羟基，因此无还原性，不能还原斐林试剂，不能成脎，无变旋现象。蔗糖水解反应伴随有从 + 到 - 的旋光符号的变化，称为蔗糖的转化，蔗糖水解产物称为转化糖。

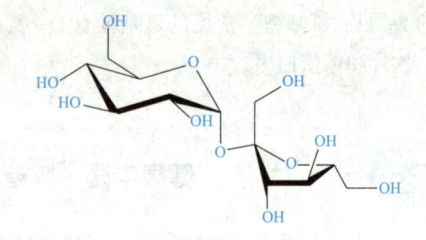

图 2-16　蔗糖结构

（二）乳糖

乳糖由一分子 β- 半乳糖的半缩醛羟基与另外一分子 α-D- 葡萄糖分子的羟基之间脱水，并以 β-1，4 糖苷键连接而成（图 2-17），有 α 型和 β 型两种结构。乳糖是哺乳动物乳汁中的主要糖分，人乳含乳糖 5.5%～8.0%，牛乳含乳糖 4.5%～5.5%。乳糖有右旋光性，也有变旋现象，比旋光度为 +55.4°。乳糖分子中有游离半缩醛羟基，因此具有还原性。乳糖可被人体小肠内的乳糖酶水解成 D- 葡萄糖与 D- 半乳糖，若缺乏乳糖酶，食用乳糖后会引起渗透性腹泻，即乳糖不耐受症。

拓展知识

★ 对我国北京、上海、广州和哈尔滨 4 大城市 1 168 名 3～13 岁健康儿童进行的调查显示，乳糖酶缺乏的发生率较高，其中 87% 的儿童乳糖不耐受发生在 7～8 岁。

图 2-17　乳糖结构

（三）麦芽糖

麦芽糖由两分子 α- 葡萄糖通过 α-1，4 糖苷键结合而成（图 2-18），麦芽糖是饴糖的主要成分，是淀粉和其他葡聚糖的酶促降解产物。工业上制取麦芽糖的原料是发芽的谷物（主要是大麦芽），通过麦芽糖淀粉酶淀粉水解得到。

麦芽糖甜度仅次于蔗糖，有右旋光性和变旋现象，比旋光度为 +130.4°，因分子中有游离半缩醛羟基存在，属于还原性双糖。麦芽糖在食品工业中可用作焙烤食品的膨松剂，冷冻食品的填充剂和稳定剂等。

文化自信

★ 麦芽糖的生产始于殷商时期，初名"饴"，这也是麦芽糖又叫饴糖的原因。《诗经·大雅·緜》中有这样一句话：周原膴膴，堇荼如饴。这句诗的意思就是说：周原这块土地多肥美啊，像堇荼这样的苦菜也长得像糖那样甜。可见麦芽糖历史之悠久，味道之甘甜。

（四）纤维二糖

纤维二糖由两分子 β-D- 葡萄糖以 β-1，4 糖苷键结合而成（图 2-19），化学性质类似麦芽糖。纤维二糖是纤维素水解的产物，也是纤维素的基本结构单位。在自然界不存在游离的纤维二糖，它与纤维素的关系如同麦芽糖与淀粉的关系一样，水解后也得到两分子葡萄糖，不同的是麦芽糖为 α- 葡萄糖苷，而纤维二糖为 β- 葡萄糖苷。纤维二糖是一种还原糖，能成脎，有变旋现象，水解可得两分子葡萄糖。

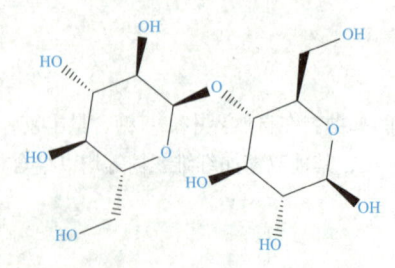

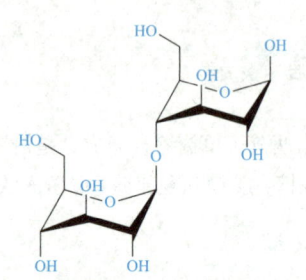

图 2-18　麦芽糖结构　　图 2-19　纤维二糖结构

二、其他常见寡糖

除双糖以外，其他简单寡糖还有三糖、四糖、五糖等。常见的有棉子糖、水苏糖、环糊精等。

（一）棉子糖

棉子糖属于三糖，完全水解后产生一分子葡萄糖、一分子果糖和一分子半乳糖，棉子糖广泛分布在植物界中，棉籽、甜菜、大豆及桉树的干性分泌物（甘露蜜）中尤多。棉子糖具有旋光性，是非还原性的，不能还原斐林试剂和本尼迪特试剂。棉子糖能促进人体吸收钙，还能改善人体消化功能，但需要注意的是，部分成年人体内缺乏分解棉子糖的酶（α-半乳糖苷酶），摄入棉子糖可能导致消化不良。

（二）水苏糖

水苏糖属于四糖，完全水解后产生一分子葡萄糖、一分子果糖和两分子半乳糖。水苏糖保湿性和吸湿性高于蔗糖，但甜度只有蔗糖的22%。水苏糖可对人体肠道内的益生菌（如双歧杆菌、乳酸杆菌）等产生非常明显的增殖作用，改善人体消化道内环境，增强人体免疫力，清除病原菌及其他有毒物质。因此水苏糖在医药和保健行业得到广泛应用。

（三）环糊精

环糊精也称糊精或环直链淀粉，一般由6、7或8个葡萄糖单位通过α-1，4糖苷键连接而成，分别称α-、β-和γ-环糊精或环六、环七和环八直链淀粉（图2-20）。环糊精可由芽孢杆菌属的某些种中的环糊精转葡糖基转移酶作用于淀粉生成。

> **生化趣事**
>
> **α-环糊精在胃肠道中的命运**
>
> ★由于特殊的环状结构，α-环糊精无法被胃肠道消化。口服的α-环糊精会以极低的水平（约1%）在小肠内被完整地吸收，并迅速从尿液中排泄。其余α-环糊精到达大肠的菌群定植段后能够被肠道菌群发酵，生成对人体有益的短链脂肪酸等产物并被大肠吸收。

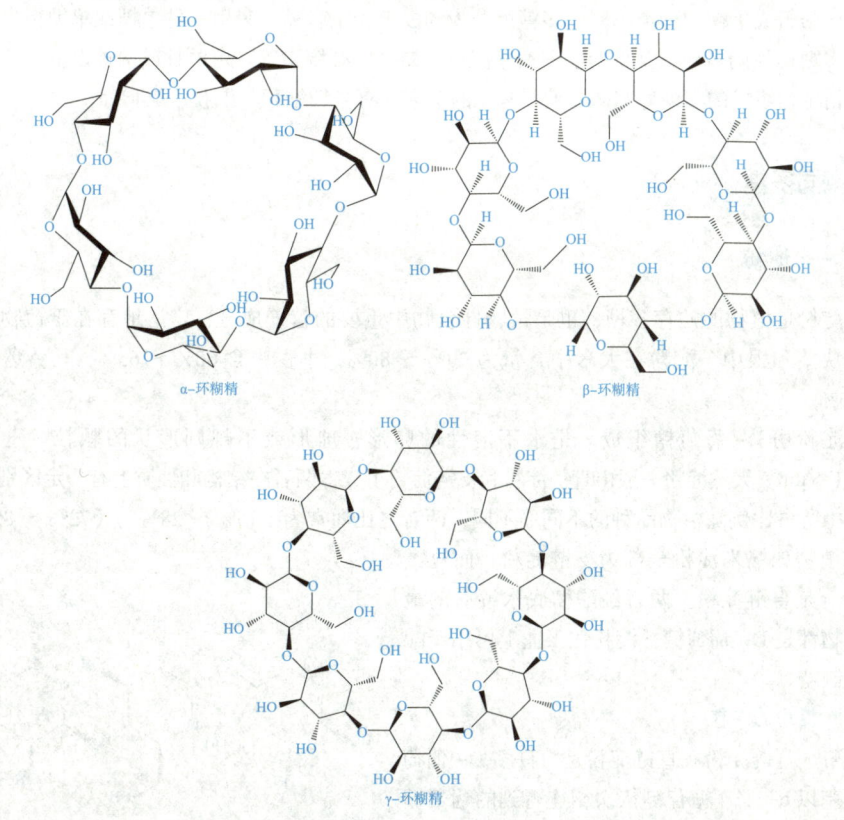

图2-20 α-环糊精、β-环糊精和γ-环糊精结构

环糊精分子结构呈圆筒状,其特点是所有葡萄糖残基的C_6羟基都在大环一面的边缘,而C_2和C_3的羟基位于大环的另一面的边缘。环糊精外部亲水,内部疏水,因此环糊精既能很好地溶于水,又能从溶液中吸入疏水分子或分子的疏水部分到分子的空隙,形成水溶性的包含络合物。环糊精的这个性质使它能够保存和改善食品的色、香、味,因此在食品、医药、化妆品等工业中经常被用作稳定剂、抗氧化剂、乳化剂、增稠剂、抗光解剂等。

知识任务四 多糖

问题引导:
1. 多糖的定义是什么?
2. 多糖如何分类?
3. 重要的多糖及其衍生物有哪些?

多糖又名聚糖,是由多个单糖或单糖衍生物通过糖苷键连接而成的大分子糖类,在动物、植物以及微生物中分布十分广泛。自然界中的糖类主要以多糖形式存在,其相对分子质量很大,为 30 000～400 000 000。

根据组成单糖的种类不同,多糖可分为同多糖和杂多糖。只由一种单糖或单糖衍生物组成的多糖称为同多糖,常见的同多糖有淀粉、糖原、纤维素等。由两种或两种以上的单糖或单糖衍生物组成的多糖称为杂多糖,常见的杂多糖有半纤维素、果胶、琼脂等。

一、同多糖

(一)淀粉

淀粉是植物的贮存多糖,也是植物性食物中重要的营养成分,广泛地存在于植物的种子、块茎和根中。淀粉在大米中含量为70%～80%,小麦中含60%～65%,马铃薯中约含20%。

淀粉由D-葡萄糖组成,是水不溶性的卵形、球形或不规则形状的颗粒,直径为1～175 μm。天然淀粉一般由直链淀粉和支链淀粉组成,两者在结构和性质上有一定区别,在淀粉中所占比例随植物品种的不同而不同,两者之比通常为(15%～28%):(72%～85%)。有些植物如糯米淀粉全部为支链淀粉,而豆类淀粉全是直链淀粉。两者经酸彻底水解后的最终产物都是D-葡萄糖。淀粉在工业上可用于酿酒和制糖。

1. 淀粉的结构

(1)直链淀粉。直链淀粉是由许多D-葡萄糖残基以α-1,4糖苷键依次相连得到的葡萄糖多聚物(图2-21),其相对分子质量从几万到十

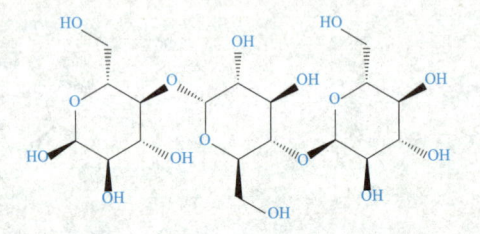

图2-21 直链淀粉分子的部分结构

几万，平均约为 60 000，相当于 300～400 个葡萄糖分子缩合而成。直链淀粉是一条不分支的长链，在分子内氢键的作用下，卷曲盘旋成长而紧密的螺旋管形，呈左手螺旋，每个螺圈含 6 个 D- 葡萄糖残基。

（2）支链淀粉。支链淀粉分子中除有 α-1，4 糖苷键连接而成的直链外，还在分支点处有 α-1，6 糖苷键，每个分支平均含有 20～30 个葡萄糖基，各分支卷曲成螺旋（图 2-22）。与直链淀粉相比，支链淀粉的相对分子质量更大，一般为 1×10^5～1×10^6，相当于 600～6 000 个葡萄糖分子缩合而成。

2. 淀粉的主要性质

淀粉是无味无臭的白色无定形粉末，无还原性，有吸湿性，但不溶于冷水、乙醇和乙醚等有机溶剂。淀粉的主要性质有糊化作用、老化作用、显色反应、水解作用、变性作用等。

（1）淀粉的糊化作用。淀粉的糊化作用是淀粉颗粒的溶胀和水合过程。淀粉颗粒在适当温度下（一般为 60～80 ℃），在水中溶胀、破裂，形成半透明的胶体溶液，这种变化称为淀粉的糊化。通常用糊化开始的温度和糊化完成的温度表示淀

图 2-22 支链淀粉分子的部分结构

粉的糊化温度。各种淀粉的糊化温度是不同的，颗粒大的、结构较疏松的淀粉比颗粒小的、结构较紧密的淀粉易于糊化，所需的糊化温度较低。此外，含支链淀粉数量多的也较易于糊化。例如马铃薯淀粉颗粒大，直链淀粉含量低，其糊化温度为 59～67 ℃，而一般玉米淀粉颗粒小，含直链淀粉比马铃薯多，糊化温度也更高，为 64～72 ℃。糊化后的淀粉破坏了天然淀粉的结构，有利于人体消化吸收。

（2）淀粉的老化作用。糊化淀粉溶液快速冷却可形成冻状凝胶。若长时间放置，缓慢冷却，会变浑浊，甚至产生凝结沉淀，这种现象称为淀粉的老化，又叫回生或凝沉。发生凝沉作用的机理相当于糊化作用的逆转，由无序的直链淀粉分子向有序排列转化，部分地恢复结晶性状。凝沉作用受温度、浓度等因素的影响。

影响老化的因素包括温度、酸碱度、淀粉的组成、食品含水率、表面活性物质、膨化处理等。老化的最适宜温度为 2～4 ℃，高于 60 ℃ 或低于 -20 ℃ 都不发生老化；在酸性环境（pH 值小于 4）或碱性条件下，淀粉不容易老化；含直链淀粉多的淀粉易老化不易糊化，含支链淀粉较多的淀粉易糊化不易老化；食品含水率为 30%～60%，淀粉易发生老化现象；在食品中加入糖脂、磷脂、大豆蛋白等表面活性物质，均有延缓淀粉老化的效果；食品经膨化后可放置很长时间，也不发生老化现象。

在一般的食品加工和烹调中需要避免淀粉老化，但粉丝、粉皮、龙虾片等的加工需要利用淀粉的老化，因此需选用含直链淀粉多的原料，例如绿豆淀粉含直链淀粉达 33%，可用于制作优质粉丝。

（3）淀粉的显色反应。淀粉遇碘会发生显色反应，直链淀粉遇碘变蓝色，支链淀粉遇碘呈紫红色。这是由于淀粉遇碘后，碘分子落入淀粉的螺旋圈结构内，糖的游离羟基成为电子供体，碘分子成为电子受体，形成淀粉 - 碘络合物，呈现颜色，其颜色与螺旋数量的多少有关，当链长在 6 个以上螺旋（36 个以上葡萄糖残基）时形成的淀粉 - 碘络合物吸收较长波长的光，故呈蓝色。支链淀粉分子量虽大，但分支单位的长度只有 25～30 个葡萄糖残基，形成较少螺旋数量的链，络合形成的短串碘分子较直链淀粉形成的长串碘分子吸收更短波长的光，因此支链淀粉遇碘呈紫色到紫红色。

科技前沿
实验室里"种"淀粉

拓展知识
煮饭过程中淀粉的糊化和老化

党史故事
狱中方志敏殚精竭虑送文稿

(4)淀粉的水解作用。淀粉的水解作用是指将淀粉分解成小分子的过程,其中最常见的水解作用主要通过淀粉酶催化完成。淀粉水解后的产物是糊精、麦芽糖、葡萄糖的混合物,称之为淀粉糖浆,它是具有甜味的黏稠浆体,在面点制作中经常使用;在烹调中用于上糖色和熏制品的制作。淀粉水解的葡萄糖值,简称DE值,其定义为还原糖总量(按葡萄糖计)占试样中干物质量的质量分数。DE值越高,说明还原糖越多,剩余的糊精就越少。

(5)淀粉的变性作用。淀粉经适当化学处理,分子中引入相应的化学基团,分子结构发生变化,产生了一些符合特殊需要的理化性能,这种发生了结构和性状变化的淀粉衍生物称为改性淀粉,也叫变性淀粉。变性淀粉改变了淀粉原来的性能,可广泛用于食品、纺织、制药等领域。

(二)糖原

糖原是动物组织内主要的贮藏多糖,有动物淀粉之称,主要存在于肝脏和肌肉中,分别称为肝糖原和肌糖原,细菌细胞中也有存在。糖原由 α-D-葡萄糖构成,是直径 10～40 μm 的颗粒状,无还原性,与苯肼不能形成糖脎,遇碘呈紫红色。糖原的结构与支链淀粉相似,但分支多、长度较短,分子量高达 $10^6 \sim 10^8$。其水解终产物是葡萄糖。

糖原具有重要的生理意义。肌糖原分解可为肌肉收缩供给能量,肝糖原分解主要维持血糖浓度。当血液中的葡萄糖含量增高时,多余的葡萄糖就转变成糖原贮存于肝脏中;当血液中的葡萄糖含量降低时,肝糖原就分解为葡萄糖进入血液,以保持血液中葡萄糖的一定含量。

(三)纤维素

纤维素是由葡萄糖分子以 β-1,4 糖苷键相连而成的直链多糖,分子不含支链,其相对分子质量为 5 万～ 40 万,每分子含 300～2 500 个葡萄糖残基。纤维素是自然界中分布最广的糖,占植物界碳含量的 50% 以上,是植物细胞壁结构的主要成分,对植物性食品的质地影响较大。

纤维素是纤维状、僵硬、不溶于水的分子,纯净的纤维素无色、无臭、无味。纤维素水解需高温、高压和酸,人体消化酶不能水解纤维素,一些反刍动物可以利用肠道寄生菌分泌的纤维素酶将部分纤维素水解为葡萄糖。在植物组织中,纤维素分子平行排列,糖链与糖链之间有氢键连接,构成微纤维。

天然纤维素在工业上主要用于纺织和造纸,将纤维素进行化学修饰,得到具有特殊理化性能的纤维素的衍生物,称为改性纤维素,在生化分离分析中具有很强的分辨能力。

(四)壳多糖

壳多糖又称为几丁质、甲壳质、壳聚糖,是自然界第二丰富的多糖。壳多糖是 N-乙酰-β-D-葡糖胺以 α-1,4-糖苷键相连而成的直链,结构与纤维素相似。壳多糖主要存在于无脊椎动物中,是很多软体动物和节肢动物外骨骼的主要结构物质。壳多糖在食品工业中可作为胶粘剂、保湿剂、澄清剂、填充剂、乳化剂、上光剂及增稠稳定剂;而作为功能性多糖,它能降低胆固醇,提高机体免疫力,增强机体的抗病、抗感染能力,尤其有较强的抗肿瘤作用。工业上多用酶法或酸法水解虾皮或蟹壳来提取壳多糖。

二、杂多糖

(一)半纤维素

半纤维素是碱溶性植物细胞壁多糖,阿拉伯木聚糖、4-氧甲基葡糖醛酸木聚糖、葡甘露

拓展知识
部分常见食物膳食纤维含量

拓展知识
★棉花的纤维素含量接近 100%,是天然的最纯纤维素来源。

聚糖、半乳葡甘露聚糖、木葡聚糖和愈疮葡聚糖（β-1，3-葡聚糖）等都属于半纤维素，它们大多数具有侧链，分子大小为50～400个残基。半纤维素大量存在于植物的木质化部分中，如木材中占干质量的15%～25%，农作物的秸秆中占25%～45%。

（二）果胶

果胶是典型的植物多糖，是一种无定形物质，在一定条件下可形成凝胶和胶冻。未成熟的果实细胞含有大量原果胶，随着果实成熟，原果胶水解成果胶，果胶水解成果胶酸。植物的落叶、落花、落果等现象均与果胶酶的变化有关。经稀酸处理，原果胶也能水解形成可溶性果胶和果胶酸。果胶广泛用于食品和制药、化妆品工业。

（三）琼脂

琼脂俗称洋菜，是从红藻类石花菜属及其他属的某些海藻中提取出来的一种多糖混合物。琼脂在食品工业中应用广泛，也常用作细菌培养基，是目前世界上用途广泛的海藻胶之一。琼脂糖是琼脂的主要组成成分，它是由D-吡喃半乳糖和3，6-脱水-L-吡喃半乳糖两个单位交替组成的线性链。

（四）卡拉胶

卡拉胶也称角叉聚糖，分离自红藻类皱波角叉菜。它是热可逆性凝胶，是琼脂的良好代用品，被广泛地用作肉制品的脂肪代用品。

（五）褐藻胶

褐藻胶是褐藻类墨角藻属和昆布属等很多海藻中含有的多糖，通常以钠盐存在，主要作为果胶和琼脂的代用品，用于食品凝胶。

（六）树胶

树胶或胶质化学上类似半纤维素。常见的树胶有阿拉伯胶、瓜尔胶、黄原胶等。

1. 阿拉伯胶

阿拉伯胶又称阿拉伯树胶，源于豆科的金合欢树属的树干渗出物，因此也称金合欢胶。阿拉伯胶主要成分为高分子多糖类及其钙、镁和钾盐，其主要包括树胶醛糖、半乳糖、葡萄糖醛酸等。

2. 瓜尔胶

瓜尔胶是一种直链大分子，链上的羟基可与某些亲水胶体及淀粉形成氢键，是首选的增稠胶体。

3. 黄原胶

黄原胶又名汉生胶，是由野油菜黄单胞杆菌以碳水化合物为主要原料，经发酵工程生产的一种作用广泛的微生物胞外多糖。

（七）糖胺聚糖

糖胺聚糖又称黏多糖，是由特定二糖单位多次重复构成的杂聚多糖，不同糖胺聚糖的二糖单位不同，但一般由一分子己糖胺和一分子己糖醛酸或中性糖构成，单糖之间以1，3键或1，4键相连。

黏多糖是结缔组织的主要成分，按重复双糖单位的不同，黏多糖主要包括透明质酸、硫

拓展知识

★《食品安全国家标准 食品添加剂使用标准》（GB 2760—2024）中规定：果胶可按生产需要适量使用于除果蔬汁外的各类食品用于果蔬汁（浆）最大使用量为3.0 g/kg。

"1+X"食品合规管理职业技能要求

★合规体系建立（高级）：能够辨别国家标准、行业标准、地方标准、团体标准、企业标准等各层次标准的效力，能掌握标准发展趋势。

拓展知识

★干琼脂在常温下可吸水溶胀，吸水率可达20倍，加热到95 ℃可溶于水形成溶液，琼胶溶液在室温下可形成凝胶，与其他能形成凝胶的物质相比，在相同浓度下其凝胶能力最强，即使0.1%的琼脂溶液在30 ℃左右也可凝固。

拓展知识

★黄原胶稳定的双螺旋结构使其具有极强的抗氧化和抗酶解能力，许多的酶类（如蛋白酶、淀粉酶、纤维素酶和半纤维素酶等）都不能使黄原胶降解。

酸软骨素、硫酸角质素、肝素等。

> **科技前沿·人工合成淀粉！我国科学家的重大突破！**
>
> 过去，粮食必须在土地里种植。但在某些科幻作品里，粮食则是通过工厂里的机器加工而成，甚至有人认为未来的人类可以以空气为食。如今，这个幻想逐渐变成现实。
>
> 2021年9月24日，中国科学院天津工业生物技术研究所（以下简称"中科院天津工业生物所"）所长马延和在国际学术期刊《科学》上发表重大成果，我国率先实现从二氧化碳到淀粉的全部合成。
>
> 在玉米等农作物中，自然光合作用的淀粉合成与积累涉及60多步生化反应及复杂的生理调控，理论能量转化效率为2%左右。通过多年研究攻关，中科院天津工业生物所科研团队联合大连化物所，采用一种类似"搭积木"的方式，通过耦合化学催化和生物催化模块体系，实现了"光能—电能—化学能"的能量转变方式，成功构建出一条从二氧化碳到淀粉合成只有11步反应的人工途径。
>
> 这个合成只需要水、二氧化碳和电的"创造"，不依赖光合作用，被誉为"将是影响世界的重大颠覆性技术"。这为农业生产方式的改变提供了可能路径，更为创建新功能的生物系统奠定了开创性科学基础。
>
> 人工合成淀粉的出现，让世界都看到了中国科研的力量，这是足以改变未来人类生存状态的伟大壮举，虽然目前只是小小的一步，但我们有理由相信，中国科研的力量和科技将会给世界带来无限可能。让我们期待中国科技引领的美好未来！

知识任务五　糖与食品加工

> **问题引导：**
> 1. 糖类在食品工业中有哪些用途？
> 2. 糖类在食品贮藏与加工中会发生哪些变化？其中哪些变化是有利的？哪些变化是有害的？

一、糖类在食品工业中的应用

（一）甜味剂

甜味剂是指能赋予食品甜味的食品添加剂。甜味剂按其来源可分为天然甜味剂和合成甜味剂。很多糖类具有甜味，糖类是最重要的天然甜味物质，在食品加工行业应用十分广泛，蔗糖是目前用量最大的糖类。

（二）保藏食品

高浓度糖液能降低水分活度，产生高渗透压，使微生物细胞脱水收缩，发生生理干燥而无法活动。蔗糖浓度要超过50%才能抑制微生物活动，对有些耐渗透压强的微生物（如霉菌和酵母菌等），糖浓度高于70%时才能抑制其生长。此外，氧在糖液中的溶解度小于纯水中的溶解度，糖浓度越高，氧的溶解度越低，越有利于食品的色泽、风味、营养物质等的保存，同时可抑制好氧微生物的生长繁殖。

（三）形成色素

在食品工业中，美拉德反应和焦糖化反应广泛应用于改善食品的色泽、风味和香气，同时也影响着食品的营养价值和安全性。

1. 美拉德反应

（1）美拉德反应机理。

美拉德反应一般分为初级阶段、中级阶段和高级阶段三个阶段。

1）美拉德反应的初级阶段包括羰胺缩合和分子重排。醛糖（如葡萄糖）与氨基酸经羰氨缩合形成席夫碱，席夫碱通过分子内环化形成稳定的葡糖胺，糖胺发生 Amadori 重排，生成较为稳定的 Amadori 化合物（APs）。若羰基来源于酮糖（如果糖），则会发生 Heyns 重排形成 Heyns 化合物（HPs）。APs 和 HPs 是反映食品热加工程度的标志性指标，二者既是美拉德反应初级阶段的终产物，同时也是中间阶段的起始产物。

2）美拉德反应的中级阶段包括三条反应途径：1，2-烯醇化反应、2，3-烯醇化反应及斯特勒克（Strecker）降解。APs 的反应路径与反应体系的 pH 值有关，当反应体系为中性或酸性时，APs 主要发生 1，2-烯醇化反应，经胺基及 C_3-β 消除反应形成二羰基化合物 3-脱氧葡糖醛酮（3-DG），后者极易环化和脱水形成 5-羟甲基糠醛；在碱性条件下，APs 发生 2，3-烯醇化反应，经 C_1 消除反应脱氨及 1，2-逆烯醇化反应产生二羰基化合物 1-脱氧葡萄糖醛酮（1-DG）。HPs 的降解反应与体系的 pH 值无关，HPs 发生 1，2-烯醇化反应，经脱胺及 C_3-β 消除反应形成二羰基化合物 3-DG，经环化和脱水形成 5-羟甲基糠醛；另外美拉德中间反应阶段产生的二羰基化合物 1-DG 或 3-DG 可以进一步与氨基酸发生降解反应，其中氨基酸经过脱羧降解产生二氧化碳和相应的醛，该反应被称为 Strecker 降解反应，产生的醛为 Strecker 醛。

3）美拉德反应的高级阶段经缩合或聚合作用形成类黑素。一般认为类黑素是一类高分子量、结构复杂、聚合度不等的含氮褐色多聚物。

（2）影响美拉德反应的因素。美拉德反应受温度影响很大，温度相差10℃，反应速度相差3～5倍。美拉德反应速度与反应物浓度成正比，在完全干燥的条件下难以进行，水分为10%～15%时，易发生褐变。美拉德反应在酸、碱环境中均可发生，但在 pH 值等于3及以上时，其反应速度随 pH 值的升高而加快，因此降低 pH 值是控制褐变较好的方法。铁和铜会促进美拉德反应，在食品加工处理过程中应避免这些金属离子混入；钙可抑制美拉德反应。不同的底物也会影响美拉德反应的速度，在五碳糖中：核糖＞阿拉伯糖＞木糖；在六碳糖中：半乳糖＞甘露糖＞葡萄糖。并且五碳糖的褐变速度大约是六碳糖的10倍，非还原性双糖如蔗糖，因其分子比较大，故反应比较缓慢。

> **拓展知识**
> ★ 美拉德反应也常用于生产药物。例如，美拉唑是一种常见的药物，可用于治疗胃炎、消化性溃疡和反流性食管炎等疾病。而这种药物就是利用美拉德反应合成的。

2. 焦糖化反应

焦糖化反应是指在没有氨基化合物存在的情况下，糖类尤其是单糖加热到熔点以上的温度（140～170℃）时，发生脱水、降解、缩合、聚合等反应，形成黏稠、黑褐色的焦糖的反应。

底物种类、温度、pH 值、催化剂等因素可影响焦糖化反应进程。例如，果糖的熔点最低,在食品烘烤中发生焦糖化反应速度最快;当 pH 值为 8 时焦糖化反应速度要比 pH 值为 5.9 时快 10 倍;不同的催化剂,如铵盐、磷酸盐、苹果酸、延胡索酸、柠檬酸等,能够使焦糖化反应的产物具有不同的焦糖色、溶解性和酸性等特性,因而在食品工业中得到了广泛应用。

(四)发酵生产

部分糖类如蔗糖、麦芽糖、葡萄糖、果糖和半乳糖等能被微生物利用生产出发酵食品,如酒类、醋、味精及维生素等。此外,糖类还能作为原料,生产出转化糖、果葡糖浆、葡萄糖酸、葡萄糖酸钙等多种食品或食品添加剂,丰富了人们的饮食选择。

二、糖类在食品贮藏与加工中的变化

(一)淀粉在食品加工中的变化

α-淀粉干燥后可长期保存,成为方便食品,如将其加水,能得到完全糊化的淀粉,可直接食用。利用淀粉加热糊化、冷却又老化的特点可制作出粉皮、粉丝等。

烹调中常用的炸、熘、炒等烹调方法,原料若用淀粉挂糊、上浆,受热后立即凝成一层薄膜,使原料不直接与高温油接触,水也不易蒸发,不仅能保持原料原有的质地,而且表面色泽光润,形态饱满。

(二)蔗糖在加热过程中的变化

蔗糖加热到 150 ℃即开始熔化,继续加热就形成一种黏稠微黄色的熔化物,烹饪中菜肴挂霜就是利用这一特性,菜肴拔丝也是利用蔗糖加热时物理特性的变化。

(三)麦芽糖在食品加工中的变化

麦芽糖在温度升高时,它的颜色由浅黄—红黄—酱红—焦黑,这一特点可用于给烤鸭上糖色。

(四)不可消化多糖在食品加工中的变化

纤维素包围在谷类和豆类外层,它能妨碍体内消化酶与食物内营养素的接触,影响营养素的吸收。但食物经烹调加工后,部分半纤维素变成可溶性状态,原果胶变成可溶性果胶,增加体内消化酶与植物性食物中营养素接触的机会,提高了营养物质的消化率。蔬菜中的果胶质在加热时也可以吸收部分水分而变软,有利于蔬菜的消化吸收。

技能任务一 糖的颜色反应和还原反应

问题引导:
1. 如何鉴定样品中是否存在糖类?
2. 如何鉴定醛糖和酮糖?
3. 如何鉴定样品中是否存在还原糖?

拓展知识

★所有酒精饮料含有的乙醇都是使用通过酵母引起的发酵的方法生产的:葡萄酒是用葡萄中的天然糖分发酵;苹果酒是用苹果中的天然糖分发酵;蜂蜜酒是用蜂蜜中的天然糖分发酵;啤酒、威士忌、伏特加(vodka)是谷物中的淀粉被淀粉酶转化为糖,然后用糖发酵;谷物酒、白酒、米酒是谷物中的淀粉被米曲菌转化为糖,然后用糖发酵;朗姆酒是用甘蔗中的天然糖分发酵。

"1+X"食品合规管理职业技能要求

★合规体系应用(高级):能够按照原辅料(包括食品添加剂)、半成品、成品以及不合格品的贮存与交付要求完成工作,必要时完成相应不合格品的追溯。

任务工单
糖的颜色反应和还原反应

一、任务导入

糖是一种常见的有机物质，它们在化学反应中会呈现出不同的颜色。糖的颜色反应主要基于糖的还原性及与一些特定反应剂之间的反应。

在食品工业中，糖的颜色反应被广泛应用于食品的检测和质量控制。通过检测糖中的还原性物质和特定反应剂发生反应后所形成的颜色，可以判断食品中糖的含量和品质。在医药工业中，糖的颜色反应常被用于药物中糖含量的测定。通过测定药物中的糖含量，可以判断药物的纯度和质量，并对药物进行质量控制。糖的颜色反应在生物学研究中也有着重要的应用。研究人员可以利用糖的颜色反应来检测细胞中的糖含量和代谢情况，从而更好地了解细胞的生理状态和代谢途径。

扫码查标准
《食品安全国家标准 食品中果糖、葡萄糖、蔗糖、麦芽糖、乳糖的测定》（GB 5009.8—2023）

二、任务描述

（一）莫氏反应

莫氏（Molisch）反应又叫 α-萘酚反应，是指糖在浓无机酸作用下脱水形成醛糖及其衍生物，该产物可与 α-萘酚作用生成紫红色化合物，在液面上形成紫环，该过程又被称为紫环反应。反应过程如图 2-23 所示。

图 2-23　α-萘酚反应过程

单糖、双糖、多糖一般都发生此反应，但氨基糖不发生此反应。丙酮、甲酸、乳酸、草酸、葡萄糖醛酸、各种醛糖衍生物、甘油醛等均产生近似的颜色反应。因此，阴性反应证明没有糖类物质的存在；而阳性反应说明有糖存在的可能性，需要进一步通过其他糖的定性试验才能确定有糖的存在。

莫氏反应非常灵敏，0.001% 葡萄糖和 0.000 1% 蔗糖即能呈现阳性反应。因此，不可在样品中混入纸屑等杂物。当果糖浓度过高时，由于浓硫酸对它的焦化作用，将呈现红色及褐色而不呈现紫色，需稀释后再做。

（二）塞氏试验

酮糖在浓酸的作用下，脱水生成 5-羟甲基糠醛，酮糖较醛糖更易发生该反应。5-羟甲基糠醛与间苯二酚作用生成鲜红色复合物，有时也同时产生棕色沉淀，此沉淀溶于乙醇，呈鲜红色溶液，反应仅需 20～30 s。而醛糖在浓度较高时或长时间煮沸，才产生微弱的阳性反应。

该反应是鉴定酮糖的特殊反应。果糖与塞氏试剂反应非常迅速，呈鲜红色，而葡萄糖所需时间较长，且只能产生黄色至淡黄色。戊糖也与塞氏试剂反应，戊糖经酸脱水生成糠醛，与间苯二酚缩合，生成绿色至蓝色产物。酮本身没有还原性，只有在变成烯醇式后，才显示还原作用。

该反应注意观察颜色出现（反应）的先后顺序，并记录下来。可将出现颜色的试管及时取出，避免干扰。

(三) 斐林试验

含有自由醛基（-CHO）或酮基（>C=O）的单糖和二糖称为还原糖。在碱性溶液中，还原糖能将金属离子（铜、铋、汞、银等）还原，糖本身被氧化成酸类化合物，此性质常用于检验糖的还原性，并且常成为测定还原糖含量的各种方法的依据。

斐林试剂是含有硫酸铜与酒石酸钾钠的氢氧化钠溶液。硫酸铜与碱溶液混合加热，则生成黑色的氧化铜沉淀。若同时有还原糖存在，则产生黄色或砖红色的氧化亚铜沉淀。反应过程如图 2-24 所示。

为了防止铜离子和碱反应生成氢氧化铜或碱性碳酸铜沉淀，斐林试剂中加入酒石酸钾钠，它与 Cu^{2+} 形成的酒石酸钾钠络合铜离子是可溶性的络离子，该反应是可逆的。平衡后溶液内保持一定浓度的氢氧化铜。斐林试剂是一种弱的氧化剂，它不与酮和芳香醛发生反应。

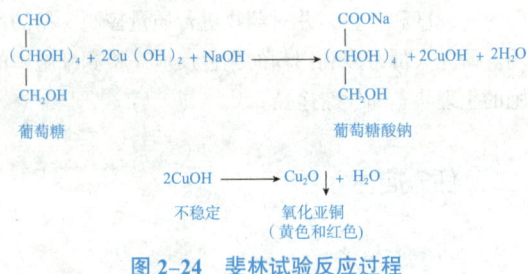

$$\underset{\text{葡萄糖}}{\overset{\text{CHO}}{\underset{\text{CH}_2\text{OH}}{|\text{(CHOH)}_4|}}} + 2\text{Cu(OH)}_2 + \text{NaOH} \longrightarrow \underset{\text{葡萄糖酸钠}}{\overset{\text{COONa}}{\underset{\text{CH}_2\text{OH}}{|\text{(CHOH)}_4|}}} + 2\text{CuOH} + 2\text{H}_2\text{O}$$

$$\underset{\text{不稳定}}{2\text{CuOH}} \longrightarrow \underset{\substack{\text{氧化亚铜}\\\text{(黄色和红色)}}}{\text{Cu}_2\text{O}} + \text{H}_2\text{O}$$

图 2-24 斐林试验反应过程

(四) 本尼迪特试验

本尼迪特试剂是斐林试剂的改良。它利用柠檬酸作为 Cu^{2+} 的络合剂，其碱性比斐林试剂弱，灵敏度高，干扰因素少，因此在实际应用中有更多的优点。

该反应的特点是在酸性条件下进行还原作用。在酸性溶液中，单糖和还原二糖的还原速度有明显差异。单糖在 3 min 内就能还原 Cu^{2+}，而还原二糖需要 20 min。所以，该反应可用于区别单糖和还原二糖。当加热时间过长，非还原性二糖被水解也能呈现阳性反应，如蔗糖在 10 min 内水解而发生反应。还原二糖浓度过高时，也会很快呈现阳性反应，若样品中含有少量氯化钠也会干扰此反应。

三、任务准备

各小组分别依据任务描述及试验原理，讨论后制定试验方案。

四、任务实施

(一) 莫氏试验

1. 试验试剂

Molish 试剂：取 5 g α-萘酚，用 95% 乙醇溶解至 100 mL，临用前配制，棕色瓶保存。
1% 果糖；1% 葡萄糖溶液；1% 蔗糖溶液；1% 淀粉溶液；滤纸（纤维素）；水；浓硫酸。

2. 操作步骤

取试管，编号，分别加入各待测糖溶液 1 mL，然后加两滴 Molish 试剂，摇匀。倾斜试管，沿管壁小心加入约 1 mL 浓硫酸，切勿摇动，小心竖直后仔细观察两层液面交界处的颜色变化。用水代替糖溶液，重复一遍，观察结果。

(二) 塞氏试验

1. 试验试剂

塞氏试剂：100 mg 间苯二酚溶于 200 mL 盐酸（$H_2O:HCl = 2:1$），临用前配制。

1% 葡萄糖溶液；1% 蔗糖溶液；1% 果糖；1% 淀粉溶液；滤纸（纤维素）。

2. 操作步骤

取试管，编号，各加入塞氏试剂 1 mL，再依次分别加入待测糖溶液各 4 滴，混匀，同时放入沸水浴，比较各管颜色的变化过程。

（三）斐林试验

1. 试验试剂

试剂甲：称取 34.5 g 硫酸铜溶于 500 mL 蒸馏水中。

试剂乙：称取 125 g NaOH，137 g 酒石酸钾钠，溶于 500 mL 蒸馏水中，贮存于具有橡皮塞玻璃瓶中。临用前，将试剂甲和试剂乙等量混合。

1% 果糖；1% 葡萄糖溶液；1% 蔗糖溶液；1% 淀粉溶液；滤纸（纤维素）。

2. 操作步骤

取试管，编号，各加入斐林试剂甲和乙 1 mL。摇匀后，分别加入 1 mL 待测糖溶液，置沸水浴中加热 2～3 min，取出冷却，观察沉淀和颜色变化。

（四）本尼迪特试验

1. 试验试剂

本尼迪特试剂：将 85 g 柠檬酸钠和 50 g 无水碳酸钠溶于 400 mL 蒸馏水中；另将 8.5 g 硫酸铜溶于 50 mL 热水。将硫酸铜溶液缓缓倾入柠檬酸钠 – 碳酸钠溶液，边加边搅，最后定容至 1 000 mL。该试剂可长期使用。

1% 葡萄糖溶液；1% 蔗糖溶液；1% 淀粉溶液；滤纸（纤维素）。

2. 操作步骤

取试管，编号，分别加入 2 mL 本尼迪特试剂和 4 滴待测糖溶液，沸水浴中加热 5 min，取出后冷却，观察各管中的颜色变化。

（五）试验结果记录

请将各现象填入表 2–3。

表 2–3　糖的颜色反应试验结果记录表

	莫氏试验	塞氏试验	斐林试验	本尼迪特试验
葡萄糖				
果糖				
蔗糖				
淀粉				
纤维素				

五、任务总结

本次技能任务的试验现象和你预测的试验现象一致吗？如果不一致，问题可能出在哪里？你认为本次技能任务在操作过程中有哪些注意事项？你在本次技能任务中有哪些收获和感悟？（可上传至在线课相关讨论中，与全国学习者交流互动。）

技术提示
加入浓硫酸后不能摇动

★ 浓硫酸吸水性很强，与水可以以任何比例混合，并放出大量稀释热。加入浓硫酸后不能摇动，可避免浓硫酸放出大量稀释热，也可避免浓硫酸对糖的吸水碳化。

技术提示
斐林试剂要现用现配

★ 斐林试剂是含有硫酸铜和酒石酸钾钠的氢氧化钠溶液。斐林试剂甲和斐林试剂乙混合后会因酒石酸有一定的还原性而自发地缓慢产生氧化亚铜沉淀，因此斐林试剂需现用现配。

技术提示

★ 在本尼迪特试剂中，柠檬酸钠呈现弱碱性且化学性质稳定，柠檬酸钠 – 碳酸钠为一对缓冲物质，产生的 OH 数量有限，与 $CuSO_4$ 溶液混合后产生的浓度相对较低，不易析出 $Cu(OH)_2$，因此该试剂可长期保存。

行成于思

★ 请思考：
1. 应用莫氏试验和塞氏试验分析未知样品时，应注意什么问题？
2. 牛乳中含有 5% 双糖，如何证明牛乳中有双糖存在？请选用一些颜色反应加以鉴定。

六、成果展示

本次技能任务结束后,相信你已经有了很多收获,请将你的学习成果(试验过程及结果的照片和视频、试验报告、任务工单、检验报告单等均可)进行展示,与教师、同学一起互动交流吧。(可上传至在线课相关讨论中,与全国学习者交流互动。)

试验操作视频
糖的颜色反应和还原反应

技能任务二 提取马铃薯中的淀粉

问题引导:
1. 马铃薯中淀粉含量较高,可采用哪些方法提取出来?
2. 如何鉴定提取出的物质是不是淀粉?
3. 如何判断淀粉是否水解?

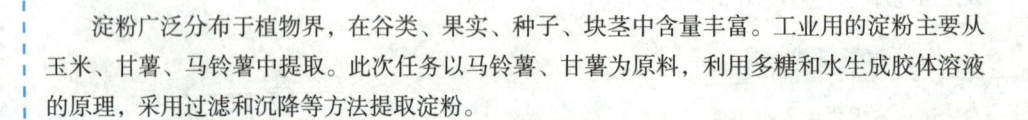

任务工单
提取马铃薯中的淀粉

一、任务导入

淀粉广泛分布于植物界,在谷类、果实、种子、块茎中含量丰富。工业用的淀粉主要从玉米、甘薯、马铃薯中提取。此次任务以马铃薯、甘薯为原料,利用多糖和水生成胶体溶液的原理,采用过滤和沉降等方法提取淀粉。

二、任务描述

提取淀粉常用的方法有浸泡法、破碎法、离心法、干燥法等。浸泡法是将淀粉原料加入水中搅拌,待淀粉颗粒膨胀后,使用筛网或离心分离出淀粉颗粒。这种方法适用于淀粉颗粒较大且未被包覆的淀粉原料,如马铃薯和玉米等。

三、任务准备

各小组分别依据任务描述及试验原理,讨论后制定试验方案。

四、任务实施

(一)试验试剂及耗材

(1) 0.1% 淀粉:称取淀粉 1 g,加少量水,调匀,倾入沸水,边加边搅,并以热水稀释至 1 000 mL，可加数滴甲苯防腐。

（2）稀碘液：配制 2% 碘化钾溶液，加入适量碘，使溶液呈淡棕黄色即可。

（3）10% NaOH：称取 NaOH 10 g，溶于蒸馏水中并稀释至 100 mL。

（4）班氏试剂：溶解 85 g 柠檬酸钠（$Na_3C_6H_5O_7 \cdot 11H_2O$）及 50 g 无水碳酸钠于 400 mL 水中，另溶解 8.5 g 硫酸铜于 50 mL 热水中。将冷却后的硫酸铜溶液缓缓倾入柠檬酸钠–碳酸钠溶液。该试剂可以长期使用，如果放置过久，出现沉淀，可以取用其上层清液使用。

（5）20% 硫酸：量取蒸馏水 78 mL 置于 150 mL 烧杯，加入浓硫酸 20 mL，混匀，冷却后贮于试剂瓶中。

（6）10% 碳酸钠溶液：称取无水碳酸钠 10 g 溶于水并稀释至 100 mL。

（7）生马铃薯适量。

（二）试验设备

组织捣碎机、纱布、布氏漏斗、抽滤瓶、表面皿、白瓷板、胶头滴管、水浴锅。

（三）操作要点

1. 淀粉的提取

生马铃薯（或甘薯）去皮，切碎，称 50 g，放入研钵，加适量水，捣碎研磨，用 4 层纱布过滤，除去粗颗粒，滤液中的淀粉很快沉到底部，多次用水洗涤淀粉，然后抽滤，滤饼放在表面皿上，在空气中干燥即得淀粉。

2. 淀粉与碘的反应

取少量自制淀粉于白瓷板（图 2–25）上，加 1～3 滴稀碘液，观察淀粉与碘液反应的颜色。

取试管一支，加入 0.1% 淀粉 5 mL，再加 2 滴稀碘液，摇匀后，观察颜色是否变化。将管内液体平均分成 3 份于 3 支试管中，并编号。

一号管在酒精灯上加热，观察颜色是否褪去，冷却后，再观察颜色变化。

二号管加入乙醇几滴，观察颜色变化，如无变化可多加几滴。

三号管加入 10% NaOH 溶液几滴，观察颜色变化。

图 2–25 白瓷板

3. 淀粉的水解

在一个小烧杯内加自制的 1% 淀粉溶液 50 mL 及 20% 硫酸 1 mL，于水浴锅中加热煮沸，每隔 3 min 取出反应液 2 滴，置于白瓷板上做碘试验，待反应液不与碘起呈色反应后，取 1 mL 此液置于试管内，用 10% 碳酸钠溶液中和后，加入 2 mL 班氏试剂，加热，观察并记录反应现象，解释原因。

五、任务总结

本次技能任务的试验现象和你预测的试验现象一致吗？如果不一致，问题可能出在哪里？你认为本次技能任务在操作过程中有哪些注意事项？你在本次技能任务中有哪些收获和感悟？（可上传至在线课相关讨论中，与全国学习者交流互动。）

拓展知识

提取淀粉的另外几种方法

★ 1. 破碎法
将淀粉原料破碎成粉末后，并配合水进行搅拌，使用高速离心分离出淀粉颗粒。这种方法适用于淀粉原料颗粒相对较小、悬浮性好且难以通过浸泡法提取的淀粉，如木薯和甘薯。

2. 离心法
使用高速离心分离淀粉颗粒和其他杂质。这种方法适用于淀粉颗粒较小、悬浮性良好的淀粉原料，如小麦和大米。

3. 干燥法
将淀粉原料破碎后烘干，通过筛分和离心分离出淀粉粉末。这种方法适用于一些高含淀粉量且难以通过其他方法提取的原料，如香蕉和荔枝种子。

技术提示

★ 1. 淀粉提取时水浴温度不能超过 50 ℃，否则会因溶解度增大而减少提取量。

2. 倾出上清液时要尽可能小心，避免沉降的淀粉被振动起来。

3. 淀粉水解的中间产物糊精（有分子量较大的红糊精和分子量较小的白糊精），对碘反应的颜色变化是紫色—棕色—黄色，若淀粉水解不彻底，也会有不同的颜色出现。

六、成果展示

本次技能任务结束后，相信你已经有了很多收获，请将你的学习成果（试验过程及结果的照片和视频、试验报告、任务工单、检验报告单等均可）进行展示，与教师、同学一起互动交流吧。（可上传至在线课相关讨论中，与全国学习者交流互动。）

行成于思
★请思考：
1. 配制碘液为什么要加入碘化钾？
2. 白瓷板上的碘试验中，颜色的变化是怎样的？
3. 如何验证淀粉没有还原性？

试验操作视频
提取马铃薯中的淀粉

任务工单
制作粉丝及感官评价

文化自信
国家级非遗——龙口粉丝传统手工生产技艺

技能任务三　制作粉丝及感官评定

问题引导：
1. 制作粉丝利用了淀粉的哪种性质？
2. 利用淀粉的该性质还能生产哪些食品？
3. 如何对粉丝进行感官评定？

一、任务导入

粉丝是一种用绿豆、红薯淀粉等做成的丝状食品，故名粉丝。粉丝品种繁多，如绿豆粉丝、豌豆粉丝、蚕豆粉丝、魔芋粉丝、红薯粉丝、甘薯粉丝、土豆粉丝等。中国南北方都有粉丝的生产，许多粉丝品牌不仅在国内享有盛誉，还远销海外，成为国际友人了解中国美食的重要窗口。

二、任务描述

在淀粉中加入适量水，加热搅拌糊化成淀粉糊（α-淀粉），经冷却或冷冻后会变得不透明甚至凝结而沉淀，这种现象称为淀粉的老化。将淀粉拌水制成糊状物，用悬垂法或挤出法成型，然后在沸水中煮沸片刻，令其糊化，捞出水冷却（老化），干燥即得粉丝。

三、任务准备

各小组分别依据任务描述及试验原理，讨论并制定制作粉丝及感官评定的试验方案。

技术提示
★1. 含水率。含水率在10%以下时，淀粉难以老化，含水率为30%～60%，特别是在40%左右时，淀粉最易老化。
2. 冷冻的速度。糊化的淀粉缓慢冷却时会加重老化，而速冻可降低老化程度。
3. 温度的高低。淀粉老化的最适温度是2～4℃，60℃以上或-20℃以下就不易老化，当温度恢复至常温，老化仍会发生。

四、任务实施

（一）试验试剂

蒸馏水，薯粉。

（二）试验器材

电炉子、烧杯、玻璃棒、注射器、白瓷盘、烘箱。

(三)操作步骤

1. 搅拌

称取 20 g 薯粉，取出约一半放入烧杯，加入 10 mL 热开水，进行搅拌，并在搅拌过程中不断地加入剩余部分的薯粉，使其糊化（此过程需将烧杯放在温水中进行），直至薯粉糊均匀无块且不粘手。

2. 煮沸

将其移入注射器，挤压薯粉成条状落入沸水锅中，煮沸 3 min，使其糊化。

3. 冷却

捞出薯粉条用冷水冷却 10 min。

4. 干燥

置于盘中，于烘箱中干燥，即得粉丝。

5. 试验数据记录与分析

将所制得的粉丝，任意选出 5 个产品，编号为 1、2、3、4、5，用加权平均法对 5 个产品进行感官质量评价，填于表 2-4。

表 2-4　粉丝感官评价记录表

样品编号	色泽（20分）	形态（20分）	手感（20分）	口感（20分）	杂质（20分）	总分（100分）
1						
2						
3						
4						
5						

参照《地理标志产品质量要求　龙口粉丝》(GB/T 19048-2024）：

色泽：洁白，有光泽，呈半透明状。

形态：丝条粗细均匀，无并丝。

手感：柔韧，有弹性。

口感：复水后柔软、滑爽、有韧性。

杂质：无外来杂质。

扫码查标准
《地理标志产品质量要求　龙口粉丝》(GB/T 19048-2024）

五、任务总结

本次技能任务的试验现象和你预测的试验现象一致吗？如果不一致，问题可能出在哪里？你认为本次技能任务在操作过程中有哪些注意事项？你在本次技能任务中有哪些收获和感悟？（可上传至在线课相关讨论中，与全国学习者交流互动。）

六、成果展示

本次技能任务结束后，相信你已经有了很多收获，请将你的学习成果（试验过程及结果的照片和视频、试验报告、任务工单、检验报告单等均可）进行展示，与教师、同学一起互动交流吧。（可上传至在线课相关讨论中，与全国学习者交流互动。）

企业案例：白砂糖生产工艺流程及要点分析

学习小贴士
★小小的一粒白砂糖，都需要经过这么多工序才能脱胎换骨。我们想要有所突破，就必须不断经历，不断感悟，不断提升自己。

图 2-26 所示是一家糖加工企业的真实白砂糖生产工艺流程（二步法），请仔细观察该工艺流程，并尝试说说每个流程可能有哪些需要注意的要点？

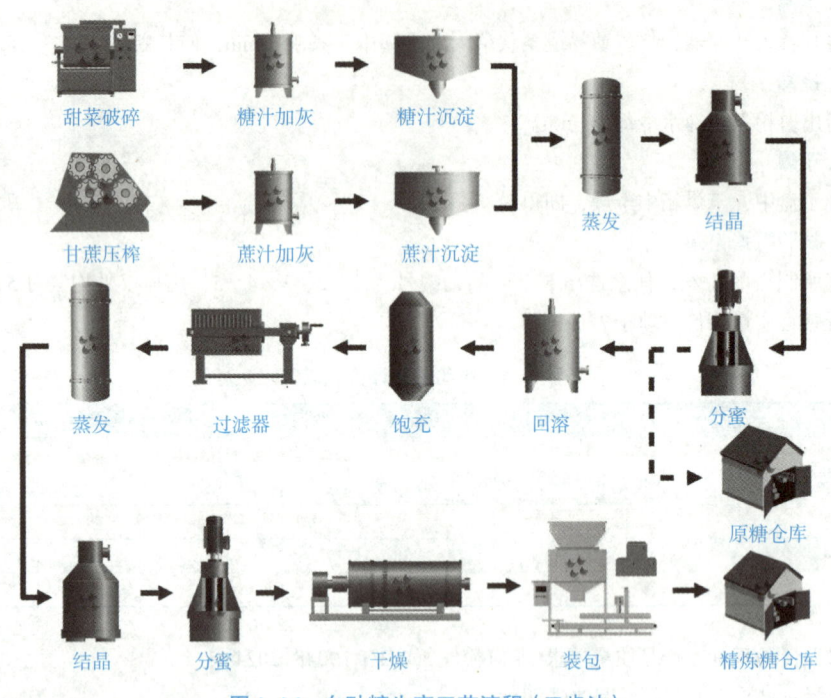

学习进行时
★学习是立身做人的永恒主题，也是报国为民的重要基础。梦想从学习开始，事业从实践起步。当今世界，知识信息快速更新，学习稍有懈怠，就会落伍。有人说，每个人的世界都是一个圆，学习是半径，半径越大，拥有的世界就越广阔。
——2013 年 10 月 21 日，习近平在欧美同学会成立 100 周年庆祝大会上的讲话

甜菜破碎 → 糖汁加灰 → 糖汁沉淀 ↘
                                    蒸发 → 结晶
甘蔗压榨 → 蔗汁加灰 → 蔗汁沉淀 ↗   ↓
                                              分蜜
蒸发 ← 过滤器 ← 饱充 ← 回溶 ← ↙   ↓
                                    原糖仓库
↓
结晶 → 分蜜 → 干燥 → 装包 → 精炼糖仓库

图 2-26　白砂糖生产工艺流程（二步法）

"1+X"食品合规管理职业技能要求
★合规体系应用（高级）：
能够保证加工环境、硬件设施、卫生管理及工艺流程的合规性，实施合理化改进并完善保障体系。

通过企业案例，同学们可以直观地了解企业在真实环境下面临的问题，探索和分析企业在解决问题时采取的策略和方法。
扫描左侧二维码，可查看自己和教师的参考答案有何异同。

"1+X"食品合规管理职业技能要求
★合规体系应用（高级）：
能够按照操作规范、工艺流程等内部规范性文件进行合规性检查。

扫码查看"企业案例"参考答案

考核评价

请同学们按照下面的几个表格（表2-5～表2-7），对本项目进行学习过程考核评价。

表2-5　学生自评表

评价项目	评价标准			
	非常优秀（8～10）	做得不错（6～8）	尚有潜力（4～6）	奋起直追（2～4）
1.学习态度积极主动，能够及时完成教师布置的各项任务				
2.能够完整地记录探究活动的过程，收集的有关学习信息和资料全面翔实				
3.能够完全领会教师的授课内容，并迅速地掌握项目重难点知识与技能				
4.积极参与各项课堂活动，并能够清晰地表达自己的观点				
5.能够根据学习资料对项目进行合理分析，对所制定的技能任务试验方案进行可行性分析				
6.能够独立或合作完成技能任务				
7.能够主动思考学习过程中出现的问题，认识到自身知识的不足之处，并有效利用现有条件来解决问题				
8.通过本项目学习达到所要求的知识目标				
9.通过本项目学习达到所要求的能力目标				
10.通过本项目学习达到所要求的素质目标				
总评				
改进方法				

表2-6　学生互评表

评价项目	评价标准			
	非常优秀（8～10）	做得不错（6～8）	尚有潜力（4～6）	奋起直追（2～4）
1.按时出勤，遵守课堂纪律				
2.能够及时完成教师布置的各项任务				
3.学习资料收集完备、有效				
4.积极参与学习过程中的各项课堂活动				
5.能够清晰地表达自己的观点				
6.能够独立或合作完成技能任务				
7.能够正确评估自己的优点和缺点并充分发挥优势，努力改进不足				
8.能够灵活运用所学知识分析、解决问题				
9.能够为他人着想，维护良好工作氛围				
10.具有团队意识、责任感				
总评				
改进方法				

表2-7　总评分表

评价内容		得分	总评
总结性评价	知识考核（20%）		
	技能考核（20%）		
过程性评价	教师评价（20%）		
	学习档案（10%）		
	小组互评（10%）		
	自我评价（10%）		
增值性评价	提升水平（10%）		

巩固提升

巩固提升参考答案

扫码自测
难度指数：★★★

扫码自测
难度指数：★★★★★

扫码自测参考答案
难度指数：★★★

扫码自测参考答案
难度指数：★★★★★

项目三　餐桌上的能量炸弹——脂类

导学动画
脂类

单元教学设计
脂类

学习进行时
★广大青年既是追梦者，也是圆梦人。追梦需要激情和理想，圆梦需要奋斗和奉献。广大青年应该在奋斗中释放青春激情、追逐青春理想，以青春之我、奋斗之我，为民族复兴铺路架桥，为祖国建设添砖加瓦。
——2018年5月2日，习近平在北京大学师生座谈会上的讲话

学习小贴士
★食品生物化学课程很讲究思维的整体性、知识点的相互联系，做好一份思路清晰的笔记对学习很有帮助。

项目背景

脂类是食品中重要的营养成分之一，是生物体内重要的贮存能量的形式，它可以为人体提供必需脂肪酸，作为脂溶性维生素载体，并可增加食品的风味，在机体表面的脂类可防止机械损伤、减少热量散失，脂类也是构成生物膜的基本组成成分。在食品中，脂类所表现出的独特的物理和化学性质对于食品加工十分重要。因此，了解脂类的结构、性质、功能，掌握脂类的检测指标及其在食品加工过程中所发生的变化，具有十分重要的意义。

学习目标

知识目标	能力目标	素质目标
1.掌握脂类的概念、分类及功能。 2.掌握重要脂类物质的结构及理化性质。 3.了解油脂的加工、改性及分提方法。 4.掌握油脂在食品加工贮藏中的变化	1.能够对常见脂类物质进行分类。 2.能够说出重要脂类物质的理化特性。 3.能够进行油脂品质指标测定。	1.培养砥砺前行、永不言弃的奋斗精神。 2.培养携手共进、齐心合作的团队精神。 3.培养居安思危、防患未然的安全意识。 4.培养厚植于心、坚定不移的民族自豪感

学习重点

1.重要脂类物质的结构及理化性质。
2.油脂品质指标测定原理及方法。

项目三　餐桌上的能量炸弹——脂类

思维导图

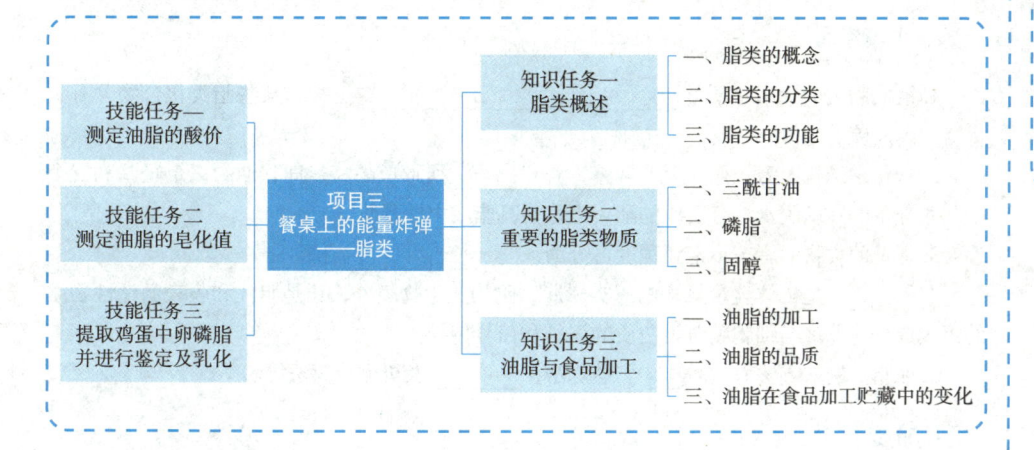

```
                                              ┌─ 一、脂类的概念
                              ┌─ 知识任务一 ──┼─ 二、脂类的分类
                              │   脂类概述    └─ 三、脂类的功能
                              │
技能任务一                     │                ┌─ 一、三酰甘油
测定油脂的酸价 ─┐              │                │
                │   项目三     │                │
技能任务二      ├─ 餐桌上的能量炸弹 ─┼─ 知识任务二 ──┼─ 二、磷脂
测定油脂的皂化值 │    ——脂类    │   重要的脂类物质  │
                │              │                └─ 三、固醇
技能任务三      ┘              │
提取鸡蛋中卵磷脂                │                ┌─ 一、油脂的加工
并进行鉴定及乳化                └─ 知识任务三 ──┼─ 二、油脂的品质
                                  油脂与食品加工 └─ 三、油脂在食品加工贮藏中的变化
```

学习小贴士

★采用不同的学习方法可以提高学习的效果。尝试利用图表、记忆卡片、讲解给他人等多种方法来帮助学习和复习，以便增加对知识的理解和记忆。

案例启发

中医药献给世界的礼物——青蒿素研究历程

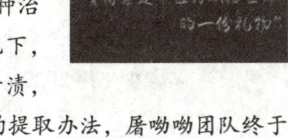

疟疾是经蚊虫叮咬或输入带疟原虫者的血液而感染疟原虫所引起的虫媒传染病。20世纪末，全球每年有近3亿人感染、近百万人因此死亡。1969年，中医科学院中药研究所研究实习员屠呦呦接受了国家疟疾防治项目"523"研究任务，并担任中药抗疟组组长。由于当时的科研设备比较落后，科研水平也无法达到国际一流水平，不少人认为这个任务难以完成。屠呦呦却坚定地说："没有行不行，只有肯不肯坚持。"

通过整理中医药典籍、走访老中医，屠呦呦汇集了640余种治疗疟疾的中药单秘验方。在青蒿提取物试验药效不稳定的情况下，东晋葛洪《肘后备急方》中的记载——"青蒿一握，以水二升渍，绞取汁，尽服之"给了屠呦呦新的灵感。通过改用低沸点溶剂的提取办法，屠呦呦团队终于在1972年发现了青蒿素。

1981年，世界卫生组织致函中国卫生部，抗疟新药青蒿素得到世界认可。也正是在这一年，一直按照共产党员标准要求自己的屠呦呦如愿加入中国共产党。据世界卫生组织不完全统计，青蒿素作为一线抗疟药物，在全世界已成功挽救了数百万人的生命。

屠呦呦说："中国医药学是一个伟大宝库，青蒿素正是从这一宝库中发掘出来的。未来我们要把青蒿素研发做透，把论文变成药，让药治得了病，让青蒿素更好地造福人类。"

2015年10月，屠呦呦因发现青蒿素，挽救了全球特别是发展中国家数百万人的生命，为人类健康事业做出突出贡献，荣获诺贝尔生理学或医学奖，成为首获科学类诺贝尔奖的中国人。2017年获国家最高科学技术奖。2019年获"共和国勋章"。

青蒿素的发现之路充满荆棘，但坚定的理想信念让青蒿素成为人类福祉。我们在现在的学习生活和将来的工作中也一定要坚定理想信念，强化使命担当，传承前辈们的奋斗基因，为实现中华民族伟大复兴做出自己应有的贡献。

科学史话

中医药献给世界的礼物——青蒿素研究历程

课前摸底

（一）填空题

1. 组成脂类的元素主要是_____、_____、_____三种，某些脂类化合物含有少量氮、磷及硫。
2. 从化学结构上看，脂肪是_____与_____所形成的酯，即甘油的三个羟基和三个脂肪酸分子的羧基脱水缩合而成的酯，也称为真脂或中性脂肪。
3. 常见的食物油脂按不饱和程度可分为_____、_____和_____。
4. _____是机体含量最多的一类磷脂，除构成生物膜外，还是胆汁和膜表面活性物质的组成成分，并参与细胞膜对蛋白质的识别和信号传导。
5. 油脂的制取方法有_____、熬炼法、_____及机械分离法等。

（二）选择题

1. 下列不是油脂的作用的是（　　）。
   A. 带有脂溶性维生素　　　　　　　B. 易于消化吸收风味好
   C. 可溶解风味物质　　　　　　　　D. 可增加食后饱足感
2. 从牛奶中分离奶油通常用（　　）。
   A. 熬炼法　　　B. 压榨法　　　C. 萃取法　　　D. 离心法

自立自强·端稳中国人"油瓶子"——
农业农村部：2023年确保大豆油料面积稳定在3.5亿亩

人民网北京1月28日电（记者李栋）记者从农业农村部获悉，2023年，我国将持续推进大豆油料产能提升工程，确保大豆油料面积稳定在3.5亿亩以上，食用植物油自给率提高1个百分点，牢牢端稳中国人的"油瓶子"。

"提升大豆油料产能和自给率，是中央部署的重大任务。"农业农村部种植业管理司司长潘文博在介绍2022年国家大豆和油料产能提升工程情况时表示，农业农村部在扩大豆和扩油料两方面多措并举，2022年在大豆油料产能提升工程方面取得了"开门红"。

在扩大豆方面，构建合理轮作制度。在东北大豆传统产区，发展玉米大豆轮作。在西北、黄淮海、西南、长江中下游选择适宜种植区域。"2022年首次大面积推广大豆玉米带状复合种植，共有16个省1 047个县的4万多个经营主体来承担。"潘文博介绍。在扩油料上，开发利用南方冬闲田扩种冬油菜。在西北地区因地制宜发展春油菜，在黄淮海、北方农牧交错带、西北地区积极发展花生，因地制宜发展当地特色油料。

2022年大豆油料产能提升工程成绩不凡。数据显示，2022年大豆种植面积达1.54亿亩，比2021年增加2 743万亩，产量达2 028万吨，增加389万吨。油菜面积达到1.09亿亩，比2021年增加近400万亩，油料作物总产量3 653万吨，增长1.1%。因供给增加和消费节约，食用植物油自给率提高1.6个百分点。"2023年，力争再扩大大豆油料种植面积1 000万亩以上，食用植物油自给率提高1个百分点，争取每年都见到新成效，牢牢端稳中国人的'油瓶子'。"潘文博说。

知识任务一 脂类概述

> **问题引导：**
> 1. 脂类是什么？
> 2. 脂类可分为哪几类？分类的依据是什么？
> 3. 脂类有哪些生理功能？

一、脂类的概念

脂类指存在于生物体中或食品中，微溶于水，能溶于有机溶剂的一类化合物的总称。脂类主要包括脂肪和一些类脂质（如磷脂、固醇、糖脂等）。食物中的油脂主要是油和脂肪，习惯上将室温下呈固态的脂肪称为脂，呈液态的称为油，两者统称为油脂。脂类在植物中主要存在于种子或果仁，在动物中则主要存在于皮下组织、腹腔、肝及肌肉的结缔组织。

脂质的化学本质是脂肪酸和醇所形成的酯类及其衍生物。组成脂类的元素主要是碳、氢、氧三种，有些含氮、磷及硫等。大多数脂类化合物是由脂肪酸与醇所形成的酯及其衍生物，并且参与脂类组成的脂肪酸多为长链一元羧酸，参与脂类组成的醇包括甘油、鞘氨醇、高级一元醇和固醇。

二、脂类的分类

根据化学结构及脂的组成，脂类可分为单纯脂、复合脂和衍生脂。

（一）单纯脂

单纯脂是脂肪酸与醇脱水缩合形成的化合物，主要包括三酰甘油和蜡。三酰甘油是一分子甘油和三分子脂肪酸结合所形成的酯，也称甘油三酯。蜡是由长链脂肪酸与长链醇或固醇所形成的酯。

（二）复合脂

复合脂是由脂肪酸、醇和其他物质所形成的酯，主要包括磷脂、糖脂和脂蛋白等。磷脂由脂肪酸、醇、磷酸及一个含氮碱构成，如甘油磷脂、软磷脂、脑磷脂等。糖脂含有糖（半乳糖和葡萄糖）、一分子脂肪酸及神经鞘氨基醇。脂蛋白指蛋白质与脂类的复合物。

（三）衍生脂

衍生脂指由单纯脂类和复合脂类衍生而来或与之关系密切的物质，也具有脂质一般性质，包括异戊二烯类、多萜类及固醇和类固醇类等。

也有人把脂质分为两大类：一类是能被碱水解生成皂的，称可皂化脂质；另一类是不能被碱水解生成皂的，称不可皂化脂质。

根据脂质在水中和水界面上的行为不同，它们可分为非极性和极性两大类。非极性脂质在水中溶解度极低，即不具有容积可溶性；也不能在空气 – 水界面或油 – 水界面分散成单分子层，即不具有界面可溶性。Ⅰ类极性脂质具有界面可溶性，但不具有容积可溶性。Ⅱ类极性脂质是成膜分子，能形成双分子层和微囊。Ⅲ类极性脂质是可溶性脂质，虽具有界面可溶性，但形成的单分子层不稳定。

三、脂类的功能

脂类广泛分布于各种生物细胞和组织中，生物学功能多种多样。

（一）储存和提供能量

脂类是生物体储存和提供机体能量的主要形式。当机体摄取的营养物质超过正常需要量时，大部分要转化成脂肪并在适宜的组织中积累下来；当营养不够时，又可以进行分解供给生物体能量。脂肪含有高比例的氢氧比，含氢多，脱氢机会多，产能也就高，比同比例的糖产能高很多。作为储存能物质，脂类还有一个好处就是有机体不必携带像贮存多糖那样的结合水，因为三酰甘油是疏水的。

> **生化与健康**
> ★ 婴儿在0～6月体重快速增长而胃容量较小，在生命的前6个月，膳食总脂肪应该贡献40%～60%的能量，以满足婴儿生长中对于能量的需求和组织沉积中对于脂肪的需求。

（二）保护作用

脂类具有维持体温、保护内脏和缓冲外界压力的作用。某些动物贮存在皮下的脂肪不仅能储能，还能作为抗低温的绝缘层，防止热量散失。例如南北极的动物，皮下脂肪很多很厚，起到保温作用。又如脊椎动物的某些皮肤腺可以分泌蜡以保护毛发和皮肤，使之柔韧、润滑并防水。人和动物皮下和肠系膜部分的脂肪起到防震的填充物作用。另外，组织器官表面的脂质是很好的润滑剂，防止机械损伤。

（三）生物膜的重要组成成分

生物膜中的脂类成分为磷脂、糖脂和固醇，磷脂和糖脂是大多数生物膜所共有的成分，其中磷脂占主要成分。磷脂又名磷酸甘油酯，含磷酸，是一种复合脂类，广泛存在于动物、植物、微生物中，各种生物膜的骨架大多是由磷脂构成的磷脂双分子层，磷脂与生物膜特有的半透性、柔软性、高电阻性有关。

> **拓展知识**
> ★ 脂溶性维生素是不溶于水而溶于脂肪及非极性有机溶剂（如苯、乙醚及氯仿等）的一类维生素，包括维生素A、维生素D、维生素E、维生素K等。

（四）脂溶性维生素的载体

有些生物活性物质必须溶解到脂质中才能在有机体中运输，并被机体吸收利用。例如一些脂溶性的维生素溶解于脂肪，不易被排泄，可储存于体内，不需每日供给。脂类物质还能促进这类维生素的吸收。在此，脂质充当溶剂的角色。

（五）重要的生理活性物质

有些脂质具有专一的生物活性，被称为活性脂质。活性脂质不同于结构脂质和贮存脂质，是小量的细胞成分。如类固醇中的类固醇激素包括雄性激素、雌性激素和肾上腺皮质激素，是人体中重要的代谢调节物质，能调节人体的代谢。

> **拓展知识**
> ★ 肾上腺皮质激素是肾上腺皮质受脑垂体前叶分泌的促肾上腺皮质激素刺激所产生的一类激素。其按生理作用特点可分为盐皮质激素和糖皮质激素。前者主要调节机体水、盐代谢和维持电解质平衡，后者主要与糖、脂肪、蛋白质代谢和生长发育等有关。

健康中国·各年龄段每天油脂摄入量

油盐作为烹饪调料必不可少，但建议尽量少用。推荐成年人平均每天烹调油不超过 25～30 g。

按照 DRIs 的建议，1～3 岁人群膳食脂肪供能比应占膳食总能量 35%；4 岁以上人群占 20%～30%。在 1 600～2 400 kcal 能量需要量水平下脂肪的摄入量为 36～80 g。其他食物中也含有脂肪，在满足平衡膳食模式中其他食物建议量的前提下，烹调油需要限量。按照 25～30 g 计算，烹调油提供 10% 左右的膳食能量。烹调油包括各种动植物油，植物油如花生油、大豆油、菜籽油、葵花籽油等，动物油如猪油、牛油、黄油等。烹调油也要多样化，应经常更换种类，以满足人体对各种脂肪酸的需要。（中国营养学会）

知识任务二　重要的脂类物质

问题引导：
1. 三酰甘油是什么？
2. 脂肪酸有哪些分类方式？
3. 脂肪有哪些理化性质？

一、三酰甘油

（一）三酰甘油的结构

三酰甘油又称甘油三酯或脂肪，从化学结构上看，脂肪是一分子甘油和三分子脂肪酸结合形成的酯，即甘油的三个羟基和三个脂肪酸分子的羧基脱水缩合形成的酯（图 3-1），也称为真脂或中性脂肪。

$$\begin{array}{l} CH_2-OH \\ | \\ CH-OH \\ | \\ CH_2-OH \end{array} + 3RCOOH \longrightarrow \begin{array}{l} CH_2OCOR_1 \\ | \\ CHOCOR_2 \\ | \\ CH_2OCOR_3 \end{array}$$

图 3-1　脂肪的酯化过程

各种三酰甘油的区别在于所含脂肪酸残基是否相同。若 3 个脂肪酸皆相同，则称简单甘油三酯，不同则称为混合甘油三酯。天然油脂多为混合甘油三酯。

甘油三酯是人体内含量最多的脂类，大部分组织均可以利用甘油三酯分解产物供给能量，肝脏、脂肪等组织还可以进行甘油三酯的合成。

（二）脂肪酸

脂肪酸是一端含有一个羧基的长的脂肪族碳烃链。在生物体内只有少量脂肪酸以游离状态存在于组织和细胞中，大部分脂肪酸以结合形式存在，如甘油三酯、磷脂、糖脂等。低碳数的脂肪酸是无色液体，有刺激气味，易溶于水；中碳数的脂肪酸是油状液体，微溶于水，有汗的气味；高碳数的脂肪酸是固体，不溶于水，脂肪酸能与碱作用生成盐，与醇作用生成酯。脂肪酸可用于制造肥皂、合成洗涤剂、润滑剂和化妆品等。

1. 脂肪酸的命名

部分脂肪酸常以习惯命名法命名，如丁酸、棕榈酸，月桂酸等。所有脂肪酸均可以系统命名法命名，通常选择含羧基和双键最长的碳链为主链，从羧基端开始编号，并标出不饱和键的位置。另外还有 ω- 编码命名法等。

2. 脂肪酸的分类

（1）按照脂肪酸碳氢链长度分类。按照脂肪酸碳氢链的长度来分类，可分为短链脂肪酸（2～4个C）、中链脂肪酸（6～10个C）、长链脂肪酸（大于12个C）。一般食物所含的脂肪酸大多是长链脂肪酸。

（2）按照脂肪酸双键位置分类。按照脂肪酸双键的位置来分类，可分为ω-9、ω-7、ω-6、ω-3 系列脂肪酸。

（3）按照脂肪酸氢键是否饱和分类。按照脂肪酸氢键是否饱和来分类，可分为饱和脂肪酸和不饱和脂肪酸（表3-1）。

表 3-1　常见的饱和脂肪酸和不饱和脂肪酸

类别	化学式	系统名称	普通名称
饱和脂肪酸	C_3H_7COOH	正丁酸	酪酸
	$C_5H_{11}COOH$	正己酸	己酸
	$C_7H_{15}COOH$	正辛酸	辛酸
	$C_9H_{19}COOH$	正癸酸	癸酸
	$C_{11}H_{23}COOH$	正十二酸	月桂酸
	$C_{13}H_{27}COOH$	正十四酸	豆蔻酸
	$C_{15}H_{31}COOH$	正十六酸	棕榈酸、软脂酸
	$C_{17}H_{35}COOH$	正十八酸	硬脂酸
	$C_{19}H_{39}COOH$	正二十酸	花生酸
不饱和脂肪酸	$C_{15}H_{29}COOH$	9-十六碳烯酸	棕榈油酸
	$C_{17}H_{33}COOH$	9-十八碳烯酸	油酸
	$C_{17}H_{31}COOH$	9,12-十八碳二烯酸	亚油酸
	$C_{17}H_{29}COOH$	9,12,15-十八碳三烯酸	亚麻酸
	$C_{19}H_{31}COOH$	5,8,11,14-二十碳四烯酸	花生四烯酸
	$C_{21}H_{41}COOH$	13-二十二碳烯酸	芥酸

> **生化与健康**
> ★《中国膳食居民指南（2022）》指出，动物油脂富含饱和脂肪酸，应特别注意限制加工零食和油炸香脆食品摄入。日常饱和脂肪酸的摄入量应控制在总脂肪摄入量的10%以下。

> **生化与健康**
> ★ DHA 和 EPA 主要源于深海鱼油，如沙丁鱼、乌贼和鳝鱼等。因此，适量摄入这些深海鱼类，有助于我们摄取到足够的 DHA 和 EPA，从而维护身体健康。

饱和脂肪酸是不含双键的脂肪酸，主要存在于动物脂肪和乳脂中，椰子油、棉籽油和可可油等植物油脂也富含饱和脂肪酸。值得注意的是，这些食物同时也含有较多的胆固醇，因此，当摄入较多的饱和脂肪酸时，也相应地摄入了较多的胆固醇。饱和脂肪酸根据其碳原子数是否超过10，划分为低级饱和脂肪酸和高级饱和脂肪酸。低级饱和脂肪酸在常温下呈液态，易挥发；高级饱和脂肪酸在常温下呈固态，常见的有十六碳酸、十八碳酸等。

不饱和脂肪酸是含双键的脂肪酸，大部分植物油都富含不饱和脂肪酸，呈液态，如花生油、玉米油、豆油、坚果油、菜籽油等。分子中只有一个不饱和键的称为单不饱和脂肪酸，如豆蔻油酸、棕榈油酸、菜籽油酸等；分子中含有两个及以上不饱和键的称为多不饱和脂肪酸，如亚油酸和亚麻酸等。

一些多不饱和脂肪酸对人体有特殊的功能。DHA（二十二碳六烯酸）具有健脑功能，对阿尔茨海默病、异位性皮炎、高脂血症有疗效；EPA（二十碳五烯酸）能使血小板凝聚能力降低、出血后血液凝固时间变长、心肌梗死发病率降低等，此外EPA还可降低血液黏度、提高高密度胆固醇（优质胆固醇）的浓度，降低低密度胆固醇（劣质胆固醇）的浓度。

按照脂肪酸的空间结构分类，不饱和脂肪酸可分为顺式脂肪酸和反式脂肪酸。在不饱和脂肪酸中，由于双键的存在可出现顺式及反式的立体异构体，顺式脂肪酸的H在不饱和键的同侧，反式脂肪酸的H在不饱和键的两侧。

（4）按照满足机体需要的程度分类。按照满足机体需要的程度，脂肪酸可分为必需脂肪酸和非必需脂肪酸。

人体能够自身合成，可以不从食物中直接摄取的脂肪酸称为非必需脂肪酸，大多数脂肪酸属于此类。非必需脂肪酸主要是饱和脂肪酸，对人体特别是大脑的发育起着不可替代的作用，但摄入过量会增加体内血脂的含量。

维持人体正常生长所必需，而人体又不能合成的脂肪酸称为必需脂肪酸，包括亚油酸、亚麻酸和花生四烯酸等，其中亚油酸是最重要的必需脂肪酸（表3-2）。必需脂肪酸必须从食物中获取，最好的来源是植物油。

行成于思
★请思考：在食品贮藏与加工过程中，如何能够保证必需脂肪酸不被破坏？

表3-2　几种食品亚油酸含量（占食品中油脂总量的质量分数）

食品	亚油酸含量/%	食品	亚油酸含量/%
棉籽油	55.6	猪肉（瘦）	13.6
豆油	52.6	猪肉（肥）	8.1
玉米胚油	47.8	猪心	24.4
芝麻油	43.7	猪肝	15.0
米糠油	34.0	猪肾	16.8
菜籽油	14.2	猪肠	14.9
茶油	7.4	鸡肉	24.2

（三）三酰甘油的理化性质

1. 物理性质

纯净的三酰甘油一般无色、无臭、无味，不溶于水，易溶于乙醚、氯仿、苯和石油醚等非极性有机溶剂。动植物的脂肪和油是单纯甘油三酯和混合甘油三酯的复杂混合物，其脂肪酸组成随生物的不同而变化。

2. 化学性质

（1）水解与皂化。在酸、碱或酶的作用下，三酰甘油可逐步水解成二酰甘油、单酰甘油，最后彻底水解成甘油和脂肪酸，称为三酰甘油的水解反应（图3-2）。

在碱性条件下水解出的游离脂肪酸，与碱结合生成脂肪酸盐（皂），一般称三酰甘油的碱性水解为皂化反应（图3-3）。

皂化1g油脂所需KOH的毫克数称为皂化

图3-2　油脂的水解反应

图3-3　油脂的皂化反应

行业快讯
★中国工程院院士陈君石表示，近年来的技术革新，使氢化植物油（人造奶油）、精炼植物油等产品中的反式脂肪酸得到有效控制，还产生了非氢化工艺的起酥油等替代产品，例如植脂末、代可可脂已经能做到"0反式脂肪酸"。实际上，中国人群摄入的反式脂肪酸远低于世界卫生组织的建议限值，也显著低于欧美国家人群的摄入量。

值。每种油脂都有一定的皂化值，根据皂化值的大小可以计算出油脂的平均相对分子量。皂化值也是检验油脂质量的重要常数之一，不纯的油脂其皂化值相对较低。

（2）氢化与卤化。三酰甘油中的双键在催化剂（如金属镍、铅）存在时，可与H_2和卤素等进行加成反应，称三酰甘油的氢化和卤化。

液态油可通过氢化的方法转变为固态脂。在食品工业中常用的人造奶油，就是用氢化的方法将液态植物油变成固态脂而得来。卤化反应中消耗卤素的量反映了油脂中所含不饱和双键的多少。在油脂分析上常用碘价来衡量油脂中所含脂肪酸的不饱和程度。碘价是指每100 g脂肪或脂肪酸吸收碘的克数。碘价高表明油脂中所含不饱和双键多，更易氧化。

（3）氧化与酸败。天然油脂长期暴露在空气中，其不饱和成分会逐渐发生自动氧化，油脂颜色加深、味变苦涩并产生一种难闻的臭味，这种现象称为油脂的酸败。酸败的主要原因是油脂中的不饱和脂肪酸双键被空气中的氧所氧化，生成过氧化物，并继续分解产生挥发性的低级醛、酮、酸等，这些产物具有令人不愉快的气味。酸败的另一个原因是在微生物作用下，油脂分解为脂肪酸和甘油，脂肪酸经一系列酶促反应、脱羧后生成具有苦味及臭味的低级酮类。

油脂的酸败程度一般用酸价来表示。酸价是指中和1 g油脂中的游离脂肪酸所消耗的KOH毫克数，又称为酸值。酸价是衡量油脂的重要指标之一，一般情况下，油脂酸价大于6即不可作为食用油脂。

> **拓展知识**
> ★ 为了防止油脂酸败变质，可行的方法如下：
> 1. 购买出厂不久的新鲜的食用油，不要等到接近或过了保质期再吃。
> 2. 购买小包装的充氮植物油。
> 3. 食用油及含油脂的食品应存放在温度低的地方，避免炉灶等热源和日光晒等直接影响，以免加快油脂酸败。
> 4. 打开包装后的食品宜尽快吃完，对多余的食品应加盖或密封保存。

二、磷脂

磷脂是分子中含磷酸的复合脂质，包括甘油磷脂和鞘磷脂两类。磷脂是细胞膜和各种细胞器膜的重要组分，细胞所含有的绝大部分磷脂集中在生物膜中。生物膜的许多特性与磷脂有关（图3-4）。

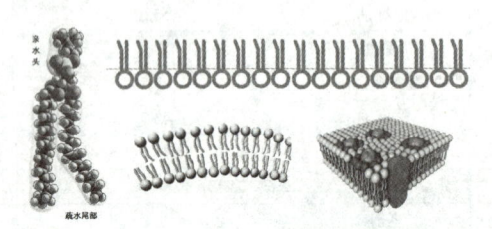

图3-4 磷脂分子结构及其构成的生物膜

（一）甘油磷脂

甘油磷脂是机体含量最多的一类磷脂，除构成生物膜外，还是胆汁和膜表面活性物质的组成成分，并参与细胞膜对蛋白质的识别和信号传导。

甘油磷脂的主链是甘油，甘油的第三个羟基被磷酸酯化，另外两个羟基被脂肪酸酯化，磷酸基团又与各种结构不同的小分子化合物相连接，形成不同的甘油磷脂。两个长碳氢链具有非极性特性，甘油分子的第三个羟基与磷酸形成的酯键有极性，所以这类化合物是亲水脂两性分子。

天然甘油磷脂都属于L-构型，按照国际命名原则，甘油的3个碳原子从上到下依次标成1、2、3号，C_1上的羟基位于右边，通常与饱和脂肪酸发生酯化反应；C_2上的羟基位于左边，通常与不饱和脂肪酸合成酯；C_3上的羟基一定与磷酸成酯，甘油磷脂结构通式如图3-5所示。

图3-5 甘油磷脂结构通式

常见的甘油磷脂有卵磷脂、脑磷脂、心磷脂等。

卵磷脂也称磷脂酰胆碱或胆碱磷脂，其构成成分包括磷酸、胆碱、脂肪酸、甘油、糖脂等，是白色蜡状物质，极易吸水，可溶于乙醚、乙醇，不溶于丙酮。由于卵磷脂中的不饱和

> **拓展知识**
> ★ 大脑是含卵磷脂最多的器官，所以作为磷脂家族最重要成员的卵磷脂是脑细胞、神经细胞不可缺少的营养原料。

脂肪酸容易被氧化,因此接触空气后,其颜色会迅速转变为黄褐色。卵磷脂是动植物中分布最广的一种磷脂,以禽卵卵黄中的含量最为丰富,达干物质总质量的 8%～10%。卵磷脂在动物机体内发挥着调控代谢过程、防止脂肪肝形成等作用。卵磷脂在食品加工中主要用作乳化剂、抗氧化剂和营养物质。

脑磷脂又称磷脂酰乙醇胺、乙醇胺磷脂,是由甘油、脂肪酸、磷酸和乙醇胺组成的一种磷脂,可由家畜屠宰后的新鲜脑或大豆榨油后的副产物中提取而得。在动植物中含量仅次于卵磷脂,其结构和性质与卵磷脂非常相似,只是结合的碱基不同。脑磷脂与血液凝结有关,有加速血液凝固的作用。在酶作用下失去一个脂肪酸残基后变成溶血脑磷脂。

心磷脂又称二磷脂酰甘油,由两个磷脂酸中的磷酸基团分别与甘油分子的 C_1、C_3 原子上的羟基成酯所组成,主要存在于细菌细胞膜和真核细胞的线粒体内膜中。

磷脂酰丝氨酸又称丝氨酸脑磷脂,由磷脂酸与丝氨酸构成,可从天然大豆榨油剩余物中提取。磷脂酰丝氨酸是动物脑组织和红血球中的重要类脂物质之一,主要功能是改善神经细胞功能,调节神经脉冲的传导,提高大脑机能,帮助修复大脑损伤。它与胆碱磷脂、乙醇胺磷脂可互相转化。

(二)鞘磷脂

鞘磷脂又称鞘氨醇磷脂、神经鞘氨醇磷脂或神经鞘磷脂,由鞘氨醇的氨基与一分子脂肪酸以酰胺键相连,羟基与磷酸胆碱以酯键相结合。鞘磷脂是非甘油衍生物,其分子不含甘油,但与甘油磷脂相似,它也有两个非极性尾部和一个极性头部,也是构成生物膜的成分,大量存在于高等动物的神经和脑组织中。鞘磷脂结构式如图 3-6 所示。

图 3-6 鞘磷脂结构式

三、固醇

固醇又称甾醇。固醇类化合物广泛分布于生物界,按其原料来源可分为动物性甾醇、植物性甾醇和菌类甾醇等三大类。动物性甾醇以胆固醇为主;植物性甾醇主要包括谷甾醇、豆甾醇和菜油甾醇等;而麦角甾醇属于菌类甾醇。它们均以环戊烷多氢菲为基本结构,并含有醇基,故称为固醇类化合物。

(一)胆固醇

胆固醇是脊椎动物细胞膜成分,在神经组织中含量丰富。胆固醇可维持生物膜的透性和绝缘性,与神经兴奋的传导和脂质代谢有关,是许多物质的前体,也是血液脂蛋白复合体的成分,与动脉粥样硬化有关。胆固醇结构式如图 3-7 所示。

胆固醇能与毛地黄苷产生沉淀反应,与醋酸酐和浓硫酸反应生成蓝绿色物质,以上两种反应均可作为胆固醇的定性和定量反应。

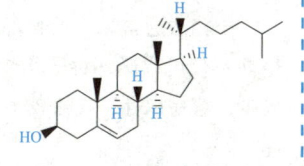

图 3-7 胆固醇结构式

行成于思

★请思考:卵磷脂、脑磷脂等都是人体不可缺少的营养原料,那是否摄入量越多越好呢?

党史故事
半碗猪油的故事

拓展知识
常见食物的胆固醇含量表

（二）麦角固醇

麦角固醇存在于酵母、霉菌及麦角中，其结构与胆固醇相似，只是在7、8位增加一个π键和17位的烃基中增加了一个甲基和一个π键，麦角固醇结构式如图3-8所示。在紫外光照射下，麦角固醇的B环会破裂，发生键的重排，生成维生素D_2。

（三）胆酸

动物的胆汁中含有几种结构与胆固醇类似的酸，其中含量最多的是胆酸，其结构式如图3-9所示。从它衍生的甘氨胆酸和牛黄胆酸是人类的主要胆酸。胆酸的钠盐对所有脂溶性的营养物吸收特别重要。

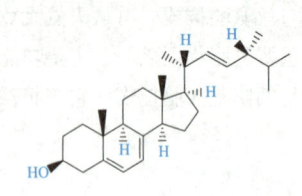

图3-8　麦角固醇结构式　　　　图3-9　胆酸结构式

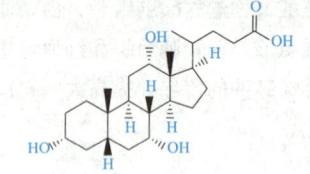

> **生化与健康**
> ★ 鱼胆不能吃，因为鱼胆胆汁的主要成分有胆酸、牛黄胆酸、氢氰酸等多种毒素，成分非常复杂。这些毒素不会被加热、烹煮或酒精所破坏，即便将鱼胆蒸熟或用酒将鲜鱼胆冲服，吃下也会中毒。一旦误食，要尽快就医，彻底洗胃催吐，清除毒物。

> **微课视频**
> 油脂与食品加工

> **教学课件**
> 油脂与食品加工

> **行成于思**
> ★ 你曾经吃过或见过哪些食用油脂？它们分别是用什么方法榨取的呢？

> **自立自强**
> 《大国粮仓》之《油脂飘香》，中国油脂产业历程！

知识任务三　油脂与食品加工

问题引导：
1. 我们日常食用的油脂是如何加工出来的？
2. 如何评价油脂的质量？油脂有哪些品质指标？
3. 油脂在食品加工贮藏中有哪些变化？如何进行控制？

一、油脂的加工

（一）油脂的制取

油脂的制取方法有压榨法、熬炼法、溶剂浸出法及机械分离法等，目前最常用的是压榨法和溶剂浸出法。用上述方法制取的油，称为毛油或粗油。

1. 压榨法

压榨法通常用于植物油的榨取，有冷榨和热榨两种。热榨是将油料种子焙炒后再榨取，焙炒不仅可以破坏种子组织中的酶，而且油脂与组织易分离，故产量较高，产品中的残渣较少，容易保存，气味较香，但颜色较深；冷榨法植物种子不加焙炒，所以香味较差，但色泽好。

2. 熬炼法

熬炼法通常用于动物油脂加工。动物组织经高温熬制后，组织中的脂肪酶和氧化酶全部被破坏，有利于保存。但熬炼的温度不宜过高，时间不宜过长，否则会使部分脂肪分解，油脂中游离脂肪酸量增高，且温度过高容易使动物组织焦化，影响产品的感官性状。

3. 浸出法

浸出法又称萃取法，利用溶剂提取组织中的油脂，然后将溶剂蒸馏除去，可得到较纯的油脂。浸出法制得的油脂不分解，游离脂肪酸的含量不会增高，残油量仅为 0.5% ~ 1.5%。对含油量低的原料，此法更为有利。但该法使用的溶剂不易完全除净，长期食用存在安全隐患。

4. 离心法

离心法又称机械分离法，指利用离心机将油脂分离，主要用于从液态原料中提取油脂，如从奶中分离奶油等，也作为其他方法的补充，例如用蒸汽湿化并加热磨碎原料后，可先以机械分离法提纯一部分油脂，然后进行压榨，当压榨制得的产品中残渣杂质过多时，也可在所得产品中加热水使油脂浮起，然后以机械法分离上层油脂。

在实际生产中，应结合设备条件和原料的种类来选择适当的加工方法。一般情况下，动物油脂除奶油外，以熬炼法较好。植物油脂应采用压榨法，最好采用机械分离法或浸出法使产品更加纯净。食用油脂加工过程中应尽量防止或减少动植物组织残渣的存留，并尽量避免微生物的污染，对浸出法生产的食油要注意溶剂的纯度和溶剂的残留。

（二）油脂的精炼

未精炼的粗油脂中含有游离脂肪酸、磷脂、糖类化合物、蛋白质及其降解产物、水、色素（主要是胡萝卜素和叶绿素）及脂肪氧化产物等，这些物质可产生不良风味和色泽，不利于油脂的保藏，因此需进行油脂精炼除去上述物质，以达到食用油脂的标准。

油脂精炼的基本流程：毛油→脱胶→静置分层→脱酸→水洗→干燥→脱色→过滤→脱臭→冷却→精制油。其中脱胶、脱酸、脱色、脱臭是油脂精炼的核心工序，一般称为"四脱"。

1. 脱胶

脱胶就是将毛油中的胶溶性杂质（主要是磷脂）脱除的工艺过程。油脂中磷脂含量高，加热时易起泡沫、冒烟且多有臭味，同时磷脂氧化可使油脂呈焦褐色，影响煎炸食品的风味。

脱胶的方法有水化脱胶、酸炼脱胶、吸附脱胶、热聚脱胶及化学试剂脱胶等。食用油脂多采用水化脱胶，其基本原理是磷脂及部分蛋白质在无水状态下可以溶于油，但与水形成水合物后不溶于油。因此在脱胶时向油脂中加入 2% ~ 3% 的热水，在 50 ℃左右搅拌，或通入水蒸气，磷脂吸水后相对密度增大，通过沉降或离心分离分离水相即可除去。

2. 脱酸

脱酸又称中和或碱炼，就是将毛油中的游离脂肪酸脱除的工艺过程。游离脂肪酸含量过高会影响食用油的风味和稳定性，可以采用加碱中和的方法除去，加碱的量可以通过测定酸价决定。其具体方法是将适量的氢氧化钠与加热的脂肪（30 ~ 60 ℃）混合，并维持一段时间，直到析出水相，可使游离脂肪酸皂化，生成水溶性的脂肪酸盐，然后用热水洗涤中性油，再静置或离心以除去中性油中残留的皂角。

3. 脱色

脱色就是将毛油中的类胡萝卜素、叶绿素等色素脱除的工艺过程。毛油中含有的类胡萝卜素、叶绿素等色素，通常使油脂呈黄赤色，影响油脂的外观甚至稳定性。

脱色的方法有吸附脱色、加热脱色、氧化脱色及化学试剂脱色等，最常用的是吸附脱

虚拟仿真
食用油中正己醛的固相微萃取

虚拟仿真
油脂精炼的基本流程

生化与健康

★ 家用自榨或者小作坊榨油，榨出来的油没有经过正规工厂脱胶、脱酸、脱色、脱臭等"四脱"的精炼工艺，榨出来的油其实就是毛油。毛油里面含有多种杂质，其中可能包括黄曲霉素、农药残留等，这些都是对人体有害的物质。

虚拟仿真
油脂精炼——生产认知

虚拟仿真
油脂精炼——安全巡视

色。该法一般是将油加热到一定温度，用吸附剂（活性白土、活性炭等）处理。除了色素之外，其他物质如磷脂、皂化物和一些氧化产物可与色素一起被吸附，最后过滤除去吸附剂。

4. 脱臭

脱臭就是将油脂氧化时产生的挥发性异味物质脱除的工艺过程。常用的脱臭方法为减压蒸汽蒸馏法，即将油加热至 220～250 ℃，通入水蒸气后即可将异味物质除去，在此过程中添加柠檬酸可螯合微量重金属离子并除去。

5. 脱蜡

某些油脂（如米糠油、葵花籽油等）含有少量蜡，当油温降低时就会结晶析出，使产品浑浊。油脂脱蜡是把经过脱胶、脱酸、脱色、脱臭的油脂，通过冷却和结晶将油中的高熔点蜡与高熔点固体脂从中析出，再采用过滤或离心分离操作将其除去的工序。

油脂精炼不仅能提升油脂的色泽、风味和稳定性，还能有效清除油脂中的黄曲霉毒素和棉酚等有毒物质。但需注意的是，油脂精炼的过程可能使得油脂中的脂溶性维生素、胡萝卜素和天然抗氧化物质含量降低。

（三）油脂的改性

为拓展天然油脂的应用范围，可采用氢化、酯交换和分提等方法，对油脂进行改性。

1. 油脂的氢化

油脂的氢化指在镍、铂等催化剂的作用下，使油脂的双键发生加成反应的过程，在这个过程中，不饱和的液态脂肪酸加氢成为饱和的固态脂肪酸。油脂氢化后其碘值下降，熔点上升，固体脂数量增加，稳定性提高，颜色变浅，风味改变，便于运输和储存。但油脂氢化后多不饱和脂肪酸含量下降，脂溶性维生素被破坏并且产生对人体健康不利的反式脂肪酸。

油脂的氢化有部分氢化和完全氢化两种方式。部分氢化主要用于氢化油（如人造奶油、起酥油等）的制造，是在金属催化剂（Ni、Pt）、加压（1.5～2.5 atm，1 atm = 101.325 kPa）及加热（125～190 ℃）下，使油脂中的部分双键氢化的反应。完全氢化主要用于肥皂的工业生产，是在 Ni 催化剂存在下，采用更高的压力（8 atm）和温度（250 ℃）使油脂双键全部氢化的反应。

2. 酯交换

酯交换是指酯和酸（酸解）、酯和醇（醇解）或酯和酯（酯基转移作用）之间发生的酰基交换反应。一般采用甲醇钠做催化剂，在 50～70 ℃下，30 min 内就能完成酰基交换反应。

酯交换可以在分子内进行，也可以在不同分子间进行（图 3-10）。在食品工业上，酯交换可使分子中的脂肪酸重新排列，改变油脂的黏度、结晶性能以及塑性，生产低温下仍能保持清亮的色拉油、稳定性较高的人造奶油及符合熔化要求的人造奶油、人造黄油等。

图 3-10 分子内或不同分子间的酯交换

3. 油脂的分提

油脂的分提是指在一定温度下，利用构成油脂的各种脂肪酸的熔点差异及溶解度的不同，将不同油脂组分分离的过程。目前工业上常用的方法包括干法分提、溶剂分提法、液-液萃取法及界面活性剂分提法等。油脂的分提不仅可以充分开发利用固体脂肪，生产起酥油、人造奶油、代可可脂等，也可以提高液态油的品质，改善其低温储藏的性能，生产色拉油等。

（1）干法分提指在没有有机溶剂存在的情况下，将处于溶解状态的油脂慢慢冷却到一定程度，过滤分离结晶，析出固体脂的方法。

（2）溶剂分提法适用于组成脂肪酸的碳链长、黏度大的油脂分提，常用的溶剂主要有丙酮、己烷、甲乙酮、2-硝基丙烷等。每种溶剂单独使用时各有优缺点，常使用混合溶剂（丙酮-己烷）分提。

（3）液-液萃取法主要基于油脂中不同的脂肪酸组分在某溶剂中具有选择性溶解的特性，经萃取将相对分子质量低、不饱和程度高的组分与其他组分分离，然后进行溶剂蒸脱，从而达到分提的目的。

（4）界面活性剂分提法指在油脂冷却结晶后，添加表面活性剂，改善油与脂的界面张力，借助脂与表面活性剂间的亲和力，形成脂在表面活性剂水溶液中的悬浮液，从而促进晶、液分离的方法。

二、油脂的品质

油脂作为日常饮食中的必需品，其品质优劣直接影响消费者的健康与安全。高品质的油脂不仅能够提供人体必需的脂肪酸和能量，还能促进其他营养素的吸收和利用。低品质的油脂可能含有过多的杂质和有害物质，如重金属、残留农药等，长期摄入会对人体健康造成潜在威胁。此外，油脂的品质还直接影响食品的口感和风味。常用的评价油脂质量的指标有皂化值、碘值、酸价、乙酰值、过氧化值、酯值等，可分为特征指标、品质指标、卫生指标三类。

（一）油脂的特征指标

1. 相对密度

油脂在20℃时的质量与同体积水在4℃时质量之比，称为相对密度。油脂相对密度与本身成分有密切关系，组成甘三酯的脂肪酸，其分子量越小，不饱和程度越高，羟基酸含量越多，则相对密度就越大。测定油脂的比重，可以帮助了解油脂的纯度、含杂以及有无掺假等情况。

2. 碘价

碘价指100克油脂所能加成碘的克数。组成动植物油脂的脂肪酸中有不饱和脂肪酸和饱和脂肪酸，碘价是油脂不饱和程度的特征指标，根据碘价能判断构成油脂的品种、组分是否正常，有无掺杂等，还可对油脂的氢化过程进行监控。

3. 折光指数

折光指数也称为折射率或折光率，定义为光在真空中的传播速度与在某介质中传播速度之比。折射率是油脂的一个重要物理常数，不同的油脂所含脂肪酸不同，其折射率也不相同，测定折射率可迅速了解油脂组成的大概情况，用来鉴别各种油脂的类型及质量。

4. 皂化值

皂化值指完全皂化1g的油脂所需要的氢氧化钾的毫克数。脂肪酸越小皂化值越高，长链脂肪酸则皂化值较低，另外若是有蜡质或其他不可皂化的杂质，则皂化值会较低。油脂与氢氧化钾乙醇溶液共热时，发生皂化反应，剩余的碱可用标准酸液进行滴定，从而可计算出

拓展知识

★有油脂在轻度氢化、部分氢化时会产生反式脂肪酸，极度氢化后基本不含反式脂肪酸。因为反式脂肪酸一定是不饱和脂肪酸，只有不饱和脂肪酸才存在"顺式""反式"的空间异构，油脂极度氢化后，把所有不饱和脂肪酸转变为饱和脂肪酸，自然不存在反式脂肪酸。

行业快讯

★2023年10月10日，浙江石油化工有限公司对外宣布，该公司年产20万吨碳酸二甲酯（DMC）联产13.2万吨乙二醇项目开车成功，单套装置产能为国际最大。

拓展知识

★棕榈油、椰子油、棉籽油、米糠油等脂肪酸组成较整齐的油品容易分提。脂肪酸组成复杂的油品如花生油无法分提。

行成于思

★请思考：若待测油脂常温下为固态，该如何测定其品质指标？

中和油脂所需的氢氧化钾毫克数。

5. 熔点

油脂熔点是其由固态熔融为液态的温度。纯化合物的熔点应为一个温度，但油脂为不同甘三酯所组成，具有同质多晶现象，因此，油脂熔化一般是某一段温度范围。测定熔点可鉴定油脂的纯度、种类和新鲜度。

（二）油脂的品质指标

1. 酸价

酸价指中和 1 g 油脂中游离脂肪酸所需氢氧化钾的毫克数。酸价表示油脂中所含游离脂肪酸的数量，是衡量油品质量的重要指标之一，同时也是进行碱炼计算加碱量的主要依据。

2. 过氧化值

过氧化值指油脂中过氧化物的含量。过氧化物是油脂由于加工、贮存或使用时产生氧化反应的中间产物。过氧化值可评定油脂在氧化酸败过程中产生氢过氧化物含量的多少。

3. 烟点

烟点是在规定的测定条件下，油脂加热至用肉眼能初次看见热分解物连续发烟时的最低温度。烟点是衡量油脂精炼程度的指标之一，烟点的高低与精炼油中游离脂肪酸、甘一酯等低分子组分含量有关。

4. 水分、杂质等

油脂中水分等杂质的存在不仅影响油脂透明度、外观，还会加速油脂的氧化水解，影响油脂安全储存。

（三）油脂的卫生指标

1. 黄曲霉毒素

黄曲霉毒素是黄曲霉菌的代谢产物，目前已知黄曲霉毒素是强致癌物之一。黄曲霉毒素在霉变的葵花籽、花生、大豆中含量较高。

2. 苯并[a]芘

苯并[a]芘是由 5 个苯环构成的多环芳烃。苯并[a]芘对人畜的毒害主要是有致癌性。苯并[a]芘、黄曲霉毒素都可以通过精炼去除。

3. 羰基价

羰基价是反映油脂中含羰基化合物多少的一种数值，通过羰基价的测定可反映油脂酸败的程度。

4. 砷

砷本身无毒，但含砷的化合物有毒性，三价砷化合物的毒性比五价砷化合物更强。我国现行的粮油卫生标准中规定，食用油中砷的最高允许量为 0.1 mg/kg。

三、油脂在食品加工贮藏中的变化

油脂在加工及储藏时易受多种因素影响而氧化，导致食品品质下降。氧气、光照、微生物活动、酶作用及金属离子等均可促进油脂的氧化过程，产生不良风味和气味，降低食品营养价值，甚至生成有害物质，损害消费者健康。但在某些情况下（如陈化的干酪或某些油炸

拓展知识

★ 同质多晶是指一种物质在不同条件下形成两种或两种以上不同结构的现象。

生化与健康

★ 2017 年 10 月 27 日，世界卫生组织国际癌症研究机构公布的致癌物清单初步整理参考，黄曲霉毒素在 1 类致癌物清单中。

警钟长鸣
食品安全事件：一火锅店使用"地沟油"，多人获刑！

"1+X" 食品合规管理职业技能要求

★ 合规体系应用（高级）：能够按照相关法律法规和监管要求对生产经营全过程进行合规性自查。

食品中），需利用油脂适度氧化而产生特殊的风味。因此，油脂的氧化和抗氧化是食品生物化学的研究重点之一。

（一）自动氧化

油脂自动氧化反应是油脂氧化变质的主要原因。饱和脂肪和不饱和脂肪的氧化过程并不相同。

1. 不饱和脂肪的自动氧化

不饱和脂肪易发生游离基自动氧化反应，反应过程包括引发（诱导）期、链传递、终止期三步。

（1）引发（诱导）期。油脂中的不饱和脂肪酸，受到光线、热、金属离子和其他因素的作用，在邻近双键的亚甲基（α-亚甲基）上脱氢，产生自由基（R·）。

（2）链传递。R·自由基与空气中的氧结合，形成过氧化自由基（ROO·），而过氧化自由基又从其他脂肪酸分子的α-亚甲基上夺取氢，形成氢过氧化物（ROOH），同时形成新的R·自由基。该反应可循环进行，从而生成大量的氢过氧化物。此阶段反应进行很快，油脂氧化进入显著阶段，此时油脂吸氧速度很快，增重加快，并产生大量的氢过氧化物。

（3）终止期。各种自由基和过氧化自由基互相聚合，形成环状或无环的二聚体或多聚体等非自由基产物，这些产物较稳定，此时反应终止。

2. 饱和脂肪的自动氧化

由于饱和脂肪分子中无双键的α—亚甲基，因此不易直接形成碳自由基，这使得其自动氧化过程相对较慢。但由于饱和脂肪酸常与不饱和脂肪酸共存，因此不饱和酸在自动氧化过程中产生的氢过氧化物会对饱和脂肪进行氧化，进而生成氢过氧化物，饱和酸的自动氧化主要在羧基的邻位上进行。饱和脂肪的自动氧化虽然不如不饱和脂肪那样容易发生，但在实际食品体系中仍需注意其氧化问题，并采取相应措施加以控制。

（二）光敏氧化

光敏氧化是在光的作用下不饱和脂肪酸与单线态氧之间发生的反应。油脂在生产、加工和储存的过程中，难以避免会接触到光，从而导致光敏氧化。食品中的油脂光敏氧化有两类：一类是紫外线辐射产生自由基，紫外线波长短、能量高，能够直接引起食品中脂肪酸、蛋白质、纤维素等物质裂解；另一类是食品中的光敏剂吸收可见光，形成激发态光敏剂，再与三线态氧结合生成氧化能力更高的单线态氧，从而引发油脂的光敏氧化反应。食品中的光敏剂有叶绿素、核黄素等，植物油中的光敏剂则以叶绿素为主。因此在长时间的储存过程中，油脂很容易发生光敏氧化而导致变质。

影响油脂光敏氧化的因素有辐照时间、氧气含量、光敏剂种类、抗氧化剂、油脂基质不饱和度、光源种类和光照强度等。为了控制油脂的光敏氧化，可以采取一系列措施，物理方法包括低温储存、避光保存、抽真空处理以及添加抗氧化剂；化学方法则涉及氢化处理和添加金属离子螯合剂等。

（三）酶促氧化

油脂在酶参与下所发生的氧化反应，称为酶促氧化。在该反应中起作用的酶是脂肪氧合酶，脂肪氧合酶是一种单一的多肽链蛋白，在其活性中心含有一个铁原子，能有选择性地催化多不饱和脂肪酸的氧化反应。脂肪氧合酶可以使氧气与油脂发生反应而生成

拓展知识

★消费者在购买不含抗氧化剂的食用油时，要尽量根据每天的用量购买合适包装的食用油；开盖后最好在2～3个月内用完。

拓展知识

★**单线态氧和三线态氧**

普通氧气含有两个未配对的电子，等同于一个双游离基。两个未配对电子的自旋状态相同，自旋量子数之和$S=1$，$2S+1=3$，因而基态的氧分子自旋多重性为3，称为三线态氧。在受激发下，氧气分子的两个未配对电子发生配对，自旋量子数的代数和$S=0$，$2S+1=1$，称为单线态氧。

空气中的氧气绝大多数为三线态氧。紫外线的照射及一些有机分子对氧气的能量传递是形成单线态氧的主要原因。单线态氧的氧化能力高于三线态氧。

氢过氧化物。氢过氧化物不稳定，当体系中的浓度增至一定程度时，就开始分解。可能发生的反应之一是氢过氧化物单分子分解为1个烷氧基和1个羟基游离基，烷氧基游离基进一步反应生成醛、醇或酮等。醛、醇或酮等小分子，具有令人不愉快的哈喇味，导致油脂酸败。油脂氧化产生的小分子化合物可进一步发生聚合反应，生成结构复杂的聚合物。

（四）影响油脂氧化速率的因素

1. 油脂自身条件

油脂中的饱和脂肪酸和不饱和脂肪酸都能发生氧化反应，但饱和脂肪酸的氧化需要较特殊的条件，所以油脂中所含的不饱和脂肪酸比例越高，越容易发生自动氧化，含有共轭双键的脂肪酸氧化速度要大于非共轭的。此外，植物油脂中含有的杂质也会对油脂的稳定性产生影响，例如水分和酶等会加速氧化的进行，生育酚等能够延缓氧化的进行，起到保护油脂的作用，磷脂被认为是生育酚等抗氧化剂的增效剂。

油脂的不饱和程度与相对氧化速度的关系见表3-3。

表3-3 油脂的不饱和程度与相对氧化速度的关系

脂肪酸	双键数目	诱导期/h	相对氧化速度
硬脂酸	0	—	1
油酸	1	82	100
亚油酸	2	19	1 100
亚麻酸	3	1.3	2 500

2. 温度

温度对于油脂氧化起着重要作用。高温能促进自由基的生成，也可以促进氢过氧化物的进一步变化。一般来说，温度每升高10 ℃，氧化反应速度约增加1倍，因此降低温度可以延缓油脂的自动氧化。

3. 光和射线

光会促进游离基的产生、氢过氧化物的分解，β、γ射线辐射油脂时，会促使游离基的产生，使得氧化速度加快。所以油脂宜避光保存，可采用透气性低的有色或遮光的包装材料。

4. 金属离子

金属离子（如Fe、Cu、Mn等元素的离子）是油脂发生氧化酸败的催化剂，既可以加速氢过氧化物的分解，还会促进氧活化成单线态氧和自由基，因此油脂应避免用金属灌装。

5. 氧气

油脂的自动氧化是与氧气发生反应的过程，在氧气分压低的时候，氧化速度随氧气分压的加大而加快；但当氧的分压增加到一定值后，自动氧化的速度将保持不变，不再随氧分压的增加而增加。所以油脂应该密封保存，尽量采取真空或充N_2的包装方式以排除O_2。另外，氧化速度还与油脂的比表面积有关，比表面积越大，油脂越容易发生氧化。

6. 抗氧化剂

抗氧化剂是指能防止或延缓油脂或食品的氧化变质，提高食品稳定性的物质。抗氧化剂主要通过抑制自由基的生成和终止链式反应以达到抑制氧化反应的作用。常用的天然抗氧化剂主要有维生素E、β-胡萝卜素、茶多酚等；常用的合成抗氧化剂主要有没食子酸丙酯（PG）、丁基羟基茴香醚（BHA）、二丁基羟基甲苯（BHT）和特丁基对苯二酚（TBHQ）等。在实际应用中，常将几种抗氧化剂按照一定的比例混合使用，可提高抗氧化效果。需要注意的是，抗氧化剂只能阻碍氧化作用，延缓油脂开始氧化的时间，但不能改变已经氧化酸败的结果。所以，应尽早使用抗氧化剂以尽早切断其反应链。

7. 水分活度

水分活度对油脂自动氧化的影响比较复杂。过高或过低的水分活度都可以加速氧化过程。水分过低时，增加了油脂与氧的接触，有利于氧化的进行；当水分增加时，溶氧量增加，氧化速度也加快。试验表明，当水分活度控制为 0.3～0.4 时，食品中油脂的氧化速度最低。

8. 贮藏时间

随着贮藏时间的加长，油脂逐渐发生氧化，产生的一些中间产物会加速氧化酸败的进行，所以贮藏时间越长，油脂的氧化速度越大。

文化自信·我国油脂加工的悠久历史

巍巍华夏，泱泱大国，我国的食用油历史悠久而长远。

《周礼·天官·庖人》中记载："凡用禽献：春行羔豚，膳膏香；夏行腒鱐，膳膏臊；秋行犊麑，膳膏腥；冬行鲜羽，膳膏膻。"用哪种动物油脂烹制哪一类食物，已在先秦时期被安排得明明白白。显然，先人对动物食用油的认知已达到相当高的水准。

大约从东汉开始，植物油崭露头角。《汉书》中记载，张骞从西域带回芝麻，称为"胡麻"。唐朝专著《食疗本草》记载："白麻油，常食所用也。"宋朝时期，植物油的品种越来越多。北宋庄绰在《鸡肋编》里记载："油通四方，可食与然者，惟胡麻为上，俗呼脂麻。河东食大麻油，陕西又食杏仁、红蓝花子、蔓菁子油，山东亦以苍耳子作油，颍州亦食鱼油。"看来，不同地区的人，食用油习惯也不尽相同。北宋沈括《梦溪笔谈》："如今之北方人喜用麻油煎物，不问何物，皆用油煎。"穿越千年的历史，直至今日，人们喜爱煎炸食物的口味从未改变……

到明朝时期，宋应星《天工开物》中记载："凡油供馔食用者，胡麻、莱菔子、黄豆、菘菜子为上。"也就是说，芝麻油、萝卜籽油、豆油、白菜籽油是当时很受欢迎的植物油。此外，书中还记载了水代法、磨法、舂法等众多植物油榨取法，同时还测算出各种油料的出油率，彰显出我国古代劳动人民较高的榨油提取水平。

技能任务一　测定油脂的酸价

问题引导：

1. 什么是油脂的酸价？测定油脂酸价有何意义？
2. 油脂酸价的测定原理是什么？
3. 如何判断油脂酸价是否符合相应标准？

科技前沿

最新研究：较高植物脂肪摄入降低全因死亡和心血管死亡风险

华声在线 2024 年 08 月 20 日

★近日，国际顶尖期刊 JAMA Internal Medicine（JAMA·内科学）在线发表了中南大学三诺营养与代谢健康研究中心/芙蓉实验室黄佳琦、赵斌教授团队题为"Plant and Animal Fat Intake and Overall and Cardiovascular Disease Mortality"的原创性研究论文。本项研究在芙蓉实验室陈翔教授的指导和大力支持下，围绕精准营养与代谢健康，主要阐述了通过宏量营养素-脂肪对慢性病发生发展风险影响，全面评估了不同来源的植物源脂肪、动物源脂肪摄入与心血管疾病死亡和过早死亡显著关联。

任务工单
测定油脂的酸价

项目三　餐桌上的能量炸弹——脂类

· 059 ·

一、任务导入

酸价是脂肪中游离脂肪酸含量的标志,脂肪在长期保藏过程中,由于微生物、酶和热的作用发生缓慢水解,产生游离脂肪酸。而脂肪的质量与其中游离脂肪酸的含量有关,一般常用酸价作为衡量标准之一。在脂肪生产的条件下,酸价可作为水解程度的指标,在其保藏的条件下,则可作为酸败的指标。酸价越小,说明油脂质量越好,新鲜度和精炼程度越好。

酸价的大小不仅是衡量毛油和精油品质的一项重要指标,而且也是计算酸价炼耗比这项主要技术经济指标的依据。而毛油酸价是炼油车间在碱炼操作过程中计算加碱量、碱液浓度的依据。

在一般情况下,酸价和过氧化值略有升高不会对人体的健康产生损害。但如果酸价过高,会导致人体肠胃不适、腹泻并损害肝脏。

《食品安全国家标准 食用油脂制品》(GB 15196—2015)中规定,食用油脂制品的酸价(以脂肪计)≤1(KOH)/(mg/g)。

二、任务描述

酸价又称中和值、酸值、酸度等,是对化合物(例如脂肪酸)或混合物中游离羧酸基团数量的一个计量标准。在化学中,酸价表示中和1 g化学物质所需的氢氧化钾(KOH)的毫克数。典型的测量程序是,将一份分量已知的样品溶于有机溶剂,用浓度已知的氢氧化钾溶液滴定,并以酚酞溶液作为颜色指示剂。酸价可作为油脂变质程度的指标。酸价的单位:(KOH)/(mg/g)。

油脂中的游离脂肪酸与 KOH 发生中和反应,从 KOH 标准溶液消耗量可计算出游离脂肪酸的量,反应式如下所示:

$$RCOOH + KOH \rightarrow RCOOK + H_2O$$

三、任务准备

各小组分别依据任务描述及试验原理,讨论后制定试验方案。

四、任务实施

(一)试验试剂

(1)油脂。

(2)95% 乙醇。

(3)氢氧化钾标准溶液:c(KOH)=0.050mol/L,用基准邻苯二甲酸氢钾进行准确标定,计算出实际浓度。

(4)酚酞指示剂:称取 1g 的酚酞,加入 100mL 的 95% 乙醇并搅拌至完全溶解。

(二)试验器材

三角烧瓶、量筒、10 mL 微量滴定管(最小刻度为 0.05 mL)、电子天平(感量 0.001 g)、恒温水浴锅。

(三)操作步骤

1. 试样制备

若食用油脂样品常温下呈液态,且为澄清液体,则充分混匀后直接取样,否则需要进行除杂和脱水干燥处理。

2. 试样称量

根据制备试样的颜色和估计的酸价，按照表 3-4 规定称量试样。

表 3-4 试样称样表

估计的酸价/（mg·g⁻¹）	试样的最小称样量/g	使用滴定液的浓度/（mol·L⁻¹）	试样称重的精确度/g
0～1	20	0.1	0.05
1～4	10	0.1	0.02
4～15	2.5	0.1	0.01
15～75	0.5～3.0	0.1 或 0.5	0.001
>75	0.2～1.0	0.5	0.001

试样称样量和滴定液浓度应使滴定液用量为 0.2～10 mL（扣除空白后）。若检测后，发现样品的实际称样量与该样品酸价所对应的应有称样量不符，应按照表 3-4 要求，调整称样量后重新检测。

3. 试样测定

取一个干净的 250 mL 的锥形烧瓶，用天平称取制备的油脂试样，其质量为 m，单位为克。另取一个干净的 250 mL 的锥形烧瓶，加入 50～100 mL 的 95% 乙醇，再加入 0.5～1 mL 的酚酞指示剂。然后，将此锥形烧瓶放入 90～100 ℃ 的水浴加热直到乙醇微沸。

取出该锥形烧瓶，趁乙醇的温度还维持在 70 ℃ 以上时，立即用装有 KOH 标准滴定溶液的刻度滴定管对乙醇进行滴定。当乙醇初现微红色，且 15 s 内无明显褪色时，立刻停止滴定，乙醇的酸性被中和。

将此中和乙醇溶液趁热立即倒入装有试样的锥形烧瓶，然后放入 90～100 ℃ 的水浴加热直到乙醇微沸，其间剧烈振摇锥形烧瓶形成悬浊液。最后取出该锥形烧瓶，趁热，立即用装有 KOH 标准滴定溶液的刻度滴定管对试样的热乙醇悬浊液进行滴定，当试样溶液初现微红色，且 15 s 内无明显褪色时，为滴定的终点，立刻停止滴定，记录下此滴定所消耗的 KOH 标准滴定溶液的毫升数，此数值为 V_0。

热乙醇指示剂滴定法无须进行空白试验，即 $V_0=0$。

（四）结果计算

酸价（又称酸值）按照下式的要求进行计算：

$$X_{AV} = \frac{(V - V_0) \times c \times 56.1}{m}$$

式中 X_{AV}——酸价（mg/g）；

V——试样测定所消耗的 KOH 标准滴定溶液的体积（mL）；

V_0——相应的空白测定所消耗的 KOH 标准滴定溶液的体积（mL）；

c——KOH 标准滴定溶液的摩尔浓度（mol/L）；

56.1——KOH 的摩尔质量（g/mol）；

m——油脂样品的称样量（g）。

酸价 ≤ 1 mg/g，计算结果保留 2 位小数；1 mg/g < 酸价 ≤ 100 mg/g，计算结果保留 1 位小数；酸价 > 100 mg/g，计算结果保留至整数位。

精密度：当酸价 < 1 mg/g 时，在重复条件下获得的两次独立测定结果的绝对差值不得超过算术平均值的 15%；当酸价 ≥ 1 mg/g 时，在重复条件下获得的两次独立测定结果的绝对差值不得超过算术平均值的 12%。

技术提示

★ 一定要用水浴加热，不能使用明火。

"1+X"食品检验管理职业技能要求

★ 食品检测分析（高级）：
能审核原始记录及检测结果。
能分析检测结果中的异常值。
能熟悉化学及微生物分析方法确认和验证流程要求。
能进行不确定度分析并应用。

学习小贴士

★ 当试验次数足够多时，随机误差的平均值会趋向于零。在学习过程中，我们也要勤奋努力，多学多练，足够多地努力和尝试，才会抵消误差，接近成功。

五、任务总结

本次技能任务的试验现象和你预测的试验现象一致吗？如果不一致，问题可能出在哪里？你认为本次技能任务在操作过程中有哪些注意事项？你在本次技能任务中有哪些收获和感悟？（可上传至在线课相关讨论中，与全国学习者交流互动。）

六、成果展示

本次技能任务结束后，相信你已经有了很多收获，请将你的学习成果（试验过程及结果的照片和视频、试验报告、任务工单、检验报告单等均可）进行展示，与教师、同学一起互动交流吧。（可上传至在线课相关讨论中，与全国学习者交流互动。）

试验操作视频
测定油脂的酸价

行成于思
★请思考：
1. 配 500 mL 的 0.100 mol/L KOH 标准溶液需要称取 KOH 的质量是多少克？怎样配制？
2. KOH 标准溶液为什么要进行标定？怎样标定？

任务工单
测定油脂的皂化值

温故知新
★油脂在酸、碱和酶的作用下会发生水解反应，生成一分子甘油和三分子脂肪酸。

扫码查标准
《动植物油脂 皂化值的测定》(GB/T 5534—2024)

技术提示
★酸碱滴定法不适用于含无机酸的产品，除非无机酸能够另行测定。

技能任务二　测定油脂的皂化值

问题引导：
1. 什么是油脂的皂化值？测定油脂皂化值有何意义？
2. 油脂皂化值的测定原理是什么？
3. 酸碱滴定法测定油脂皂化值对于哪类油脂不适用？

一、任务导入

油脂的水解是可逆的，如果在过量碱的催化下，水解所产生的脂肪酸与碱作用生成盐而使水解反应完全，产物脂肪酸钠盐是合成肥皂的主要成分，因此，油脂在碱性溶液中的水解叫作皂化。完全皂化 1 g 油脂所需 KOH 的毫克数称为皂化值。油脂皂化值反映了油脂中的酯类物质与碱反应生成皂化物的能力，可用于判断油脂中脂肪酸的种类和含量，从而指导油脂的加工和应用；还可以用于评估油脂的酯类物质的质量，如皂化油脂的皂基含量可以直接影响其应用性能。

二、任务描述

各种油脂都有自己特定的皂化值，油脂的皂化值和其相对分子质量成反比，也与所含脂肪酸相对分子质量成反比。酸碱滴定法是常用的测定油脂皂化值的方法之一。其原理是将油脂样品溶解于乙醇中,加入酚酞指示剂,并用KOH溶液进行滴定。通过计算KOH使用量与样品质量的比值,即可得到油脂的皂化值。

三、任务准备

各小组分别依据任务描述及试验原理,讨论后制定试验方案。

四、任务实施

(一) 试验试剂

(1) 油脂样品适量(猪油、豆油等均可)。
(2) 氢氧化钾–乙醇溶液:约0.5 mol氢氧化钾溶解于1 L 95%乙醇(体积分数)中。
(3) 盐酸标准溶液:$c(HCl)=0.5$ mol/L。
(4) 酚酞溶液:$[\rho=0.1$ g(100 mL)]溶于95%乙醇(体积分数)。

(二) 试验器材

电热恒温水浴锅、滴定管、移液管、回流冷凝管、锥形瓶(容量250 mL,耐碱玻璃制成,带有磨口)、助沸物(如玻璃珠等)。

(三) 操作步骤

1. 称样

于锥形瓶中称量样品,精确至0.005 g。对不同范围皂化值样品,推荐的取样量见表3-5。

表3-5 取样量参考表

估计的皂化值(以 KOH 计)/(mg·g^{-1})	取样量/g
150～200	2.2～1.8
200～250	1.7～1.4
250～300	1.3～1.2
>300	1.1～1.0

2. 皂化

将25.0 mL氢氧化钾–乙醇溶液加到试样中,加入助沸物,连接回流冷凝管与锥形瓶,将锥形瓶置于沸水浴内加热,维持沸腾状态60 min。

3. 滴定

加0.5～1 mL酚酞指示剂于热溶液中,并用盐酸标准溶液滴定到指示剂的粉色刚消失。

4. 空白试验

不加样品,其余操作同上,进行空白试验。

(四) 试验数据记录与分析

皂化值按下式计算:

$$皂化值 = \frac{(V_1 - V_2) \times c \times 56.1}{m}$$

式中 V_1——空白试验所消耗的HCl标准溶液体积(mL);

> **技术提示**
> ★ 1. 对于高熔点油脂和难于皂化的样品需煮沸2 h。
> 2. 皂化反应要完全,否则测定值不准确。液体澄清,无油珠出现,表明脂肪完全皂化。
> 3. 普通乙醇中含有少量醛类,配制NaOH溶液时易显色,故应除去醛类。
> 4. 滴定所用0.100 mol/L HCl量太少,可用微量滴定管。
> 5. 皂化过程中,若乙醇被蒸发,可酌情补充适量的70%的乙醇。
> 6. 如果皂化液是深色的,则用0.5～1 mL的碱性蓝6B溶液作为指示剂。

V_2——样品所消耗的 HCl 标准溶液体积（mL）；
c——HCl 标准溶液的实际浓度（mol/L）；
m——样品脂肪质量（g）。

五、任务总结

本次技能任务的试验现象和你预测的试验现象一致吗？如果不一致，问题可能出在哪里？你认为本次技能任务在操作过程中有哪些注意事项？你在本次技能任务中有哪些收获和感悟？（可上传至在线课相关讨论中，与全国学习者交流互动。）

行成于思
★请思考：
1. 影响油脂皂化值测定准确性的因素有哪些？
2. 若试样中存在不溶性杂质，应如何处理？

六、成果展示

本次技能任务结束后，相信你已经有了很多收获，请将你的学习成果（试验过程及结果的照片和视频、试验报告、任务工单、检验报告单等均可）进行展示，与教师、同学一起互动交流吧。（可上传至在线课相关讨论中，与全国学习者交流互动。）

任务工单
提取鸡蛋中卵磷脂并进行鉴定及乳化

技能任务三　提取鸡蛋中卵磷脂并进行鉴定及乳化

问题引导：
1. 提取卵磷脂的原理是什么？
2. 鉴定卵磷脂的反应需在什么条件下进行？
3. 卵磷脂为何能够乳化？

科技前沿
★目前我国临床上使用的"脂肪乳"原料就是卵磷脂，其本质是卵磷脂与水乳化的产物。此外，卵磷脂在癌症治疗的靶细胞产品中也有着大量的应用。

一、任务导入

卵磷脂是一种在动植物中分布极广的磷脂。植物的种子、动物的卵、脑及神经组织均含有卵磷脂，其中大豆中含量约为 2.0%、卵黄中含量高达 8%～10%。

纯净的卵磷脂常温下为无色无味的白色固体，由于制取或精制方法、储存条件不同而呈现淡黄色至棕色。卵磷脂含量在 55% 以下的大部分应用在保健食品、营养食品、医药辅料中；含量为 60%～80% 的大部分应用在化妆品、药用辅料中；含量在 90% 以上的主要应用在制药行业。

二、任务描述

卵磷脂在细胞中以游离态或与蛋白质结合成不稳定的化合物存在，不溶于水、丙酮，易溶于乙醇、乙醚、氯仿等有机溶剂。利用这一性质可以与中性脂肪分离。

纯卵磷脂与空气接触后，因结构含不饱和脂肪酸，被氧化后呈黄色至黄棕色，粗制品中色素的存在可使之呈淡黄色。卵磷脂中的胆碱基在碱性条件下可分解成三甲胺，三甲胺有特异的鱼腥味，利用此性质可鉴别卵磷脂。

使互不相溶的两种液体中的一种呈微滴状分散在另一种液体中的作用称为乳化。这两种不同的液体称为"相"，在体系中量大的称为连续相，量小的为分散相，能使互不相溶的两相中的一相分散在另一相中的物质称为乳化剂。

由卵磷脂的分子结构可知：卵磷脂分子中的 R_1 脂肪酸为硬脂酸或软脂酸，R_2 脂肪酸为油酸、亚油酸、亚麻酸及花生四烯酸等不饱和脂肪酸。脂肪酸残基端具有疏水性，其胆碱残基端具亲水性，因此是一种天然的乳化剂。在乳化过程中，当少量的油与乳化剂一起在大量水中用高速搅拌混合机混合，油滴将以微滴状分散在水相中，在细滴的表面上乳化剂以亲油的非极性端相对，而以其亲水的极性端伸向水中。由于极性相斥，体系中微滴之间的斥力比相互间的引力要大，因而形成稳定的乳浊液。乳浊液的稳定性与系统中各组分间的比例、乳化剂种类及其用量、乳化的机械条件等密切相关。

三、任务准备

各小组分别依据任务描述及试验原理，讨论后制定试验方案。

四、任务实施

（一）试验试剂

95% 乙醇、10% NaOH 溶液、丙酮、氯仿、食用油适量、新鲜鸡蛋 1 个。

（二）试验器材

蒸发皿、电子天平、水浴锅、量筒、烧杯、吸管、试管、漏斗。

（三）操作步骤

1. 卵磷脂的提取

取鸡蛋一枚，从两端打孔，让蛋清流出后，将蛋黄转移到小烧杯。称取 2.00 g 蛋黄于另一小烧杯，加入 15 mL 95% 乙醇，搅拌，在 50 ℃提取 5～10 min，冷却，过滤，滤液即为卵磷脂粗提液。将粗提液置于已知质量的小烧杯中，在恒温水浴锅上于 70 ℃将乙醇蒸发完全，获得黄色油状物（脂肪与卵磷脂的混合物）。待冷却后，将黄色油状物溶于 5 mL 氯仿中。待完全溶解之后，加入 15 mL 丙酮，卵磷脂将析出。

2. 卵磷脂的鉴定

将获得的卵磷脂放入干燥、洁净的试管中，加入 10% NaOH 溶液 2 mL，于沸水浴中加热。卵磷脂的胆碱基水解产生胆碱。胆碱在氢氧化钠的作用下，产生具有鱼腥味的三甲胺，以此鉴定卵磷脂。

技术提示
★乙醇、丙酮均为易燃药品，试验时需注意安全。

3. 卵磷脂的乳化

取两个小玻璃杯，分别加入约 10 mL 水，一杯中加入卵磷脂，并使之均匀分散在水中，再加入 5 滴食用油；另一杯中仅滴入 5 滴食用油，强烈摇动两个玻璃杯，静置后观察比较两玻璃杯内容物的乳化状态，记录结果。

（四）试验数据记录与分析

1. 卵磷脂的提取及鉴定（表 3–6）

表 3–6　卵磷脂的提取及鉴定试验现象记录表

提取物颜色	提取物气味	提取物形态	提取物鉴定现象及结果

2. 卵磷脂的乳化（表 3–7）

表 3–7　卵磷脂的乳化试验现象记录表

卵磷脂乳化试验现象描述	卵磷脂乳化试验结果照片

五、任务总结

本次技能任务的试验现象和你预测的试验现象一致吗？如果不一致，问题可能出在哪里？你认为本次技能任务在操作过程中有哪些注意事项？你在本次技能任务中有哪些收获和感悟？（可上传至在线课相关讨论中，与全国学习者交流互动。）

六、成果展示

本次技能任务结束后，相信你已经有了很多收获，请将你的学习成果（试验过程及结果的照片和视频、试验报告、任务工单、检验报告单等均可）进行展示，与教师、同学一起互动交流吧。（可上传至在线课相关讨论中，与全国学习者交流互动。）

试验操作视频
提取鸡蛋中卵磷脂并进行鉴定及乳化

行成于思
★请思考：
1. 如果配制 100 mL 的 10% NaOH 溶液，该称取多少克 NaOH？怎样配制？
2. 为什么一定要用水浴加热，不能使用明火？

企业案例：植物油脂生产工艺流程及要点分析

图 3-11～图 3-16 所示是一家油脂加工企业的真实车间工艺流程，请仔细观察几种植物油脂加工工艺流程，尝试总结植物油脂加工的一般工艺流程及控制要点。

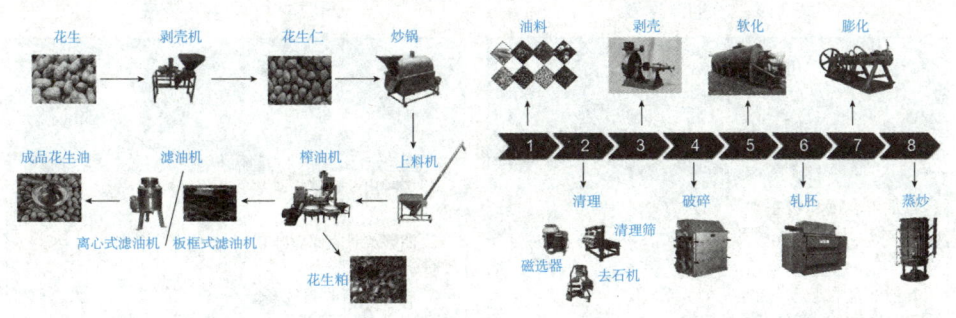

图 3-11　花生油生产工艺流程

图 3-12　油料预处理设备

图 3-13　花生预处理设备

图 3-14　菜籽预处理设备

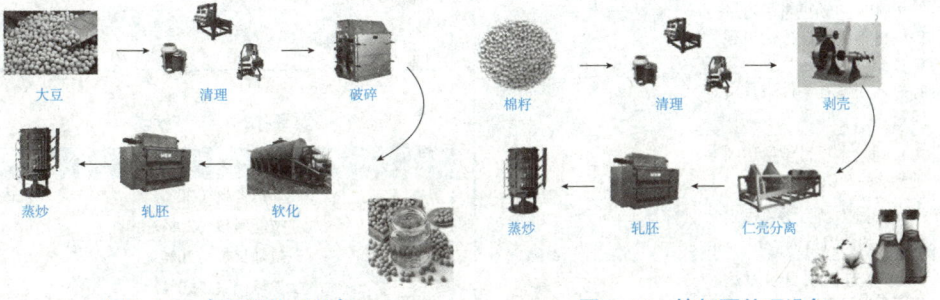

图 3-15　大豆预处理设备

图 3-16　棉籽预处理设备

> **学习进行时**
>
> ★学到的东西，不能停留在书本上，不能只装在脑袋里，而应该落实到行动上，做到知行合一、以知促行、以行求知，正所谓"知者行之始，行者知之成"。每一项事业，不论大小，都是靠脚踏实地、一点一滴干出来的。
> ——2018 年 5 月 2 日，习近平总书记在北京大学师生座谈会上的讲话

> **"1+X"食品合规管理职业技能要求**
>
> ★合规体系应用（高级）：能够完成生产经营环节相关合规管理文件的制定和管理。

通过企业案例，同学们可以直观地了解企业在真实环境下面临的问题，探索和分析企业在解决问题时采取的策略和方法。

扫描右侧二维码，可查看自己和教师的参考答案有何异同。

扫码查看"企业案例"参考答案

考核评价

请同学们按照下面的几个表格（表 3-8 ～表 3-10），对本项目进行学习过程考核评价。

表 3-8　学生自评表

评价项目	非常优秀（8～10）	做得不错（6～8）	尚有潜力（4～6）	奋起直追（2～4）
1. 学习态度积极主动，能够及时完成教师布置的各项任务				
2. 能够完整地记录探究活动的过程，收集的有关学习信息和资料全面翔实				
3. 能够完全领会教师的授课内容，并迅速地掌握项目重难点知识与技能				
4. 积极参与各项课堂活动，并能清晰地表达自己的观点				
5. 能够根据学习资料对项目进行合理分析，对所制定的技能任务试验方案进行可行性分析				
6. 能够独立或合作完成技能任务				
7. 能够主动思考学习过程中出现的问题，认识到自身知识的不足之处，并有效利用现有条件来解决问题				
8. 通过本项目学习达到所要求的知识目标				
9. 通过本项目学习达到所要求的能力目标				
10. 通过本项目学习达到所要求的素质目标				
总评				
改进方法				

表 3-9　学生互评表

评价项目	非常优秀（8～10）	做得不错（6～8）	尚有潜力（4～6）	奋起直追（2～4）
1. 按时出勤，遵守课堂纪律				
2. 能够及时完成教师布置的各项任务				
3. 学习资料收集完备、有效				
4. 积极参与学习过程中的各项课堂活动				
5. 能够清晰地表达自己的观点				
6. 能够独立或合作完成技能任务				
7. 能够正确评估自己的优点和缺点并充分发挥优势，努力改进不足				
8. 能够灵活运用所学知识分析、解决问题				
9. 能够为他人着想，维护良好工作氛围				
10. 具有团队意识、责任感				
总评				
改进方法				

表 3-10　总评分表

	评价内容	得分	总评
总结性评价	知识考核（20%）		
	技能考核（20%）		
过程性评价	教师评价（20%）		
（项目）	学习档案（10%）		
	小组互评（10%）		
	自我评价（10%）		
增值性评价	提升水平（10%）		

巩固提升

巩固提升参考答案

扫码自测　难度指数：★★★

扫码自测　难度指数：★★★★★

扫码自测参考答案　难度指数：★★★

扫码自测参考答案　难度指数：★★★★★

项目四　生命活动的主要承担者——蛋白质

项目背景

蛋白质存在于所有的生物细胞中,是构成生物体最基本的结构物质和功能物质。蛋白质是生命活动的物质基础,也是生物细胞内含量最丰富、功能最复杂的生物大分子,参与了绝大多数的生命活动和生命过程。因此,研究蛋白质的结构与功能始终是生命科学最基本的命题。蛋白质也是食品的重要营养成分之一,可为人体提供必需的氨基酸和构成其他含氮物质所需的氮源,供给机体能量。蛋白质也对食品的色、香、味、组织状态等方面具有重要影响。因此,了解蛋白质的组成、结构、分类、性质、功能,掌握蛋白质在食品加工及贮藏过程中的作用及所发生的变化,具有十分重要的意义。

学习目标

知识目标	能力目标	素质目标
1. 掌握蛋白质的概念、分类及功能。 2. 掌握氨基酸的结构及理化性质。 3. 掌握蛋白质的结构及理化性质。 4. 掌握蛋白质在食品加工及贮藏中的变化	1. 能够对常见蛋白质进行分类。 2. 能够说出氨基酸和蛋白质的结构及理化特性。 3. 能够进行蛋白质的定性及定量测定。 4. 能够利用蛋白质的性质及功能进行食品加工及贮藏	1. 培养乐学善思、砥砺践行的笃行精神。 2. 培养分析问题、解决问题的实践本领。 3. 培养居安思危、防患未然的安全意识。 4. 培养坚守正义、见贤思齐的崇善品德

学习重点

1. 氨基酸和蛋白质的结构及理化特性。
2. 蛋白质的定性及定量测定。

导学动画
蛋白质

单元教学设计
蛋白质

学习进行时

★ 广大青年要保持初生牛犊不怕虎的劲头,不懂就学,不会就练,没有条件就努力创造条件。"志之所趋,无远弗届,穷山距海,不能限也。"对想做爱做的事要敢试敢为,努力从无到有、从小到大,把理想变为现实。要敢于做先锋,而不做过客、当看客,让创新成为青春远航的动力,让创业成为青春搏击的能量,让青春年华在为国家、为人民的奉献中焕发出绚丽光彩。
——2016年4月26日,习近平在知识分子、劳动模范、青年代表座谈会上的讲话

学习小贴士

★在学习新知识时，将其内化为自己的语言可以提高学习效果。将学到的知识用自己的话表达出来或者用笔写下来，这样可以帮助你更好地理解和记忆所学内容。

思维导图

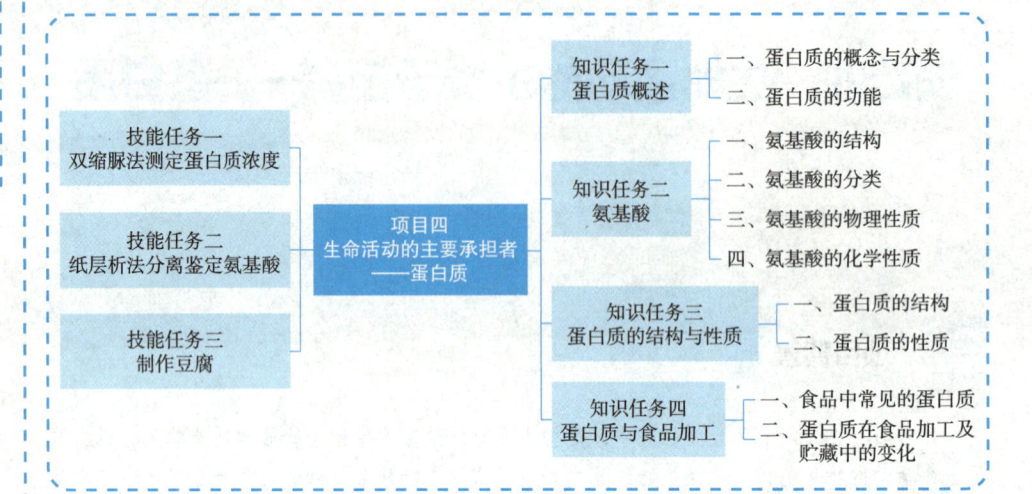

项目四 生命活动的主要承担者——蛋白质
- 技能任务一 双缩脲法测定蛋白质浓度
- 技能任务二 纸层析法分离鉴定氨基酸
- 技能任务三 制作豆腐
- 知识任务一 蛋白质概述
  - 一、蛋白质的概念与分类
  - 二、蛋白质的功能
- 知识任务二 氨基酸
  - 一、氨基酸的结构
  - 二、氨基酸的分类
  - 三、氨基酸的物理性质
  - 四、氨基酸的化学性质
- 知识任务三 蛋白质的结构与性质
  - 一、蛋白质的结构
  - 二、蛋白质的性质
- 知识任务四 蛋白质与食品加工
  - 一、食品中常见的蛋白质
  - 二、蛋白质在食品加工及贮藏中的变化

案例启发

科学史话
我国完成人工全合成结晶牛胰岛素的历史故事

我国完成人工全合成结晶牛胰岛素的历史故事

1965年9月17日，我国科学家成功合成结晶牛胰岛素，这也是世界上第一个人工合成的蛋白质。

1956年年初，党中央发出了"向科学进军"的号召，随后，新中国第一个中长期科技发展规划《1956—1967年科学技术发展远景规划》正式出炉。1958年6月，中国科学院上海生物化学研究所的会议室里，在所长王应睐的主持下，9位科学家一起讨论所里下一步要研究的重大课题。有人提出了一个大胆的设想——要"合成一个蛋白质"。1958年年底，人工合成胰岛素项目被列入1959年国家科研计划，并获得国家机密研究计划代号"601"，也就是"60年代第一大任务"。然而，在此之前，除了制造味精之外，我国还从未制造过任何形式的氨基酸，而氨基酸正是蛋白质合成的基本材料。在如此极端困难的条件下，一切都要从零开始。

在科研基础十分薄弱、设备极其简陋的年代，历经7年的不懈攻关，这项凝聚着中国科学院生化所、有机所和北京大学3家单位百名科研人员心血的项目，终于获得成功。1965年11月，这一重要的科学研究成果首次公开发表，被誉为"前沿研究的典范"。

中国科学家成功合成胰岛素，标志着人类在探索生命奥秘的征途中迈出了关键的一步，它开辟了人工合成蛋白质的时代，在生命科学发展史上产生了重大影响，也为我国生命科学研究奠定了基础。

课前摸底

(一) 填空题

1. 蛋白质是由 20 种 L-α- 氨基酸按一定的序列通过_____缩合而成的,有较稳定构象并具一定生物功能的生物大分子。

2. 20 种重要氨基酸按人体是否可合成可分为_____和_____。

3. 蛋白质的结构可分为_____、_____、_____和_____结构。

4. _____是动物体内含量最丰富的蛋白质,广泛分布于人体各种组织器官中,它是机体内多种组织的主要组成成分。

(二) 选择题

1. 下列氨基酸中必需氨基酸是( )。
   A. 谷氨酸　　　B. 异亮氨酸　　　C. 丙氨酸　　　D. 精氨酸

2. 可引起蛋白质变化的物理因素有( )。
   A. 热　　　B. 静水压　　　C. 剪切　　　D. 辐照

健康中国·全民营养周发布"优质蛋白质十佳食物",来看看有你爱吃的吗?

蛋白质是生命的物质基础,是人体组织的重要组成部分。全民营养周来临之际,中国营养学会专家工作组对人们日常生活中的常见食物进行了营养评价,列出了"优质蛋白质十佳食物"。

(1) 鸡蛋:蛋白质含量在 13% 左右,氨基酸组成与人体需要非常接近,通常可作为氨基酸评价的参考蛋白。

(2) 牛奶:营养成分丰富、组成比例适宜、易消化吸收,可以提供优质蛋白质、维生素 B_1、维生素 B_2 和钙等。

(3) 鱼肉:蛋白质含量为 15% ~ 22%,含有人体必需的各种氨基酸,尤其富含亮氨酸和赖氨酸,属于优质蛋白质。

(4) 虾:蛋白质含量为 16% ~ 23%,脂肪含量较低且多为不饱和脂肪酸。

(5) 鸡肉:蛋白质含量为 20% 左右,其脂肪含量低,还含有较多不饱和脂肪酸,尤其是油酸和亚油酸。

(6) 鸭肉:蛋白质含量约为 16%,营养价值与鸡肉相仿。

(7) 瘦牛肉:蛋白质一般在 20% 以上,氨基酸组成与人体需要接近,且比例均衡,人体吸收利用高。

(8) 瘦羊肉:蛋白质含量在 20% 左右,矿物质含量丰富。

(9) 瘦猪肉:蛋白含量约 20%,必需氨基酸组成与人体需要接近。

(10) 大豆:大豆包括黄豆、黑豆和青豆。作为唯一上榜的植物来源蛋白,大豆含有丰富的优质蛋白质、不饱和脂肪酸、钙、钾和维生素 E 等。蛋白质含量为 30% ~ 40%。(中国营养学会)

知识任务一 蛋白质概述

问题引导：
1. 蛋白质是什么？
2. 蛋白质可分为哪几类？分类的依据是什么？
3. 蛋白质有哪些生理功能？

一、蛋白质的概念与分类

（一）蛋白质的概念

蛋白质是由 20 种 L-α- 氨基酸按一定的序列通过肽键缩合而成的、有较稳定构象并具一定生物功能的生物大分子。蛋白质在生物体内占有特殊的地位，它是生物细胞中含量最丰富、功能最多的生物大分子，也是生物体的基本组成成分之一，在维持正常的生命活动中具有重要作用，如生物催化功能、运动功能、运输功能、防御功能、贮存功能、保护功能等。总之，正常机体的基本生命运动都和蛋白质息息相关，没有蛋白质就没有生命。蛋白质是很多食品的主要成分，能提供人体所需的能量及氨基酸等。鱼、禽、肉、蛋、乳等是优质蛋白质的主要来源。蛋白质还对食品的质构、风味和加工产生重大影响。

构成蛋白质的元素主要有碳、氢、氧、氮四种，有些蛋白质还含有硫、磷、铁、铜、锌、钼、碘、硒等。各元素占比百分数约为碳占 50%，氢占 7%，氧占 23%，氮占 16%，硫占 0～3%。

大多数蛋白质含氮量约为 16%，这是蛋白质元素组成的一个特点，也是凯氏定氮法测定蛋白质含量的计算基础，先测定出氮的含量，再计算出蛋白质的含量，即蛋白质含量 = 氮含量 ×6.25，式中 6.25 即 16% 的倒数，为 1 g 氮代表的蛋白质质量（克数）。

（二）蛋白质的分类

1. 按分子形状分类

根据分子形状，蛋白质可分为球状蛋白质和纤维状蛋白质。

（1）球状蛋白质分子对称性佳，外形接近球状或椭球状，长度与直径之比一般小于 10，溶解度较好，能结晶，大多数蛋白质属于这一类。球状蛋白质大多具有活性，如酶、转运蛋白、蛋白激素、抗体等。

（2）纤维状蛋白质对称性差，外形细长类似细棒或纤维，分子量大。纤维状蛋白质按溶解性又可分成可溶性纤维状蛋白质和不溶性纤维状蛋白质。可溶性纤维状蛋白质有血液中的纤维蛋白原、肌肉中的肌球蛋白等，不溶性纤维状蛋白质有胶原蛋白、弹性蛋白、角蛋白等结构蛋白。

2. 按分子组成分类

根据分子组成，蛋白质可分为简单蛋白质和结合蛋白质。

（1）简单蛋白质完全由氨基酸组成，不含非蛋白成分，包括清蛋白、球蛋白、组蛋白、精蛋白、谷蛋白、醇溶蛋白等。

（2）结合蛋白质由简单蛋白质与其他非蛋白成分结合而成，后者称为辅基，包括核蛋白、脂蛋白、糖蛋白、磷蛋白、血红素蛋白、黄素蛋白和金属蛋白等。

3. 按功能分类

根据功能，蛋白质可分为活性蛋白质和非活性蛋白质。

（1）活性蛋白质是指能完成一定生理功能的蛋白质，主要有酶、激素蛋白、运输和贮存蛋白、运动蛋白、防御蛋白等。

（2）非活性蛋白质又叫结构蛋白，包括一大类对生物体起保护或支持作用的蛋白质，主要有胶原蛋白、角蛋白、弹性蛋白等。

二、蛋白质的功能

自然界的生物种类繁多，因而蛋白质的种类和功能也多种多样。蛋白质主要的功能有催化、转运、运动、调节、防御和进攻、贮存、结构成分、支架作用、异常功能等。

（一）催化

蛋白质的重要功能是作为生物体新陈代谢的催化剂——酶，绝大多数的酶是蛋白质。

（二）转运

血红蛋白、血清蛋白可通过血流转运物质；葡萄糖转运蛋白、氨基酸转运蛋白均属于膜转运蛋白。

（三）运动

染色体的运动、鞭毛运动、肌肉的收缩等都是蛋白质的运动功能。

（四）调节

调节其他蛋白质执行其生理功能，如胰岛素；参与基因表达的调控，如转录调控因子等。

（五）防御和进攻

主动参与细胞防御、保护和开发方面的作用，如免疫球蛋白、血液凝固蛋白、凝血酶、血纤蛋白原、抗冻蛋白、动物或植物毒蛋白、干扰素等。

（六）贮存

为生物体提供充足的N元素，以及C、H、O、S、Fe等，如卵清蛋白、酪蛋白、种子贮存蛋白、铁蛋白等。

（七）结构成分

胶原蛋白是生物高分子，动物结缔组织中的主要成分，也是哺乳动物体内含量最多、分布最广的功能性蛋白，占蛋白质总量的25%～30%，某些生物体甚至高达80%以上。

（八）支架作用

支架蛋白常含有多个不同的组件，将多种不同蛋白质装配成一个多蛋白复合体。支架蛋白是许多关键信号通路中的重要调控因子，在这些信号通路中，支架蛋白调控信号转导，并

生化趣事

★ 人的头发主要由一种叫作角蛋白的蛋白质构成。角蛋白是一种坚硬且细长的蛋白质结构，它赋予头发强度、弹性和保护作用。头发的大部分质量（约为90%）是由角蛋白组成。

科技前沿

首个水稻全景定量蛋白质组图谱发布

光明日报 2024 年 07 月 31 日

★ 中国农业科学院生物技术研究所近日联合国内多家单位，共同绘制了水稻全景定量蛋白质组图谱，为水稻的基因功能研究提供了重要的蛋白质表达量资源，也为基因组学、蛋白质组学等多组学数据支撑作物智能设计育种提供了新思路。相关研究成果发表在国际期刊《自然植物》上。

生化与健康

★《2023 年中国食物与营养发展报告》指出，我国营养供给持续改善，近 5 年我国居民人均每日能量、蛋白质及脂肪供给量均呈现增长趋势。2022 年，可食用消费食物中，我国居民动物性食物来源的能量、蛋白质及脂肪人均每日供给量分别为 822.5 kcal、63.4 g 和 55.1 g。

将通路组分定位在细胞的特定区域，如细胞膜、细胞质基质、细胞核、高尔基体、内体及线粒体等。

（九）异常功能

如应乐果甜蛋白是蔗糖甜度的 3 000 倍；节肢弹性蛋白是节肢动物运动关节间的一种特殊蛋白质，富有弹性；胶质蛋白是海洋生物贝类分泌的一种蛋白质，能将贝壳牢固地粘在岩石或其他硬物上。

知识任务二　氨基酸

问题引导：
1. 氨基酸是什么？
2. 氨基酸可分为哪几类？分类的依据是什么？
3. 氨基酸有哪些理化性质？

一、氨基酸的结构

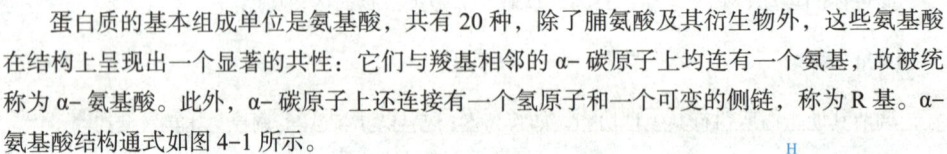

蛋白质的基本组成单位是氨基酸，共有 20 种，除了脯氨酸及其衍生物外，这些氨基酸在结构上呈现出一个显著的共性：它们与羧基相邻的 α- 碳原子上均连有一个氨基，故被统称为 α- 氨基酸。此外，α- 碳原子上还连接有一个氢原子和一个可变的侧链，称为 R 基。α- 氨基酸结构通式如图 4-1 所示。

由通式可发现，除了脯氨酸及其衍生物外，组成蛋白质的氨基酸都是 α- 氨基酸；不同氨基酸仅 R 链不同；除甘氨酸外，其余氨基酸的 α- 碳原子均为不对称碳原子。

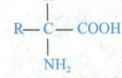

图 4-1　α- 氨基酸结构通式

二、氨基酸的分类

（一）按 R 基结构分类

20 种重要氨基酸根据 R 基的化学结构的特点，可分为脂肪族氨基酸、芳香族氨基酸和杂环族氨基酸。其中脂肪族氨基酸有 15 种，分别为甘氨酸、丙氨酸、缬氨酸、亮氨酸、异亮氨酸、蛋氨酸、天冬氨酸、谷氨酸、赖氨酸、精氨酸、丝氨酸、苏氨酸、半胱氨酸、天冬酰胺和谷氨酰胺。芳香族氨基酸有 3 种，分别为酪氨酸、苯丙氨酸和色氨酸。杂环族氨基酸有 2 种，分别为组氨酸和脯氨酸。

（二）按 R 基极性分类

20 种重要氨基酸根据 R 基极性分类可分为非极性氨基酸、极性不带电荷氨基酸、带正电荷氨基酸和带负电荷氨基酸。其中非极性氨基酸有 8 种，分别为丙氨酸、缬氨酸、亮氨酸、异亮氨酸、脯氨酸、苯丙氨酸、色氨酸、甲硫氨酸。极性不带电荷氨基酸有 7 种，分别为甘氨酸、丝氨酸、苏氨酸、半胱氨酸、酪氨酸、天冬酰胺、谷氨酰胺。带正电荷氨基酸有 3 种，分别为赖氨酸、精氨酸、组氨酸。带负电荷氨基酸有 2 种，分别为天冬氨酸、谷氨酸。

（三）按人体是否可合成分类

20 种重要氨基酸按人体是否可合成可分为必需氨基酸和非必需氨基酸。必需氨基酸机体不能自身合成，必须由食物供给，包括赖氨酸、色氨酸、苏氨酸、缬氨酸、甲硫氨酸、亮氨酸、异亮氨酸、苯丙氨酸，而人类在成年之后才开始可以自己合成组氨酸，因此对婴幼儿来说必需氨基酸还包括组氨酸。非必需氨基酸是机体可自身合成的氨基酸，包括甘氨酸、丙氨酸、丝氨酸、天冬氨酸、天冬酰胺、谷氨酸、谷氨酰胺、脯氨酸、精氨酸、酪氨酸、半胱氨酸。

三、氨基酸的物理性质

（一）氨基酸的一般物理性质

α- 氨基酸为白色晶体，其形状因构型而异，可据此进行鉴别。各种氨基酸的溶解度差别很大，除胱氨酸和酪氨酸外，其余的氨基酸都能溶于水中；除脯氨酸和羟脯氨酸外，其余氨基酸不溶于乙醇、乙醚、氯仿等有机溶剂，因此用乙醇能把氨基酸从其溶液中沉淀析出。氨基酸的熔点较高，一般在 200 ℃以上。氨基酸及其衍生物具有一定的味感，如酸、甜、苦、咸等。

（二）氨基酸的旋光性

除甘氨酸外，其余氨基酸均含有一个手性 α- 碳原子，因此都具有旋光性。蛋白质水解得到的氨基酸都是 L- 型。比旋光度是氨基酸的重要物理常数之一，是鉴别各种氨基酸的重要依据。

（三）氨基酸的光吸收

构成蛋白质的 20 种氨基酸在可见光区都没有光吸收，但在远紫外区均有光吸收。在近紫外区只有酪氨酸、苯丙氨酸和色氨酸有吸收光的能力，其最大吸收波长分别是 278 nm、259 nm、279 nm。利用分光光度法可对蛋白质含量进行测定。

四、氨基酸的化学性质

（一）氨基酸的两性电离和等电点

氨基酸分子中既含有碱性的氨基（–NH$_2$），又含有酸性的羧基（–COOH），因此氨基酸是两性电解质。氨基酸的电离方式及带电状态取决于其所处溶液的酸碱度。在某一 pH 条件下，使氨基酸电离成阳离子和阴离子的数量相等，分子的净电荷数为零，此时溶液的 pH 值称为该氨基酸的等电点（pI）。当溶液的 pH < pI 时，氨基酸带正电荷；当 pH > pI 时，氨基酸带负电荷，如图 4-2 所示。

拓展知识

★氨基酸的熔点比一般有机化合物高得多，主要原因是氨基酸在晶体时也以两性离子的形式存在，类似无机盐化合。

拓展知识

★茚三酮与氨基作用后会显示出独特的蓝紫色——罗曼紫，凭借这一性质茚三酮被广泛用于胺类化合物（特别是氨基酸和多肽化合物）的检测，在刑侦领域也是鉴定指纹的重要手段。

氨基酸达到等电点时溶解度最小，容易沉淀。因此，通过调控等电点的方式，可以制备某些氨基酸。以谷氨酸的生产为例，调节发酵液的 pH 值至 3.22（谷氨酸的等电点），便可使大量谷氨酸沉淀析出。

图 4-2 氨基酸的两性电离

（二）氨基酸与茚三酮反应

氨基酸与水合茚三酮共热，发生氧化脱氨反应，生成 NH_3 与酮酸。加热过程中酮酸裂解，放出 CO_2，自身变为少一个碳的醛。水合茚三酮变为还原型茚三酮。NH_3 与水合茚三酮及还原型茚三酮脱水缩合，生成蓝紫色化合物。茚三酮反应可用于氨基酸的定性与定量分析。

（三）氨基酸与甲醛反应

过量的甲醛易同氨基酸游离的氨基结合形成羟甲基衍生物。此反应能使等电点时的氨基酸从其兼性离子型的氨基上失去一个质子，可以直接用 NaOH 溶液滴定，由消耗的 NaOH 量计算出氨基酸的含量，这就是氨基酸的甲醛滴定法。此法也可用于判断蛋白质的水解程度。

（四）氨基酸与 2,4- 二硝基氟苯（DNFB）反应

多肽或蛋白质 N 端氨基酸的 α- 氨基也能与 DNFB 反应，生成 DNP- 多肽或 DNP- 蛋白质。后者用酸水解时，所有肽键被打开，可得到黄色的 DNP- 氨基酸。

（五）氨基酸与异硫氰酸苯酯反应

此反应的特点是能够不断重复循环，将肽链 N- 端氨基酸残基逐一进行标记和解离。

（六）美拉德反应

凡是氨基和羰基在加热条件下反应生成一类有颜色化合物的过程都称为美拉德反应。该反应是食品加工经常利用的一类非酶促褐变反应，但易造成氨基酸营养损失，且美拉德反应的某些产物具有致生物突变的副作用，这在某些微生物中已得到证实。

生化与健康

★ 甲醛与氨基酸的反应在人体内发生时，会导致蛋白质损伤，这是因为甲醛能与蛋白质中的氨基发生交联反应，从而影响蛋白质功能，这是甲醛对人体健康造成危害的病理学原理。

知识任务三　蛋白质的结构与性质

问题引导：
1. 蛋白质的结构分为几级？
2. 蛋白质的各级结构如何形成并保持稳定？
3. 蛋白质有哪些理化性质？

项目四 生命活动的主要承担者——蛋白质

蛋白质是由各种氨基酸通过肽键连接而成的多肽链，再由一条或一条以上的多肽链各自按特殊方式折叠盘绕，组合成具有完整生物活性的大分子。随着肽链数目、氨基酸组成及其排列顺序的不同，形成了自然界结构和功能各异的蛋白质。蛋白质的结构可分为一级、二级、三级和四级结构。一级结构描述的是蛋白质的线性结构，即共价连接的氨基酸残基的序列，又称初级或化学结构。二级以上的结构称为空间结构或构象。而蛋白质的性质既与组成蛋白质的氨基酸的性质有关，又与其生物大分子化合物的性质相关。

教学课件
蛋白质的结构与性质

一、蛋白质的结构

（一）蛋白质的一级结构

蛋白质的一级结构又称为化学结构，是指氨基酸在肽链中的排列顺序，该顺序是由遗传信息决定的。一级结构是蛋白质分子的基本结构，是决定蛋白质空间结构的基础。

1. 肽键

肽键是由一个氨基酸的 α- 羧基和相邻的另一个氨基酸的 α- 氨基脱水形成的酰胺键（图 4-3），反应产物称为肽。蛋白质均由氨基酸通过肽键结合而成，分子量可达几千到数十万之多。肽键不仅是一级结构中的主要化学键，也是蛋白质结构中的主要化学键，此共价键较稳定，不易受破坏。除肽键外，蛋白质一级结构中的化学键还包括其他共价键，如二硫键等。

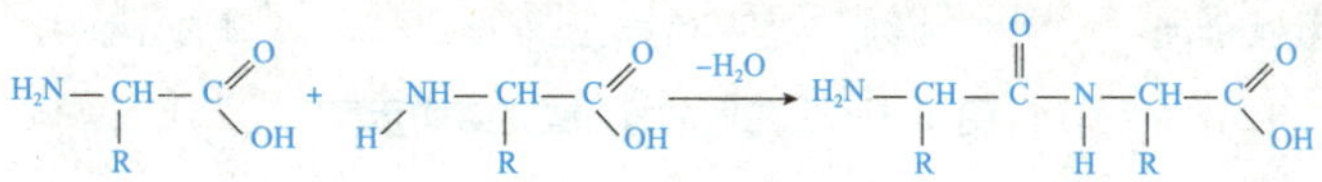

图 4-3 肽键的形成

2. 肽链

由两个氨基酸分子结合而成的肽称为二肽，由少数氨基酸相连而成的肽称为寡肽，由多个氨基酸分子结合而成的肽称为多肽。一条多肽链至少有两个末端，一端有一个游离的氨基，称为氮末端，另一端有一个游离的羧基，称为碳末端（图 4-4）。碳末端可与另一份子氨基酸缩合生成三肽，如此反应可继续进行。肽链中的氨基酸分子因失去部分基团得以形成肽键，-NH-CH（R）-CO- 称为氨基酸残基。肽链命名的习惯写法是游离的 α- 氨基在左，游离的 α- 羧基在右，在氨基酸之间用连字号"-"表示肽键，以脑啡肽（五肽）为例，可写成 Tyr-Gly-Gly-Phe-Met。

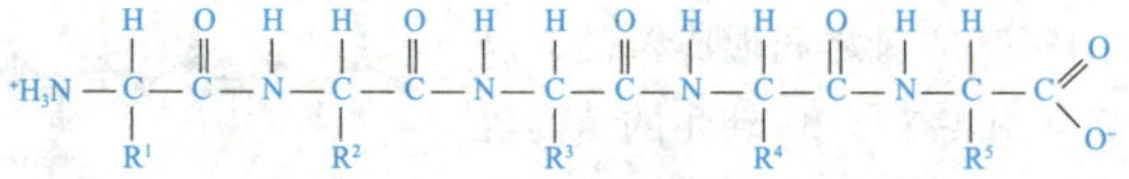

图 4-4 氨基酸 N 端和 C 端

（二）蛋白质的二级结构

正常情况下蛋白质并不是以完全伸展的多肽链存在，而是在一级结构的基础上，通过长链本身的折叠、旋转、盘曲等方式形成紧密折叠的结构存在。蛋白质的这种天然折叠结构取决于与蛋白质的氨基酸序列（蛋白质的一级结构）、溶剂的 pH 值和离子组成及溶剂分子（一般是水）的相互作用，其中蛋白质的氨基酸序列是最重要的因素。一个特定蛋白质行使其功能的能力通常是由它特定的空间结构决定的。蛋白质的空间结构包括二级结构、三级结构和

温故知新
★ 氢原子与电负性大的原子 X 以共价键结合，若与电负性大、半径小的原子 Y（O、F、N 等）接近，在 X 与 Y 之间以氢为媒介，生成 X-H⋯Y 形式的一种特殊的分子间或分子内相互作用，称为**氢键**。

· 077 ·

食品生物化学

四级结构。

蛋白质二级结构主要包括 α- 螺旋、β- 折叠、β- 转角和无规则卷曲 4 种形式，氢键是维持蛋白质二级结构的主要次级键。

1. α- 螺旋

α- 螺旋是最常见的一种二级结构，氢键是维系 α- 螺旋的主要作用力。多肽链的主链围绕一个中心轴螺旋上升，上升一圈包含 3.6 个氨基酸残基，螺距约 0.54 nm。每个氨基酸残基上升 0.15 nm（图 4-5）。螺旋的走向绝大部分是右手螺旋，残基侧链伸向柱状螺旋的外侧。R 基团的大小、荷电状态及形状均对 α- 螺旋的形成及稳定有影响。

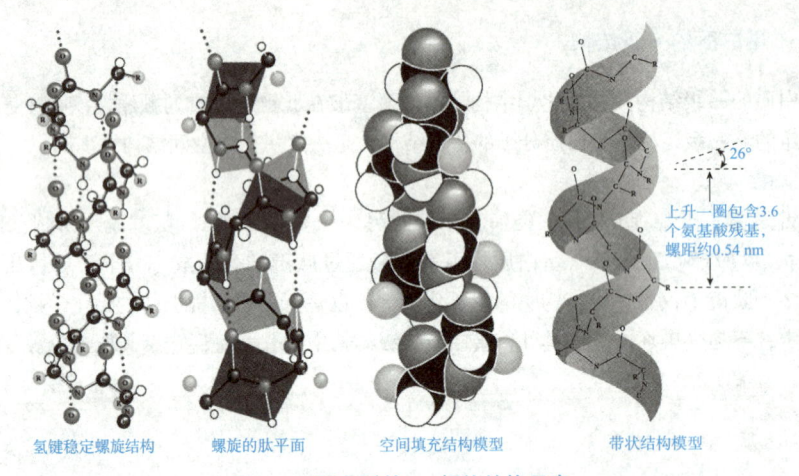

氢键稳定螺旋结构　　螺旋的肽平面　　空间填充结构模型　　带状结构模型

图 4-5　蛋白质的 α- 螺旋结构示意

2. β- 折叠

β- 折叠是由两条以上肽链或一条肽链内的若干肽段平行或反平行排列组成的片状结构，各个肽单元以 α–C 为旋转点，依次折叠，侧面看呈锯齿状结构，各氨基酸残基侧链交替地位于锯齿状结构的上下方（图 4-6）。β- 折叠主要借助肽链间的肽键羰基氧和亚氨基氢形成氢键维系空间结构，涉及的肽段一般比较短，只含 5 ~ 10 个氨基酸残基。

3. β- 转角

β- 转角出现于肽链 180° 的转角部位，通常由 4 个氨基酸残基构成，由第一个氨基酸的羰基氧与第四个氨基酸的氨基的氢之间形成氢键，以维持转折结构的稳定（图 4-7）。β- 转角的结构较特殊，常出现于球蛋白的表面，多含脯氨酸和甘氨酸。脯氨酸为亚氨基酸，形成肽键使肽链反折。甘氨酸侧链最小，易变形。

4. 无规则卷曲

多肽链中不在常见二级结构之列的区域称为无规则卷曲，表现为环或卷曲结构。一个典型球蛋白中大约一半多肽链是这样的构象。它们虽没有规律性排布，但同样具有重要的生理作用。

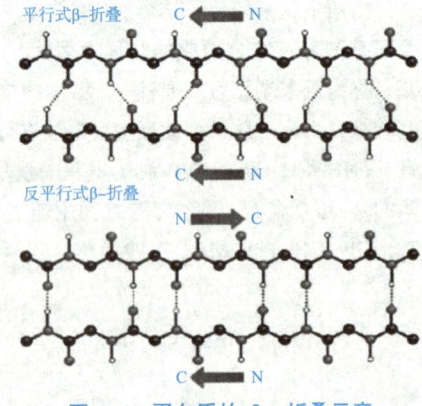

平行式β-折叠

反平行式β-折叠

图 4-6　蛋白质的 β- 折叠示意

图 4-7　蛋白质的 β- 转角示意

温故知新

★ **离子键** 通过两个或多个原子或化学基团失去或获得电子而成为离子后形成。

疏水键 是多肽链上的某些氨基酸的疏水基团或疏水侧链（非极性侧链），由于避开水而相互接近、黏附聚集在一起。

范德华力 又称分子间作用力，是只存在于分子与分子之间或惰性气体原子间的作用力，具有加和性，属于次级键。

二硫键 也称为 S-S 键，是连接不同肽链或同一肽链中两个不同半胱氨酸残基的巯基的化学键。

(三)蛋白质的三级结构

蛋白质的三级结构是指整条肽链中全部氨基酸残基的相对空间排布,即蛋白质分子或亚基内所有原子在三维空间的相互关系。具有三级结构的蛋白质才具有生物学功能。稳定蛋白质三级结构的因素是侧链基团的相互作用生成的各种次级键,包括氢键、离子键(盐键)、疏水键、范德华力、二硫键等,其中以疏水键数量最多(图4-8)。

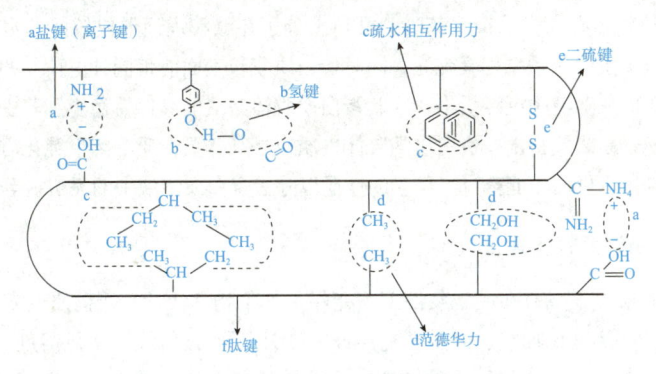

图 4-8 稳定蛋白质三级结构的各种次级键

(四)蛋白质的四级结构

自然界中的许多蛋白质具有四级结构。蛋白质的四级结构是指由两个或两个以上具有独立三级结构的多肽链依靠次级键缔合而成的复杂结构(图4-9)。这些具有独立三级结构的多肽链单位称为亚基。四级结构涉及各亚基间的空间排布及相互作用状态。维持四级结构的作用力包括氢键、离子键、疏水相互作用及范德华力等。拥有四级结构的蛋白质具有复杂的生物学功能,但一旦这些蛋白质解聚为亚基,其原有的生物学功能便会丧失。

图 4-9 血红蛋白的四级结构

二、蛋白质的性质

(一)蛋白质两性解离及等电点

与氨基酸类似,蛋白质分子中 N 端有碱性的氨基,C 端有酸性的羧基,此外,肽链上多种氨基酸残基的 R 侧链还有许多可以离子化的基团,它们中有些可以结合或解离氢离子成为带正或负电荷的基团,其两性解离过程和带电状态取决于溶液的 pH 值。在某一 pH 值条件下,蛋白质分子所带的正电荷数与负电荷数相等,分子的净电荷数为零,此时蛋白质分子在电场中不移动,这时溶液的 pH 值称为该蛋白质的等电点(pI)。当溶液的 pH < pI 时,蛋白质带正电荷;当 pH > pI 时,蛋白质带负电荷。蛋白质达到等电点时,其溶解度最小,容易沉淀。因此,通过调控等电点的方式,可以进行蛋白质的分离提纯。

蛋白质在溶液中解离成带电颗粒,在电场中可以向电荷相反的电极移动,这种现象称为电泳。各种蛋白质在电场中的移动方向和速度各不相同,根据这一原理开发了许多用于蛋白质分析和分离的电泳技术,如自由界面电泳、纸上电泳、薄膜电泳、凝胶电泳(聚丙烯胺、

科学史话

★ 电泳现象于 1807 年由俄国莫斯科大学的斐迪南·弗雷德里克·罗伊斯最早发现。1936 年瑞典学者 A.W.K. 蒂塞利乌斯设计制造了移动界面电泳仪,分离了马血清蛋白的 3 种球蛋白,创建了电泳技术。

淀粉、琼脂等凝胶作为支持物）、等电聚焦电泳等。

（二）蛋白质的胶体性质

蛋白质是高分子化合物，其相对分子质量很大，小的在 1 万以上，大的数百万至千万，在溶液中形成颗粒的大小为 1～100 nm，恰好在胶体颗粒的范围内，因此蛋白质溶液是稳定的胶体溶液，具有胶体溶液的性质（如丁达尔效应、布朗运动、不能透过半透膜等）。

蛋白质颗粒表面有众多的亲水基团，可与水分子在颗粒表面形成较厚的水化膜，将蛋白质颗粒分开，避免蛋白质颗粒相聚沉淀；同时蛋白质胶粒表面能带同种电荷，相斥作用使蛋白质颗粒难以聚集而从溶液中沉淀析出，因此蛋白质胶体溶液能够保持稳定。若去除这两个稳定因素，蛋白质便容易凝集析出。蛋白质的胶体性质也是某些蛋白质分离、纯化方法的基础。例如，透析法是利用蛋白质不能透过半透膜的性质以除去蛋白质溶液中的无机盐等小分子物质。

（三）蛋白质的变性与复性

大多数蛋白质分子只有在一定条件下才能保持其生物学活性，蛋白质的变性指蛋白质受某些物理或化学因素（如加热、高压、超声波、紫外线及 X 射线、有机溶剂、重金属离子、强酸强碱等）的影响，其空间结构被破坏，从而导致其理化性质、生物学活性改变的现象。蛋白质变性的实质是其天然构象受到破坏，涉及二、三、四级结构改变，二硫键和各级次级键破坏，但一级结构不变，无肽键断裂。

变性后的蛋白质黏度增加，光吸收性质增强。由于变性后肽链松散，更易被蛋白酶水解，且原本面向内部的疏水基团暴露于分子表面，蛋白质分子溶解度降低并互相凝聚而易于沉淀。蛋白质的这一性质在日常生活和食品加工中得到广泛的应用。例如豆腐就是大豆蛋白质的浓溶液加热、加盐而成的蛋白质固体。在急救重金属盐（如氯化汞）中毒的病人时，可给患者吃大量乳品或蛋清等富含蛋白质的物质，乳品或蛋清中的蛋白质在消化道中与重金属离子结合成不溶解的变性蛋白质，防止重金属与人体蛋白质结合，最后将沉淀物从胃肠中洗出。

蛋白质的复性指蛋白质变性程度不高，在消除变性因素条件下可使蛋白质恢复或部分恢复其原有的构象和功能的现象。若变性程度高，即使消除变性因素条件蛋白质也不能恢复其原有的构象和功能，称为不可逆变性。

> **拓展知识**
> ★蛋白质不可逆变性包括物理因素如高温、高压、紫外线、X 射线、剧烈搅拌等。化学因素如强酸、强碱、重金属盐、生物碱试剂、有机溶剂等。

（四）蛋白质的沉淀

使蛋白质分子凝集并从溶液中析出的现象称为蛋白质的沉淀。

1. 盐析

向蛋白质溶液中加入大量的中性盐（如硫酸铵、硫酸钠、氯化钠等），可使蛋白质从水溶液中沉淀析出，这种沉淀蛋白质的方法叫作盐析法。由于盐析法沉淀出的蛋白质不变性，因此分离制备蛋白质或蛋白类生物制剂时常采用此方法。

2. 有机溶剂

蛋白质颗粒表面有众多的亲水基团，可与水分子在颗粒表面形成较厚的水化膜，将蛋白质颗粒分开，避免蛋白质颗粒相聚沉淀。甲醇、乙醇、丙酮等有机溶剂，因其与水的亲和力比蛋白质强，故能迅速而有效地破坏蛋白质胶体的水化膜，从而使蛋白质沉淀出来。

3. 重金属盐

蛋白质与重金属离子（如 Cu^{2+}、Hg^{2+} 等）接触后，空间结构被破坏，原本面向内部的疏水基团暴露于分子表面，与重金属离子结合成盐而沉淀。蛋白质的该性质可用于抢救重金属盐中毒病人。

4. 酸处理

三氯乙酸、过氯酸、钨酸等可与蛋白质正离子结合，形成不溶性盐而沉淀。在生物样品分析时，常用酸处理以制备无蛋白滤液。

5. 热处理

蛋白质受热变性后，在有少量盐类存在或将 pH 值调至等电点时，很容易发生凝固沉淀。

（五）蛋白质的颜色反应

由于蛋白质分子含有肽键和氨基酸的各种残余基团，因此它能与多种不同的试剂（如双缩脲试剂、酚试剂、考马斯亮蓝、茚三酮等）作用，生成有色物质，这些颜色反应可用于蛋白质的定性和定量测定。

1. 黄色反应

蛋白质的黄色反应又称为黄蛋白反应，是指在蛋白质溶液中加入浓硝酸时，蛋白质先沉淀析出，加热后沉淀溶解并呈现黄色的反应。该反应为苯丙氨酸、酪氨酸、色氨酸等含苯环氨基酸所特有，常用来鉴别这些蛋白质。

2. 双缩脲反应

双缩脲（$H_2NOC-NH-CONH_2$）是两分子尿素经 181.25 ℃ 左右加热，放出一分子氨（NH_3）后得到的产物，在碱性溶液中，双缩脲与 Cu^{2+} 结合生成紫红色配合物。蛋白质分子中含有很多与双缩脲结构相似的肽键，所以蛋白质都能与双缩脲试剂发生颜色反应。此反应并非蛋白质所特有，只要化合物含有两个以上肽键，且不论它们是直接相连或通过一个碳或氮原子相连都会发生此反应。双缩脲法测定蛋白质的浓度范围适用于 1～10 mg/mL，常用于对蛋白质和多肽进行快速但不十分精确的定性、定量测定，也可用于蛋白质水解程度的测定。

3. 酚试剂反应

酚试剂反应又称福林试剂反应，指在碱性条件下蛋白质分子中酪氨酸的酚基与酚试剂（磷钼酸-磷钨酸化合物）作用，生成蓝色物质的反应。酚试剂反应可用于蛋白质的定性、定量分析，定量范围为 5～100 μg，灵敏度比双缩脲试剂法高很多。

4. 茚三酮反应

与氨基酸类似，蛋白质在加热条件及弱酸环境（pH=5～7）下，与茚三酮共热可产生蓝紫色化合物，该反应十分灵敏，定量范围为 0.5～50 μg，因此广泛应用于氨基酸和蛋白质的定性及定量检测。

生化趣事

★皮肤、指甲不慎溅上浓硝酸后出现黄色，正是因为蛋白质遇浓硝酸发生黄蛋白反应。

拓展知识
双缩脲反应过程

知识任务四 蛋白质与食品加工

问题引导：
1. 食品中常见的蛋白质有哪些？
2. 蛋白质在食品加工贮藏中有哪些变化？
3. 如何运用食品加工的手段提高蛋白质的效价？

微课视频
蛋白质与食品加工

蛋白质是食品重要组成部分，在食品加工中具有重要地位。蛋白质在食品加工中能够发挥多种功能，如提升食品的营养价值、增加食品的稳定性、改善食品的口感和质地等。因此，熟悉食品中常见的蛋白质，了解食品在加工及贮藏过程中加热、低温、脱水等多种处理对蛋白质的影响，具有重要的现实意义。

一、食品中常见的蛋白质

（一）乳清蛋白

乳清蛋白是利用现代生产工艺从牛奶中提取出来的一种蛋白质，或是由干酪生产过程中所产生的副产品乳清经过特殊工艺浓缩精制而得的一类蛋白质。乳清蛋白具有高蛋白质、低胆固醇、低脂肪和低乳糖的特点，且容易被人体消化吸收，具有较高的营养价值。乳清蛋白的功能特性主要有成胶性、搅打起泡性、乳化性、成模性等。

乳清蛋白的主要组成部分是β-乳球蛋白、α-乳白蛋白、乳铁蛋白、乳过氧化物酶、生长因子等。β-乳球蛋白是必需氨基酸和支链氨基酸的极好来源，可以促进蛋白质的合成，减少蛋白质的分解，其凝胶性优于乳白蛋白；α-乳白蛋白也是必需氨基酸和支链氨基酸的极好来源，是唯一一种能结合钙的乳清蛋白成分，从牛奶中分离出来的乳白蛋白在氨基酸功能、结构及功能特性都与人乳相似，被广泛应用于婴儿配方食品中；乳铁蛋白在乳清蛋白产品中含量较低，但具有较高的生物活性，可以被用于乳制品和其他含有益生菌的营养药品中作为功能性配料；此外，乳过氧化物酶、生长因子也是乳清蛋白的功能成分。目前，乳清蛋白已被广泛应用于酸奶、干酪、冰激凌、焙烤食品、肉制品、功能食品等的加工中。

（二）酪蛋白磷酸肽

酪蛋白磷酸肽是从牛乳中分离提纯得到的富含磷酸丝氨酸的天然活性多肽，可以在小肠内与钙、铁等矿物质形成可溶性络合物，促进人体对钙、铁的吸收，除此之外，酪蛋白磷酸肽还可以促进牙齿、骨骼中钙的沉积和钙化；促进动物体外受精和增强机体免疫力等。

酪蛋白磷酸肽能促进矿物质的吸收，是开发制造钙、铁等功能食品的关键性原料，也是一种生理活性肽。目前，酪蛋白磷酸肽已被广泛应用于儿童、孕妇、老人等不同人群的各种保健食品中，如糖果、饼干、饮料、奶酪食品、甜点、畜肉制品、乳制品等。

（三）胶原蛋白

胶原蛋白是动物体内含量最丰富的蛋白质，广泛分布于人体各种组织器官中，它是机体内多种组织的主要组成成分，具有良好的物理性能和生物性能，在化工、食品、医学、生物材料及农业领域有广泛的应用。

胶原蛋白富含除色氨酸、半胱氨酸、酪氨酸外的18种氨基酸，包括7种必需氨基酸，胶原蛋白还含有一般蛋白质中少见的羟脯氨酸、焦谷氨酸、羟基赖氨酸等。在食品加工中胶原蛋白可以作为功能保健食品、食品添加剂、食品包装材料及涂层材料等。

（四）血浆蛋白

血浆是动物被屠宰后最先获得的副产物，血浆中的蛋白质部分称为血浆蛋白，是多种蛋白质的总称，可以分为清蛋白、球蛋白、纤维蛋白原等几种成分。

血浆蛋白可以用于饲料工业、医药工业、食品工业等，在食品工业中可以应用于肉制品中，如在香肠、灌肠、火腿和肉脯中，利用其乳化性能，提高产品的保水性、切片性、弹性、粒度、产率等。

血浆蛋白用于菜肴烹饪中，可保持菜肴味道鲜美、润滑可口、营养丰富、色香味俱佳；还因其含有丰富的蛋白质、矿物质元素等，可以作为营养添加剂、营养补充剂等；此外，血浆蛋白还可以应用于糖果糕点中等。

（五）大豆蛋白

大豆蛋白即大豆类产品所含的蛋白质，大豆富含蛋白质，含量约为40%，大豆的蛋白质含量接近肉、蛋、鱼的蛋白质含量的2倍，是谷类食物的蛋白质含量的4～5倍。大豆蛋白质的氨基酸组成与牛奶蛋白质相近，除蛋氨酸略低外，其余必需氨基酸含量均较丰富，是植物性的完全蛋白质，在营养价值上，可与动物蛋白等同。而且大豆所含的蛋白质中人体必需氨基酸含量充足、组分齐全，属于优质蛋白质，具有良好的营养价值以及多种功能特性，在食品领域中具有广泛的应用。

大豆蛋白还有着动物蛋白不可比拟的优点。动物肉类、乳类食品虽可提供大量优质蛋白，但其中含有较多的胆固醇，容易引发动脉硬化等"富贵病"。而大豆既有较高的蛋白营养价值，又不含胆固醇，它特有的生理活性物质——异黄酮还有着降胆固醇的作用。目前大豆蛋白被广泛应用于焙烤食品、肉制品、乳制品、饮料制品、水产品、调味品等食品中。

（六）小麦蛋白

小麦蛋白的主体是面筋。面筋是小麦面粉与水糅合，洗掉淀粉及其他成分后形成的富有弹性的软胶体，也是小麦淀粉加工的副产物。小麦蛋白主要是由清蛋白、球蛋白、麦胶蛋白和麦谷蛋白组成。小麦蛋白作为优质的植物蛋白质来源，具有较高的营养价值，其谷氨酸、脯氨酸含量高，赖氨酸和苏氨酸含量低，脂肪和糖类的含量极低，在食品应用中具有一定的营养改良和强化作用。

小麦蛋白具有独特的结构，所以它具有良好的黏弹性、延伸性、吸水性、乳化性、薄膜成型性等功能性质。目前，小麦蛋白及其深加工产品在食品工业中得到了广泛的应用。

（七）单细胞蛋白

单细胞蛋白是由微生物发酵生产的一种高蛋白食品，具有生长速率快、易控制和产量高等优点。单细胞蛋白的来源包括酵母、细菌和真菌等微生物。

（八）叶蛋白

以新鲜的青绿植物茎叶为原料，经过压榨取汁、汁液中蛋白质分离和浓缩干燥等工序制备的蛋白质浓缩物称为叶蛋白，一般为灰白色或绿色粉末，蛋白质含量在60%左右，不饱和脂肪酸含量为20%～30%。叶蛋白氨基酸组成与除乳类和蛋类以外的一般动物蛋白

行业快讯

★ 目前大豆蛋白产品多为脱脂大豆蛋白产品，而主要原料来源为低温脱脂豆粕。低温脱脂豆粕的加工方法有两种：一种是丁烷亚临界低温萃取，一种是6号溶剂低温浸出（A、B筒或闪蒸法）。大豆通过低温浸出脱脂后获得脱脂豆粕，其蛋白含量可达到50%以上。

拓展知识

★ 小麦蛋白粉又称谷朊粉，是一种高效的绿色面粉增筋剂，将其用于高筋粉、面包专用粉的生产，添加量不受限制。

质近似，营养价值较高，能增加禽类的皮肉部和蛋黄的色泽，可以作为商品饲料，对患蛋白质缺乏症的儿童也能起到改善营养的作用。由于叶蛋白的适口性不佳，可以将其作为添加剂用于谷物食品，这样不仅能提高人们对叶蛋白的接受性，还能补充谷物中赖氨酸的不足。

（九）浓缩鱼蛋白

鱼蛋白不仅可以作为食品，还可以作为饲料。其制作过程是先将鱼磨粉，再以有机溶剂抽提，并除去脂肪与水分，以蒸汽赶走有机溶剂，剩下的是蛋白质粗粉，再磨成适当的颗粒，即成无臭、无味的浓缩鱼蛋白，其蛋白质含量可达到75%以上。

浓缩鱼蛋白的氨基酸组成与鸡蛋、酪蛋白大致相同，虽然其营养价值高，但因其溶解度、分散性、吸湿性等不适于食品加工，浓缩鱼蛋白在食品中的用途还有待于进一步的研究。

二、蛋白质在食品加工及贮藏中的变化

（一）热处理

在食品加工过程中，热处理对蛋白质具有显著影响，影响因素包括加热时间、温度、湿度及有无还原性物质等。总的来说，蛋白质热加工处理既有有益作用又有有害作用，因此食品加工及贮藏过程中需进行控制。

1. 有益作用

（1）改善营养价值。热处理可使蛋白质变性，使原来折叠部分的肽链松散，容易受到消化酶的作用，从而提高消化率。另外，热加工对植物性食物中蛋白质成分的抗营养素（如胰蛋白酶抑制物和凝血素）具有破坏作用，可提高该食物的蛋白质效价。

（2）赋予食品应有的形态和强度。大多数蛋白质在热处理后达到凝固程度时，能够起到食品的骨骼作用，赋予食品应有的形态和强度。如饼干和面包中的面筋蛋白、糖果中的发泡剂（植物蛋白、鸡蛋蛋白和明胶）、肉糜罐头中的肌肉蛋白和胶原蛋白等。

（3）赋予食品色、香、味成分。美拉德反应又称羰氨反应，指在加热条件下，蛋白质、氨基酸中的氨基与糖类中的羰基经缩合、聚合，生成黑色素的反应。美拉德反应是食品在加热或长期储存后发生褐变的主要原因。在食品工业中，美拉德反应广泛应用于改善食品的色泽、风味和香气。

（4）抑制有害酶活性。在加工及贮藏过程中，食品本身存在的脂酶、脂肪氧化酶、多酚氧化酶等会使食品出现变色、风味变差、维生素损失等现象，而漂烫或蒸煮能使酶失活，防止食品品质劣变。部分食品中天然存在蛋白质毒素或抗营养因子，加热能使大部分蛋白质毒素或抗营养因子变性和钝化，消除不良影响。

2. 有害作用

（1）降低蛋白质效价。蛋白质若过度热加工处理会发生氧化反应，结构被破坏，造成人体吸收氨基酸不均衡，导致蛋白质效价降低。

（2）引起含硫蛋白质分解。含硫蛋白质在进行热处理时需避免温度过高，否则会引起分解并产生硫化氢等硫化物，影响食品品质。例如在罐头生产中若存在硫化物的腐蚀，罐头内壁易产生黑斑影响感官质量。

（3）产生有毒物质。蛋白质若过度热加工处理，部分氨基酸分解后会产生有毒物质，如

拓展知识

★ **蛋白质效价**的计算方式是试验期内动物体重增加克数除以试验期内摄入的蛋白质克数。这个比值越高，说明蛋白质的净利用率越高。例如，全鸡蛋的蛋白质效价为3.92，表示每摄入1 g全鸡蛋的蛋白质可以增加3.92 g的体重。此外，食物蛋白质的蛋白质效价通常使用小动物（如大鼠）进行试验来测定，并且试验中的膳食通常包含10%的蛋白质。

鱼、肉等烧焦后的提取物，其致突变性比苯并 [a] 芘高 1 万倍；有些蛋白质的热解产物可致癌。

（二）低温处理

1. 低温冷藏

食品的低温冷藏可以抑制酶的活性，从而延缓或阻止微生物的生长及蛋白质的化学变化。食品工业中常用冷藏的方法来延长食品的保质期，低温冷藏对蛋白质的结构和性质以及食品的营养和风味影响不大。

2. 低温冷冻

食品的低温冷冻对食品的风味和加工性能影响较低温冷藏更大，其原因是低温冷冻会改变蛋白质质点分散密度，控制不当会造成蛋白质变性。冷冻使蛋白质变性的原因主要与冻结速度有关，冻结速度越快，形成的冰晶越小，挤压作用也越小，蛋白质变性程度就越小。因此食品工业中常采用快速冷冻法，以避免蛋白质变性，保持食品原有的风味。

（三）碱处理

碱处理对蛋白质的营养价值影响很大，加热条件下影响尤甚。蛋白质经过碱处理后，能发生很多反应，生成各种新的氨基酸。在碱性热处理下，氨基酸残基也会发生异构化，由 L- 型变为 D- 型，营养价值降低；同时蛋白质的功能性质也会发生改变。在食品工业中，碱处理可用于增溶和提取不易溶解的植物蛋白、微生物蛋白或鱼蛋白。

（四）脱水处理

脱水是食品加工的重要方法，食品脱水可延长食品的保藏期限、减轻食品重量、增加食品的稳定性。但脱水处理时若温度过高，时间过长，会使蛋白质中的结合水受到破坏，引起蛋白质的变性，导致食品的复水性降低，硬度增加，风味变劣。食品工业中常用的脱水方法有很多，不同的方法引起蛋白质变化的程度也不同，一般情况下真空干燥、冷冻干燥和喷雾干燥对食品的品质影响较小。

（五）酶解处理

酶解处理是利用蛋白酶的内切作用及外切作用，将蛋白质分子降解成肽类及更小的氨基酸分子的过程。其优点是反应速度快，条件温和，专一性强，无氨基酸破坏或消旋现象，食品原料中有效成分保存完全，无副产物和有害物质产生，无环境污染，作用过程可控等，因此，在食品工业中得到了广泛应用。如蛋白酶可以使肉类嫩化、提高麦芽的浸出率；羧肽酶 A 可以除去蛋白水解物中的苦味肽等。

（六）氧化剂处理

食品工业中有时使用氧化剂进行杀菌、漂白和去毒。例如，使用过氧化氢、过氧乙酸和过氧化苯甲酰等作为杀菌剂和漂白剂，用于食品储藏、无菌包装系统的包装容器杀菌，含黄曲霉毒素的谷物、豆类、种子壳皮等的脱毒及多种食品的漂白等。而蛋白质中一些氨基酸残基能被氧化剂氧化，从而改变蛋白质的结构和性质，降低蛋白质的营养价值，使之失去食用价值，影响食品的营养和风味，甚至产生有害物质。对氧化剂最敏感的氨基酸残基是含硫氨基酸和芳香族氨基酸，氧化的难易排序为蛋氨酸＞半胱氨酸＞胱氨酸＞色氨酸。

> **生化趣事**
> ★ 当我们谈论食物的味道时，苦味往往是最不受欢迎的，而引起这种苦味的重要因素之一是一种叫作苦味肽的生物分子。苦味肽（肽是两个或两个以上的氨基酸以肽键相连的化合物）是一类小分子肽，通常在食品加工、储存或消化过程中生成。苦味肽味道虽苦，但其实具有一些有益身体健康的功能，例如抗氧化、抗炎和抗菌等，因此一些苦味肽可以用于制备治疗性药物。

技能任务一　双缩脲法测定蛋白质浓度

问题引导：
1. 双缩脲法测定蛋白质浓度的原理是什么？
2. 双缩脲法测定蛋白质的浓度范围是多少？
3. 双缩脲试剂中真正起作用的是哪种成分？

一、任务导入

蛋白质是食品中重要的营养指标，不同的食品中蛋白质的含量各不相同。测定食品中蛋白质的含量，对于评价食品的营养价值、合理开发利用食品资源、提高产品质量、优化食品配方、指导经济核算及生产过程控制均具有极重要的意义。

二、任务描述

具有两个或两个以上肽键的化合物皆有双缩脲反应。在碱性溶液中，双缩脲与 Cu^{2+} 结合形成复杂的紫红色复合物。而蛋白质及多肽的肽键与双缩脲的结构类似，也能与 Cu^{2+} 形成紫红色配位化合物，其最大光吸收在 540 nm 处，可用比色法定量测定，其颜色深浅与蛋白质浓度成正比，而与蛋白质的相对分子质量及氨基酸的组成无关。

双缩脲法测定蛋白质的浓度范围适用于 1～10 mg/mL，最常用于需要快速但不十分精确的测定，即蛋白质的快速测定。硫酸铵不干扰此呈色反应，但 Cu^{2+} 容易被还原，有时出现红色沉淀。

双缩脲试剂中真正起作用的是硫酸铜，而氢氧化钾仅仅是为了提供碱性环境，因此它可被其他碱如氢氧化钠所代替。向试剂中加入碘化钾，可延长试剂的使用寿命。酒石酸钾钠的作用是保护反应生成的络离子不被析出变为沉淀，从而使试剂失效。

三、任务准备

各小组分别依据任务描述及试验原理，讨论后制定试验方案。

四、任务实施

（一）试验试剂

$CuSO_4 \cdot 5H_2O$、酒石酸钾钠、碘化钾（KI）、10% NaOH 溶液、牛血清白蛋白、酪蛋白。

（二）试验器材

分析天平、721 型分光光度计、比色管、试管及试管架、容量瓶、量筒等。

（三）操作步骤

1. 试剂配制

（1）双缩脲试剂。将 0.75 g $CuSO_4 \cdot 5H_2O$ 和 3.0 g 酒石酸钾钠溶于 250 mL H_2O，加入 150 mL 10% NaOH 溶液（可另加 0.5 g KI 以防止 Cu^{2+} 自动还原成一价 Cu_2O 沉淀），用 H_2O 稀释至 500 mL，可长期保存。

（2）2 mg/mL 的牛血清白蛋白溶液：蒸馏水配制。

（3）未知浓度的蛋白质溶液（用酪蛋白配）：称取酪蛋白 1 g 于研钵中，先用少量蒸馏水湿润后，慢慢加入 0.2 mol/L NaOH 溶液 4 mL，充分研磨，用蒸馏水洗入 100 mL 容量瓶，放入水浴煮沸 15 min，溶解后冷却，定容至 100 mL，保存于冰箱内。用时配制成所需浓度的溶液。

2. 标准曲线的绘制

取 7 支干净的试管，编号，按照表 4-1 操作。

表 4-1　不同浓度牛血清白蛋白溶液的配制方法

试剂＼管号	0	1	2	3	4	5	6
2 mg/mL 的牛血清白蛋白 /mL	0.0	0.3	0.6	0.9	1.2	1.5	1.8
蒸馏水 /mL	3.0	2.7	2.4	2.1	1.8	1.5	1.2
双缩脲试剂 /mL	2.0	2.0	2.0	2.0	2.0	2.0	2.0
充分混匀，$A_{540\,nm}$ 处比色							
蛋白质浓度 / (mg/mL)	0.0	0.2	0.4	0.6	0.8	1.0	1.2
$A_{540\,nm}$							

保温。将上述各试管混匀后置于恒温水浴锅中 37 ℃加热 20 min。

以吸光度为纵坐标，以各标准蛋白液的浓度（mg/mL）为横坐标，绘制标准曲线。

3. 样液的测定

取未知浓度的蛋白质样液 3.0 mL 置于试管内，加入双缩脲试剂 2.0 mL，混匀，测其 $A_{540\,nm}$，对照标准曲线求未知溶液蛋白质的浓度（表 4-2）。

表 4-2　技能任务数据记录表

未知浓度的蛋白质溶液	$A_{540\,nm}$	从标准曲线求得的蛋白质浓度 / (mg/mL)
1		
2		
3		
此蛋白质溶液的浓度		

五、任务总结

本次技能任务的试验现象和你预测的试验现象一致吗？如果不一致，问题可能出在哪里？你认为本次技能任务在操作过程中有哪些注意事项？你在本次技能任务中有哪些收获和感悟？（可上传至在线课相关讨论中，与全国学习者交流互动。）

技术提示

★ 在使用双缩脲试剂时，必须注意先加 0.1 g/mL NaOH 溶液，再加 0.01 g/mL $CuSO_4$ 的水溶液。若先加入硫酸铜（$CuSO_4$）溶液，再加入氢氧化钠（NaOH）溶液，则无法充分制造碱性环境，此时 $CuSO_4$ 会与 NaOH 发生复分解反应，生成蓝色氢氧化铜 [Cu(OH)$_2$] 沉淀，导致现象不清，无法较好地达到试验目的。

技术提示

★ 需于显色后 30 min 内比色，30 min 后可能有雾状沉淀产生，各管由显色到比色的时间尽可能一致。

技术提示

★ 样品蛋白质含量应在标准曲线范围内。

试验操作视频
双缩脲法测定蛋白质浓度

行成于思

★请思考：
1. 怎样配制200 mL的2 mg/mL牛血清白蛋白溶液？
2. 蛋白质的测定还有哪些常用方法？

六、成果展示

本次技能任务结束后，相信你已经有了很多收获，请将你的学习成果（试验过程及结果的照片和视频、试验报告、任务工单、检验报告单等均可）进行展示，与教师、同学一起互动交流吧。（可上传至在线课相关讨论中，与全国学习者交流互动。）

技能任务二　纸层析法分离鉴定氨基酸

任务工单
纸层析法分离鉴定氨基酸

问题引导：
1. 纸层析法分离氨基酸的原理是什么？
2. 纸层析法分离氨基酸的固定相和流动相分别是什么？
3. 纸层析法分离氨基酸是如何显色的？

一、任务导入

氨基酸是构成蛋白质的基本组成单元，对于研究蛋白质的结构和功能具有重要意义。而氨基酸的分离鉴定是研究蛋白质的前提和基础。本次试验使用纸层析法对氨基酸进行分离鉴定。

二、任务描述

用滤纸为支持物进行层析的方法，称为纸层析法。纸层析所用展层溶剂大多由水和有机溶剂组成，滤纸纤维与水的亲和力强，与有机溶剂的亲和力弱，因此在展层时，水是固定相，有机溶剂是流动相。

将样品点在滤纸上（此点称为原点）进行展层，样品中的各种氨基酸在两相溶剂中不断进行分配。由于它们的分配系数不同，不同氨基酸随流动相移动的速率就不同，于是就将这些氨基酸分离开来，形成距原点距离不等的层析点。溶质在滤纸上的移动速率用 R_f 值表示，R_f = 原点到层析点中心的距离 / 原点到溶剂前沿的距离。氨基酸无色，利用茚三酮反应，可将氨基酸层析点显色作定性、定量用。

拓展知识

★溶剂由下向上移动的，称为上行法；由上向下移动的，称为下行法。

三、任务准备

各小组分别依据任务描述及试验原理，讨论后制定试验方案。

四、任务实施

（一）试验试剂

展层溶液：V[正丁醇（A.R.）]：V（88%甲酸）：V（水）= 15 : 3 : 2。

显色储备液：V（0.4 mol/L 茚三酮 – 异丙醇）：V（甲酸）：V（水）= 20：1：5。

亮氨酸标准液（1 mg/mL）；甘氨酸标准液（1 mg/mL）；脯氨酸标准液（1 mg/mL）；氨基酸混合液（每种氨基酸 500 mg/mL）。

（二）试验器材

滤纸、烧杯、剪刀、铅笔、针线、层析缸、毛细管、电吹风、喷壶。

（三）操作步骤

1. 滤纸准备

根据层析缸大小裁成一定尺寸的长方形，在距纸一端 2 cm 处画一基线，在线上每隔一定距离画一小点做点样的原点，并在下方注明将要点哪种氨基酸（图 4-10）。

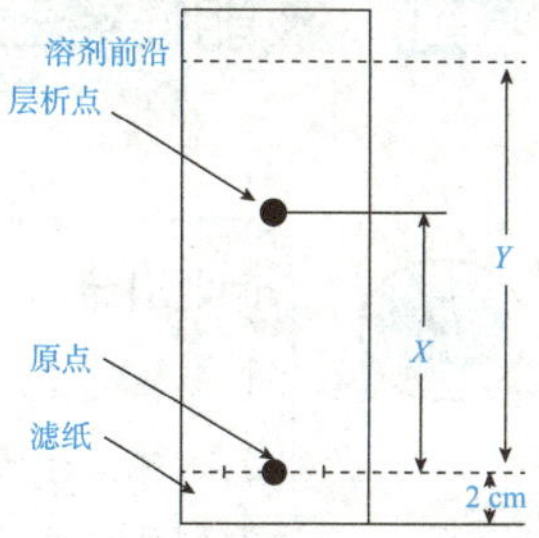

2. 点样

用毛细管蘸取氨基酸点在对应的原点上，直径不超过 0.5 cm，干了再点，反复点几次。

3. 展层

将点好样的滤纸用白线缝好，制成圆筒，原点在下端，浸立在已经装了展层溶液的层析缸里，原点一定要在液面以上，滤纸保持竖直，以防溶剂前沿偏得太严重。

图 4-10 滤纸的准备

4. 显色

数小时之后，待溶剂前沿快到滤纸顶端的时候停止展层，取出滤纸，用尺子量一下基线到溶剂前沿的距离，记录下来。用盛了显色储备液的小喷壶对着滤纸均匀地喷洒，用电吹风吹干，即可看到氨基酸的层析点。

（四）试验数据记录与分析

用尺测量显色斑点的中心与原点（点样中心）之间的距离和原点到溶剂前沿的距离，求出此值，即得氨基酸的 R_f 值。计算出 3 种氨基酸的 R_f 值，判断待测样组成（表 4-3）。

表 4-3 技能任务数据记录表

	亮氨酸	甘氨酸	脯氨酸	待测氨基酸
原点到层析斑点中心的距离				
原点到溶剂前沿的距离				
R_f 值				
判断待测氨基酸				

五、任务总结

本次技能任务的试验现象和你预测的试验现象一致吗？如果不一致，问题可能出在哪里？你认为本次技能任务在操作过程中有哪些注意事项？你在本次技能任务中有哪些收获和感悟？（可上传至在线课相关讨论中，与全国学习者交流互动。）

技术提示

★ 使用茚三酮显色法，必须在整个层析操作中避免手直接接触层析纸，因为手上常常有少量含氮物质。显色时它也呈现紫色斑点，污染了层析结果。因此，操作时应戴橡皮手套或指套。同时也要防止空气中的氨。

行成于思

★ 请思考：
1. 点样时可以用中性笔吗？为什么？
2. 原点为什么不能没入展层溶剂？

六、成果展示

本次技能任务结束后，相信你已经有了很多收获，请将你的学习成果（试验过程及结果的照片和视频、试验报告、任务工单、检验报告单等均可）进行展示，与教师、同学一起互动交流吧。（可上传至在线课相关讨论中，与全国学习者交流互动。）

技能任务三　制作豆腐

问题引导：
1. 制作豆腐利用了蛋白质的什么性质？
2. 加热对于大豆蛋白由溶胶转变为凝胶有什么作用？
3. 制作豆腐的两次加热各有什么作用？

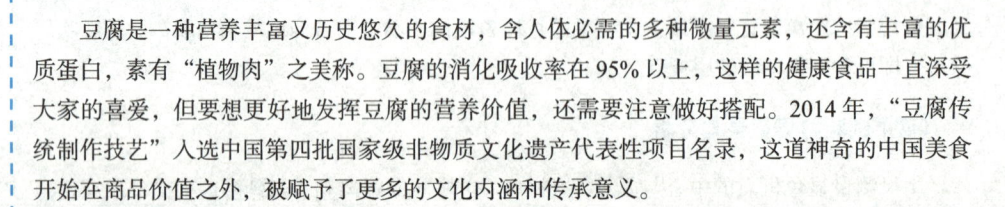

任务工单
制作豆腐

党史故事
周总理熬豆腐亲做工作餐

一、任务导入

豆腐是一种营养丰富又历史悠久的食材，含人体必需的多种微量元素，还含有丰富的优质蛋白，素有"植物肉"之美称。豆腐的消化吸收率在 95% 以上，这样的健康食品一直深受大家的喜爱，但要想更好地发挥豆腐的营养价值，还需要注意做好搭配。2014 年，"豆腐传统制作技艺"入选中国第四批国家级非物质文化遗产代表性项目名录，这道神奇的中国美食开始在商品价值之外，被赋予了更多的文化内涵和传承意义。

二、任务描述

豆腐主要的生产过程包括两个步骤：一是制浆，即将大豆制成豆浆；二是凝固成形，即豆浆在热与凝固剂的共同作用下凝固成含有大量水分的凝胶体，即豆腐。

葡萄糖酸内酯水解形成葡萄糖酸，可能使豆浆中的蛋白质溶液凝固。葡萄糖酸内酯遇水会水解，但在室温下（30 ℃以下）进行得很缓慢，而加热之后会迅速水解。

三、任务准备

各小组分别依据任务描述及试验原理，讨论后制定试验方案。

四、任务实施

（一）试验试剂

大豆 100 g、水约 600 g、葡萄糖酸内酯适量。

（二）试验器材

磨浆机（或组织捣碎机）、电磁炉（带锅）、大烧杯、温度计、纱布、保鲜盒、分析天平。

（三）操作步骤

1. 工艺流程

原料→浸泡→水洗→磨制分离→煮浆→冷却→混合→灌装→加热成型→冷却→成品。

2. 操作要点

（1）浸泡：按1∶4添加泡豆水，水温17～25 ℃，pH值在6.5以上，浸泡时间6～8 h。

（2）水洗：用自来水清洗浸泡的大豆，去除浮皮和杂质，降低泡豆的酸度。

（3）磨制：用磨浆机磨制水洗的泡豆，磨制时每千克原料豆加入50～55 ℃的热水3 000 mL。

（4）煮浆：煮浆使蛋白质发生热变性，煮浆温度要求达到95～98 ℃，保持2 min；豆浆的浓度10%～11%。

（5）冷却：葡萄糖酸内酯在30 ℃以下不发生凝固作用，为使它能与豆浆均匀混合，需将豆浆冷却至30 ℃。

（6）混合：葡萄糖酸内酯的加入量为豆浆的0.25%～0.3%，先与少量凉豆浆混合溶解后加入混匀，混匀后立即灌装。

（7）灌装：把混合好的豆浆注入包装盒，每袋重250 g，封口。

（8）加热凝固：把灌装的豆浆盒放入锅中加热，当温度超过50 ℃后，葡萄糖酸内酯开始发挥凝固作用，使盒内的豆浆逐渐形成豆腐。加热的水温为85～100 ℃，加热时间为20～30 min，到时后立即冷却，以保持豆腐的形状。

> **技术提示**
> ★葡萄糖酸内酯应先溶于水后再加入豆浆。
> 葡萄糖酸内酯的最大用量为3.0 g/kg。

（四）试验结果记录与分析

豆腐的感官质量标准是白色或淡黄色，具有豆腐特有的香气和滋味，块型完整，软硬适中，质地细嫩，有弹性，无杂质。依据上述标准对所做豆腐进行评价分析。

五、任务总结

本次技能任务的试验现象和你预测的试验现象一致吗？如果不一致，问题可能出在哪里？你认为本次技能任务在操作过程中有哪些注意事项？你在本次技能任务中有哪些收获和感悟？（可上传至在线课相关讨论中，与全国学习者交流互动。）

> **行成于思**
> ★请思考：
> 1. 加热对于大豆蛋白由溶胶转变为凝胶有何作用？
> 2. 制作内酯豆腐的两次加热各有什么作用？

六、成果展示

本次技能任务结束后，相信你已经有了很多收获，请将你的学习成果（试验过程及结果的照片和视频、试验报告、任务工单、检验报告单等均可）进行展示，与教师、同学一起互动交流吧。（可上传至在线课相关讨论中，与全国学习者交流互动。）

企业案例：鱼鳞胶原蛋白生产工艺流程及要点分析

学习进行时

★要坚持艰苦奋斗，不贪图安逸，不惧怕困难，不怨天尤人，依靠勤劳和汗水开辟人生和事业前程。"看似寻常最奇崛，成如容易却艰辛。"青年的人生之路很长，前进途中，有平川也有高山有缓流，也有险滩，有丽日也有风雨，有喜悦也有哀伤。心中有阳光，脚下有力量，为了理想能坚持、不懈息，才能创造无愧于时代的人生。

——2016年4月26日，习近平在知识分子、劳动模范、青年代表座谈会上的讲话

扫码查看"企业案例"参考答案

胶原蛋白具有良好的生物相容性、可生物降解性及生物活性，因此在食品、医药、组织工程、化妆品等领域获得广泛的应用。胶原蛋白的提取技术主要有水解胶原蛋白法、热水浸提法、酸法、碱法、盐法、酶解法等，目前较常用的是酶解法。

图4-11所示是一家胶原蛋白生产企业酶解法生产鱼鳞胶原蛋白的工艺流程，请你仔细观察该工艺流程，并尝试说说每个流程可能有哪些需要注意的要点。

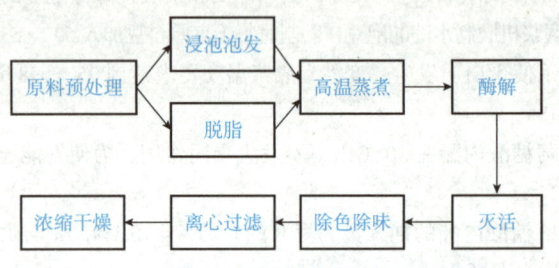

原料预处理 → 浸泡泡发/脱脂 → 高温蒸煮 → 酶解 → 灭活 → 除色除味 → 离心过滤 → 浓缩干燥

图4-11 酶解法生产鱼鳞胶原蛋白工艺流程

通过企业案例，同学们可以直观地了解企业在真实环境下面临的问题，探索和分析企业在解决问题时采取的策略和方法。

扫描左侧二维码，可查看自己和教师的参考答案有何异同。

考核评价

请同学们按照下面的几个表格（表4-4～表4-6），对本项目进行学习过程考核评价。

表4-4　学生自评表

评价项目	评价标准			
	非常优秀（8～10）	做得不错（6～8）	尚有潜力（4～6）	奋起直追（2～4）
1.学习态度积极主动，能够及时完成教师布置的各项任务				
2.能够完整地记录探究活动的过程，收集的有关学习信息和资料全面翔实				
3.能够完全领会教师的授课内容，并迅速地掌握项目重难点知识与技能				
4.积极参与各项课堂活动，并能够清晰地表达自己的观点				
5.能够根据学习资料对项目进行合理分析，对所制定的技能任务试验方案进行可行性分析				
6.能够独立或合作完成技能任务				
7.能够主动思考学习过程中出现的问题，认识到自身知识的不足之处，并有效利用现有条件来解决问题				
8.通过本项目学习达到所要求的知识目标				
9.通过本项目学习达到所要求的能力目标				
10.通过本项目学习达到所要求的素质目标				
总评				
改进方法				

表4-5　学生互评表

评价项目	评价标准			
	非常优秀（8～10）	做得不错（6～8）	尚有潜力（4～6）	奋起直追（2～4）
1.按时出勤，遵守课堂纪律				
2.能够及时完成教师布置的各项任务				
3.学习资料收集完备、有效				
4.积极参与学习过程中的各项课堂活动				
5.能够清晰地表达自己的观点				
6.能够独立或合作完成技能任务				
7.能够正确评估自己的优点和缺点并充分发挥优势，努力改进不足				
8.能够灵活运用所学知识分析、解决问题				
9.能够为他人着想，维护良好工作氛围				
10.具有团队意识、责任感				
总评				
改进方法				

表4-6　总评分表

评价内容		得分	总评
总结性评价	知识考核（20%）		
	技能考核（20%）		
过程性评价	教师评价（20%）		
	学习档案（10%）		
	小组互评（10%）		
	自我评价（10%）		
增值性评价	提升水平（10%）		

巩固提升

巩固提升参考答案

扫码自测　难度指数：★★★

扫码自测　难度指数：★★★★★

扫码自测参考答案　难度指数：★★★

扫码自测参考答案　难度指数：★★★★★

项目五　主宰生命的信息流——核酸

导学动画
核酸

单元教学设计
核酸

项目背景

核酸是生命遗传信息的携带者和传递者，分为脱氧核糖核酸（DNA）和核糖核酸（RNA）。从高等的动植物到简单的病毒都含有核酸。核酸不仅对于生命的延续、生物物种遗传特性的保持、生长发育、细胞分化等起着重要作用，而且与生命的异常活动（如遗传病、代谢病、病毒病、肿瘤等）也密切相关。目前在食品行业中，核酸主要用于食品安全检测及保健品、饮料、奶粉等食品生产。因此，研究核酸的结构、组成及性质，对保障食品安全、合理加工及贮藏食品均具有重要意义。

学习目标

知识目标	能力目标	素质目标
1. 掌握核酸的概念、分类、组成及生物学意义。 2. 掌握核酸的结构及理化性质。 3. 掌握核酸在食品加工及贮藏中的变化及应用。 4. 了解PCR（聚合酶链式反应）技术的原理及其在食品检测中的应用	1. 能够对核酸进行分类。 2. 能够说出核酸的结构及理化特性。 3. 能够进行核酸的提取、定性及定量测定。 4. 能够在食品加工过程中合理应用核酸	1. 培养探索未知、笃志不倦的科学精神。 2. 培养勇于开拓、敢为人先的创新思维。 3. 培养携手共进、齐心合作的团队精神。 4. 培养心系社会、担当有为的社会责任感

学习进行时

★青年处于人生积累阶段，需要像海绵汲水一样汲取知识。广大青年抓学习，既要惜时如金、孜孜不倦，下一番心无旁骛、静谧自怡的功夫，又要突出主干、择其精要，努力做到又博又专、愈博愈专。特别是要克服浮躁之气，静下来多读经典，多知其所以然。
——2017年5月3日，习近平在中国政法大学考察时的讲话

学习重点

1. 核酸的结构及理化性质。
2. 核酸的提取、定性及定量测定。

项目五 主宰生命的信息流——核酸

思维导图

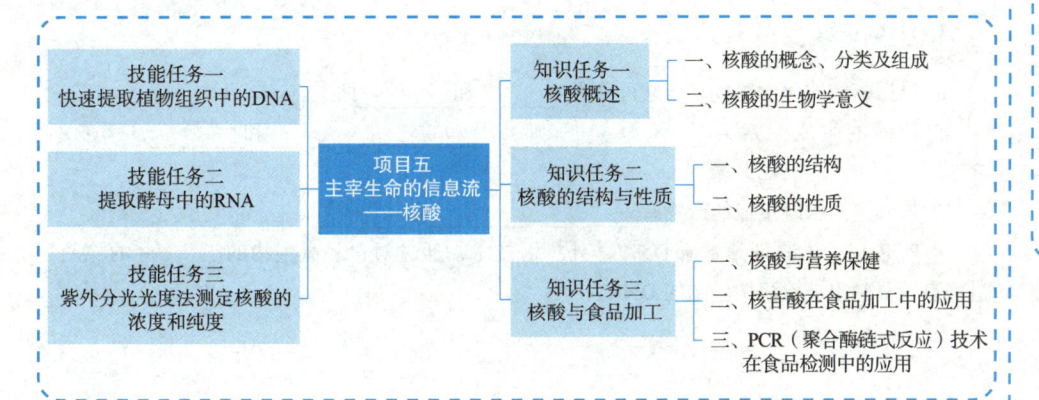

- 技能任务一 快速提取植物组织中的DNA
- 技能任务二 提取酵母中的RNA
- 技能任务三 紫外分光光度法测定核酸的浓度和纯度

项目五 主宰生命的信息流——核酸

- 知识任务一 核酸概述
  - 一、核酸的概念、分类及组成
  - 二、核酸的生物学意义
- 知识任务二 核酸的结构与性质
  - 一、核酸的结构
  - 二、核酸的性质
- 知识任务三 核酸与食品加工
  - 一、核酸与营养保健
  - 二、核苷酸在食品加工中的应用
  - 三、PCR（聚合酶链式反应）技术在食品检测中的应用

> **学习小贴士**
> ★ 合理安排时间是提高学习效率的关键之一。要学会合理规划自己的时间，给每个任务设定适当的时间段，并在规定的时间内完成任务。合理分配时间还可以避免学习疲劳和拖延症的出现。

案例启发

禾下乘凉梦 一梦逐一生——杂交水稻之父袁隆平

"我们的水稻有高粱那么高，穗子有扫帚那么长，籽粒有花生那么大。我看着好高兴，坐在稻穗底下乘凉。"这个禾下乘凉梦的主人公就是杂交水稻之父袁隆平，一位一生致力于杂交水稻技术的研究、运用与推广的农业科学家。1960年，经历过饥饿和苦难，袁隆平决定，要努力发挥自己的才智，用自己学习过的专业知识，尽快培育出水稻新品种，让粮食大幅度增产，用农业科学技术战胜饥饿。

在《袁隆平口述自传》一书中，袁隆平说："小时候目睹了中国饱受日寇的欺凌，我深深感到中国应该强大起来。特别是新中国诞生后，中国人民站起来了，我也要做一番事业，为中国人争一口气，为自己的国家做贡献，这是最大的心愿。所以，我感到自己肩上应该有担子。"

功夫不负有心人，他发现了一株符合培育要求的植株。从1960年开始，他进行了长达十几年的攻坚战，没有一天不在努力，在国家的大力扶持下，杂交水稻技术终于成功被他攻破，并开始运用于水稻种植当中。

杂交水稻是通过将两个不同的亲本进行人工杂交，获得的后代具有较高的产量和抗病性。这一基本原理是基于水稻的自交不纯性。水稻是自交不纯的植物，即自花授粉后，后代中存在着遗传变异。杂交，可以将两个不同的亲本的优良性状进行组合，获得产量更高的水稻品种。

袁隆平吃过农民在田间操劳的苦，也见过天灾下受难的人民，他自己的童年经历了动荡，却用汗水浇灌了无数人的童年。

"把一生浸在稻田里，把功勋写在大地上"是杂交水稻之父袁隆平的真实写照。为让无数人远离饥饿，这位稻田守望者几十年如一日，苦心孤诣，攻关不止。

纪念袁隆平最好的方式，就是学习他深入实际、脚踏实地、团结协作、勇攀高峰的科学精神，让禾下乘凉梦和杂交水稻覆盖全球梦早日变成现实。

人物小传
禾下乘凉梦 一梦逐一生——杂交水稻之父袁隆平

· 095 ·

课前摸底

(一) 填空题

1. 根据核酸的化学组成,核酸可分为_____和_____两类。
2. 核酸的组成元素为_____、_____、_____、_____和_____,一般不含 S。
3. 核酸完全水解生成的产物有_____、_____和_____。
4. PCR 技术的原理是基于 DNA 体外扩增技术,通过对食品微生物的_____的检测,进而有效复制出被检测微生物的 DNA。

(二) 选择题

1. 构成核酸的基本单位是( )。
   A. 核苷　　　　　B. 磷酸戊糖　　　　C. 核苷酸　　　　D. 多核苷酸
   E. 脱氧核苷
2. RNA 的核苷酸之间由( )相连接。
   A. 磷酸酯键　　　B. 疏水键　　　　　C. 糖苷键　　　　D. 磷酸二酯键
   E. 氢键

健康中国·新冠病毒核酸检测的原理是什么?

新冠病毒核酸检测其实是检测受测者体内是否有新冠病毒的核酸(RNA)。每种病毒的核酸内部都含有核糖核苷酸,不同的病毒所含的核糖核苷酸数量和排列顺序不同,使得每种病毒都具有特异性。核酸检测就是对新冠病毒的核酸进行特异性检测。在进行核酸检测之前,需要采集受测者的痰液、咽拭子、肺泡灌洗液、血液等样本,对这些样本进行检测,就可以发现受测者的呼吸道感染了什么病菌。新冠病毒核酸检测常用的是咽拭子样本检测,将样本裂解提纯,从中提取出可能存在的新冠病毒核酸,检测的准备工作就做好了。

新冠病毒核酸检测主要用荧光定量 RT-PCR 技术,这种技术是荧光定量 PCR 技术与 RT-PCR 技术的结合。在检测过程中,先采用 RT-PCR 技术将新冠病毒的核酸(RNA)逆转录为对应的脱氧核糖核酸(DNA);再采用荧光定量 PCR 技术,将得到的 DNA 进行大量复制,同时,使用特异性探针对复制得到的 DNA 进行检测,打上标记。如果存在新冠病毒核酸,仪器就可以检测到荧光信号,而且随着 DNA 的不断复制,荧光信号不断增强,这样就间接检测到了新冠病毒的存在(图 5-1)。

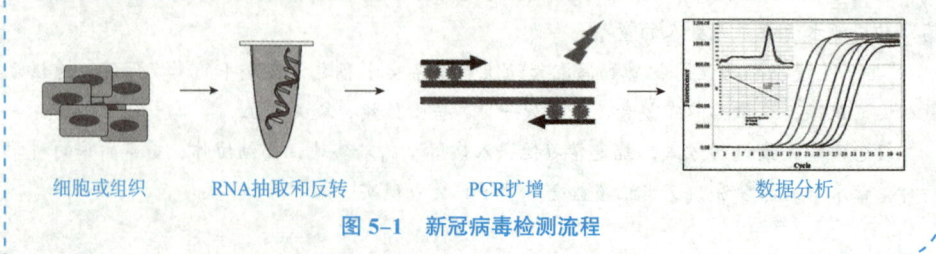

细胞或组织　→　RNA抽取和反转　→　PCR扩增　→　数据分析

图 5-1　新冠病毒检测流程

项目五　主宰生命的信息流——核酸

知识任务一　核酸概述

问题引导：
1. 核酸是什么？
2. 核酸可分为哪几类？分类的依据是什么？
3. 核酸有哪些生理功能？

一、核酸的概念、分类及组成

（一）核酸的概念

核酸是脱氧核糖核酸（DNA）和核糖核酸（RNA）的总称，是体内重要的大分子物质，由于最初从细胞核分离出来，又具有酸性，故称为"核酸"。核酸是所有已知生命形式必不可少的组成物质，从高等动植物到简单的病毒都含有核酸，它在生物的个体生长、发育、繁殖、遗传和变异等生命活动中起着重要作用。

（二）核酸的分类

根据核酸的化学组成，核酸可分为脱氧核糖核酸（DNA）和核糖核酸（RNA）两类。

1. 脱氧核糖核酸（DNA）

脱氧核糖核酸（DNA）是遗传信息的贮存和携带者，是生物的主要遗传物质。

在真核细胞中，DNA主要集中在细胞核内，占总量的98%以上，线粒体和叶绿体中也存在少量的DNA。不同生物细胞核中的DNA含量差异很大，但同种生物体细胞核中的DNA含量是相同的，性细胞的DNA为体细胞DNA含量的一半。

原核细胞没有明显的细胞核结构，DNA存在于称为类核的结构区，也没有与之结合的染色质蛋白，每个原核细胞只有一个染色体，每个染色体含一个双链环状DNA分子。

对于病毒来说，只能含有DNA或RNA中的一种，据此可将病毒分为DNA病毒和RNA病毒两类。

2. 核糖核酸（RNA）

核糖核酸（RNA）主要参与遗传信息的传递和表达过程，细胞内的RNA主要存在于细胞质中，约占90%，少量存在于细胞核中，病毒中RNA本身就是遗传信息的储存者，在植物中还发现了一类比病毒还小得多的侵染性致病因子，其结构为不含蛋白质的RNA分子，称为类病毒。还有些RNA具有生物催化作用。

RNA根据其生理功能和结构，可分为转运RNA（tRNA）、信使RNA（mRNA）和核糖体RNA（rRNA）3种。

（1）转运RNA。转运RNA又称tRNA，占RNA总量的15%左右，它在蛋白质生物合成中起翻译氨基酸信息，并将相应的氨基酸转运到核糖核蛋白体的作用。每种氨基酸都有其相应的一种或几种tRNA，同一生物中，携带同一种氨基酸的不同tRNA称作"同工受体tRNA"。

（2）信使RNA。信使RNA又称mRNA，在细胞中含量较少，占RNA总量的5%左右，在蛋白质合成时作为指导蛋白质合成的模板，决定肽链中的氨基酸排列顺序。不同细胞的

拓展知识

★常见的DNA病毒有乙型肝炎病毒、腺病毒、人乳头瘤病毒、单纯疱疹病毒、水痘-带状疱疹病毒、巨细胞病毒、天花病毒等。常见的RNA病毒有新型冠状病毒、艾滋病毒、丙型肝炎病毒、乙型脑炎病毒、流感病毒、鼻病毒、脊髓灰质炎病毒、柯萨奇病毒、登革热病毒、SARS病毒、埃博拉病毒、麻疹病毒、狂犬病毒、禽流感病毒等。

微课视频　核酸概述

教学课件　核酸概述

· 097 ·

mRNA 的链长和分子量差异很大。mRNA 寿命短，很容易降解，是细胞内最不稳定的一类 RNA。

（3）核糖体 RNA。核糖体 RNA 又称 rRNA，rRNA 是细胞内含量最多的一类 RNA，占 RNA 总量的 80% 左右，以核蛋白形式存在于细胞质的核糖体中，为蛋白质合成提供场所。

（三）核酸的组成

1. 核酸的元素组成

组成核酸的主要元素有 C、H、O、N、P 等，其中 P 的含量占总量的 9%～10%。磷在各种核酸中的含量比较接近和恒定，DNA 的平均含磷量为 9.2%，RNA 的平均含磷量为 9.0%，核酸的平均含磷量为 9.1%，即 1 g 磷相当于 11 g 核酸。因此测出生物样品中核酸的含磷量即可计算出该样品的核酸含量，该法被称为定磷法。

2. 核酸的组成成分

核酸是一种线性多聚核苷酸，它的基本结构单元是核苷酸。核苷酸本身由核苷和磷酸组成，而核苷由戊糖和碱基形成。DNA 与 RNA 结构相似，但在组成成分上略有不同。核酸的水解过程如图 5-2 所示。

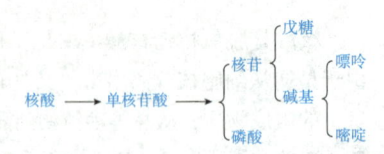

图 5-2 核酸的水解过程

（1）戊糖。核酸中的戊糖有 D- 核糖和 D- 脱氧核糖，核糖中的 2'-OH 脱氧后形成脱氧核糖（图 5-3）。DNA 是含脱氧核糖的核酸，RNA 是含核糖的核酸。核酸中的戊糖均为 β-D- 型。为区别于碱基上的原子编号，核糖上的碳原子编号的右上方都加上 "'" 来表示，如 1'、3' 就表示核糖上第 1 和第 3 个碳原子。

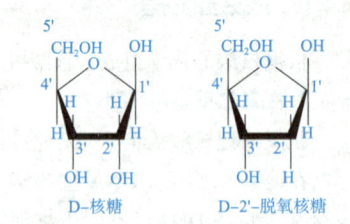

图 5-3 D- 核糖和 D-2'- 脱氧核糖

（2）碱基。核酸中的碱基主要有腺嘌呤、鸟嘌呤、胞嘧啶、尿嘧啶和胸腺嘧啶 5 种，分别属于嘌呤碱和嘧啶碱两类含氮杂环化合物（图 5-4）。嘌呤碱基由嘌呤衍生而来，既存在于 DNA 分子中也存在于 RNA 分子中。嘧啶碱基是嘧啶的衍生物，胞嘧啶既存在于 DNA 分子中也存在于 RNA 分子中，胸腺嘧啶只存在于 DNA 分子中，尿嘧啶只存在于 RNA 分子中。嘌呤碱和嘧啶碱分子中都含有共轭双键，在紫外区有吸收（260 nm 左右）。

嘌呤环　腺嘌呤（adenine, A）　鸟嘌呤（guanine, G）

嘧啶环　胞嘧啶（cytosine, C）　尿嘧啶（uracil, U）　胸腺嘧啶（thymine, T）

图 5-4 核酸中常见的含氮碱

> **拓展知识**
> ★ 生物有机磷材料中有时含有无机磷杂质，故用定磷法来测定该有机磷物质的量时，必须分别测定该样品的总磷量，即样品经过消化以后所测得的含磷量，以及该样品的无机磷含量，即样品未经消化直接测得的含磷量。将总磷量减去无机磷含量才是该有机磷物质的含磷量。

> **科技前沿**
> ★ 碱基编辑被视作下一代基因编辑技术，相较于现有其他基因编辑技术，它更为精确，可以对 DNA 或 RNA 上的特定碱基对进行编辑修改。中国科学院遗传与发育生物学研究所科研团队首创了人工智能辅助的基于结构的蛋白质类方法，突破了碱基编辑工具酶来源受限的卡点问题，开发了碱基编辑器 CyDENT，其成果将对农业育种、精准医疗领域产生积极广泛的影响。

除以上 5 种主要的碱基外，核酸中还存在一些含量很少的碱基，称为稀有碱基或修饰碱基，如 5- 甲基胞嘧啶、5，6- 二氢尿嘧啶、7- 甲基鸟嘌呤、N6- 甲基腺嘌呤等。

（3）核苷。核苷是由戊糖（核糖或脱氧核糖）和碱基（嘌呤碱或嘧啶碱）缩合而成的糖苷。戊糖与碱基之间以糖苷键相连接。戊糖的第一位碳原子（C_1）与嘧啶碱的第一位氮原子（N_1）或与嘌呤碱的第九位氮原子（N9）相连接。所以，戊糖与碱基间的连接键是 N-C 键，一般称为 N- 糖苷键。核苷根据它们所含有的碱基名称命名，例如含有腺嘌呤的核糖核苷就称为腺嘌呤核苷，如果是脱氧核糖核苷就称为脱氧腺嘌呤核苷。腺嘌呤核苷、鸟嘌呤核苷、胞嘧啶核苷和尿嘧啶核苷分别简称为腺苷、鸟苷、胞苷和尿苷。脱氧腺嘌呤核苷、脱氧鸟嘌呤核苷、脱氧胞嘧啶核苷和脱氧胸腺嘧啶核苷分别简称为脱氧腺苷、脱氧鸟苷、脱氧胞苷和脱氧胸苷。A、G、C、U 分别表示腺苷、鸟苷、胞苷、尿苷；dA、dG、dC、dT 分别表示脱氧腺苷、脱氧鸟苷、脱氧胞苷、脱氧胸苷。

> **温故知新**
> ★ 糖苷也称苷，一般是指单糖的半缩醛羟基与醇或酚的羟基反应，失水而形成的缩醛式衍生物。

（4）核苷酸。核苷酸是由核苷中戊糖的 5'-OH 与磷酸脱水缩合而成的磷酸酯，它们是构成核酸的基本单位。磷酸是三元酸，它与核苷生成核苷酸之后，仍有两个活性的 H^+，两个核苷酸之间可通过其他游离的羟基与磷酸中的 H^+ 反应生成二核苷酸，以磷酸二酯键连接。多个核苷酸通过磷酸二酯键相互连接生成的化合物称为多核苷酸。

核苷酸根据其中戊糖的不同可分成两大类，即核糖核苷酸和脱氧核糖核苷酸。前者是构成 RNA 的基本单位，后者是构成 DNA 的基本单位。核糖核苷的戊糖共有 3 个游离羟基（2'、3'、5'），理论上它可形成 2'- 核苷酸、3'- 核苷酸和 5'- 核苷酸 3 种核苷酸。脱氧核糖核苷的戊糖只有两个游离羟基（3'、5'），理论上能形成 3'- 脱氧核苷酸和 5'- 脱氧核苷酸两种脱氧核苷酸。在生物体内游离存在的核苷酸大多数是 5'- 核苷酸，脱氧核苷酸大多数是 5'- 脱氧核苷酸。

> **生化趣事**
> ★ 鸟苷酸（GMP）、肌苷酸（IMP）等核苷酸属于呈味性核苷酸，除了本身具有鲜味之外，还有和左旋谷氨酸（味精）组合时，有提高鲜味的作用，作为调料、汤料的原料使用。

天然核酸中，DNA 主要由脱氧腺苷酸（dAMP）、脱氧鸟苷酸（dGMP）、脱氧胸苷酸（dTMP）、脱氧胞苷酸（dCMP）4 种脱氧核糖核苷酸组成（图 5-5）。

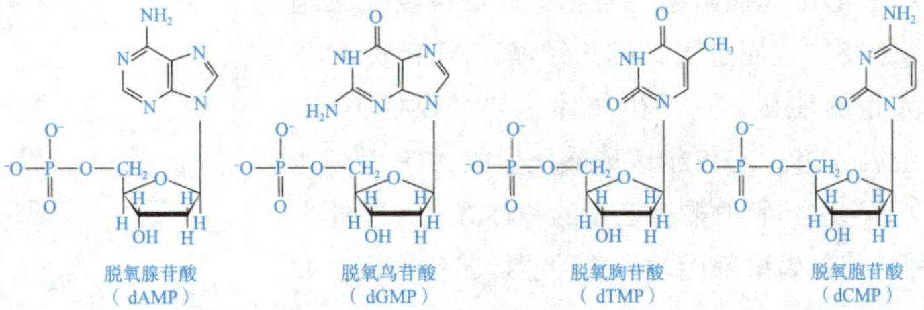

脱氧腺苷酸（dAMP）　脱氧鸟苷酸（dGMP）　脱氧胸苷酸（dTMP）　脱氧胞苷酸（dCMP）

图 5-5　脱氧核糖核苷

RNA 主要由腺苷酸（CMP）、鸟苷酸（GMP）、尿苷酸（UMP）、胞苷酸（CMP）4 种核糖核苷酸组成（图 5-6）。

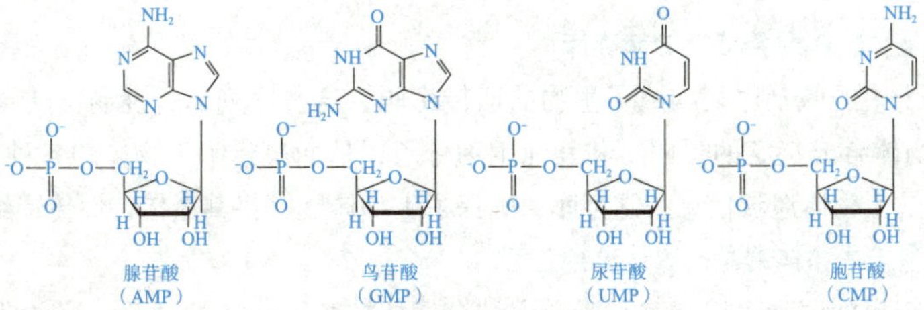

腺苷酸（AMP）　鸟苷酸（GMP）　尿苷酸（UMP）　胞苷酸（CMP）

图 5-6　核糖核苷

DNA 和 RNA 核苷酸组成及其缩写符号见表 5-1。

表 5-1　DNA 和 RNA 核苷酸组成及其缩写符号

碱基	RNA	DNA	碱基	RNA	DNA
腺嘌呤（A）	腺苷酸（AMP）	脱氧腺苷酸（dAMP）	尿嘧啶（U）	尿苷酸（UMP）	
鸟嘌呤（G）	鸟苷酸（GMP）	脱氧鸟苷酸（dGMP）	胸腺嘧啶（T）		脱氧胸苷酸（dTMP）
胞嘧啶（C）	胞苷酸（CMP）	脱氧胞苷酸（dCMP）			

DNA 和 RNA 的基本化学组成比较见表 5-2。

表 5-2　DNA 和 RNA 的基本化学组成比较

比较项目	DNA	RNA
基本组成单位	脱氧核苷酸	核糖核苷酸
链的条数	两条	一条
五碳糖的种类	脱氧核糖	核糖
碱基的种类	A、G、C、T	A、G、C、U
分布场所	主要在细胞核	主要在细胞质
遗传信息	绝大多数生物	部分病毒

> **拓展知识**
> 参与 DNA 和 RNA 组成的碱基、核苷及核苷酸

核苷酸分子含有一个磷酸基，故统称为核苷一磷酸。5'-核苷酸的磷酸基都可进一步磷酸化，生成核苷二磷酸和核苷三磷酸。如 5'-腺苷酸又称腺苷一磷酸（AMP），进一步磷酸化生成腺苷二磷酸（ADP）和腺苷三磷酸（ATP）(图 5-7)。

在 ATP 分子的 3 个依次连续的磷酸基团中，末端两个磷酸基团称为高能磷酸基团，一般用"~"表示高能键。凡含有高能磷酸键的化合物称为高能磷酸化合物。

ADP 和 ATP 都是高能磷酸化合物，广泛存在于细胞内，参与许多重要的代谢过程。ATP 分解为 ADP 或 AMP 时可释放出大量的能量，这是生物体主要的供能方式。AMP 磷酸化生成 ADP，ADP 继续磷酸化生成 ATP 时则能贮存能量，这是生物体暂时贮存能量的一种方式。除此之外，还有多种核苷多磷酸都能发生这种能量转化作用，如 GTP、CTP 和 UTP 等。

> **拓展知识**
> ★ ATP 是一种高能磷酸化合物，在细胞中，它能与 ADP 相互转化实现贮能和放能，从而保证了细胞各项生命活动的能量供应。生成 ATP 的途径主要有两条：一条是植物体内含有叶绿体的细胞，在光合作用的光反应阶段生成 ATP；另一条是所有活细胞都能通过细胞呼吸生成 ATP。

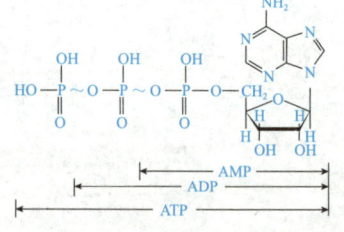

图 5-7　AMP、ADP、ATP

二、核酸的生物学意义

（一）DNA 的生物学意义

1. DNA 是生物体遗传信息的储存库

DNA 分子中的碱基序列构成了生物的遗传密码，这些序列通过复制、转录和翻译等过程，指导生物体合成特定的蛋白质和其他生物分子，从而决定了生物体的各种性状和特征。因此，DNA 是生物体遗传信息的储存库，确保了生物体能够将其遗传特性传递给后代。

2. DNA 参与生物体的基因表达调控过程

DNA 上特定的序列可以通过与蛋白质结合，调控基因表达的开关。这种调控机制决定了生物体不同类型细胞的功能差异。

3. DNA 是细胞分裂和增殖的基础

DNA 是细胞分裂和增殖的基础。在细胞分裂过程中，DNA 经过复制产生两条完全一致的 DNA 分子，确保新生细胞遗传物质与母细胞一致。

4. DNA 是修复机制的关键参与者

DNA 损伤和突变是导致细胞衰老和疾病的重要原因，而 DNA 修复机制能够修复这些损伤，保证细胞的正常功能。

5. DNA 是生物多样性的基础

由于 DNA 的碱基序列具有极高的多样性，不同生物体之间的 DNA 序列存在显著差异，这些差异导致了生物体在形态、生理、生态等方面的多样性，进而形成了丰富多彩的生物世界。生物多样性是地球生态系统稳定性和可持续性的重要保障，对于维持生态平衡和提高人类福祉具有重要意义。

6. DNA 的变异和重组是生物进化的重要驱动力

在自然选择和遗传漂变的作用下，有利变异的积累导致生物体的适应性增强，从而使其更好地适应环境。因此，DNA 的变异和重组为生物体的进化提供了可能，使生物体能够在不断变化的环境中生存和繁衍。

7. DNA 可作为疾病诊断的依据

DNA 结构和功能异常与多种遗传性疾病、癌症等疾病的发生密切相关。对 DNA 序列、表达和修复等方面的研究，可以使人们深入了解疾病的发病机制，发现新的药物靶点，推动疾病的诊断和治疗研究。

（二）RNA 的生物学意义

1. RNA 在遗传信息的翻译中起着重要作用

RNA 参与蛋白质的生物合成，其中 mRNA 携带 DNA 的遗传信息并起蛋白质合成的模板作用，tRNA 携带氨基酸并起解译作用，rRNA 是核糖体的组分，核糖体是蛋白质合成的场所。

2. 部分 RNA 具有重要的催化功能

核酶是具有催化功能的小分子 RNA，属于生物催化剂，可降解特异的 mRNA 序列。核酶的功能很多，有的能够切割 RNA，有的能够切割 DNA，有些还具有 RNA 连接酶、磷酸酶等活性。与蛋白酶相比，核酶的催化效率较低，是一种较为原始的催化酶。

3. RNA 参与转录后的加工和修饰

RNA 转录后的信息加工十分复杂，其中包括切割、修剪、修饰、异构、附加、拼接、编辑和再编码等，除少数比较简单的过程可以直接由酶完成外，通常都要由一些特殊的 RNA 参与作用。

4. RNA 对基因表达和细胞功能具有重要的调节作用

反义 RNA 是指与 mRNA 互补后，能抑制与疾病发生直接相关基因的表达的 RNA。反义 RNA 可通过与靶部位序列互补而与之结合，或直接阻止其功能，或改变靶部位而影响其功能，可用来治疗由基因突变或过度表达导致的疾病和严重感染性疾病。

5. RNA 在生物的进化中起着重要的作用

核酶的发现表明 RNA 既是信息分子又是功能分子，生命的起源早期可能首先出现的是 RNA。从 RNA 的拼接过程可以推测蛋白质及基因由模块构建的演化历程。拼接和编辑可以消除基因突变的危害，增加遗传信息的多样性，促进生物进化。

拓展知识

★ 遗传漂变是小的群体中，由于不同基因型个体生育的子代个体数有所变动而导致基因频率的随机波动。

科技前沿

我国科学家研究阐明一有潜力的新型 RNA 编辑工具

★ 新华社天津 8 月 15 日电（记者张建新、白佳丽）天津医科大学基础医学院生化系、天津市免疫学研究所张恒团队日前联合中国科学院武汉病毒研究所邓增钦团队，研究揭示了 Ⅶ 型 CRISPR-Cas 系统的生物学功能和分子机理，阐明这一有潜力的新型 RNA 编辑工具。这一研究将为更安全、更精准地治疗人类相关疾病提供可能，对药物开发及临床治疗具有巨大的潜在价值。相关论文 14 日在英国《自然》杂志上发表。

科学史话

★ 1982 年，美国科学家 T.Cech 和他的同事在对"四膜虫编码 rRNA 前体的 DNA 序列含有间隔内含子序列"的研究中发现，自身剪接内含子的 RNA 具有催化功能，这种 RNA 被称为核酶，并因此获得了 1989 年诺贝尔化学奖。

知识任务二　核酸的结构与性质

问题引导：
1. 什么是 DNA 的一级、二级、三级结构？
2. 什么是 RNA 的一级、二级、三级结构？
3. 核酸有哪些理化性质？

微课视频
核酸的结构与性质

教学课件
核酸的结构与性质

一、核酸的结构

（一）核苷酸的连接方式

核酸分子中核苷酸的连接方式为一个核苷酸戊糖 3' 碳上的羟基与下一个核苷酸戊糖 5' 碳上的磷酸脱水缩合成酯键，此键称为 3', 5'-磷酸二酯键。许多核苷酸借助 3', 5'-磷酸二酯键连接成长的多核苷酸链，称多核苷酸，即核酸。在链的一端为核苷酸戊糖 5' 碳上连接的磷酸，称为 5'-磷酸末端或 5'-末端；链的另一端为核苷酸戊糖 3' 碳上的自由羟基，称为 3'-羟基末端或 3'-末端。

DNA 和 RNA 都是没有分支的多核苷酸长链，每条线形核酸链都有一个 5' 端和一个 3' 端，因此 DNA 链和 RNA 链都有方向性（图 5-8）。链内的核苷酸由于其戊糖 5' 碳上的磷酸和戊糖 3' 碳上的羟基均已参与 3', 5'-磷酸二酯键的形成，故称为核苷酸残基。

核酸的一级结构有多种表示方式，最常用的是文字式和竖线式，这两种写法对 DNA 和 RNA 都适用。竖线式用竖直线表示戊糖；斜线表示 3', 5'-磷酸二酯键，一端与戊糖的 3' 相连，另一端与下一个戊糖的 5' 相连；P 表示磷酸残基，A、U、G、C、T 表示各碱基。文字式以字母代表核苷或核苷酸，即磷酸用 p 表示，腺苷一磷酸表示为 pA，而脱氧腺苷一磷酸表示为 pdA，其他的类似。有时多核苷酸链中磷酸基 P 也可省略，仅以字母表示核苷酸的序列。由于核酸在生物合成的聚合反应中都是按照 5'→3' 方向进行的，因此一般情况下核苷酸序列都是按照 5'→3' 方向读写。

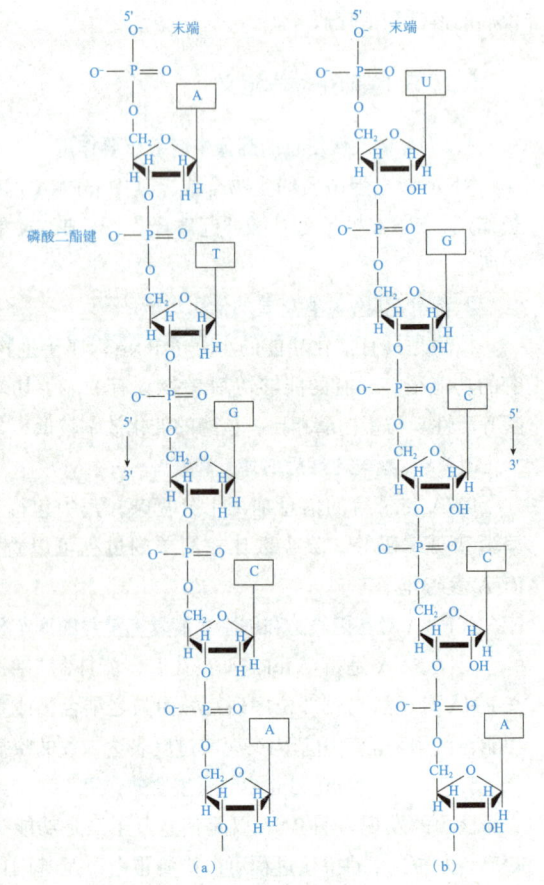

图 5-8　核酸共价骨架结构示意
（a）DNA；（b）RNA

图 5-9 所示的竖线式，按文字式可改写成 pApCpGpUpA，也可简写为 ACGUA。

图 5-9　竖线式缩写示意

（二）DNA 的结构

1. DNA 的一级结构

DNA 的一级结构是指在其多核苷酸链中核苷酸的排列顺序及各个核苷酸之间的连接方式、核苷酸的种类和数量。DNA 是由 dAMP、dGMP、dCMP、dTMP 四种脱氧核苷酸构成的多核苷酸链，以 3′, 5′- 磷酸二酯键相连。由于 DNA 的脱氧核糖中 C-2′ 上不含羟基，C-1′ 又与碱基相连接，唯一可以形成的键是 3′, 5′- 磷酸二酯键，所以 DNA 没有支链。DNA 的碱基顺序本身就是遗传信息存储的分子形式，不同的生物性状就是由 DNA 分子上的脱氧核糖核苷酸的排列顺序来决定的。

DNA 的碱基组成具有种的特异性，但没有器官和组织的特异性，年龄、营养状况、环境的改变也不影响 DNA 的碱基组成。在同种 DNA 中腺嘌呤和胸腺嘧啶的物质的量相等，即 $n(A)=n(T)$；鸟嘌呤和胞嘧啶的物质的量相等，即 $n(G)=n(C)$；因此嘌呤碱基的总物质的量等于嘧啶碱基的总物质的量，即 $n(A+G)=n(T+C)$。这一规律暗示 A 与 T，G 与 C 相互配对的可能性，为沃森和克里克提出 DNA 双螺旋结构提供了重要根据。

DNA 的相对分子质量非常大，通常一个染色体就是一个 DNA 分子，最大的染色体 DNA 可超过 10^8 bp，因此 DNA 能够编码的信息量是十分巨大的。基因是具有遗传效应的 DNA 片段，一个细胞的 DNA 含有许多基因，各具有不同的功能。在一个基因组中各个基因的排列顺序，称为 DNA 顺序组织。因此，DNA 的一级结构从广义上来说，不仅包括脱氧核糖核苷酸的排列顺序，还包括基因的排列顺序。

2. DNA 的二级结构

DNA 双螺旋结构是 DNA 二级结构的一种重要形式，它是沃森和克里克两位科学家于 1953 年提出来的一种结构模型（图 5-10）。DNA 双螺旋结构模型主要有以下两个依据：DNA 分子 X 射线衍射图显示 DNA 有 0.34 nm 和 3.4 nm 两个周期性变化；DNA 分子碱基摩尔含量的比率关系为 $n(A)=n(T)$、$n(G)=n(C)$、$n(A+G)=n(T+C)$。DNA 双螺旋模型的建立不仅揭示了 DNA 的二级结构，也开创了生命科学研究的新时期。

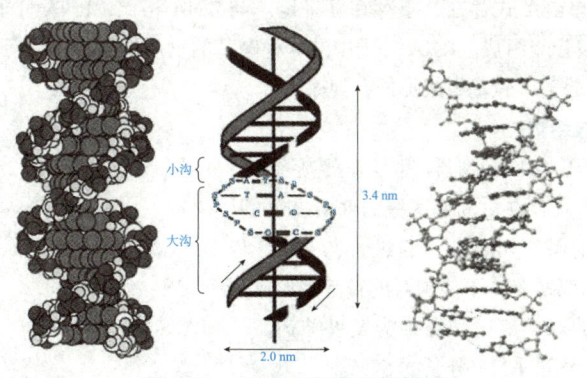

图 5-10　DNA 双螺旋结构模型

DNA 分子双螺旋结构要点如下：

（1）DNA 分子由两条反向平行的多核苷酸链围绕一个假想的中心轴形成右手螺旋结构。一条链为 5′→3′，另一条为 3′→5′。

（2）DNA 分子一条链上的碱基通过氢键与另一条链上的碱基连接，形成碱基对。G 与 C

科学史话

★ 1952 年，奥地利裔美国生物化学家查伽夫测定了 DNA 中 4 种碱基的含量，发现其中腺嘌呤与胸腺嘧啶的数量相等，鸟嘌呤与胞嘧啶的数量相等。这使沃森、克里克立即想到 4 种碱基之间存在着两两对应的关系，形成了腺嘌呤与胸腺嘧啶配对、鸟嘌呤与胞嘧啶配对的概念。

科学史话

★ 1953 年 4 月 25 日，詹姆斯·沃森和弗朗西斯·克里克在 Nature 杂志发表了一篇名为：《核酸的分子结构——脱氧核糖核酸的结构》的论文。这篇仅 1 000 字的论文被誉为"生物学的一个标志，开创了新的时代"。这是在生物学历史上唯一可与达尔文进化论相比的重大发现，它与自然选择一起，统一了生物学的大概念，是科学史上的一个重要里程碑，标志着分子生物学的诞生。

配对，A 与 T 配对，G 和 C 之间可以形成 3 个氢键，A 和 T 之间形成 2 个氢键。

（3）脱氧核糖和磷酸基团形成双螺旋结构的骨架位于螺旋的外侧，碱基堆积在双螺旋的内部，碱基平面与中心轴垂直，糖环平面与碱基平面接近成直角。表面有一条大沟和一条小沟。

（4）DNA 双螺旋的平均直径为 2 nm，相邻碱基对平面间的距离为 0.34 nm，每隔 10 个碱基对，脱氧多核苷酸链就绕一圈，螺距为 3.4 nm，相邻核苷酸的夹角为 36°。

（5）维持 DNA 双螺旋稳定的因素包括碱基堆积力、氢键、静电排斥力等。其中碱基堆积力指碱基对平面垂直于中心轴，层叠于双螺旋的内侧，疏水性碱基堆积在一起相互吸引形成的作用力，它是稳定 DNA 结构的主要力量。

（6）碱基在一条链上的排列顺序不受限制。遗传信息由碱基序列携带。

（7）DNA 构象具有多态性。

3. DNA 的三级结构

绝大部分原核生物的 DNA 是共价封闭的环状双螺旋分子，在细胞内进一步盘绕扭曲形成超螺旋，细胞内的 DNA 主要以超螺旋形式存在。DNA 双螺旋进一步盘曲形成的空间构象就称为 DNA 的三级结构。

DNA 双螺旋为右旋螺旋。细胞中的环状 DNA 一般呈负超螺旋，即右旋螺旋不足导致部分碱基不形成配对，分子通过整体拓扑学上的右旋来补足右旋螺旋的不足。在真核细胞染色质中，DNA 双螺旋分子盘绕在组蛋白上形成核小体。许多核小体由 DNA 连成念珠状结构，再盘绕压缩成高层次的结构——染色体。

DNA 形成三级结构的过程中，通过有规律地压缩分子体积，大大减少了所占空间。例如人的 DNA 在染色体中的超螺旋结构，使 DNA 分子反复折叠盘绕后共压缩了 8 400 倍左右。

（三）RNA 的结构

1. RNA 的一级结构

与 DNA 类似，RNA 的一级结构是指在其多核苷酸链中核苷酸的排列顺序及各个核苷酸之间的连接方式、核苷酸的种类和数量。RNA 的基本组成单位是 AMP、GMP、CMP 和 UMP 4 种核苷酸，核苷酸之间也是通过 3′，5′-磷酸二酯键相连形成多核苷酸链。RNA 的缩写式与 DNA 相同，通常从 5′ 端向 3′ 端延伸。

RNA 通常以单链形式存在，不存在互补链。与 DNA 相比，RNA 分子小得多，一般由数十个至数千个核苷酸组成。RNA 分子中的 4 种碱基的物质的量都不相等，所以 RNA 的碱基组成不及 DNA 分子中碱基组成那样有规律。

2. RNA 的二级结构

天然 RNA 并不像 DNA 那样都是双螺旋结构，而是通常以单链形式存在。局部区域的 RNA 链可以回折，使得互补的碱基对相遇，通过 A 与 U、G 与 C 配对形成局部的双螺旋，不能配对的碱基则形成环状突起，这种短的双螺旋区和环称为发夹结构。一般来说，双螺旋区约占 RNA 分子的 50%。

（1）tRNA 的二级结构。tRNA 约占细胞总 RNA 的 15%。tRNA 的二级结构都呈三叶草形，由氨基酸臂、二氢尿嘧啶环、反密码子环、额外环和 TΨC 环等 5 个部分组成（图 5-11）。细胞内 tRNA 的种类很多，每一种氨基酸都有其相应的一种或几种 tRNA。

拓展知识
RNA 发现、发展和应用过程示意图

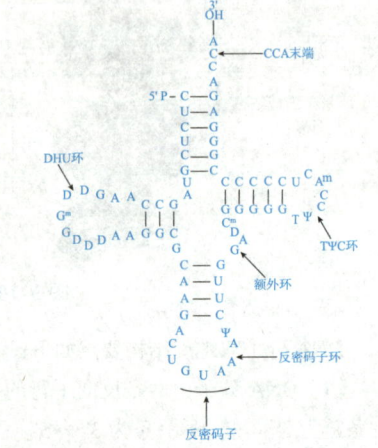

图 5-11 tRNA 三叶草形二级结构模型

（2）rRNA 的二级结构。rRNA 约占细胞总 RNA 的 80%。rRNA 的主要功能是与多种蛋白质组成核糖体，核糖体是蛋白质合成的场所，含有大约 40% 的蛋白质和 60% 的 RNA，在结构上可分离为大小两个亚基。

（3）mRNA 的二级结构。mRNA 约占细胞总 RNA 的 3%～5%，寿命较短。游离的 mRNA 可产生高级结构，但在核糖体上翻译时必须解开。

3. RNA 的三级结构

以 tRNA 为例，在其二级结构的基础上，突环上未配对的碱基由于整个分子扭曲而配成对，其二级结构再折叠形成三级结构。目前已知的 tRNA 均具有倒 L 形的三级结构（图 5-12）。

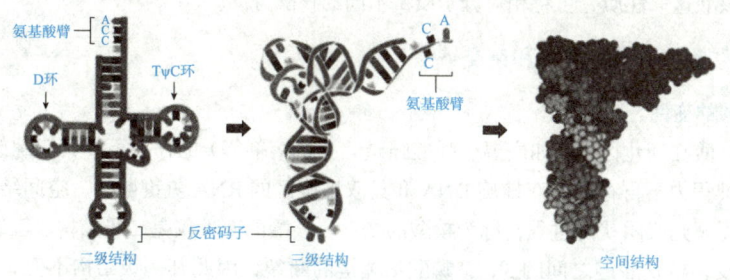

图 5-12　tRNA 的二级结构、三级结构及空间结构模型

二、核酸的性质

（一）核酸的一般理化性质

DNA 相对分子质量很大，一般为 10^6～10^{12}，是白色类似石棉样的纤维状物。RNA 相对分子质量较小，一般为 10^4～10^5，为白色粉末或结晶。DNA 和 RNA 都是极性化合物，微溶于水，不溶于乙醇、氯仿、乙醚等有机溶剂，因此，可用 70% 的乙醇从溶液中沉淀核酸。它们的钠盐比游离酸在水中的溶解度大，如 RNA 的钠盐在水中溶解度可达 4%。

核酸是分子量很大的高分子化合物，高分子溶液比普通溶液黏度要大得多，DNA 分子具有双螺旋结构，分子长度可达几厘米，直径只有 2 nm，分子极为细长，因此极稀的 DNA 溶液，黏度也极大。RNA 分子比 DNA 分子短很多，因此 RNA 的黏度比 DNA 的黏度小得多。当核酸溶液因受热或在其他作用下发生变性或降解时，分子不对称性降低，黏度下降。因此，可用溶液黏度作为 DNA 变性的指标。

（二）核酸的紫外线吸收性质

核酸中的嘌呤和嘧啶具有共轭双键，使碱基、核苷、核苷酸和核酸在 250～280 nm 的紫外波段有一强烈的吸收峰，最大吸收值在 260 nm 附近，吸光率以 A_{260} 表示，在 230 nm 附近有一个低谷。DNA 的紫外吸收光谱如图 5-13 所示。利用核酸在 260 nm 处的紫外吸收特性，可用紫外分光光度计加以定量及定性测定。其紫外吸收值大小可作为核酸变性、复性的指标。

DNA 变性后，氢键断开，碱基暴露，紫外光的吸收就明显升高，这种现象称为增色效应。在一定条件下，变性核酸又可复性，此时紫外吸收又恢复到原来水平，这一现象称为减色效应。

蛋白质的最大吸收峰大约在 280 nm 处，核酸在 260 nm 处的紫外吸收比蛋白质在 280 nm 处强

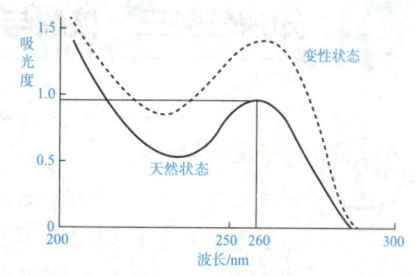

图 5-13　DNA 的紫外吸收光谱

行业快讯

核酸药物迎来爆发性发展期（科技日报 2024 年 03 月 14 日）

★经过几十年发展，核酸（RNA）药物终于迎来了"高光时刻"——2023 年诺贝尔生理学或医学奖再次肯定了核酸作为药物的可行性；2024 年，投资市场普遍遇冷，核酸药物却逆势而上，开出多个以"亿元""亿美元"为单位的大单……"新冠 mRNA 疫苗的异军突起，让籍籍无名的核酸药物为人熟知。"药物化学家、中国科学院院士张礼和表示，核酸药物 2016 年以来得到快速发展，正在开启创新药物新时代。

虚拟仿真
核酸提取的流程（磁珠法）

拓展知识

★核酸对紫外线的吸收机制是通过碱基吸收紫外线的 π-π* 跃迁和 n-π* 跃迁来实现的。在碱基吸收紫外线时，一部分能量被吸收后会以热量形式散失，不会对核酸分子造成损伤。但另一部分能量会导致碱基的电离和损伤，从而对核酸的结构和功能产生影响，如使链断裂、碱基损伤和碱基对错配。这也是人们户外活动时需注意防晒的原因之一。

30～60 倍。利用这一特性，可鉴别核酸样品中是否混有蛋白质。

（三）核酸的两性解离与等电点

核酸中具有碱性的碱基和酸性的磷酸基，因此呈两性性质。在核酸中，碱基对间氢键的性质与其解离状态有关，而碱基的解离状态又与 pH 值有关，pH 为 4.0～11.0 时，DNA 双螺旋结构最稳定。

核酸的等电点较低，因此在溶液近中性的条件下，核酸以阴离子状态存在；在中性或偏碱性溶液中，带有负电荷的核酸在外加电场力作用下，向阳极泳动，这种现象叫作核酸的电泳。利用核酸这一性质，可将相对分子质量不同的核酸分离。

（四）核酸的变性、复性和杂交

1. 核酸的变性

天然核酸在理化因素（如高温、强酸强碱、有机溶剂等）的作用下，其双螺旋的氢键断裂，碱基堆积力不再存在，双螺旋 DNA 和具双螺旋区的 RNA 氢键断裂，空间结构被破坏，形成单链无规则线团状的过程，称为核酸的变性。核酸的变性仅是二级结构、三级结构的改变，不涉及多核苷酸链之间的 3',5' 磷酸二酯键的断裂，因此其一级结构不变。当 DNA 发生变性时，其生物学功能丧失或改变，旋光性下降、黏度降低、浮力密度上升，还会产生增色效应，即对 260 nm 紫外光的光吸收度增加。

通常将加热引起的核酸变性称为热变性。DNA 热变性的特点是加热会引起双螺旋结构解体，所以又称为 DNA 的解链或熔解作用。通常将 50% 的 DNA 变性时的温度称为该 DNA 的熔点或熔解温度，用 T_m 表示，一般为 85～95 ℃。DNA 的 T_m 值主要与 DNA 分子中 G-C 的含量有关，G-C 含量越高，变性时的 T_m 值越高，这是因为 G-C 对之间有 3 个氢键。通过测定 T_m 值可知其 G+C 碱基的含量。

2. 核酸的复性

DNA 的变性是可逆的。变性 DNA 在适当条件下，分开的两条单链 DNA 又可以重新结合为双链 DNA，恢复原来的双螺旋结构和性质，这个过程称为复性或退火。最适宜的复性温度比 T_m 值约低 25 ℃，一般在 60 ℃ 左右，这个温度又叫作退火温度。

3. 核酸的杂交

DNA 双螺旋的两条链，经变性分离后，在一定条件下可以重新组合而复原，这是以互补的碱基排列顺序为基础的，不同来源的核酸变性后，合并在一起复性，只要它们存在大致相同的碱基互补配对序列，就可以形成杂化双链，甚至可以在 DNA 和 RNA 之间形成杂合双螺旋体，此过程叫杂交。分子杂交技术广泛应用于核酸结构与功能研究的各个方面。

知识任务三　核酸与食品加工

问题引导：
1. 核酸有哪些营养保健功能？
2. 核苷酸在食品加工中有哪些应用？
3. PCR 技术的原理是什么？

一、核酸与营养保健

目前，核酸主要用于保健品、饮料、奶粉等食品生产。研究表明，新生儿出生时免疫系统相对不成熟，在婴儿早期，淋巴器官迅速成熟增大，但淋巴细胞本身核苷酸相对不足，淋巴细胞在活化时比在静止阶段需要更多的外源性核苷酸。母乳喂养的婴儿所需的核苷酸约有1/3 来自母乳，而代乳品喂养的婴儿所需核苷酸的 95% 来自从头合成。将核苷酸添加到以牛奶为基础的代乳品中，对婴幼儿的胃肠道发育、胃肠道健康的维持及血浆脂蛋白的组成都有有利的影响。

核苷酸营养的作用机制是通过改善细胞的活力而提高机体各系统的自身功能和自我调节能力，来达到最佳综合状态和生理平衡，因此具有广泛而稳定的营养保健作用。核苷酸添加于保健品中，对促进儿童的生长发育、增强智力，提高成年人的抗病、抗衰老能力及手术病人的身体康复均有显著作用，特别对老年人效果更佳。需要注意的是，痛风患者、血尿酸高者、肾功能异常者不宜多食核酸类保健食品。

二、核苷酸在食品加工中的应用

5′- 鸟苷酸和 5′- 肌苷酸二钠呈鲜味，其鲜味分别相当于味精的 160 倍和 40 倍，与味精调和使用具有显著的鲜味相乘效应，且风味更佳。它们还可与经过特殊工艺加工的动物蛋白和植物蛋白及多种氨基酸混合，调配各种风味的特鲜味精、鸡精等复合鲜味剂；在食品中添加呈味核苷酸还能消除或抑制异味。应用于某些风味食品（如牛肉干、肉松、鱼干片）中，能减少苦涩味；应用于酱类中，能改善生酱味；应用于制作肉类罐头中，能抑制淀粉味和铁锈味。

除作为调味剂外，在粉末状调味品中添加核酸，可防止食品过氧化，发挥抗菌、提高胃肠免疫等作用；在酱油、沙司等调味品中加入核酸，可以减少这类食品用于制作烧烤食品时的食用危害性。

三、PCR（聚合酶链式反应）技术在食品检测中的应用

食品安全问题关乎着社会的稳定及人民群众的生命安全，PCR（聚合酶链式反应）技术目前已经在食品检测中得到了广泛的应用。

PCR 技术的原理是基于 DNA 体外扩增技术，通过对食品微生物的核酸序列的检测，进而有效复制出被检测微生物的 DNA。检测过程需要 3 个阶段不同温度的支撑，即高温变性、低温退火和适温延伸 3 个环节。最终确保即使被检测微生物的 DNA 含量极少也能够借助 PCR 技术进行检测。PCR 技术的基本步骤如下：

（1）变性：在高温条件下，DNA 双链解离形成单链 DNA。
（2）退火：当温度突然降低时引物与其互补的模板在局部形成杂交链。
（3）延伸：聚合酶催化以引物为起始点的 DNA 链延伸反应。

以上 3 步为一个循环，每一循环的产物可以作为下一个循环的模板，几十个循环之后，介于两个引物之间的特异性 DNA 片段得到了大量复制，通常可扩增 10^6 倍。

PCR 技术可对常规食品进行检测，尤其是在检测食源性致病菌（如沙门氏菌等）方面，具有精确、快速等诸多特点。

PCR 技术可对转基因成分进行检测，在玉米、油菜、小麦、大豆、水稻等食品生产原料中，PCR 技术基本都能有效涵盖，并且能够为多个转基因测试位点提供保障。

PCR 技术可对食品中有效成分进行检测，由于加工食品要经过众多环节和程序，使得原料在失去原有属性和面貌的同时，其原料品质的优劣与否也很难通过肉眼辨别。尤其是一些不法商家在生产过程中以次充好的现象屡见不鲜。通过 PCR 检测技术，人们可以有效完成对食品中有效成分的检测。目前在饮料、乳制品行业 PCR 技术已经取得了成熟的应用。

拓展知识
聚合酶链式反应（PCR）原理及过程

技能任务一　快速提取植物组织中的 DNA

问题引导：
1. DNA 提取的原理是什么？
2. DNA 提取试验中各试剂的作用是什么？
3. DNA 提取过程有哪几个步骤？

任务工单
快速提取植物组织中的 DNA

一、任务导入

DNA 是一切生物细胞的重要组成成分，主要以核蛋白（染色质或染色体）的形式存在于细胞核中。DNA 提取是分子生物学和遗传学研究的基础技术，对科学研究、医学诊断、法医学和考古学等领域具有重要意义。

DNA 提取在食品安全和营养领域的应用也日益增多。通过从食品样本中提取微生物 DNA，可以检测和监测食品中的微生物污染，如致病菌、毒素产生菌等。这有助于确保食品的安全性、卫生性和质量，预防食源性疾病的发生。

扫码查标准
《转基因动物及其产品成分检测 DNA 提取和纯化》(农业部 2406 号公告 –7– 2016)

二、任务描述

提取核酸的基本过程是细胞破碎→抽提去蛋白质→沉淀核酸。

β- 巯基乙醇是抗氧化剂，有效地防止酚氧化成醌，避免褐变，使酚容易去除；PVP（聚乙烯吡咯烷酮）是酚的络合物，能与多酚形成一种不溶的络合物质，有效去除多酚，减少 DNA 中酚的污染；同时它也能和多糖结合，有效去除多糖。

CTAB（十六烷基三乙基溴化铵）是一种阳离子去污剂，可溶解细胞膜，它能与核酸形成复合物，在高盐溶液中（0.7 mol/L NaCl）是可溶的，当降低溶液盐浓度到一定程度（0.3 mol/L NaCl）时，从溶液中沉淀，通过离心就可将 CTAB- 核酸的复合物与蛋白、多糖类物质分开。最后通过乙醇或异丙醇沉淀 DNA，而 CTAB 溶于乙醇或异丙醇而除去。分离纯化后的植物 DNA，可用琼脂糖凝胶电泳检测。

三、任务准备

各小组分别依据任务描述及试验原理，讨论后制定试验方案。

四、任务实施

（一）试验试剂

新鲜的植物组织材料；2×CTAB 溶液；氯仿/异戊醇（24∶1）；3 mol/L NaAc，用冰乙酸调 pH 值至 5.2；异丙醇；β-巯基乙醇；75% 乙醇；液氮；TE 缓冲液。

（二）试验器材

高速冷冻离心机、离心管、研钵、移液枪、棉纱手套、不锈钢药匙、恒温水浴锅、台式高速离心机、液氮罐。

（三）操作步骤

（1）向 5 mL 离心管中预先加入 1.5 mL CTAB 抽提液及 30 μL 的 β-巯基乙醇，混匀，65 ℃ 预热。

（2）将 0.5～1 g 植物材料于液氮中研磨成粉末，迅速用药匙转入预热的离心管，盖严后迅速摇匀，于 65 ℃ 水浴 30 min，中途间隔轻柔颠倒混匀 2～3 次。

（3）取出离心管，冷却至室温，加入与上清液等体积（约 1.5 mL）的氯仿/异戊醇（24∶1），轻柔颠倒混匀乳化 10 min。

（4）10 000 r/min 室温离心 10 min。

（5）充分吸取上清液转移至另一新的 5 mL 离心管中，加入占上清液的 1/5～1/10 体积（约 150 μL）的醋酸钠溶液，混匀。

（6）加入与上清液等体积（约 1.3 mL）的 -20 ℃ 预冷的异丙醇，轻轻摇晃至形成 DNA 白色絮状沉淀。

（7）挑出或吸出 DNA 絮状沉淀，置于含 1 mL 75% 乙醇的 1.5 mL 离心管中漂洗，重复一次。

（8）吸干乙醇后干燥沉淀，并用 200 μL TE 缓冲液溶解沉淀，即可得到 DNA 粗提物，可保存于 -20 ℃ 备用或进一步纯化。

五、任务总结

本次技能任务的试验现象和你预测的试验现象一致吗？如果不一致，问题可能出在哪里？你认为本次技能任务在操作过程中有哪些注意事项？你在本次技能任务中有哪些收获和感悟？（可上传至在线课相关讨论中，与全国学习者交流互动。）

六、成果展示

本次技能任务结束后，相信你已经有了很多收获，请将你的学习成果（试验过程及结果的照片和视频、试验报告、任务工单、检验报告单等均可）进行展示，与教师、同学一起互动交流吧。（可上传至在线课相关讨论中，与全国学习者交流互动。）

拓展知识
★ TE 缓冲液是由 Tris 和 EDTA 配制而成，主要用于溶解核酸，能稳定储存 DNA 和 RNA。

拓展知识
DNA 提取流程图

技术提示
★ 注意不要吸取或破坏中间的蛋白相。

行成于思
★ 请思考：
1. 在 DNA 提取过程中，如何避免 DNA 分子的降解？
2. DNA 提取还有哪些常用方法？

技能任务二　提取酵母中的 RNA

问题引导：
1. RNA 提取的原理是什么？
2. RNA 提取试验中各试剂的作用是什么？
3. RNA 提取过程有哪几个步骤？

任务工单
提取酵母中的 RNA

行业快讯
★工业上制备 RNA 一般选用成本较低、适宜于大规模操作的稀碱法和浓盐法。稀碱法是用 1% NaOH 溶液，将细胞壁溶解，用酸中和，升高温度使蛋白质变性，将蛋白质与核酸分离，然后除去菌体，将 pH 值调至 RNA 的等电点 (pH=2.5) 使 RNA 沉淀出来。稀碱法的优点是抽提时间短，但 RNA 在此条件下不稳定，容易分解。若要提取接近天然状态的 RNA，可采用苯酚法或氯仿-异戊醇法去蛋白，然后用乙醇沉淀 RNA，离心收集。

一、任务导入

RNA 存在于绝大多数的生命形式之中，应用 RNA 对细胞和分子生物学的各个方面进行研究非常普遍。RNA 的提取分离通常是决定试验结果质量的第一步，也是关键的一步。

二、任务描述

酵母核酸中 RNA 含量较多，因此，选用酵母作为试材进行 RNA 提取。由于 RNA 种类较多，所以制备方法也各异。

本试验采用浓盐法（10% NaCl 溶液）提取 RNA。浓盐法是用 10% NaCl 溶液改变细胞膜的通透性，使核酸从细胞内释放出来。用浓盐法提取 RNA 要掌握温度，避免在 20～70 ℃范围停留时间过长，因为这是磷酸二酯酶和磷酸单脂酶作用活跃的温度范围，会使 RNA 因降解而降低提取率。加热至 90～100 ℃使蛋白质变性，破坏该酶类，有利于 RNA 的提取。

三、任务准备

各小组分别依据任务描述及试验原理，讨论后制定试验方案。

四、任务实施

（一）试验试剂

酵母粉（片）；10% NaCl 溶液；6 mol/L HCl 溶液；95% 乙醇溶液；精密 pH 试纸；冰块；0.5 mol/L 碳酸氢钠。

（二）试验器材

锥形瓶、烧杯、玻璃棒、水浴锅、离心机、真空干燥箱、分光光度计。

（三）操作步骤

1. 提取

称取干酵母粉 2 g 于 50 mL 锥形瓶内。加 10% NaCl 溶液 10 mL，搅拌均匀，然后于沸水浴中提取 0.5 h。

2. 分离

将上述提取液取出，用水冷却，分装在离心管内，以 3 500 r/min 离心 10 min，使提取液与菌体残渣等分离。

3. 沉淀 RNA

将离心得到的上清液倾于 50 mL 烧杯内，并置于放有冰块的 250 mL 烧杯中冷却。待溶液冷却至 10 ℃以下时，在搅拌下小心地用 6 mol/L HCl 溶液调节 pH 值至 2.0～2.5（即等电点范围）。随着 pH 值的下降，溶液中白色沉淀逐渐增加，到等电点时沉淀量最多（注意严格控制 pH 值）。调好后继续于冰浴中静置 10 min，使沉淀充分，颗粒变大。

4. 洗涤

上述悬浮液以 3 000 r/min 离心 5 min，得到 RNA 沉淀。小心弃去上清液，加入 3 mL 0.5 mol/L 碳酸氢钠溶液溶解沉淀。再以 4 000 r/min 离心 1 min。取上清液于另一离心管中，加入 2 倍体积的 95% 乙醇，混匀。重新沉淀 RNA，以 3 000 r/min 离心 5 min，即得湿 RNA 粗制品，经真空干燥箱内烘干后，即得到 RNA 干粉，可供定量测定试验用。

（四）试验数据记录与分析

1. 含量测定

将干燥后的 RNA 产品配制成浓度为 20 μg/mL 的溶液，在分光光度计上测定其 260 nm 处的吸光度，按下式计算 RNA 含量：

$$\text{RNA 含量} = \frac{A_{260}}{0.024 \times L} \times \frac{\text{RNA 溶液总体积（mL）}}{\text{RNA 称取量}}$$

式中　A_{260}——260 nm 处的吸光度；

　　　L——比色杯光径；

　　　0.024——1 mL 溶液中含 1 μgRNA 的吸光度。

2. 计算提取率

$$\text{RNA 提取率} = \frac{\text{RNA 含量（\%）} \times \text{RNA 制品质量（g）}}{\text{酵母质量（g）}} \times 100\%$$

五、任务总结

本次技能任务的试验现象和你预测的试验现象一致吗？如果不一致，问题可能出在哪里？你认为本次技能任务在操作过程中有哪些注意事项？你在本次技能任务中有哪些收获和感悟？（可上传至在线课相关讨论中，与全国学习者交流互动。）

六、成果展示

本次技能任务结束后，相信你已经有了很多收获，请将你的学习成果（试验过程及结果的照片和视频、试验报告、任务工单、检验报告单等均可）进行展示，与教师、同学一起互动交流吧。（可上传至在线课相关讨论中，与全国学习者交流互动。）

拓展知识

★核酸是一类不稳定的生物大分子，在制备过程中很容易发生降解。因此制得的核酸尽可能保持其在生物体内的天然状态，制备核酸必须采取温和的条件（如避免过酸、过碱、避免剧烈搅拌等），以防止核酸降解酶类的作用。

技术提示

★加入3 mL 0.5 mol/L碳酸氢钠溶液溶解沉淀，必要时用玻棒搅拌沉淀物以助溶解，如有不溶物则为杂质。

行成于思

★请思考：
1. 沉淀 RNA 之前为什么要冷却上清液至 10 ℃以下？
2. 为什么要将 pH 值调至 2.0 左右？

技能任务三 紫外分光光度法测定核酸的浓度和纯度

问题引导：
1. 紫外分光光度法的原理是什么？
2. 核酸（DNA 和 RNA）的最大紫外吸收值是多少？
3. 紫外分光光度法测定核酸浓度的检测限是多少？

任务工单
紫外分光光度法测定核酸的浓度和纯度

扫码查标准
《水溶液中核酸的浓度和纯度检测 紫外分光光度法》（GB/T 34796—2017）

一、任务导入

核酸浓度测定是分子诊断产品开发的必要步骤，只有在前期步骤中明确核酸含量，后期的转产工艺才更加可控。而核酸的纯度直接影响试验的结果，过低的核酸纯度会导致数据失真和试验失败，因此在进行核酸试验之前，必须对样品中的核酸纯度进行严格的检测和确定。

二、任务描述

核酸中嘌呤和嘧啶碱基有共轭双键，具有吸收紫外光的性质，其最大吸收值在波长 250~270 nm。碱基与戊糖、磷酸形成核苷酸后其最大吸收峰不会改变，最大吸收波长约 260 nm，吸收低峰在 230 nm。在波长 260 nm 处，1 单位 A 值的光密度相当于双链 DNA 浓度为 50 μg/mL、单链 DNA 及 RNA 浓度为 40 μg/mL、单链寡核苷酸为 33 μg/mL，据此可计算核酸样品的浓度并判断纯度。

三、任务准备

各小组分别依据任务描述及试验原理，讨论后制定试验方案。

四、任务实施

（一）试验试剂

（1）小牛胸腺 DNA 标准溶液。
（2）蒸馏水。
（3）三羟甲基氨基甲烷缓冲液（1 mol/L Tris-HCl，pH=7.4）：称取 121.1 g Tris 置于 1 L 烧杯中，加入 800 mL 去离子水充分搅拌溶解，用 NaOH 调节 pH 值，定容至 1 L，分装后在 103 kPa（1.05 kg/cm^2）高压蒸汽灭菌 20 min，室温保存，备用。
（4）EDTA（500 mmol/L，pH=8.0）：称取 186.1 g Na$_2$EDTA·2H$_2$O 置于 1 L 烧杯中，加入约 800 mL 的去离子水，充分搅拌，用 NaOH 调节 pH 至 8.0，定容至 1 L，分装后在 103 kPa（1.05 kg/cm^2）高压蒸汽灭菌 20 min，室温保存，备用。
（5）TE 缓冲液（10×TE Buffer，pH=7.4）：量取 100 mL 1 mol/L Tris-HCl（pH=7.4），20 mL 500 mmol/L EDTA（pH=8.0）置于 1 L 烧杯中，加入 800 mL 去离子水，混合均匀，定容至 1 L，分装后在 103 kPa（1.05 kg/cm^2）高压蒸汽灭菌 20 min，室温保存，备用。

技术提示
★ 紫外分光光度法适用于测定浓度大于 0.25 μg/mL 的核酸溶液。

技术提示
★ pH 值至 8.0 时 EDTA 才能完全溶解。

（二）试验器材

紫外分光光度计、分析天平（精度分别为 0.1 mg、0.01 mg）、pH 计、微量移液器、离心机、离心管、旋涡振荡仪、烧杯、容量瓶、试管及试管架。

（三）操作步骤

（1）将适量核酸样品溶于 TE 缓冲液中，稀释至工作曲线范围内供测定。

（2）取适量核酸溶液（溶液体积根据仪器要求）检测，以稀释溶液调零，根据波长 260 nm、230 nm、280 nm 处核酸的吸光度，计算 DNA 双链、DNA 单链和 RNA 的浓度，根据 OD_{260}/OD_{280} 和 OD_{260}/OD_{230} 比值判断核酸纯度。重复测定 3 次取平均值。

（四）试验数据记录与分析

（1）计算待测样品核酸浓度：

样品中双链 DNA 的浓度（μg/μL）= A_{260} × 稀释倍数 × 50/1 000

样品中单链 RNA 的浓度（μg/μL）= A_{260} × 稀释倍数 × 40/1 000

（2）计算并判断待测样品的纯度：

$$X = \frac{A_{260}}{A_{280}}; \quad Y = \frac{A_{260}}{A_{230}}$$

吸光度法检测核酸纯度结果判断见表 5–3。

表 5–3　吸光度法检测核酸纯度结果判断表

样品类型	检测结果		
	X 值		Y 值
DNA 样品	纯 DNA 理论值为 1.8	大于 2.0，表明有 RNA 污染	小于 1.6，表明有蛋白质污染	小于 2 表明有酚盐、硫氰酸盐或其他有机化合物污染
RNA 样品	纯 RNA 理论值为 2.0	大于 2.0，表明有异硫氰酸残存	小于 1.7，表明有蛋白质污染	小于 2 表明有酚盐、硫氰酸盐或其他有机化合物污染

拓展知识

紫外可见分光光度计使用流程与注意事项

行成于思

★请思考：

1. 利用紫外–可见分光光度计测得的结果比实际浓度偏高还是偏低？为什么？

2. 如果试验测得 A_{260}/A_{280} = 1.8，是否能说明提取的 DNA 样品非常纯净？为什么？

五、任务总结

本次技能任务的试验现象和你预测的试验现象一致吗？如果不一致，问题可能出在哪里？你认为本次技能任务在操作过程中有哪些注意事项？你在本次技能任务中有哪些收获和感悟？（可上传至在线课相关讨论中，与全国学习者交流互动。）

六、成果展示

本次技能任务结束后，相信你已经有了很多收获，请将你的学习成果（试验过程及结果的照片和视频、试验报告、任务工单、检验报告单等均可）进行展示，与教师、同学一起互动交流吧。（可上传至在线课相关讨论中，与全国学习者交流互动。）

企业案例：PCR 技术检测鸡蛋中沙门氏菌的检测方案

沙门氏菌是一类对人类和动物健康构成极大危害的革兰氏阴性致病菌，是食品、水源及畜产品的重要污染菌，可引起人食物中毒、急性肠胃炎和动物腹泻等疾病。某企业新进一批鸡蛋，急需进行沙门氏菌检验。你能参考图 5-14 的检测流程，帮助该企业建立 PCR 技术检测鸡蛋中沙门氏菌的检测方案吗？

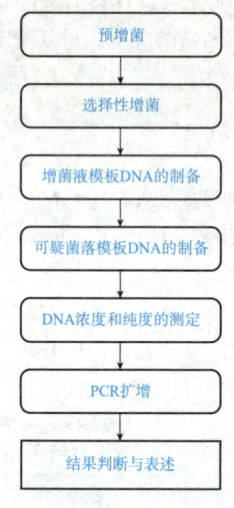

```
预增菌
  ↓
选择性增菌
  ↓
增菌液模板DNA的制备
  ↓
可疑菌落模板DNA的制备
  ↓
DNA浓度和纯度的测定
  ↓
PCR扩增
  ↓
结果判断与表述
```

图 5-14　PCR 技术检测沙门氏菌的检测流程

通过企业案例，同学们可以直观地了解企业在真实环境下面临的问题，探索和分析企业在解决问题时采取的策略和方法。

扫描左侧二维码，可查看自己和教师的参考答案有何异同。

学习进行时

★"宝剑锋从磨砺出，梅花香自苦寒来。"人类的美好理想，都不可能唾手可得，都离不开筚路蓝缕、手胝足胝的艰苦奋斗。我们的国家，我们的民族，从积贫积弱一步一步走到今天的发展繁荣，靠的就是一代又一代人的顽强拼搏，靠的就是中华民族自强不息的奋斗精神。

——2013 年 5 月 4 日，习近平在同各界优秀青年代表座谈时的讲话

"1+X"食品合规管理职业技能要求

★合规管理验证（高级）：
能够根据食品风险监测、评估、交流的具体内容，统筹安排各项常态化工作。

"1+X"食品合规管理职业技能要求

★合规体系应用（高级）：
能够在原辅料（包括食品添加剂）、化学品、虫害等污染及风险控制各环节进行过程控制。

扫码查看"企业案例"参考答案

考核评价

请同学们按照下面的几个表格（表 5-4～表 5-6），对本项目进行学习过程考核评价。

表 5-4　学生自评表

评价项目	评价标准			
	非常优秀（8～10）	做得不错（6～8）	尚有潜力（4～6）	奋起直追（2～4）
1. 学习态度积极主动，能够及时完成教师布置的各项任务				
2. 能够完整地记录探究活动的过程，收集的有关学习信息和资料全面翔实				
3. 能够完全领会教师的授课内容，并迅速地掌握项目重难点知识与技能				
4. 积极参与各项课堂活动，并能够清晰地表达自己的观点				
5. 能够根据学习资料对项目进行合理分析，对所制定的技能任务试验方案进行可行性分析				
6. 能够独立或合作完成技能任务				
7. 能够主动思考学习过程中出现的问题，认识到自身知识的不足之处，并有效利用现有条件来解决问题				
8. 通过本项目学习达到所要求的知识目标				
9. 通过本项目学习达到所要求的能力目标				
10. 通过本项目学习达到所要求的素质目标				
总评				
改进方法				

表 5-5　学生互评表

评价项目	评价标准			
	非常优秀（8～10）	做得不错（6～8）	尚有潜力（4～6）	奋起直追（2～4）
1. 按时出勤，遵守课堂纪律				
2. 能够及时完成教师布置的各项任务				
3. 学习资料收集完备、有效				
4. 积极参与学习过程中的各项课堂活动				
5. 能够清晰地表达自己的观点				
6. 能够独立或合作完成技能任务				
7. 能够正确评估自己的优点和缺点并充分发挥优势，努力改进不足				
8. 能够灵活运用所学知识分析、解决问题				
9. 能够为他人着想，维护良好工作氛围				
10. 具有团队意识、责任感				
总评				
改进方法				

表 5-6　总评分表

评价内容		得分	总评
总结性评价	知识考核（20%）		
	技能考核（20%）		
过程性评价	教师评价（20%）		
	学习档案（10%）		
	小组互评（10%）		
	自我评价（10%）		
增值性评价	提升水平（10%）		

巩固提升

巩固提升参考答案

扫码自测　难度指数：★★★

扫码自测　难度指数：★★★★★

扫码自测参考答案　难度指数：★★★

扫码自测参考答案　难度指数：★★★★★

项目六　自然界的神奇因子——酶

项目背景

生物体内绝大多数代谢反应是由酶来催化完成的。生物的生长发育、繁殖、遗传、运动、神经传导等生命活动都与酶的催化过程紧密相关。因此，从酶作用的分子水平上研究生命活动的本质及规律具有重要的现实意义。近年来，已有不少酶的作用机制被阐明，酶结构与功能的研究进入新阶段，酶的应用研究也得到迅速发展，目前已广泛应用于食品原料开发、品质改良、工艺改造等食品工业领域。

学习目标

知识目标	能力目标	素质目标
1. 掌握酶的概念、催化特点、分类及命名。 2. 了解酶的作用机制。 3. 掌握酶促反应速率的规律及各种理化因素对酶促反应速率的影响。 4. 掌握酶在食品加工及贮藏中的应用	1. 能够对常见酶类进行分类。 2. 能够描述酶的中间产物学说及诱导契合学说。 3. 能够说出影响酶促反应速率的因素。 4. 能够进行酶的分离纯化与活力测定。 5. 能够说出食品中的重要酶类及其在食品加工中的应用	1. 培养追求真理、严谨治学的求实精神。 2. 培养分析问题、解决问题的实践本领。 3. 培养居安思危、防患未然的安全意识。 4. 培养胸怀祖国、服务人民的爱国精神

导学动画 酶

单元教学设计 酶

学习进行时

★ 知识是每个人成才的基石，在学习阶段一定要把基石打深、打牢。学习就必须求真学问，求真理、悟道理、明事理，不能满足于碎片化的信息、快餐化的知识。要通过学习知识，掌握事物发展规律，通晓天下道理，丰富学识，增长见识。
——2018年5月2日，习近平在北京大学师生座谈会上的讲话

学习重点

1. 酶的作用机制。
2. 酶促反应速率的规律及各种理化因素对酶促反应速率的影响。

项目六 自然界的神奇因子——酶

思维导图

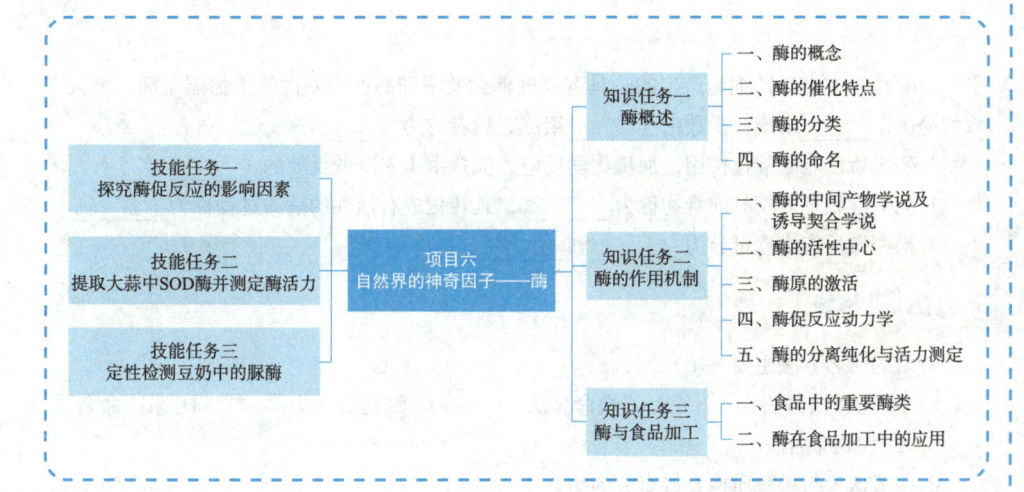

```
                                                          ┌─ 一、酶的概念
                                          ┌─ 知识任务一 ──┤ 二、酶的催化特点
                                          │    酶概述     │ 三、酶的分类
                                          │              └─ 四、酶的命名
  ┌─ 技能任务一                            │
  │  探究酶促反应的影响因素                │              ┌─ 一、酶的中间产物学说及
  │                                        │              │    诱导契合学说
  ├─ 技能任务二        ┌─ 项目六         ─┤ 知识任务二   │ 二、酶的活性中心
  │  提取大蒜中SOD酶并测定酶活力 自然界的神奇因子——酶 │── 酶的作用机制 ─┤ 三、酶原的激活
  │                                        │              │ 四、酶促反应动力学
  └─ 技能任务三                            │              └─ 五、酶的分离纯化与活力测定
     定性检测豆奶中的脲酶                  │
                                          │              ┌─ 一、食品中的重要酶类
                                          └─ 知识任务三 ─┤
                                               酶与食品加工  └─ 二、酶在食品加工中的应用
```

学习小贴士

★ 学习的道路上难免会遇到挫折和困难。在这个时候，我们需要学会给自己一些积极正向的激励和鼓励。可以给自己设定一些小目标，并在达到目标时奖励自己，这样可以增强学习的动力和兴趣。

案例启发

我国微生物酶学奠基人——张树政的故事

40年前，她带队探索的科研成就每年节省下的粮食可以养活一座68万人的中等城市。正是这项成果，帮助我国糖化酶制剂的年产量在7年时间猛增1 000多倍。1991年，即将步入古稀之年的她当选为中国科学院生物学部委员，成为中国第一位生物化学领域的女院士，从此她以中国最高学术机构成员的身份，成为倡导和推动中国该领域进步和发展的旗手。她就是张树政。

人物小传
我国微生物酶学奠基人——张树政的故事

在近50年的科研工作中，张树政为推动我国酶科学的发展和糖生物学的研究做出了突出贡献。进入中国科学院之后，她很长一段时期的研究都是以国家任务为导向，黑曲霉、红曲菌淀粉酶、沼气发酵试验、白地霉戊糖代谢等研究，都是当时社会经济发展的需要或是解决当时工农业生产中的重大问题。

她首先建立了国内等电聚焦和聚丙烯酰胺凝胶电泳等新技术；首次发现了多种糖基酶的作用和工业化前景；领导和组建了国内第一个糖工程实验室。

她是中国糖生物工程学和糖工程前沿计划的倡导者，为我国生物化学、酶学、糖生物学、糖生物工程学等前沿领域的建立和发展做出了重要贡献，成就卓著。

张树政在70多年的学术生涯中践行了为祖国富强而奋斗的志向。她始终把国家需要放在第一位，将自己的梦想与"中国梦"统一起来，服务于学科建设和社会发展。她立业报国、为国奉献、攻坚克难的爱国精神和科学精神，永远激励着我们。

· 117 ·

课前摸底

(一) 填空题

1. 酶是一类由活性细胞产生的、具有高度催化效率和高度专一性的生物催化剂，绝大多数酶是由_____组成，少数由_____组成，后者称为_____。
2. 酶之所以能起催化作用，加快化学反应，就是由于能降低反应的_____。
3. 无活性状态的酶的前身物称为_____，其转化成有活性的酶的过程称为_____。
4. 褐变按反应机理可分为_____和_____。

(二) 选择题

1. 酶的命名方法主要有（　　）。
   A. 随机命名法　　　B. 习惯命名法　　　C. 结构命名法　　　D. 系统命名法
   E. 代码命名法
2. 一般认为与果蔬质构直接有关的酶是（　　）。
   A. 蛋白酶　　　B. 脂肪氧合酶　　　C. 果胶酶　　　D. 多酚氧化酶

🚩 科技前沿·酶工程技术——提升食物品质 守护"舌尖健康"

食品酶的创制离不开酶工程技术。作为一种生物技术，酶工程技术具有高效、安全、绿色的特点。它不仅在食品加工中有着广泛的应用，也有助于从根本上保障食品品质，守护"舌尖上的健康"。

在食品领域，我们常用的食品酶包括蛋白酶、脂肪酶及糖苷酶等。如今，食品酶早已悄悄走进千家万户。比如用于制作奶酪和酸奶的凝乳酶、增加肉的鲜嫩程度的木瓜蛋白酶、提升面包口感的木聚糖酶，以及降低果汁饮料黏稠度的果胶酶等。

近年来，随着计算机技术的快速发展，分子模拟和人工智能技术在食品酶研发中发挥了不同程度的作用。这些技术主要用于催化机理解析、高效酶分子理性设计及新酶挖掘3个方面。

针对种类繁多的食品加工底物和加工过程条件，如何能够精准开发基于应用效果和应用场景的多酶协同作用的复合酶制剂，从而"量身定制"出可以满足食品加工业个性化、多样化、精细化需求的酶制剂产品，也是目前酶技术发展和应用转化中的难点。（科技日报）

知识任务一 酶概述

> **问题引导：**
> 1. 酶是什么？
> 2. 酶具有什么特点？
> 3. 酶是如何分类及命名的？

一、酶的概念

酶是一类由活性细胞产生的、具有高度催化效率和高度专一性的生物催化剂，绝大多数酶由蛋白质组成，少数由 RNA 组成，后者称为核酶。酶所催化的反应称为酶促反应，酶促反应中被酶催化的物质称为底物，而反应后生成的物质称为产物。

除核酶外，酶的化学本质是蛋白质，与其他蛋白质一样，由氨基酸构成，具有一、二、三、四级结构，具有蛋白质的理化性质，也会受某些物理、化学因素作用而发生变性，失去活力。酶分子量很大，具有胶体性质，不能透析。酶也能被蛋白酶水解。

二、酶的催化特点

酶具有一般催化剂的特性，即只改变反应速度，不改变化学平衡，并在反应前后本身不变。同时酶作为生物催化剂，与一般的无机催化剂相比又具高效性、专一性、反应条件温和、活性可调节等特点。

（一）高效性

酶的催化效率与不加催化剂相比高 $10^8 \sim 10^{20}$ 倍，与加一般无机催化剂相比高 $10^7 \sim 10^{13}$ 倍。例如，用 1 mol 铁离子催化过氧化氢分解时，每秒可分解 6×10^{-4} mol H_2O_2，而用 1 mol 过氧化氢酶催化时，每秒可分解 6×10^6 mol H_2O_2。

（二）专一性

一种酶仅作用于一种或一类化合物，或一定的化学键，催化一种或一类化学反应并产生一定产物。这种特性称为酶的专一性，又叫作酶的特异性或选择性。

各种酶的专一性不同，包括结构专一性和立体异构专一性两大类，结构专一性又有绝对专一性和相对专一性之分。

1. 绝对专一性

有些酶只作用于一种底物，催化一个反应，而不作用于其他物质，称为绝对专一性。如果底物分子有任何细微的变化，酶则不起作用。如脲酶只能催化尿素水解成 NH_3 和 CO_2，而不能催化甲基尿素水解。

2. 相对专一性

有些酶可作用于一类化合物或一种化学键，这种不太严格的专一性称为相对专一性，包括键专一性和基团专一性，这类酶对结构相近的一类底物都有作用。如脂肪酶不仅水解脂

拓展知识
★ 随着对核酶进一步研究，人们还人工合成了一些具有催化活性的 DNA。
目前尚未发现有天然存在的催化性 DNA。

肪，也能水解简单的酯类；磷酸酶对一般的磷酸酯都有作用，无论是甘油的还是一元醇或酚的磷酸酯均可被其水解。

3. 立体异构专一性

有些酶不仅对底物的化学结构有要求，而且要求底物有一定的立体结构，称为立体异构专一性。这类酶不能辨别底物不同的立体异构体，只对其中的某一种构型起作用，而不催化其他异构体，包括旋光异构专一性和几何异构专一性。如 α- 淀粉酶只能水解淀粉中 α-1, 4- 糖苷键，不能水解纤维素中的 β-1, 4- 糖苷键；乳酸脱氢酶只能催化 L- 乳酸，不能催化 D- 乳酸。

（三）反应条件温和

酶促反应不需要高温、高压及强酸、强碱等剧烈条件，这些条件反而可能使酶变性失活。酶促反应在常温常压下即可完成，一般在 pH 值为 5～8 的水溶液中进行，反应温度范围为 20～40 ℃。

（四）活性可调节

无机催化剂的催化能力一般是不变的，而酶的催化活性受多方面的调节和控制。细胞内酶的调节和控制方式主要有调节酶浓度和调节酶活性两种。

酶浓度的调节一般通过诱导和抑制酶的合成或者降解完成；酶活性的调节主要通过酶的化学修饰、抑制物和激活剂的调节作用、代谢物对酶的反馈调节、酶的别构调节及神经体液因素的调节等方式完成。

酶活性的变化使酶能适应生物体内复杂多变的环境条件和多种多样的生理需要，保证酶在生物体内的新陈代谢中发挥恰当的催化作用。一旦破坏了这种有序性，就会导致代谢紊乱，产生疾病，甚至死亡。

三、酶的分类

（一）国际酶学委员会（IEC）分类法

国际酶学委员会根据酶所催化的反应类型和机理，把酶分成氧化还原酶类、转移酶类、水解酶类、裂解酶类、异构酶类、合成酶类，共 6 大类。每一种酶均制定了统一的分类编号。例如乙醇脱氢酶的分类编号为 EC1.1.1.1，其中 EC 代表国际酶学委员会，第 1 位数字代表所属大类，第 2 位数字代表亚类（作用的基团或键的特点），第 3 位数字代表亚亚类（底物 / 产物的性质），第 4 位数字代表此酶在亚亚类中的顺序号。

氧化还原酶类主要催化氢的转移或电子传递的氧化还原反应；转移酶类催化化合物中某些基团的转移；水解酶类催化加水分解作用；裂解酶类催化非水解性地除去基团而形成双键的反应或逆反应；异构酶类催化各种异构体之间的互变；合成酶类催化有 ATP 参加的合成反应。

（二）根据酶的活动部位分类

酶是由生物细胞产生的，然后按照需要分布在细胞内和细胞外。根据酶的活动部位，一般把酶分成胞内酶和胞外酶。胞内酶是由细胞产生并在细胞内部起作用的酶，如氧化还原酶等。胞外酶是由细胞产生后分泌到细胞外起作用的酶，如水解酶类。

（三）根据酶的组成成分分类

酶根据组成成分，可分单纯酶和结合酶两类。

（1）单纯酶只有蛋白质，没有其他成分。水解酶一般属于单纯酶，这些酶的活性仅仅取决于它们蛋白质的结构，例如脲酶、蛋白酶、淀粉酶、酯酶、核糖核酸酶等。

（2）结合酶又称复合酶，包括蛋白质部分（酶蛋白）和非蛋白质部分两部分，非蛋白部分即酶的辅助因子，两者结合称全酶。酶蛋白和辅助因子单独存在均无催化活性，只有两者结合为全酶才有催化活性。酶蛋白决定酶的专一性，辅助因子起转运电子、原子或某些功能基团的作用。

酶的辅助因子包括金属离子和小分子有机化合物。辅助因子分辅酶和辅基两大类。辅酶与酶蛋白以非共价键形式结合，结合疏松，可以用透析或超滤方法除去；辅基与酶蛋白以共价键形式结合，结合紧密，用透析或超滤方法不易除去。

四、酶的命名

（一）习惯命名法

1961 年以前使用的酶的名称都是习惯沿用的，称为习惯名，主要依据以下几点原则。
（1）根据被作用的底物命名；
（2）根据催化反应的性质命名；
（3）将酶的作用底物和催化反应的性质结合起来命名；
（4）将酶的来源与作用底物结合起来命名；
（5）将酶作用的最适 pH 值和作用底物结合起来命名。

习惯命名比较简单，应用历史较长，尽管缺乏系统性，但现在还被人们使用。

（二）系统命名法

为适应酶学发展需要，国际酶学委员会于 1961 年提出了酶的系统命名法，规定各种酶的名称需明确标示酶的底物与酶促反应的类型，若一种酶催化两个及以上底物，则用"："将之分开，若底物之一是水，可将水略去不写。如谷丙转氨酶的系统命名为丙氨酸：α- 酮戊二酸氨基转移酶。系统命名法严谨规范，在正式发表的文章中需指出所研究酶的系统名称及分类编号。但由于该法较为烦琐，因此日常工作中仍多使用习惯命名法。

知识任务二　酶的作用机制

问题引导：
1. 酶的作用机制有哪些学说？
2. 影响酶促反应速率的因素有哪些？
3. 如何对酶进行分离纯化与活力测定？

一、酶的中间产物学说及诱导契合学说

（一）酶的中间产物学说

任何化学反应只有当反应物分子超过一定的能阈，成为活化状态后，才能发生变化，形

科技前沿

"在线酶解"助力水产养殖绿色低碳高质量发展

★人民网北京 2024 年 3 月 28 日电（方经纶）据中国农业科学院官网消息，近日，中国农业科学院饲料研究所饲料加工与质量安全创新团队系统总结了蛋白酶在水产养殖中的应用研究进展，提出了该领域未来需要关注的重点研究方向及"在线酶解"新方案。通过在工厂内加装在线酶解反应器实现酶解后原料直接用于饲料生产，避免了饲料加工过程对蛋白酶的破坏，且无须烘干、包装、运输等过程，使生产成本大大降低。同时还解决了酶解后高黏度物料粘连、出仓困难和污染管路等问题，实现原料酶解与饲料加工过程同步进行，为蛋白酶在水产养殖中的高效合理应用提供了新思路。

微课视频
酶的作用机理

教学课件
酶的作用机制

成产物。这种使低能分子达到活化状态的能量称为活化能。酶与催化剂的催化作用主要是降低反应所需活化能，以至相同的能量能使更多的分子活化，从而加速反应的进行。

酶的中间产物学说能较好地解释酶为什么能降低反应的活化能。该学说认为，当酶催化某一化学反应时，酶（E）与底物（S）结合生成不稳定的中间物（ES），再分解成产物（P）并释放出酶，通过该过程使反应沿一个低活化能的途径进行，降低反应所需活化能，所以能加快反应速度。

该反应可用下式表示：

$$E + S \rightleftharpoons ES \rightleftharpoons E + P$$

目前已制成溶菌酶与底物形成复合物的结晶，并得到了 X 射线衍射图，证明了 ES 复合物的存在。

（二）酶的诱导契合学说

对酶与底物结合方式的解释，首先是费歇尔提出的锁钥学说。他用锁和钥匙来比喻酶与底物的关系，但这种说法是不全面的。例如，酶既能与底物结合，也能与产物结合，酶可催化其逆反应。于是，又产生了诱导契合学说。该学说认为，当酶分子与底物接近时，酶蛋白受底物分子的诱导，发生有利于结合底物的构象变化；同时，底物构象也发生改变，酶与底物互补契合，进行反应（图 6-1）。诱导契合学说解释了酶的专一性机理。并且近年来 X 射线晶体结构分析的试验结果支持了这一学说，证明酶是一种具有高度柔性、构象动态变化的分子，酶与底物结合时确有显著的构象变化。

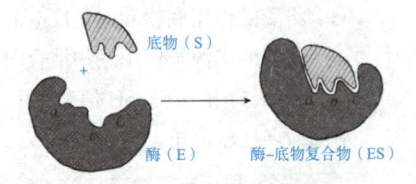

图 6-1　酶的构象变化示意

二、酶的活性中心

酶活性中心或活性部位是指与底物直接结合并使之转变为产物的特定区域。酶是大分子，其分子量一般在 1 万以上，由数百个氨基酸组成。而酶的底物一般很小，所以直接与底物接触并起催化作用的只是酶分子中的一小部分。有些酶的底物虽然较大，但与酶接触的也只是一个很小的区域。因此，人们认为，酶分子中有一个活性中心，它是酶分子的一小部分，是酶分子中与底物结合并催化反应的场所（图 6-2）。

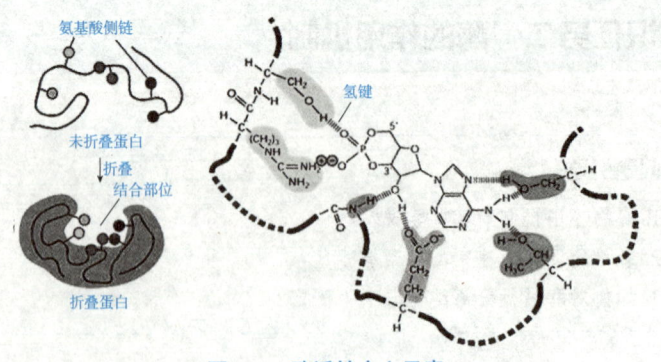

图 6-2　酶活性中心示意

拓展知识

★一般单体酶只有一个活性中心，但有些多功能酶具有多个活性中心。如大肠杆菌 DNA 聚合酶 I 是一条 109KD 的肽链，既有聚合酶活性，又有外切酶活性。

对于不需要辅助因子的酶来说，活性中心通常是一级结构上相距甚远，通过肽链的折叠、盘绕而在三维结构上比较靠近的少数几个氨基酸残基或这些残基上某些基团；对于需要辅助因子的酶来说，辅助因子或辅助因子上的一部分结构往往就是活性中心的组成部分。活性中心不是一个点或面，而是一个小的空间。

酶活性中心通常有两个功能部位：一个是结合部位，负责识别并结合特定的底物，此部位决定酶的底物专一性；另一个是催化部位，负责促使底物发生化学变化，此部位决定酶的催化效率。底物通过各类次级键与活性中心结合。

三、酶原的激活

有些酶，特别是一些与消化作用有关的酶（如胃蛋白酶、胰蛋白酶、胰糜蛋白酶、羧基肽酶、弹性蛋白酶、凝血酶等），在最初合成和分泌时没有催化活性，这种没有催化活性的酶的前体称为酶原。酶原在一定的条件下，经过一定的加工剪切，构象发生变化，形成酶的活性部位，使酶原转变为有活性的酶的过程，称为酶原的激活。酶原的激活实质上是酶活性部位形成或暴露的过程，这种过程是不可逆的，是生物体的一种调控机制。如由胰腺分泌的几种蛋白酶原，必须在肠道内经过激活之后才能水解蛋白质，这样保护了胰腺细胞不受蛋白酶的破坏，否则将会引起产生剧痛而又危及生命的急性胰腺炎。

> **生化与健康**
> ★急性胰腺炎是由胰酶异常激活导致的胰腺组织自身消化疾病，并可能引发其他器官功能障碍。通常发生于成年人，年发病率为5/10万～30/10万，大量饮酒、暴饮暴食通常是急性胰腺炎的主要诱因。

四、酶促反应动力学

酶促反应动力学是研究酶促反应速率的规律及各种理化因素对酶促反应速率影响的科学。这些因素主要包括酶浓度、底物浓度、pH值、温度、激活剂和抑制剂等。酶促反应动力学对基础理论和生产实践都具有重要意义。

（一）酶促反应速率的测定

酶促反应的快慢可以用酶促反应速率来衡量，而酶促反应速率用单位时间内底物的减少量或产物的生成量来表示。

酶促反应开始不久，产物的生成量与时间接近成正比。随着反应的进行，反应物逐渐消耗，分子碰撞的机会也逐渐变小，产物的抑制作用及时间延长也会影响酶活力，反应速率也随之减慢，此时，酶促反应产物的生成量不再与时间成正比（图6-3）。因此，在实际工作中，如需测定酶促反应速度，最好选择在初始底物被消耗5%以内时测定产物的生成量，即反应的初速度。

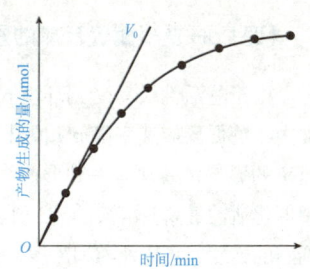

图6-3 酶促反应的速率曲线

（二）酶浓度对酶促反应的影响

所有的酶促反应，在一定的温度和pH值条件下，当有足够底物时，酶浓度与反应速度成正比关系（图6-4）。

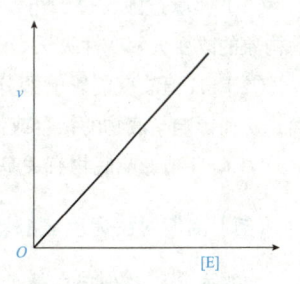

图6-4 酶浓度对反应速度的影响

（三）底物浓度对酶促反应的影响

底物浓度对酶促反应速度的影响是非线性的。在底物浓度较低时，反应速率随底物浓度的增加而急剧上升，两者成正比关系；随着底物浓度的增加，反应速率不再与底物浓度成正比关系；如果继续加大底物浓度，达到底物与酶的完全结合，反应速率不再增大，此时酶已被底物所饱和，无论底物浓度增加到多少，反应速率也不再增大。底物浓度对酶促反应速率的影响关系可用米氏方程来表示：

$$v = \frac{v_{max} \cdot [S]}{K_m + [S]}$$

式中　v——酶促反应速率；

v_{max}——最大反应速率；

K_m——米氏常数；

$[S]$——底物浓度。

当酶促反应速率 $v=1/2\ v_{max}$ 时，米氏常数 $K_m=[S]$。因此，米氏常数 K_m 等于酶促反应速率达最大值一半时的底物浓度，单位是 mol/L。

米氏常数 K_m 可以反映酶与底物亲和力的大小。米氏常数越小，酶与底物的亲和力越大。米氏常数也可用于判断反应级数。当底物浓度较低时，酶促反应速率 v 与底物浓度 $[S]$ 成正比，为一级反应。当底物浓度继续增加时，反应速率不再与底物浓度成正比而升高，为混合级反应。当底物浓度很高时，酶促反应速率 v 逐渐趋近极限值最大反应速率 v_{max}，为零级反应。

米氏常数 K_m 是酶的特征性常数。在一定条件下，某种酶的米氏常数 K_m 值是恒定的，因而可以通过测定不同酶（特别是一组同工酶）的米氏常数值，来判断是否为不同的酶。

米氏常数 K_m 可用来判断酶的最适底物。当酶有几种不同的底物存在时，测定酶在不同底物存在时的米氏常数值，米氏常数值最小者，即为该酶的最适底物。

米氏常数 K_m 可用来确定酶活性测定时所需的底物浓度。当底物浓度 $[S]=10K_m$ 时，$v=91\%\ v_{max}$，此时即为最合适的测定酶活性所需的底物浓度。

最大反应速率 v_{max} 可用于计算酶的转换数。当酶的总浓度和最大速度已知时，可计算出酶的转换数，即单位时间内每个酶分子催化底物转变为产物的分子数。

拓展知识
★ 同工酶是指催化相同的化学反应，但其蛋白质分子结构、理化性质和免疫性能等方面都存在明显差异的一组酶。

（四）pH值对酶促反应的影响

由于酶活性极易受到环境 pH 值的影响，因此，酶只在一定 pH 值范围内有活性。在此范围内，酶促反应速率随 pH 值升高而增加，直到最大，然后开始降低。观察 pH 值对酶促反应速率的影响，通常为一钟形曲线（图6-5），即 pH 值过高或过低均可导致酶催化活性的下降。酶催化活性最高时溶液的 pH 值就称为酶的最适 pH 值。酶的最适 pH 值不是固定的常数，它受到酶的纯度、底物种类和浓度、缓冲液种类和浓度等影响。

pH 值影响酶活力的原因如下：

（1）环境过酸、过碱可使酶的空间结构被破坏，引起酶构象的改变，酶变性失活。

（2）pH 值改变能影响酶分子活性部位上有关基团的解离，从而影响与底物的结合或催化。

（3）pH 值影响底物有关基团的解离。

拓展知识
★ 唾液淀粉酶最适 pH 值为中性，低于 4.5 会失去活性。
胃蛋白酶最适 pH 值为 1.8～3.5，当 pH 值超过 5.0 时，胃蛋白酶便会完全失活。
小肠中多种消化酶最适 pH 值为 7～8，胰淀粉酶最适 pH 值为 6.7～7.0，胰脂肪酶最适 pH 值为 7.5～8.5。

图 6-5　pH 对酶促反应的影响

（五）温度对酶促反应的影响

一般来说，酶促反应速度率随温度的增高而加快。但当温度增加达到某一点后，由于酶蛋白的热变性作用，反应速率迅速下降，直到完全失活。酶促反应速率随温度升高而达到一最大值时的温度就称为酶的最适温度（图6-6）。产生这种现象的原因是温度的两种不同影响：当温度升高时，反应速率增加，这与一般化学反应相同；但当温度过高时，由于酶是蛋白质或 RNA，易受热逐步变性，有活性的酶逐渐减少，使酶促反应速率反而随温度上升而降低。酶促反应最适温度实际上是上述两方面综合作用的结果。

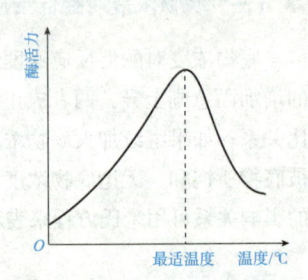

拓展知识
★ 人体内的酶最适温度通常为 36～37℃，这个温度范围被认为是人类体温的正常范围，因此酶的最适活性也在这个温度范围内。

图 6-6　温度对酶促反应的影响

（六）激活剂对酶促反应的影响

凡能提高酶活力的物质都称为该酶的激活剂。如 Cl 是唾液淀粉酶的激活剂。激活剂可分为无机离子、小分子有机物和生物大分子 3 类。无机离子大多为金属离子，如 K^+、Na^+、Ca^{2+}、Mg^{2+}、Zn^{2+}、Fe^{2+} 等，少数为阴离子，如 Cl^-、Br^-、I^-、CN^-、PO_4^{3-} 等，这些离子的存在能起到维持酶分子的构象和使活性中心稳定的作用，从而提高酶活性。小分子有机物有胆汁酸盐半胱氨酸、还原型谷胱甘肽、抗坏血酸等，它们能使酶分子中二硫键还原成有活性的巯基，从而提高酶活性。生物大分子有蛋白激酶，激活酶原的蛋白酶，这些酶可以激活其他酶。

激活剂的作用是相对的，一种酶的激活剂对另外一种酶而言很可能起抑制作用；有些离子激活剂之间可以相互替代，而有些之间产生拮抗作用；有些离子在浓度低时起激活作用，浓度高时则起抑制作用。

（七）抑制剂对酶促反应的影响

使酶的必需基团或活性部位中的基团的化学性质改变而降低酶活力，甚至使酶丧失活性的物质，称为抑制剂。由抑制剂所引起的酶活力降低或丧失称为抑制作用。凡可使酶蛋白变性而引起酶活力丧失的作用称为失活作用。按照抑制剂与酶作用的方式，抑制作用可分为不可逆抑制作用和可逆抑制作用两类。

1. 不可逆抑制作用

不可逆抑制作用指抑制剂与酶活性中心必需基团以共价键结合，引起酶活性丧失。不能用透析、超滤或凝胶过滤等物理方法解除抑制。酶的不可逆抑制作用又可分为专一性抑制和非专一性抑制。

（1）专一性抑制剂选择性很强，它只能专一性地与酶活性中心的某些基团不可逆结合，引起酶的活性丧失，如有机磷杀虫剂等。

（2）非专一性抑制剂作用于酶分子中的一类或几类基团，这些基团中包含了必需基团，因而引起酶失活，如路易斯气对巯基酶的抑制。

2. 可逆抑制作用

可逆抑制剂以非共价键与酶分子可逆性结合造成酶活性的抑制，且可采用透析等简单方法去除抑制剂而使酶活性完全恢复。根据可逆抑制剂、底物和酶三者的关系，可逆抑制作用可分为竞争性抑制作用、非竞争性抑制作用、反竞争性抑制作用 3 种类型。

（1）竞争性抑制剂结构与底物相似，与底物竞争酶的同一活性中心，并与酶形成可逆的复合物 EI，从而干扰了酶与底物的结合，使酶的催化活性降低（图 6-7）。可通过提高底物浓度来减弱这种抑制。

（2）非竞争性抑制剂的结构与底物的结构不相似，两者没有竞争，只是底物与抑制剂同时在酶的不同部位与酶结合，生成酶、底物、抑制剂三者复合物 ESI，由于该复合物不能生成产物，从而使酶催化活性受到抑制（图 6-8）。非竞争性抑制剂与酶活性中心以外的基团结合，大部分与巯基结合，破坏酶的构象，如一些含金属离子（铜、汞、银等）的化合物。

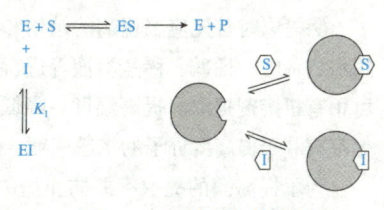

图 6-7 酶的竞争性抑制

（3）反竞争性抑制剂不与酶直接结合，而是与酶和底物结合形成的 ES 复合物结合，形成 ESI 复合物，此复合物不能转变为产物。底物与酶的结合改变了酶的构象，使其更易结合

生化与健康

★ 有机磷农药的基本化学结构是分子中含有有机磷，属不可逆性胆碱酯酶抑制剂。有机磷中毒的主要机制：有机磷与人体神经系统的胆碱酯酶（ChE）结合成磷酰化 ChE（中毒酶），使 ChE 丧失正常水解乙酰胆碱（ACh）的功能，导致胆碱能神经递质 ACh 大量积聚，作用于有关器官的胆碱能受体（ChR），产生严重的胆碱能神经功能紊乱，表现为胆碱能危象的各种症状。有机磷中毒的患者可通过脱离有毒环境、清洗皮肤、催吐、使用特效解毒剂、血液净化等方式进行治疗。

抑制剂（图6-9）。由于这种情况与竞争性抑制作用相反，因此称为反竞争性抑制作用。

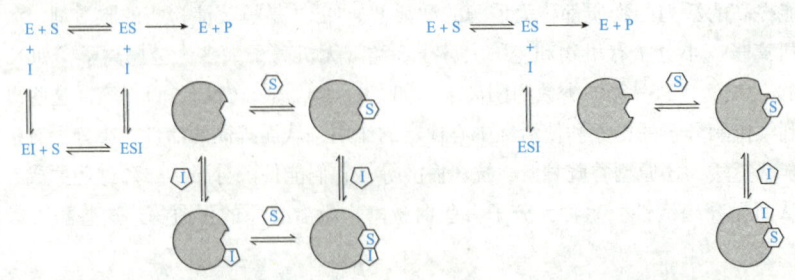

图 6-8　酶的非竞争性抑制　　　　图 6-9　酶的反竞争性抑制

五、酶的分离纯化与活力测定

（一）酶的分离纯化

酶的分离纯化工作是酶学研究的基础。酶的纯化过程有其本身独有的特点：一是酶一般取自生物细胞，而特定的一种酶在细胞中的含量很少；二是酶可以通过测定活力的方法加以跟踪。前者给纯化带来了困难，而后者能帮助我们迅速找出纯化过程的关键所在。

在工业上大多采用微生物发酵法来获得大量的酶制剂，然后通过盐析法、有机溶剂沉淀法、吸附法等方法进行分离纯化。

酶的分离纯化一般过程为原料选择、细胞破碎、酶的提取、酶的纯化、酶的保存。

1. 原料选择

提取某一种酶时，首先应当根据需要，选择含此酶最丰富的材料，如胰脏是提取胰蛋白酶、胰凝乳蛋白酶、淀粉酶和脂酶的好材料。但是由于从动物内脏或植物果实中提取酶制剂受到原料的限制，如不能综合利用，成本又很高。目前工业上大多采用培养微生物的方法来获得大量的酶制剂。

2. 细胞破碎

许多酶存在于细胞内，为了提取这些胞内酶，首先需要对细胞进行破碎处理。常用的方法有机械破碎、物理破碎、化学破碎、酶解破碎等。

3. 酶的提取

酶的提取是指在一定的条件下，用适当的溶剂或溶液处理含酶原料，使酶充分溶解到溶剂或溶液中的过程，也称为酶的抽提。

酶提取时首先应根据酶的结构和溶解性质，选择适当的溶剂。酶都能溶解于水，通常可用水或稀酸、稀碱、稀盐溶液等进行提取。有些酶与脂质结合或含有较多的非极性基团，则可用有机溶剂提取。提高温度、降低溶液黏度、增加扩散面积、缩短扩散距离、增大浓度差等都有利于提高酶分子的扩散速度，从而增大提取效果。

为了提高酶的提取率并防止酶的变性失活，在提取过程中还要注意控制好温度、pH值等提取条件。

4. 酶的纯化

酶的纯化方法有沉淀分离、离心分离、过滤与膜分离、层析分离、电泳分离、萃取分离等，其目的都是将酶从混合物中分离出来。

> **拓展知识**
> ★同一微生物因培养条件不同可产生多种蛋白酶。芽孢杆菌大多数是好气性不产毒素和非致病性的，培养容易，广泛用于中性和碱性蛋白酶的生产。米曲霉可生产中性、碱性和酸性蛋白酶；黑曲霉、根霉只生产酸性蛋白酶；而栖土曲霉生产中性和碱性蛋白酶；栗疫霉、毛霉生产凝乳型的酶。

5. 酶的保存

酶应低温干燥保存。

（二）酶的活力和活力单位

检测酶含量及存在，很难直接用酶的"量"（质量、体积、浓度）来表示，而常用酶催化某一特定反应的能力来表示酶量，即用酶的活力表示。酶活力通常以最适条件下酶所催化的化学反应的速度来衡量。酶促反应的速度越快，表示酶的活力越高。

酶活力的大小用酶活力单位来表示，常用的酶活力单位有 IU、催量单位及自定义的活力单位 3 种。

（1）IU 是由国际酶学委员会 1961 年规定的，在标准条件（25 ℃、最适 pH 值、最适底物浓度）下，酶在 1 min 内转化 1 μmol 底物所需的酶量叫作 1 个酶的活力单位（IU）。

（2）催量单位（Katal）是 1972 年由国际酶学委员会规定的一种新单位，在最适条件下，酶在 1 s 内转化 1 mol 底物所需的酶量叫作 1 个酶的活力单位（1 个 Kat）。Kat 与 IU 的换算：

$$1 \text{ Kat} = 60 \times 10^6 \text{ IU} \quad 1 \text{ IU} = 16.67 \times 10^{-9} \text{ Kat}$$

（3）习惯上在测定时把酶使用的反应速度的单位定义为酶的活力单位。有的甚至直接用测得的物理量，如以单位时间内消光值的变化（DA/t）表示酶活力单位。这种方法简单方便，省去了许多计算，但只能进行酶活力的相对比较。

酶的比活力指每毫克酶蛋白所含的酶活力单位数，计算公式如下：

$$比活力 = \frac{酶活力单位数（U）}{酶蛋白质量（mg）}$$

比活力是酶制剂纯度的一个常用指标。对同一种酶来讲，比活力越高则表示酶的纯度越高，含杂质越少。

（三）酶活力的测定方式

酶活力的测定方法有分光光度法、荧光法、同位素法、电化学法等。一般需要先在一定条件下，让酶与底物反应一段时间，再测定反应液中底物的消耗量或产物的生成量。测定酶活力时应测反应初速度。酶的反应速度一般用单位时间内产物的增加量来表示。测酶活力时应使 [S]>>[E]，反应温度、pH 值、离子强度和底物浓度等因素保持恒定。

知识任务三　酶与食品加工

问题引导：
1. 食品加工中应用较多的酶类有哪些？
2. 食品中的重要酶类有哪些特性？
3. 酶在食品加工中有哪些应用？

微课视频
酶与食品加工

一、食品中的重要酶类

根据 1961 年国际酶学委员会（IEC）的分类法，酶通常分为氧化还原酶类、转移酶类、水解酶类、裂解酶类、异构酶类、合成酶类六大类。其中在食品加工中应用较多的是水解酶类和氧化还原酶类。

（一）食品加工中应用较多的水解酶类

水解酶类可催化加水分解作用。食品加工中应用较多水解酶类有淀粉酶、纤维素酶、果胶酶、蛋白酶等。

1. 淀粉酶

淀粉酶是能催化淀粉水解的酶。因水解淀粉的方式不同，淀粉酶可分为 α-淀粉酶、β-淀粉酶、葡萄糖淀粉酶和脱支酶 4 类。

（1）α-淀粉酶广泛存在于动物、植物和微生物中，在发芽的种子、人的唾液、动物的胰脏内含量甚多。现在工业上已经能利用枯草杆菌、米曲霉、黑曲霉等微生物制备高纯度的 α-淀粉酶。α-淀粉酶是一种内切酶，随机水解 α-1,4 糖苷键，不能水解 α-1,6 糖苷键。水解直链淀粉时迅速使其降解成低聚糖，然后把低聚糖分解成终产物麦芽糖和葡萄糖；水解支链淀粉时终产物是葡萄糖、麦芽糖和一系列含有 α-1,6 糖苷键的极限糊精或异麦芽糖。由于 α-淀粉酶能快速地降低淀粉溶液的黏度，使其流动性加强，故又称为液化酶。

（2）β-淀粉酶主要存在于高等植物的种子中，大麦芽内尤为丰富。少数细菌和霉菌中也含有此种酶，但哺乳动物中尚未发现。β-淀粉酶的热稳定性普遍低于 α-淀粉酶，但比较耐酸。β-淀粉酶是一种外切酶，它只能水解淀粉分子中的 α-1,4 糖苷键，不能水解 α-1,6 糖苷键。β-淀粉酶作用的终产物是 β-麦芽糖和分解不完全的极限糊精。

（3）葡萄糖淀粉酶主要由微生物的根霉、曲霉等产生。最适 pH 值为 4～5，最适温度在 50～60 ℃范围。工业上用葡萄糖淀粉酶来生产葡萄糖，所以也称此酶为糖化酶。葡萄糖淀粉酶是一种外切酶，能水解淀粉分子中的 α-1,4 糖苷键、α-1,6 糖苷键和 α-1,3 糖苷键，但对后两种键的水解速度较慢。葡萄糖淀粉酶作用于淀粉的终产物是葡萄糖。

（4）脱支酶在许多动植物和微生物中都有分布，是水解淀粉和糖原分子中 α-1,6 糖苷键的一类酶，又可分为普鲁兰酶和异淀粉酶两类。

2. 纤维素酶

纤维素酶（β-1,4-葡聚糖-4-葡聚糖水解酶）是降解纤维素生成葡萄糖的一组酶的总称，它不是单体酶，而是起协同作用的多组分酶系，是一种复合酶。纤维素酶主要由外切 β-葡聚糖酶、内切 β-葡聚糖酶和 β-葡萄糖苷酶等组成，还有很高活力的木聚糖酶。

纤维素酶的活力因作用的底物不同而有很大的差异。纤维素酶对纤维素中无定形区有选择性定位吸附与水解作用，对纤维素的结晶区却极少发生直接的酶促水解作用，而是由内切酶和外切酶协同作用，逐步降低纤维素分子的结晶度，进而发生水解反应。

3. 果胶酶

果胶酶是能水解果胶类物质的一类酶的总称，主要存在于高等植物和微生物中。根据其作用底物的不同，果胶酶可分为果胶酯酶、聚半乳糖醛酸酶、果胶裂解酶 3 类。

（1）果胶酯酶催化果胶脱去甲酯基生成聚半乳糖醛酸链和甲醇的反应。不同来源的果胶酯酶的最适 pH 值不同，对热的稳定性也有差异。在一些果蔬的加工中，若果胶酯酶在环境因素下被激活，将导致大量的果胶脱去甲酯基，影响果蔬的质构并生成对人体有毒害作用的甲醇。在果酒的酿造中，果胶酯酶的作用可能会引起酒中甲醇的含量超标，可先对水果进行预热处理，使果胶酯酶失活。

（2）聚半乳糖醛酸酶是降解果胶酸的酶，根据对底物作用方式的不同可分为聚半乳糖醛酸内切酶和聚半乳糖醛酸外切酶。聚半乳糖醛酸内切酶随机地水解果胶酸（聚半乳糖醛酸）的苷键，多存在于高等植物、霉菌、细菌和一些酵母中。聚半乳糖醛酸外切酶从果胶酸链的末端开始逐个切断苷键，多存在于高等植物和霉菌中，在某些细菌和昆虫中也有发现。

（3）果胶裂解酶是内切聚半乳糖醛酸裂解酶、外切聚半乳糖醛酸裂解酶和内切聚甲基半乳糖醛酸裂解酶的总称，主要存在于霉菌中，在植物中不存在。果胶酶在食品工业中具有很重要的作用，尤其果汁的提取和澄清中应用最广，在提取植物蛋白时，也常使用果胶酶处理原料，以提高蛋白质的得率。目前果胶酶在食品加工及储藏中的应用越来越广泛。

拓展知识
在多种工业环节中应用的酶及用途

4. 蛋白酶

蛋白酶从动物、植物和微生物中都可以提取得到，也是食品工业中重要的一类酶。生物体内蛋白酶种类很多，以来源分类，可将其分为动物蛋白酶、植物蛋白酶和微生物蛋白酶3大类。

（1）在人和哺乳动物的消化道中存在有多种动物蛋白酶。如胃黏膜细胞分泌的胃蛋白酶，可将各种水溶性蛋白质分解成多肽；胰腺分泌的胰蛋白酶、胰凝乳蛋白酶等，可将多肽链水解成寡肽和氨基酸；小肠黏膜能分泌氨肽酶、羧肽酶和二肽酶等，将小分子肽分解成氨基酸。人体摄取的蛋白质就是在消化道中这些酶的综合作用下被消化吸收的。胃蛋白酶、胰蛋白酶、胰凝乳蛋白酶等都是先以无活性前体的酶原形式存在，在消化道经激活后才具有活性。

（2）植物蛋白酶在植物中存在比较广泛。常见的植物蛋白酶有木瓜蛋白酶、无花果蛋白酶和菠萝蛋白酶，目前已被大量应用于食品工业。这3种酶都属巯基蛋白酶，也都为内肽酶，对底物的特异性都较宽。

拓展知识
嫩化肉所需不同蛋白酶酶量比较

（3）细菌、酵母菌、霉菌等微生物中都含有多种微生物蛋白酶，是生产蛋白酶制剂的重要来源。生产用于食品和药物的微生物蛋白酶的菌种主要是枯草杆菌、黑曲霉和米曲霉3种。随着酶科学和食品科学研究的深入发展，微生物蛋白酶在食品工业中的用途将越来越广泛。

5. 脂肪酶

脂肪酶存在于含有脂肪的组织中，一些霉菌、细菌等微生物也能分泌脂肪酶。脂肪酶能催化脂肪水解成甘油和脂肪酸，但是对水解甘油酰三酯的酯键位置具有特异性，首先水解1，3位酯键生成甘油酰单酯后，再将第二位酯键在非酶异构后转移到第一位或第三位，然后经脂肪酶作用完全水解成甘油和脂肪酸。脂肪酶只作用于油水界面的脂肪分子，增加油水界面能提高脂肪酶的活力，因此，可在脂肪中加入乳化剂以提高脂肪酶的催化能力。

脂肪酶最适pH值及最适温度因来源、作用底物等条件不同而有差异。盐对脂肪酶的活性也有一定影响，对脂肪具有乳化作用的胆酸盐能提高酶活力，重金属盐一般具有抑制脂肪酶的作用，Ca^{2+}能活化脂肪酶并可提高其热稳定性。

拓展知识
★ 红茶发酵是红茶制造过程中的重要环节，对红茶的品质有着至关重要的影响。红茶发酵实际上是一系列以多酚类化合物酶促氧化为主体的化学变化过程。在这个过程中，茶叶中的茶多酚、叶绿素等元素开始发生氧化分解，茶黄素、茶红素等元素逐渐增多，形成了红茶的品质特征及香型。

（二）食品加工中应用较多的氧化还原酶类

氧化还原酶类可催化底物进行氧化还原反应。食品加工中应用较多的氧化还原酶类有多酚氧化酶、过氧化物酶、脂氧合酶、葡萄糖氧化酶、溶菌酶等。

1. 多酚氧化酶

多酚氧化酶广泛存在于各种植物和微生物中。在大多数植物中多酚氧化酶主要存在于叶绿体和线粒体中，少数植物绝大多数的细胞结构中有分布。多酚氧化酶的最适pH值一般为4～7，最适温度一般为20～35℃，随酶的来源不同或底物不同而略有差别。多酚氧化酶是一种含铜的酶，主要在有氧的情况下催化酚类底物反应形成类黑色素物质，严重影响食品特别是果蔬加工产品的感官质量。

· 129 ·

2. 过氧化物酶

所有高等植物中都存在过氧化物酶，通常含有一个血红素作为辅基，催化以下反应：

$$ROOH + AH_2 \longrightarrow H_2O + ROH + A$$

当 ROOH 被还原时，AH_2 即被氧化。AH_2 可以是抗坏血酸盐、酚、胺类或其他还原性强的有机物。这些还原剂被氧化后大多能产生颜色，因此可以用比色法来测定过氧化物酶的活性。过氧化物酶耐热性较强，因此可作为食品加工过程中热烫处理是否充分的指示酶。

3. 脂氧合酶

脂氧合酶广泛存在于植物中，在各种植物的种子（尤其是豆科植物的种子）中含量丰富，大豆中脂氧合酶的含量最高。

脂氧合酶对底物具有高度的特异性，它作用的底物脂肪，在其脂肪酸残基上必须含有一个顺，顺-1,4-戊二烯单位（—CH=CH—CH$_2$—CH=CH—）。4种必需脂肪酸都含有这种单位，所以必需脂肪酸都能被脂氧合酶所利用，特别是亚麻酸更是脂氧合酶的良好底物。脂氧合酶对食品质量的影响较复杂，在某些条件下可提高某些食品的质量，例如，存在于番茄、豌豆、香蕉、黄瓜等果蔬中的脂氧合酶为这些果蔬的良好风味也发挥了作用。但很多情况下，脂氧合酶又会损害一些食品的质量，例如脂氧合酶直接或间接地影响肉类的酸败、破坏食品中部分维生素、减少食品中不饱和脂肪酸的含量、使高蛋白食品产生不良风味等。

4. 葡萄糖氧化酶

葡萄糖氧化酶是一种需氧脱氢酶，在有氧条件下能催化葡萄糖的氧化。葡萄糖氧化酶最初从黑曲霉和灰绿曲霉中发现，米曲霉、青霉等多种霉菌都能产生葡萄糖氧化酶。高等动植物中目前尚未发现。利用葡萄糖氧化酶可以除去葡萄糖或氧气。

5. 溶菌酶

溶菌酶是一种能水解致病菌中黏多糖的碱性酶，又称为胞壁质酶或 N-乙酰胞壁质聚糖水解酶。溶菌酶主要通过破坏细胞壁中的 N-乙酰胞壁酸和 N-乙酰氨基葡糖之间的 β-1,4 糖苷键，使细胞壁不溶性黏多糖分解成可溶性糖肽，导致细胞壁破裂、内容物逸出而使细菌溶解。溶菌酶还可与带负电荷的病毒蛋白直接结合，与 DNA、RNA、脱辅基蛋白形成复盐，使病毒失活。溶菌酶可用于低酸性食品防腐，与植酸、聚合磷酸盐、甘氨酸等配合使用效果更佳。

二、酶在食品加工中的应用

（一）淀粉酶在食品加工中的应用

淀粉酶制剂是最早实现工业化生产和产量最大的酶制剂品种，占整个酶制剂总产量的50%以上。淀粉酶在食品工业上应用很广泛，如用于酿酒、味精等发酵工业中水解淀粉；在面包制造中为酵母提供发酵糖，改进面包的质构；用于啤酒除去其中的淀粉浑浊；利用葡萄糖淀粉酶可直接将低黏度麦芽糊精转化成葡萄糖，然后用葡萄糖异构酶将其转变成果糖，提高甜度等。目前商品淀粉酶制剂最重要的应用是用淀粉制备麦芽糊精、淀粉糖浆和果葡糖浆等。

（二）纤维素酶在食品加工中的应用

微生物纤维素酶在转化不溶性纤维素成葡萄糖及在果蔬汁中破坏细胞壁从而提高果汁得率等方面具有非常重要的意义。

在酒类生产中，纤维素酶可将原料中部分纤维素分解成葡萄糖供酵母使用，同时纤维素酶对植物细胞壁的分解，有利于淀粉的释放和被利用。因此，在酒类生产中使用纤维素酶可

拓展知识

★ 过氧化物酶在医学上也可作为工具酶，用于检验尿糖和血糖。

拓展知识

★ 脂氧合酶能催化含有顺，顺-1,4-戊二烯结构的多不饱和脂肪酸的加合氧分子反应，生成的初期产物具有共轭二烯结构，产物中的共轭双键在波长 234 nm 处有特征吸收。因此，利用分光光度计法可以测定脂氧合酶活性大小。

文化自信

我国古代人民对酶的应用

显著提高出酒率和原料的利用率。

果品和蔬菜加工过程中如果采用纤维素酶适当处理，可使植物组织软化膨松，能提高可消化性和口感。

在纤维废渣的回收利用过程中，可应用纤维素酶或微生物把农副产品和城市废料中的纤维转化成葡萄糖、酒精和单细胞蛋白等，这对于开辟食品工业原料来源、提供新能源和变废为宝具有十分重要的意义。

利用纤维素酶和半纤维素酶，可先将纤维素和半纤维素降解成可发酵糖，进而通过发酵制取酒精、单细胞蛋白、有机酸、甘油、丙酮及其他重要的化学化工原料。

此外，纤维素、半纤维素通过纤维素酶的限制性降解还可制备成功能性食品添加剂，如微晶纤维素、膳食纤维和功能性低聚糖等。

（三）果胶酶在食品加工中的应用

果胶酶在果汁的提取和澄清中应用广泛，如在苹果汁的提取中，应用果胶酶处理方法生产的汁液具有澄清和淡棕色外观；经果胶酶处理生产葡萄汁感官质量好且出汁率高。在提取植物蛋白时，常使用果胶酶处理原料，以提高蛋白质的得率。

但有些时候需使果胶酶失活，例如，生产柑橘汁时，若柑橘汁中果胶酶不失活，会导致柑橘汁中的果胶分解，橘汁沉淀、分层。因此，柑橘汁加工时必须先经热处理，使果胶酶失活。在水果罐头加工中将切开的果块先经热烫，钝化果胶酶以防止果肉在罐藏中过度软化。

（四）蛋白酶在食品加工中的应用

动物蛋白酶由于来源少，价格高，所以在食品工业中的应用不是很广泛。

植物蛋白酶常用于肉的嫩化和啤酒的澄清，还可用于医药上做助消化剂。细菌、酵母菌、霉菌等微生物中都含有多种蛋白酶，是生产蛋白酶制剂的重要来源。

微生物蛋白酶在食品工业中的用途已越来越广泛，如微生物蛋白酶代替价格较高的木瓜蛋白酶应用于肉类的嫩化，应用于啤酒制造以节约麦芽用量，制造水解蛋白胨用于医药，以及制造酵母浸膏、牛肉膏等。细菌性蛋白酶还可用于日化工业，添加到洗涤剂中，以增强去污效果。

（五）过氧化氢酶在食品加工中的应用

过氧化氢酶可消除食品中过多的过氧化氢。例如用过氧化氢进行巴氏杀菌的牛乳，消毒完毕后残留的过多过氧化氢可用过氧化氢酶消除。

（六）葡萄糖氧化酶在食品加工中的应用

葡萄糖氧化酶在食品加工业中，可用于蛋品生产中除去葡萄糖以防止美拉德反应、减少土豆片中的葡萄糖使油炸土豆片产生金黄色泽、除去封闭包装系统中的氧气以抑制脂肪的氧化和天然色素的降解等。

科技前沿·食品酶研究走向智能高效

酶是一个十分庞大的家族，全球已报道发现的酶的种类有 3 000 多种。随着现代生物化工技术的发展和进步，以及人们对基因工程、细胞工程的研究不断深入，酶的工业

行业快讯

全国木瓜蛋白酶行业 2023 年市场规模为 39.05 亿元

★ 2023 年，全球木瓜蛋白酶市场容量达 148.2 亿元，同年中国木瓜蛋白酶市场容量达 39.05 亿元。报告预测至 2029 年，全球木瓜蛋白酶市场规模将会达到 194.54 亿元，预测期间内将以 4.27% 的年均复合增长率增长。同时报告中也给出了中国木瓜蛋白酶市场进出口金额及不同细分领域发展情况等分析。

自立自强
从"0"到"1"
看国产"生物酶"的诞生之路

化量产不断取得突破性进展。与此同时，酶工程技术也在食品工业、轻工业及医药工业等领域中发挥着重要作用。

近年来，随着计算机技术的快速发展，分子模拟和人工智能技术在食品酶研发中发挥了不同程度的作用。这些技术主要用于催化机理解析、高效酶分子理性设计及新酶挖掘3个方面。

利用分子模拟技术，科研人员可以更直观地观察到食品酶分子的三维构象，从而进一步加深对食品酶催化机制的了解，并指导食品酶分子的高效理性设计。例如，为了提高反应速率，工业生产中经常需要食品酶具有耐高温的特性。利用计算机模拟和大数据分析，寻找食品酶的活性位点和影响酶热稳定性的关键氨基酸残基，科研人员就可以进一步对其进行理性设计，从而获得耐高温的酶分子。同样的，还可获得耐碱性、耐酸性及催化效率提升的新型酶分子。

除了对已有食品酶进行改造，随着生物数据库的指数级增长，计算机模拟技术在筛选及挖掘新型食品酶分子方面同样具有竞争力。通过基因组数据分析，科研人员可以快速挖掘和发现有用的酶基因片段。

有了基因片段，还需要合成各种酶。这个过程可以依赖现有的人工智能技术，先预测酶蛋白的3D结构，而后进行精准设计，再通过酶工程手段结合高通量筛选平台对酶蛋白分子进行改造，最终实现新型食品酶的创制与开发，以适应各类食品加工行业的需求。

技能任务一　探究酶促反应的影响因素

问题引导：
1. 酶促反应的影响因素有哪些？
2. 酶的激活剂和抑制剂是如何发挥作用的？
3. 如何判断唾液淀粉酶受影响的程度？

任务工单
探究酶促反应的影响因素

一、任务导入

在酶促反应中，酶的催化活性与环境温度、pH值有密切关系，通常各种酶只有在一定的温度、pH值范围内才表现它的活性，一种酶表现其活性最高时的温度、pH值称为该酶的最适温度、最适pH值。

在酶促反应中，酶的激活剂和抑制剂可加速或抑制酶的活性，如氯化钠在低浓度时为唾液淀粉酶的激活剂，而硫酸铜是唾液淀粉酶的抑制剂。

二、任务描述

本试验利用淀粉水解过程中不同阶段的产物与碘有不同的颜色反应，定性观察唾液淀粉酶在酶促反应中各种因素对其活性的影响。

淀粉（遇碘呈蓝色）→紫色糊精（遇碘呈紫色）→红色糊精（遇碘呈红色）→无色糊精（遇碘不呈色）→麦芽糖（遇碘不呈色）→葡萄糖（遇碘不呈色）。所以淀粉被唾液淀粉酶水解的程度，可由水解混合物遇碘呈现的颜色来判断，以此反映淀粉酶的活性，由此检定温度、pH 值、激活剂、抑制剂对酶促反应的影响。

三、任务准备

各小组分别依据任务描述及试验原理，讨论后制定试验方案。

四、任务实施

（一）试验试剂

（1）新鲜唾液稀释液（唾液淀粉酶液）：每位同学进实验室自己制备，先用蒸馏水漱口，以清除食物残渣，再含一口蒸馏水，0.5 min 后使其流入量筒并稀释至 200 倍（稀释倍数可因人而异），混匀备用。

（2）1% 淀粉溶液 A（含 0.3% NaCl）：将 1 g 可溶性淀粉及 0.3 g 氯化钠混悬于 5 mL 蒸馏水中，搅动后，缓慢倒入沸腾的 60 mL 蒸馏水，搅动煮沸 1 min，冷却至室温，加水至 100 mL，置冰箱中保存。

（3）1% 淀粉溶液 B（不含 NaCl）。

（4）碘液：称取 2 g 碘化钾溶于 5 mL 蒸馏水中，再加入 1 g 碘，待碘完全溶解后，加蒸馏水 295 mL，混匀储于棕色瓶中。

（5）1% NaCl 溶液。

（6）1% $CuSO_4$ 溶液。

（7）缓冲溶液系统按表 6-1 混合配制。

表 6-1　缓冲溶液系统配制表

pH 值	0.2 mol/L 磷酸氢二钠溶液体积 /mL	0.1 mol/L 柠檬酸溶液体积 /mL
5.0	5.15	4.85
5.8	6.05	3.95
6.8	7.72	2.28
8.0	9.72	0.28

（二）试验器材

试管、试管架、恒温水浴、冰浴、吸量管（1 mL 6 支、2 mL 4 支、5 mL 4 支）、滴管、量筒、玻璃棒、白瓷板、秒表、烧杯、棕色瓶。

（三）操作步骤

1. 温度对酶促反应的影响

取 3 支试管编号，按表 6-2 进行操作。

> **温故知新**
> ★ 缓冲溶液指的是由弱酸及其盐、弱碱及其盐组成的混合溶液，能在一定程度上抵消、减轻外加强酸或强碱对溶液酸碱度的影响，从而保持溶液的 pH 值相对稳定。

表 6-2 温度对酶促反应的影响测试表

试管号	淀粉酶液体积 /mL	酶液处理温度 /℃, 5 min	pH=6.8 缓冲溶液体积 /mL	1% 淀粉溶液 A 体积 /mL	反应温度 /℃, 10 min	观察结果
1	1	0	2	1	0	
2	1	37～40	2	1	37～40	
3	1	70 左右	2	1	70 左右	

上述各管在不同的温度下保温反应 10 min 后，立即取出，流水冷却 3 min，向各管分别加入碘液 1 滴。仔细观察各试管溶液的颜色并记录，说明温度对酶活性的影响，确定最适温度。

技术提示
★ 加入酶液后，要充分摇匀，保证酶液与全部淀粉液接触反应，得到理想的颜色梯度变化。

2. pH 值对酶促反应的影响

取 1 支试管，加入 1% 淀粉溶液 A 2 mL、pH = 6.8 缓冲溶液 3 mL、淀粉酶液 2 mL，摇匀后，向试管内插入一支玻璃棒，置 37 ℃水浴保温。每隔 1 min 用玻璃棒从试管中取出 1 滴混合液于白瓷板上，随即加入碘液 1 滴，检查淀粉水解程度。待混合液遇碘不变色时，从水浴中取出试管，立即加入碘液 1 滴，摇匀后，观察溶液的颜色，再次确认水解程度。记录从加入酶液到加入碘液的时间，此时间称为保温时间。若保温时间太短（2～3 min），说明酶液活力太高，应酌情稀释酶液；若保温时间太长（15 min 以上），说明酶液活力太低，应酌情减少稀释倍数，保温时间最好为 8～15 min。然后进行如下操作。

取 4 支试管编号，按表 6-3 操作。

表 6-3 pH 值对酶促反应的影响测试表

试管号	缓冲溶液体积 /mL				1% 淀粉溶液 A 体积 /mL	淀粉酶液体积 /mL（每隔 1 min 逐管加入）	观察结果
	pH=5.0	pH=5.8	pH=6.8	pH=8.0			
1	3	0	0	0	2	2	
2	0	3	0	0	2	2	
3	0	0	3	0	2	2	
4	0	0	0	3	2	2	

技术提示
★ 用玻璃棒取液前，应将试管内溶液充分混匀，取出试液后，立即放回试管中一起保温。

将上述各管溶液混匀后，再以 1 min 间隔依次将 4 支试管置于 37 ℃水浴中保温。达保温时间后，依次将各管迅速取出，并立即加入碘液 1 滴。观察各试管溶液的颜色并记录。分析 pH 值对酶促反应的影响，确定最适 pH 值。

3. 激活剂、抑制剂对酶促反应的影响

取 3 支试管编号，按表 6-4 加入各试剂（体积单位：mL）。

表 6-4 激活剂、抑制剂对酶促反应的影响测试表

试管号	1% 淀粉溶液 B	1% NaCl 溶液	1% CuSO₄ 溶液	蒸馏水	淀粉酶液	观察结果
1	2	1	0	0	1	
2	2	0	1	0	1	
3	2	0	0	1	1	

将上述各管溶液混匀后，向 1 号试管内插入一支玻璃棒，3 支试管同置于 37 ℃水浴保温 1 min 左右，用玻璃棒从 1 号试管中取出 1 滴混合液，检查淀粉水解程度（方法同步骤 2）。

试验操作视频
探究酶促反应的影响因素

待混合液遇碘液不变色时，从水浴中迅速取出 3 支试管，各加碘液 1 滴。摇匀观察各试管溶液的颜色并记录，分析酶的激活和抑制情况。

五、任务总结

本次技能任务的试验现象和你预测的试验现象一致吗？如果不一致，问题可能出在哪里？你认为本次技能任务在操作过程中有哪些注意事项？你在本次技能任务中有哪些收获和感悟？（可上传至在线课相关讨论中，与全国学习者交流互动。）

六、成果展示

本次技能任务结束后，相信你已经有了很多收获，请将你的学习成果（试验过程及结果的照片和视频、试验报告、任务工单、检验报告单等均可）进行展示，与教师、同学一起互动交流吧。（可上传至在线课相关讨论中，与全国学习者交流互动。）

行成于思

★请思考：
1. 什么是酶的最适温度、最适 pH 值？它们是酶的特征物理常数吗？
2. 激活剂分几类？氯化钠属哪种类型？硫酸铜对淀粉酶的活性有无影响？

技能任务二　提取大蒜中 SOD 酶并测定酶活力

问题引导：
1. 超氧化物歧化酶对人体有什么生物学意义？
2. 有机溶剂能沉淀超氧化物歧化酶所依据的原理是什么？
3. 在碱性环境中邻苯三酚的颜色为什么会逐渐加深？

任务工单
提取大蒜中 SOD 酶并测定酶活力

扫码查标准
《保健食品中超氧化物歧化酶（SOD）活性的测定》(GB/T 5009.171—2003)

一、任务导入

大蒜属百合科葱属植物，《本草纲目》记录，大蒜祛风湿除风邪、治吐血和角弓反张、通五脏及大小便、纳肛中、散痈肿及霍乱。超氧化物歧化酶（SOD）是一种广泛存在于需氧或耐氧生物机体内的抗氧化酶，具有特殊的生理活性，是生物体内清除自由基的首要物质。大蒜中的 SOD 含量及活性是其他植物的数倍，100 g 大蒜中 SOD 含量高达 17.6 mg，是人体 SOD 的重要来源之一。

拓展知识
★植物来源的 SOD 无抗体干扰，SOD 作为一种活性酶，催化清除超氧基团，并和过氧化酶等配合作用，能有效地防御活性氧对生物体的毒害作用。

二、任务描述

在大蒜蒜瓣和悬浮培养的大蒜细胞中含有丰富的 SOD，通过组织或细胞破碎后，可用 pH=8.2 的磷酸盐缓冲液提取，提取液用低浓度的氯仿 - 乙醇沉淀杂蛋白，离心后去除杂蛋白沉淀得 SOD 粗酶液，再用丙酮将其沉淀析出，溶解后用热处理法进一步沉淀杂蛋白，离心得到 SOD 酶液。

采用邻苯三酚自氧化法来测定 SOD 的酶活性。邻苯三酚在碱性条件下能迅速自氧化，释放出 O_2^-，生成带色的中间产物。反应开始后反应液先变成黄棕色，几分钟后转绿色，几小时后又转变成黄色，这是因为生成的中间物不断氧化。本试验中测定的是邻苯三酚自氧化过程中的初始阶段。中间物的积累在滞留 30～45 s 后，与时间呈线性关系，一般线性时间维持在 4 min 的范围内，中间物在 325 nm 波长处有强烈光吸收，当有 SOD 存在时，SOD 能催化 O_2^- 与 H^+ 结合生成 O_2 和 H_2O_2，阻止中间物的积累，因此，通过计算就可求出 SOD 的酶活性。

三、任务准备

各小组分别依据任务描述及试验原理，讨论后制定试验方案。

四、任务实施

（一）试验试剂

（1）新鲜蒜瓣。
（2）0.05 mol/L，pH = 8.2 的磷酸盐缓冲液。
（3）氯仿 - 乙醇混合溶剂（氯仿与无水乙醇体积比为 3:5）。
（4）丙酮：用前预冷至 4～10 ℃。
（5）A 液：pH8.20 0.1 mol/L，三羟甲基氨基甲烷（Tris）- 盐酸缓冲溶液（内含 1 mmol/L EDTA·2Na）。称取 1.211 4 g Tris 和 37.2 mg EDTA·2Na 溶于 62.4 mL 0.1 mol/L 盐酸溶液中，用蒸馏水定容至 100 mL。
（6）B 液：4.5 mmol/L 邻苯三酚盐酸溶液。称取邻苯三酚（A.R）56.7 mg 溶于少量 10 mmol/L 盐酸溶液中，并定容至 100 mL。
（7）10 mmol/L 盐酸溶液。
（8）0.200 mg/mL 超氧化物歧化酶（SOD）。
（9）蒸馏水。
（10）碎冰。

（二）试验器材

高速冷冻离心机及离心管、紫外分光光度计及石英比色皿、恒温水浴锅、分析天平、烧杯、量筒、容量瓶、试剂瓶、擦镜纸、吸水滤纸、试管及其试管架、吸量管、研钵、制冰机、1.5 mL 微量离心管。

（三）操作步骤

1. 组织和细胞破碎

称取 5 g 左右大蒜蒜瓣，切成小块，置于研钵中研磨，使组织或细胞破碎。

2. SOD 的提取

将上述破碎的组织或细胞，加入 2～3 倍体积（约 10 mL）的 0.05 mol/L pH=8.2 的磷酸盐缓冲液，继续研磨搅拌 20 min，使 SOD 充分溶解到缓冲液中，然后用离心机在 4 ℃、

技术提示

★ 丙酮一定要预冷，并尽量在较低温度下（常于冰浴中）充分混匀后沉淀，并于低温下（4 ℃）离心，以防蛋白质变性。

8 000 r/min 条件下离心 15 min（或 10 000 r/min，10 min），弃沉淀，得粗提液。

3. 有机溶剂除杂蛋白

留样后剩余的粗提液中加入 0.25 倍体积的氯仿 – 乙醇混合溶剂搅拌 15 min，以 8 000 r/min 离心 15 min（或 10 000 r/min，10 min），去杂蛋白沉淀，得粗酶液。

4. 有机溶剂沉淀 SOD，加热除杂

向上述留样后剩余的粗酶液中加入等体积的冷丙酮，混匀后置冰浴中放置 15 min，以 8 000 r/min 离心 15 min（或 10 000 r/min，10 min），弃上清液，得 SOD 沉淀。

将 SOD 沉淀溶解于 1 mL 0.05 mol/L pH=8.2 的磷酸盐缓冲液中，于 55～60 ℃热处理 15 min 去除不耐热的杂蛋白，以 11 000 r/min 离心 10 min，弃沉淀，得到 SOD 酶液。

5. SOD 活力测定

（1）邻苯三酚自氧化速率测定。在 25 ℃左右，于 10 mL 比色管中依次加入 A 液 2.35 mL，蒸馏水 2.00 mL，B 液 0.15 mL。加入 B 液立即混合并倾入比色皿，分别测定在 325 nm 波长条件下初始时和 1 min 后吸光值，二者之差即邻苯三酚自氧化速率 ΔA_{325}（min^{-1}）。本试验确定 ΔA_{325}（min^{-1}）为 0.060。

（2）样液和 SOD 酶液抑制邻苯三酚自氧化速率测定。按（1）步骤分别加入一定量样液或酶液使抑制邻苯三酚自氧化速率约为 $1/2\Delta A_{325}$（min^{-1}），即 ΔA_{325}（min^{-1}）为 0.030。SOD 活性测定加样程序见表 6–5。

> **技术提示**
>
> ★在分离提取 SOD 分别得到粗提液、粗酶液和 SOD 酶液的每一步要留样测定酶活力，以便测定每步的总活力以计算回收率。计算总活力时要注意考虑留样体积。

表 6–5　SOD 活性测定加样表

试液	空白	样液	SOD 酶液
A 液 /mL	2.35	2.35	2.35
蒸馏水 /mL	2.00	1.80	1.80
样液或 SOD 酶液 /μL	—	20.0	20.0
B 液 /mL	0.15	0.15	0.15

（四）试验数据记录与分析

$$\text{SOD 活力（U/g）} = \frac{\dfrac{\Delta A_{325} - \Delta A'_{325}}{\Delta A_{325}} \times 100\%}{50\%} \times 4.5 \times \frac{D}{V} \times \frac{V_1}{m}$$

式中　V——加入酶液或样液体积（mL）；

　　　ΔA_{325}——邻苯三酚自氧化速率；

　　　$\Delta A'_{325}$——样液或 SOD 酶液抑制邻苯三酚自氧化速率；

　　　D——酶液或样液的稀释倍数；

　　　V_1——样液总体积（mL）；

　　　m——样品质量（g）；

　　　4.5——反应液总体积（mL）。

计算结果保留三位有效数字。

精密度：在重复性条件下获得的两次独立测定结果的绝对差值不得超过算术平均值的 10%。

行成于思

★请思考：
1. 超氧化物歧化酶（SOD）有哪些生产方式？
2. 测定SOD酶活力还有哪些常用的方法？你能简单描述这些方法的原理吗？

五、任务总结

本次技能任务的试验现象和你预测的试验现象一致吗？如果不一致，问题可能出在哪里？你认为本次技能任务在操作过程中有哪些注意事项？你在本次技能任务中有哪些收获和感悟？（可上传至在线课相关讨论中，与全国学习者交流互动。）

六、成果展示

本次技能任务结束后，相信你已经有了很多收获，请将你的学习成果（试验过程及结果的照片和视频、试验报告、任务工单、检验报告单等均可）进行展示，与教师、同学一起互动交流吧。（可上传至在线课相关讨论中，与全国学习者交流互动。）

任务工单
定性检测豆奶中的脲酶

文化自信

★《黄帝内经》中提到"五谷宜为养，失豆则不良"，指出大豆在饮食中的重要作用。

扫码查标准
《植物蛋白饮料中脲酶的定性测定》(GB/T 5009.183—2003)

技能任务三 定性检测豆奶中的脲酶

问题引导：
1. 为什么要检测食品中的脲酶？
2. 豆奶中脲酶定性检测的原理是什么？
3. 加工过程中哪些情况会导致豆奶脲酶检测为阳性？

一、任务导入

豆奶是增加蛋白摄入的重要食品，但大豆中含有的脲酶、胰蛋白酶抑制剂、血球凝聚素等生理活性成分，不但能抑制蛋白的消化吸收，还会刺激肠胃产生不良反应，引起呕吐、腹泻等。因此，《植物蛋白饮料 豆奶和豆奶饮料》（GB/T 30885—2014）规定，豆奶的脲酶活性必须是阴性，也就是说无论是自制豆奶还是规模化生产，一定要煮熟、煮透，防止豆浆未达到沸点而产生大量泡沫的"假沸"现象，以破坏抗营养因子结构，去除毒性，确保安全。

二、任务描述

脲酶在适当的pH值和温度下催化尿素，转化成碳酸铵，碳酸铵在碱性条件下形成氢氧化铵，再与纳氏试剂中的碘化钾汞复盐作用形成碘化双汞铵，如试样中脲酶活性消失，上述反应即不发生。

$$H_2NCONH_2 + 2H_2O \longrightarrow (NH_4)_2CO_3$$
$$(NH_4)_2CO_3 + 2NaOH \longrightarrow Na_2CO_3 + 2NH_3 \cdot H_2O$$
$$2K_2[HgI_4] + 3KOH + NH_3 \longrightarrow NH_2Hg_2OI + 7KI + 2H_2O$$
$$（黄棕色沉淀）$$

三、任务准备

各小组分别依据任务描述及试验原理，讨论后制定试验方案。

四、任务实施

（一）试验试剂

（1）1%尿素溶液。

（2）10%钨酸钠溶液。

（3）2%酒石酸钾钠溶液。

（4）5%硫酸。

（5）中性缓冲液：取 0.067 mol/L 磷酸氢二钠溶液 611 mL，加入 389 mL 0.067 mol/L 磷酸二氢钾溶液混合均匀即可。

（6）纳氏试剂：称取红色碘化汞（HgI_2）55 g、碘化钾 41.25 g 溶于 250 mL 水中，溶解后，倒入 1 000 mL 容量瓶。再称取氢氧化钠 144 g，溶于 500 mL 水中，溶解并冷却后，再缓慢地倒入以上 1 000 mL 容量瓶，加水至刻度，摇匀后倒入试剂瓶，静止后用上清液。

（二）试验器材

具塞纳氏比色管（配套管）、水浴锅、移液管。

（三）操作步骤

（1）取 10 mL 比色管甲、乙两支，各加入 0.1 g 试样，再各加 1 mL 水，振摇半分钟（约 100 次），然后各加入中性级缓冲液 1 mL。

（2）向上述两管中的甲管（试样管）中加入尿素溶液 1 mL，再向乙管（空白对照管）中加入 1 mL 水，将甲、乙两管摇匀置于 40 ℃ 水浴中保温 20 min。

（3）从水浴中取出两管后，各加 4 mL 水，摇匀，再加 10% 钨酸钠溶液 1 mL，摇匀，再加 5% 硫酸 1 mL，摇匀，过滤备用。

（4）取上述滤液 2 mL，分别加入 25 mL 具塞纳氏比色管（配套管），再按下面步骤操作。

1）各加水 15 mL 后再加入 2% 酒石酸钾钠 1 mL。

2）各加入纳氏试剂 2 mL 后再加水至 25 mL 刻度。

（四）试验数据记录与分析

将试剂摇匀后，观察结果见表 6-6。

扫码查标准
《植物蛋白饮料 豆奶和豆奶饮料》(GB/T 30885—2014)

技术提示
★使用碘化汞时，应佩戴防护手套、口罩、防护眼镜等个人防护用品，切勿直接接触碘化汞。

技术提示
★ 1. 0.067 mol/L 磷酸氢二钠溶液：称取无水磷酸氢二钠 9.47 g 溶解于 1 000 mL 水中。
2. 0.067 mol/L 磷酸二氢钾溶液：称取磷酸二氢钾 9.07 g 溶解于 1 000 mL 水中。

表 6-6 技能任务观察结果参照表

脲酶定性	表示符号	显示情况
强阳性	++++	砖红色浑浊或澄清液
次强阳性	+++	橘红色澄清液
阳性	++	深金黄色或黄色澄清液
弱阳性	+	淡黄色或微黄色澄清液
阴性	-	试样管与空白对照管同色或更淡

五、任务总结

　　本次技能任务的试验现象和你预测的试验现象一致吗？如果不一致，问题可能出在哪里？你认为本次技能任务在操作过程中有哪些注意事项？你在本次技能任务中有哪些收获和感悟？（可上传至在线课相关讨论中，与全国学习者交流互动。）

六、成果展示

　　本次技能任务结束后，相信你已经有了很多收获，请将你的学习成果（试验过程及结果的照片和视频、试验报告、任务工单、检验报告单等均可）进行展示，与教师、同学一起互动交流吧。（可上传至在线课相关讨论中，与全国学习者交流互动。）

企业案例：黄桃酶解法去皮工艺流程及要点分析

我国出产的黄桃（图 6-10）大部分并不是运送到农贸市场直接出售，而是被运送至工厂，将其加工为罐头、果汁等深加工产品。其中黄桃罐头（图 6-11）是最重要的深加工产品，并且目前已成为全世界水果罐头中特别受欢迎的品种之一。

在黄桃罐头的加工过程中，首先必须将黄桃的外果皮去除。目前加工企业主要采用高浓度和高温度的碱液冲淋切半黄桃瓣，使其外果皮被腐蚀与降解的方法。但是碱法去皮工艺往往因碱浓度很高，容易造成黄桃果肉组织的解体，同时果品在高温度处理下容易褐变。从食品安全的角度上看，碱液会有部分残留于黄桃中，人们食用后可能会对身体健康造成影响，而且工厂大量去皮以后的浓碱，处理成本高又易造成环境污染。

针对碱液去皮的种种弊端，某企业希望利用酶解法为黄桃去皮。你能利用目前所学知识，试着为该企业设计开发黄桃酶解法去皮工艺，帮助该企业提升产品质量吗？

图 6-10　新鲜黄桃　　　图 6-11　黄桃罐头

通过企业案例，同学们可以直观地了解企业在真实环境下面临的问题，探索和分析企业在解决问题时采取的策略和方法。

扫描右侧二维码，可查看自己和教师的参考答案有何异同。

学习进行时

★要勤于学习、敏于求知，注重把所学知识内化于心，形成自己的见解，既要专攻博览，又要关心国家、关心人民、关心世界，学会担当社会责任。
——2014 年 5 月 4 日，习近平在北京大学师生座谈会上的讲话

扫码查看"企业案例"参考答案

考核评价

请同学们按照下面的几个表格（表6-7～表6-9），对本项目进行学习过程考核评价。

表6-7 学生自评表

评价项目	评价标准			
	非常优秀（8～10）	做得不错（6～8）	尚有潜力（4～6）	奋起直追（2～4）
1.学习态度积极主动，能够及时完成教师布置的各项任务				
2.能够完整地记录探究活动的过程，收集的有关学习信息和资料全面翔实				
3.能够完全领会教师的授课内容，并迅速地掌握项目重难点知识与技能				
4.积极参与各项课堂活动，并能够清晰地表达自己的观点				
5.能够根据学习资料对项目进行合理分析，对所制定的技能任务试验方案进行可行性分析				
6.能够独立或合作完成技能任务				
7.能够主动思考学习过程中出现的问题，认识到自身知识的不足之处，并有效利用现有条件来解决问题				
8.通过本项目学习达到所要求的知识目标				
9.通过本项目学习达到所要求的能力目标				
10.通过本项目学习达到所要求的素质目标				
总评				
改进方法				

表6-8 学生互评表

评价项目	评价标准			
	非常优秀（8～10）	做得不错（6～8）	尚有潜力（4～6）	奋起直追（2～4）
1.按时出勤，遵守课堂纪律				
2.能够及时完成教师布置的各项任务				
3.学习资料收集完备、有效				
4.积极参与学习过程中的各项课堂活动				
5.能够清晰地表达自己的观点				
6.能够独立或合作完成技能任务				
7.能够正确评估自己的优点和缺点并充分发挥优势，努力改进不足				
8.能够灵活运用所学知识分析、解决问题				
9.能够为他人着想，维护良好工作氛围				
10.具有团队意识、责任感				
总评				
改进方法				

表6-9 总评分表

	评价内容	得分	总评
总结性评价	知识考核（20%）		
	技能考核（20%）		
过程性评价 项目	教师评价（20%）		
	学习档案（10%）		
	小组互评（10%）		
	自我评价（10%）		
增值性评价	提升水平（10%）		

巩固提升

巩固提升参考答案

扫码自测
难度指数：★★★

扫码自测
难度指数：★★★★★

扫码自测参考答案
难度指数：★★★

扫码自测参考答案
难度指数：★★★★★

项目七　生命的助燃剂——维生素

项目背景

维生素是人和动物为维持正常的生理功能而必须从食物中获得的一类微量有机物，在人体生长、代谢、发育过程中发挥着重要的作用。维生素既不参与构成人体细胞，也不为人体提供能量，人体对维生素的需要量也很小，但机体一旦缺乏维生素，健康就会出现问题，严重者甚至危及生命。因此，了解维生素的分类、性质、生理功能、缺乏症、稳定性及其在食品加工及储藏中的变化，具有重要意义。

学习目标

知识目标	能力目标	素质目标
1.掌握维生素的概念、特点、分类、命名及功能。 2.掌握常见维生素的结构、理化性质及生理功能。 3.掌握维生素在食品加工及储藏中的作用及变化	1.能够对常见维生素进行分类。 2.能够说出常见维生素的结构、理化性质及生理功能。 3.能够进行维生素的定性及定量测定。 4.能够利用维生素的性质指导食品加工及储藏	1.培养乐学善思、砥砺践行的笃行精神。 2.培养追求卓越、精益求精的工匠精神。 3.培养言出必行、信守承诺的诚信精神。 4.培养厚植于心、坚定不移的民族自豪感

导学动画
维生素

单元教学设计
维生素

学习重点

1.常见维生素的结构、理化性质及生理功能。
2.维生素的定性及定量测定。

学习进行时

★广大青年要肩负历史使命，坚定前进信心，立大志、明大德、成大才、担大任，努力成为堪当民族复兴重任的时代新人，让青春在为祖国、为民族、为人民、为人类的不懈奋斗中绽放绚丽之花。
——2021年4月19日，习近平在清华大学考察时的讲话

思维导图

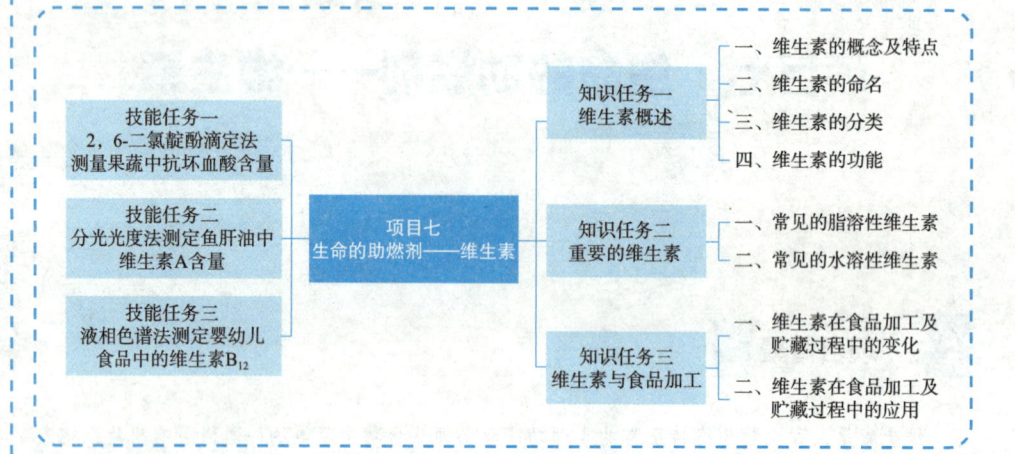

- 项目七 生命的助燃剂——维生素
  - 技能任务一 2,6-二氯靛酚滴定法测量果蔬中抗坏血酸含量
  - 技能任务二 分光光度法测定鱼肝油中维生素A含量
  - 技能任务三 液相色谱法测定婴幼儿食品中的维生素B_{12}
  - 知识任务一 维生素概述
    - 一、维生素的概念及特点
    - 二、维生素的命名
    - 三、维生素的分类
    - 四、维生素的功能
  - 知识任务二 重要的维生素
    - 一、常见的脂溶性维生素
    - 二、常见的水溶性维生素
  - 知识任务三 维生素与食品加工
    - 一、维生素在食品加工及贮藏过程中的变化
    - 二、维生素在食品加工及贮藏过程中的应用

> **学习小贴士**
> ★对于已经学过的知识，应当确保牢固掌握。随着所学知识的不断累积，记忆遗忘的速度往往会加快，因此有必要对知识进行分类，并适时进行复习。具体而言，复习应分为两大类：一是不易掌握的知识，这类知识需要通过深入理解和反复复习来完全掌握；二是完全依赖记忆掌握的知识。将这两类知识分开复习，可以更有效地巩固已学知识，确保掌握得更加牢固。

自立自强
一片维生素C如何突破外国封锁

案例启发

一片维生素C如何突破外国封锁

维生素C是现在很常见的一种保健品，在药店中几元钱就能买一瓶，在维生素C生产行业，中国已经成为当之无愧的世界第一：在2017年中国就生产了世界上95%的维生素C，全国70%以上的维生素C产量用于出口到世界各地。

1933年，瑞士化学家塔德乌什发明了莱氏生产法，一共有5道工序：发酵、酮化、氧化、转化、精制。莱氏生产法让维生素C搭上了工业化的快车，维生素C开始大批量生产，坏血病最终成了过去式。

1968年，中国启动了对维生素C的科研攻坚工作。但在研究中，中国科学院院士尹光琳发现，莱氏生产法工艺线路太长，而且各个工艺之间的间隔时间久，影响生产力，生产过程中还会有有毒气体和废料的排出。

尹光琳带着研究团队，在没有参考标准、没有文献资料、没有试验器材的情况下，用10年时间，开发了"二步发酵法"，硬生生地走出了另一条路。

二步发酵法优点在于大大减少化工原料污染，改善工人劳动条件，缩短流程，并使生产成本明显降低，由于该工艺具有巨大的经济效益和社会效益，从而使我国一跃成为世界生产维生素C的大国。

二步发酵法发明后，尹光琳获得了国家科技发明二等奖。1986年，二步发酵法以550万美元的高价转让给了瑞士罗氏，这是当时中国对外技术转让的最高纪录，也是那年外汇储备的最大收入。

时至今日，中国早已成为世界第一大维生素C生产国，这离不开国家的战略指导和政策支撑。同时，我们也不能忘记产业腾飞的背后，为了技术创新和科技进步默默付出的科学家。在大国前进的道路上，我们能够清晰地看到他们坚实的脚步，他们一路上用汗水浇灌的花朵，将永远鲜艳地盛开，迎风舒展。

课前摸底

（一）填空题

1. 维生素是_____所必需的，需要量很小，机体内不能合成或合成很少，需由食物供给的一类小分子有机化合物。

2. 维生素根据其溶解性质，可分为_____和_____两类。

3. 缺乏_____会导致坏血病。

4. _____是自然界提供的最为广泛的抗氧化剂，也是植物油的主要抗氧化剂。

（二）选择题

1. 人的饮食中长期缺乏蔬菜、水果会导致（　　）的缺乏。
   A. 维生素 B_1　　B. 维生素 B_2　　C. 维生素 PP　　D. 维生素 C
   E. 叶酸

2. 蔬菜维生素损失最小的加工是（　　）。
   A. 切块　　B. 切丝　　C. 切段　　D. 切碎
   E. 不切

健康中国·走出养生的"保健品误区"

运动步数为零，吃饭靠外卖，通宵达旦打游戏……不少学生一到假期便足不出户，开启"宅"模式。由于不健康的生活方式，不少年轻人处于亚健康状态，往往选择服用各类养生保健品，以换回健康与玩乐、工作的平衡。这种现象值得关注。

现实中，尽管很多人重视养生，却容易陷入误区，最典型的错误认知便是将养生与服用保健品画上等号。实际上，过分依赖保健品，不仅带不来保健的功效，还可能损害人体健康。比如，有人明明并不缺乏维生素，却把维C泡腾片当作提高免疫力的药品。长期过量服用维生素C，反而会导致尿路结石，加速动脉硬化。再如补钙，35岁以后，人的骨量就一直处于减少状态了，单纯靠吃钙片补钙，作用不大，甚至还会引起便秘、结石。健康的体魄不是靠各种保健品堆砌而成的，科学养生需要遵循权威指导、科学知识，远离保健品误区。

习近平总书记曾劝年轻人不要熬夜，先把自己的心态摆顺了，内在有激情，还要从容不迫。每个人是自己健康的第一责任人，"我的健康我做主"的理念需要落实为行动。远离健康危险因素，养成健康的生活方式，才能活出健康人生，才能打造"健康中国"。

（《人民日报》2019年07月16日05版）

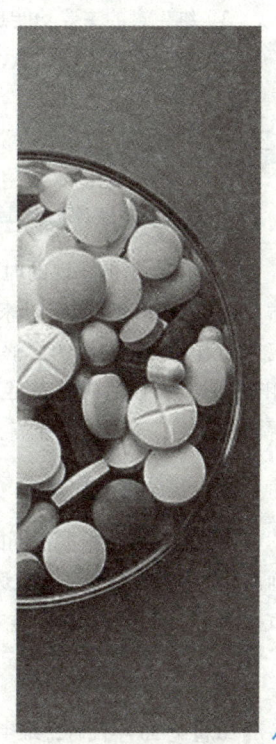

食品生物化学

微课视频
维生素概述

教学课件
维生素概述

生化与健康
中国居民膳食维生素
推荐摄入量表

拓展知识
★按发现顺序命名的目前已知的维生素有维生素A（A₁、A₂）、维生素B（B₁、B₂、B₃、B₅、B₆、B₇、B₁₁、B₁₂）、维生素C、维生素D（D₁、D₂、D₃）、维生素E、维生素K。

生化与健康
★脚气病与脚气的区别是病因不同、症状不同。脚气病是由于维生素B₁缺乏所致，患者会出现感觉运动障碍、软弱、疲劳、心悸、厌食、恶心等不良的现象。而脚气是由于真菌感染引起，患者会出现足部瘙痒、皮疹等表现。

知识任务一　维生素概述

问题引导：
1. 维生素是什么？
2. 维生素可分为哪几类？分类的依据是什么？
3. 维生素有哪些生理功能？

一、维生素的概念及特点

（一）维生素的概念

维生素是维持细胞正常功能所必需的，需要量很小，机体内不能合成或合成很少，需由食物供给的一类小分子有机化合物。维生素既不是构成机体组织的主要原料物质，也不是供能物质，其主要功能是调节物质代谢和维持生理功能。多数的维生素是酶的辅酶或辅基的组成分子，参与体内的代谢过程。此外也有少数维生素具有特殊的生理功能。长期缺乏任何一种维生素都会导致相应的疾病（维生素缺乏症）。

（二）维生素的特点

（1）维生素是一些结构各异的生物小分子，需要量很少，通常以毫克计，有的甚至以微克计。
（2）绝大多数维生素在人体内不能合成或合成量不足，必须直接或间接从食物中摄取。
（3）维生素的主要功能是参与活性物质（酶或激素）的合成，没有供能和结构作用。
（4）维生素摄入需适量，缺乏时会产生缺乏症，过量时会产生中毒症。

二、维生素的命名

（一）按发现顺序以大写英文字母命名

在维生素刚被发现的时候，人们对它们的化学结构、理化特性、生理功能等均不甚了解，因此当时以英文字母来命名，即在"维生素"之后加上A、B、C、D、E等字母来命名。随着人们对它们的了解，出现"维生素B组（族）"的名称，实质上它是包括一组结构相似的物质。随后研究表明，具有相同活性的维生素，其化学结构稍有不同。为了克服相互混淆的称呼，于是提出在英文字母下加下标的体系，如维生素D₁、D₂和D₃等。

（二）按生理功能命名

各种维生素应根据不同的生理功能进行命名。例如水果中存在一种酸味物质，能防治坏血病，这一物质就被称为抗坏血病因子，即维生素C。米糠中有治疗脚气病的物质，称为抗脚气病因子，即维生素B₁。这一方法命名的名称，虽然直观地反映了维生素的功能，但不全面。

（三）按化学结构命名

20世纪30年代后，维生素的化学结构已经明确，并均可用人工方法合成，显然用化学结构特点来命名更科学，如维生素B₁分子含有硫和氨基，称为硫胺素，维生素B₁₂含有金属钴和氰基，就称为氰钴胺素。由于维生素一物多名比较混乱，国际生化学会和国际营养科学联合会曾建议以化学命名法来统一维生素的名称，但由于习惯，一些人们熟悉的名称仍在使用。

（四）按来源命名

少数维生素根据其在食物中的分布特点来命名。例如泛酸说明该维生素分布很广泛，各类食物都含有。最初在菠菜中提取到一种酸性物质，可治疗恶性贫血，后来发现该物质广泛分布于绿叶植物，就称为叶酸。

三、维生素的分类

维生素根据其溶解性，可分为脂溶性维生素和水溶性维生素。

（一）脂溶性维生素

脂溶性维生素是不溶于水而溶于脂肪及有机溶剂的维生素，包括维生素 A、维生素 D、维生素 E、维生素 K 等。脂溶性维生素可在体内大量储存，主要储存于肝脏部位。维生素 A、D、E 和 K 都含有环结构和长的脂肪族烃链，这 4 种维生素尽管每一种都至少有一个极性基团，但都是高度疏水的。某些脂溶性维生素是辅酶的前体，而且不用进行化学修饰就可被生物体利用。

脂溶性维生素在食物中常与脂类共同存在，其吸收也与脂肪有关，并且脂溶性维生素有相当数量储存在动物机体的脂肪组织中。当动物缺乏脂溶性维生素时会产生特异的缺乏症，短期缺乏不易表现出临床症状。摄入过多会产生中毒症或者妨碍与其有关养分的代谢。

（二）水溶性维生素

水溶性维生素是能在水中溶解的一类维生素，常是辅酶或辅基的组成部分，主要包括维生素 B 族和维生素 C 等。

水溶性维生素易溶于水而不溶于脂肪及有机溶剂，对酸稳定，易被碱破坏。在自然界中常共同存在，其化学组成除含有碳、氢、氧外，还含有氮、硫、钴等元素。与脂溶性维生素相比，水溶性维生素及其代谢产物较易从尿中排出，体内没有非功能性的单纯储存形式。当机体饱和后，多摄入的维生素必然从尿中排出；若组织中的维生素枯竭，则摄入的维生素将大量被组织利用，从尿中排出较少。绝大多数水溶性维生素以辅酶或辅基的形式参与酶的功能。水溶性维生素如摄入过少，出现缺乏症状较脂溶性维生素更快，极大量摄入时会出现毒性。

四、维生素的功能

（一）参与人体内重要的合成和代谢反应

维生素参与人体内许多重要的合成和代谢反应，例如维生素 A 有助于调节夜视能力，维生素 D 促进骨和牙齿的钙化，维生素 K 则是凝血因子合成所必需的，叶酸对于 DNA 的合成至关重要。这些反应的正常进行都离不开维生素的参与。

（二）具有抗氧化作用

维生素 E 和维生素 C 都是人体内的抗氧化剂，能够保护人体细胞膜及蛋白质的结构和功

科技前沿

科研人员创建维生素酯高效制备新方法
（新华网 2024 年 07 月 05 日）

★据中国农业科学院油料作物研究所消息，其油料品质与加工利用创新团队通过创建超声强化界面酶催化技术，实现了棕榈酸酯、油酸酯、亚油酸酯和亚麻酸酯等 4 种维生素 A 酯的高效酶法制备。相关研究成果日前发表在国际学术期刊《超声波声化学》上。

生化与健康

★维生素中毒即服用过量的维生素后所发生的中毒性病症。多年来，一直认为儿童和运动员需要大量的维生素。近年来，有人提出，使用大剂量维生素可以预防癌症，能治疗高脂血症和动脉硬化等，出现了所谓"大剂量维生素疗法"，增加了人们服用过量维生素的机会。

拓展知识

★虽然维生素在体内既不参与构成人体细胞，也不为人体提供能量，但它在人体生长、代谢、发育过程中发挥着至关重要的作用。

能，进而帮助人体抵抗各种氧化应激反应。

（三）调节人体内基因表达

部分维生素能调节人体内基因表达，使人体内各项机能有序、正常进行，并维持细胞、组织、器官的正常功能，从而维持机体正常的生长发育。例如，在发育过程中，维生素 A 通过调节基因表达，影响多种细胞的形成和功能。这一作用对于胚胎发育特别重要，缺乏维生素 A 可能导致发育缺陷。

（四）维持人体的代谢功能

维生素构成了体内很多酶和辅酶的原料。例如，维生素 B_1 又名硫胺素，体内活性形式为焦磷酸硫胺素（TPP），TPP 是 α- 酮酸氧化脱羧酶的辅酶，也是转酮醇酶的辅酶；维生素 B_2 又名核黄素，体内活性形式为黄素单核苷酸（FMN）和黄素腺嘌呤二核苷酸（FAD），FMN 及 FAD 是体内氧化还原酶的辅基，主要起氢传递体的作用。这些酶对于体内的生化代谢的调节起着重要的作用，所以维生素对于维持人体正常的生理代谢非常重要。

（五）维持人体的免疫功能

维生素能维持人体的免疫功能。例如，维生素 C 具有促进抗体形成的作用，高浓度的维生素 C 有助于食物蛋白中的胱氨酸还原为半胱氨酸，进而合成抗体，从而增强机体对外界环境的抗应激能力和免疫力；叶酸对蛋白质、核酸的合成以及各种氨基酸的代谢有重要的作用，能够促进细胞的发育，制造红血球和白血球，增强人体的免疫力。

知识任务二　重要的维生素

问题引导：
1. 常见的脂溶性维生素有哪些？
2. 常见的水溶性维生素有哪些？
3. 常见的维生素有哪些理化性质及生理作用？

微课视频
重要的维生素

教学课件
重要的维生素

一、常见的脂溶性维生素

（一）维生素 A

1. 概念及结构

维生素 A 又称抗干眼病维生素，只存在于动物性食物中，包括 A_1 和 A_2 两种（图 7-1）。维生素 A_1 即视黄醇，主要存在于哺乳动物及咸水鱼的肝脏；维生素 A_2 即 3- 脱氢视黄醇，主要存在于淡水鱼肝脏。植物中不含维生素 A，但含有维生素 A 原。维生素 A 原是部分类胡萝卜素的总称，能够在人和动物小肠粘膜或肝脏中加氧酶的作用下分解成维生素 A。目前已鉴定出 50 多种维生素 A 原，以 β- 胡萝卜素最为重要。

图 7-1　维生素 A₁、A₂ 的化学结构

2. 理化性质

维生素 A 一般为黄色黏性油体，不溶于水，溶于油脂和乙醇，易氧化，在无氧条件下相当耐热，易被紫外光所破坏。紫外线、金属离子、O_2 均会加速其氧化，脂肪氧化酶可导致其分解，与维生素 E、磷脂共存较稳定，对碱稳定。

3. 食物来源

维生素 A 主要来自动物性食品，在肝脏、乳制品及蛋黄中含量较多。维生素 A 主要来自植物性食品，在胡萝卜、绿叶蔬菜及玉米中含量较多。

4. 生理功能

维生素 A 有以下生理功能：

（1）构成视紫红质，与暗视觉的形成有关。

（2）维持上皮组织结构健全与完整。

（3）促进生长发育，增强机体免疫力。

5. 缺乏症及过量表现

缺乏维生素 A 有以下症状：

（1）视紫红质不足，对暗光适应能力减弱，发生夜盲症。

（2）影响人的正常生长发育，上皮组织结构改变，干燥，呈角质化，抵抗病菌能力下降，易感染疾病。有的患者因肠胃黏膜表皮受损而引起腹泻。长期缺乏维生素 A 会导致泪腺分泌障碍，产生干眼病（眼结膜炎）。

维生素 A 较易被正常肠道吸收，但不直接随尿排泄，因而摄取过量是有害的。

（二）维生素 D

1. 概念及结构

维生素 D 具有抗佝偻病作用，又称抗佝偻病维生素。维生素 D 种类很多，均为类固醇衍生物，其中以维生素 D_2 和维生素 D_3 最为重要（图 7-2）。维生素 D_2 又名麦角钙化固醇，维生素 D_3 又名胆钙化固醇，两者的区别仅在侧链上。维生素 D_2 比维生素 D_3 在侧链上多一个甲基和双键。

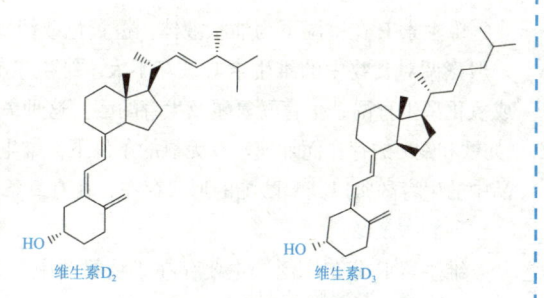

图 7-2　维生素 D_2、D_3 的化学结构

2. 理化性质

维生素 D_2、D_3 均是白色针状晶体，不溶于水。维生素 D_2 易溶于植物油及有机溶剂，维生素 D_3 略溶于植物油。油脂氧化酸败可引起维生素 D 破坏，而一般的烹调加工不会导致维生素 D 的损失。

3. 食物来源

维生素 D 只在动物体内含有，鱼肝油中含量最丰富。动植物组织中含有能转化为维生素 D 的固醇类物质，经紫外光照射可转变为维生素 D。例如，植物性食物中所含的麦角固

拓展知识

常见食物中维生素 A 及胡萝卜素含量表

文化自信

★早在 1000 多年前，中国唐代医学家孙思邈在《千金方》中就记载了富含胡萝卜素的中草药配合动物肝脏可治疗夜盲症。人们之前并不了解维生素 A 的存在，直到从鳕鱼肝脏中提取出一种黄色黏稠液体，才将其命名为"脂溶性 A"。随着陆续有新的脂溶性物质被科学家发现，到 1920 年，"脂溶性 A"被英国科学家正式命名为维生素 A。

科学史话

★在 17 世纪的英国，人们注意到一种叫做"佝偻病"的疾病在儿童中流行，尤其在冬季更为严重。1921 年，麦克勒姆和斯图尔特发现，给狗喂食紫外线照射过的鳕鱼肝油可以治愈佝偻病，这是第一次明确维生素 D 与阳光的联系。随后，1922 年，美国科学家埃德温·坎普和亨利·斯特恩证明了紫外线照射皮肤可以产生一种能够治疗佝偻病的物质。1928 年，德国化学家阿道夫·温道斯因研究胆固醇与维生素 D 的关系，并确定了维生素 D 的化学结构而荣获诺贝尔化学奖。

醇经紫外线照射后可转变为维生素 D_2。人和动物皮下含有 7-脱氢胆固醇，经日光或紫外线照射后可转变为维生素 D_3。因此经常晒太阳是人体获得维生素 D_3 的最好方法，尤其是婴幼儿。

4. 生理功能

维生素 D 有以下生理功能：

（1）维持钙的血集中，维生素 D 与动物骨骼钙化有关。

（2）作用于肠黏膜细胞和骨细胞，与受体结合后启动钙结合蛋白的合成，从而促进小肠对钙、磷的吸收和骨内钙、磷的动员和沉积。

5. 缺乏症及过量表现

缺乏维生素 D 有以下症状：

（1）儿童患佝偻病：维生素 D 摄食不足，不能维持钙的平衡，骨骼发育不良，骨质软弱，膝关节发育不全，两腿形成内曲或外曲畸形。

（2）成人患软骨病：产生骨骼脱钙作用；孕妇和授乳妇女的脱钙作用严重时导致骨质疏松，患者骨骼易折，牙齿易脱落。

摄入过量维生素 D 会引起中毒。早期症状有乏力、疲倦、恶心、头痛、腹泻等。较严重时引起软组织（包括血管、心肌、肺、肾、皮肤等）钙化，导致重大病患。

（三）维生素 E

1. 概念及结构

维生素 E 又名生育酚，是所有具有 α-生育酚活性的生育酚和三烯生育酚及其衍生物的总称。维生素 E 是 6-羟基苯并二氢吡喃环的异戊二烯衍生物（图 7-3），包括生育酚和三烯生育酚两类共 8 种化合物。虽然维生素 E 的 8 种化学结构极为相似，但其生物学活性相差甚远。α-生育酚是自然界中分布最广泛、含量最丰富且活性最高的维生素 E 形式，通常以 α-生育酚作为维生素 E 的代表进行研究。

图 7-3 维生素 E 的结构通式

2. 理化性质

维生素 E 在室温下为油状液体，橙黄色或淡黄色，溶于脂肪及脂溶剂。对热和酸稳定，一般烹调对食物中的维生素 E 破坏不大。维生素 E 对氧十分敏感，各种生育酚都可被氧化成氧化型生育酚、生育酚氢醌及生育酚醌。这种氧化受光照射、热、碱，以及一些微量元素（如铁和铜）的存在而加速。在无氧的条件下，维生素 E 对热与光及碱性环境相对较稳定。商品中的生育酚常以其醋酸酯的形式存在，在有氧条件下比较稳定。

3. 食物来源

维生素 E 分布广泛，主要存在于植物油中，尤其是在麦胚油、玉米油、花生油、大豆油、葵花籽油中含量最为丰富，豆类和蔬菜中含量也较多。

4. 生理功能

维生素 E 有以下生理功能：

（1）抗氧化作用。维生素 E 是非酶抗氧化系统中重要的抗氧化剂，能清除体内的自由基并阻断其引发的链反应，保护生物膜和脂蛋白中多不饱和脂肪酸、细胞骨架及其他蛋白质的巯基免受自由基和氧化剂的攻击。

（2）维持生育功能。维生素 E 是哺乳动物维持生育必不可少的营养物质。缺乏维生素 E 会造成大鼠繁殖性能降低，胚胎死亡率增高。人类缺乏维生素 E 比较少见。

(3)维持免疫功能。维生素E对维持正常免疫功能,特别是T淋巴细胞的功能很重要,该功能已在动物模型和美国老年人群中得到证实。维生素E对不同抗原介导的体液免疫有选择性影响,这种影响具有剂量依赖性。

5. 缺乏症及过量表现

维生素E在体内的储存有快速转化库和缓慢转化库。血浆、红细胞、肝脏、脾脏中的维生素E属于快速转化库,这些组织中旧的α-生育酚会很快地被新的α-生育酚所替代。同时当体内维生素E缺乏时,快速转化库中的维生素E含量迅速下降。与此相反,脂肪组织中的维生素E含量相当稳定,对于维生素E缺乏引起的变化很小,属于缓慢转化库。

动物研究表明,当体内维生素E缺乏后,血浆维生素E会降到很低水平,表现为明显的维生素E缺乏症,但是2年内脂肪组织中α-生育酚仍可维持在很高水平。此外,神经组织、大脑、心脏和肌肉中维生素E的转化也很缓慢。

给动物喂饲不含维生素E的合成饲料可引起维生素E缺乏症,主要表现为生殖障碍、神经肌肉障碍、血浆中维生素E浓度降低、红细胞膜受损、红细胞寿命缩短及溶血性贫血。

极高剂量维生素E可与其他脂溶性维生素(维生素A、D和K)产生拮抗作用。动物试验发现大剂量维生素E可抑制生长、干扰甲状腺功能及血液凝固,使肝脏中脂类增加。

(四)维生素K

1. 概念及结构

维生素K又称为凝血维生素,是一类能促进血液凝固的萘醌衍生物,故又称凝血维生素。其化学本质为2-甲基-1,4-萘醌的衍生物。维生素K包括K_1、K_2、K_3、K_4等几种形式(图7-4),其中K_1、K_2是天然存在的,属于脂溶性维生素,都是2-甲基-1,4萘醌的衍生物,区别仅在R基的不同。K_3、K_4是通过人工合成的,是水溶性的维生素,其中K_3为2-甲基1,4萘醌,维生素K_4是K_3的氢醌型。

图7-4 维生素K_1、K_2、K_3、K_4的化学结构

2. 理化性质

维生素K_1是黄色油状物,K_2是淡黄色结晶,均有耐热性,但易受紫外线照射而破坏,故要避光保存。维生素K_3有特殊臭味,维生素K_3、K_4的性质较K_1和K_2稳定,而且能溶于水,可用于口服或注射。

3. 食物来源

人类维生素K的来源有两方面:一方面从肠道细菌合成,主要是K_2,占50%~60%。另一方面从食物中摄取,主要是K_1,占40%~50%,维生素K_1在绿叶蔬菜含量最高,其次是奶及肉类,水果及谷类含量较低。

4. 生理功能

维生素K有以下生理功能:

(1)参与γ-羧基谷氨酸合成。维生素K是4种凝血蛋白(凝血酶原、转变加速因子、

抗血友病因子和司徒因子）在肝脏内合成必不可少的物质，对 γ- 羧基谷氨酸的合成具有辅助作用。如果缺乏维生素 K，则肝脏合成的上述 4 种凝血因子均为异常蛋白质分子，催化凝血作用的能力将大大下降。

（2）参与骨骼代谢。除辅助凝血蛋白的合成，维生素 K 也有助于骨骼的代谢。原因是维生素 K 参与合成维生素 K 依赖蛋白质，维生素 K 依赖蛋白质能调节骨骼中磷酸钙的合成。特别是对于老年人来说，他们的骨密度和维生素 K 呈正相关关系。因此，经常食用富含维生素 K 的绿色蔬菜，能有效降低骨折的风险。

5. 缺乏症及过量表现

缺乏维生素 K，会导致凝血时间延长。成人一般不易缺乏维生素 K。有维生素 K 缺乏病状的人，必伴有其他生理功能不正常的情况，如胆管阻塞或因肠道疾病妨碍维生素 K 的吸收。因维生素 K 不能通过胎盘，出生后肠道内又无细菌，不能合成维生素 K，故新生婴儿易因维生素 K 的缺乏而出血。

服用大剂量维生素 K 对身体有害。可引起动物贫血、脾肿大和肝肾伤害，对皮肤和呼吸道有强烈刺激，有时还引起溶血。

二、常见的水溶性维生素

（一）维生素 B_1

1. 概念及结构

维生素 B_1 又称抗神经炎维生素、抗脚气病维生素，其分子中含有一个带氨基的嘧啶环和一个含硫的噻唑环，因而又称硫胺素。一般使用的维生素 B_1 都是化学合成的硫胺素盐酸盐。维生素 B_1 与焦磷酸结合生成焦磷酸硫胺素（TPP）后才具有生物活性（图 7-5）。维生素 B_1 为白色晶体，在有氧化剂存在时容易被氧化产生脱氢硫胺素，后者在有紫外光照射时呈现蓝色荧光。

> **科学史话**
> ★ 维生素 B_1 是第一个被发现的 B 族维生素。1592 年，荷兰内科医生邦修斯记录了脚气病的病例；1897 年荷兰医生艾克曼研究证实用精白米喂养小鸡可诱发类似脚气病的多发性神经炎，而用米糠可治愈；1911 年，芬克以米糠的抽提浓缩液治好了鸽子的多发性神经炎；1932 年从酵母中分离提纯出维生素 B_1；1936 年，威廉姆斯确定了维生素 B_1 的化学结构，并完成了人工合成。

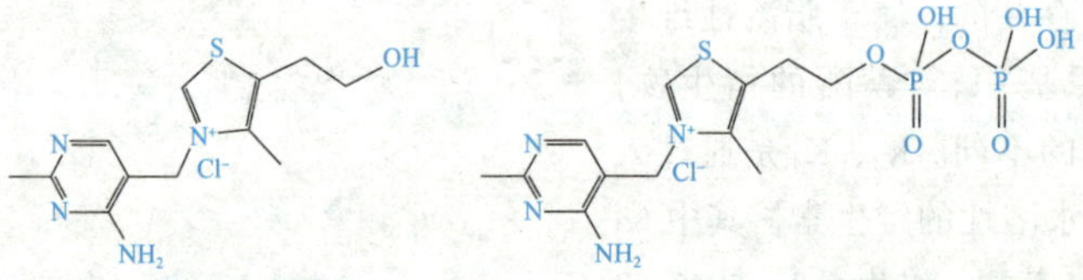

图 7-5　维生素 B_1 及焦磷酸硫胺素（TPP）的化学结构

2. 理化性质

维生素 B_1 的盐酸盐是白色晶体，具有与酵母类似的气味，微苦，具有潮解性，能溶于水，但不溶于乙醚、丙酮、氯仿或苯。维生素 B_1 是 B 族维生素中最不稳定的，在中性或碱性条件下易降解，对热和光敏感，酸性条件下稳定。

维生素 B_1 在生物体内可经维生素 B_1 激酶催化与 ATP（三磷酸腺苷）作用转化为焦磷酸维生素 B_1（TPP），TPP 在糖代谢中有重要作用。

3. 食物来源

维生素 B_1 广泛存在于天然食物中，但含量随食物种类而异，且受收获、储存、烹调、加工等条件影响。维生素 B_1 最丰富的来源是小麦胚芽及米麸。

种子发芽时需要维生素 B_1，因此，它存在所有谷类、核果、干豆及由植物种子未经过加工精制的食物中，如花生酱、面包及麦片等；肉类食品中肾脏、心脏及猪肉里的含量最丰富。

4. 生理功能

维生素 B_1 是 α-酮酸氧化脱羧酶的辅酶（又称羧化辅酶），催化单糖代谢中间产物 α-酮酸（例如丙酮酸、α-酮戊二酸）的氧化脱羧反应，促进糖代谢，为神经活动提供能量，功能部位在噻唑环的 C_2 上。维生素 B_1 还可抑制胆碱酯酶的活性，保持神经正常传导功能；促进肠胃蠕动，增加消化液的分泌，因而能促进食欲。

5. 缺乏症及过量表现

缺乏维生素 B_1 有以下症状：

（1）脚气病。脚气病是因维生素 B_1 严重缺乏而引起的多发性神经炎。患者的周围神经末梢及臂神经丛均有发炎和退化现象，伴有心肌受累、四肢麻木、肌肉瘦弱、烦躁易怒和食欲不振等症状。同时因丙酮酸脱羧作用受阻，组织和血液中乳酸量大增，湿性脚气病还伴有下肢水肿。

（2）中枢神经和肠胃糖代谢失常。缺乏维生素 B_1 时，不仅周围神经的结构和功能受损，中枢神经系统也同样受害。因为神经系统（特别的大脑）所需的能量，基本由血糖氧化供给，当糖代谢受阻时，神经组织也就发生反常现象。

摄入过量的硫胺素（维生素 B_1）很容易通过肾脏排出。尽管大剂量非肠胃道途径进入体内时有毒性表现，但没有硫胺素进口给药中毒的证据。每天口服 500 mg，持续 1 个月未发现毒性。

（二）维生素 B_2

1. 概念及结构

维生素 B_2 又称核黄素，是一种核糖醇与 6，7-二甲基异咯嗪的缩合物（图 7-6），在自然界多与蛋白质结合成黄素蛋白。

2. 理化性质

维生素 B_2 为橘黄色的针状晶体，味苦，微溶于水，极易溶于碱性溶液。维生素 B_2 对热稳定，在 120 ℃ 加热 6 h 仅少量破坏；对酸和中性 pH 值也稳定，在碱性条件下迅速分解；在光照下转变为光黄素和光色素，并产生自由基，破坏其他营养成分，产生异味，如牛奶的日光臭味即由此产生。

图 7-6 维生素 B_2 的化学结构

维生素 B_2 的水溶液具有黄色的荧光，在紫外线与可见光部分中，它的最大吸收光带位于 225 nm、269 nm、273 nm、455 nm 和 565 nm 等处，据此可进行维生素 B_2 的定量分析。

3. 食物来源

维生素 B_2 是水溶性维生素，容易消化和吸收，被排出的量随体内的需要及可能随蛋白质流失的程度而有所增减；它不会蓄积在体内，所以时常要以食物或营养补品来补充。

维生素 B_2 在各类食品中广泛存在，但通常动物性食品中的含量高于植物性食物，如各种动物的肝脏、肾脏、心脏、蛋黄、鳝鱼及奶类等。许多绿叶蔬菜和豆类中含量也多，谷类和一般蔬菜中含量较少。因此，为了充分满足机体的要求，除了尽可能利用动物肝脏、蛋、奶等动物性食品外，应该多吃新鲜绿叶蔬菜、各种豆类和粗米粗面，并采用各种措施，尽量

拓展知识
常见食物中维生素 B_1 的含量

科学史话
★ 1879 年，英国化学家布鲁斯发现，牛奶的上层乳清中漂浮着一种黄绿色的荧光色素，臭味鲜香，但因缺乏有效的提纯方法，布鲁斯一直没能成功提取出该物质。直到 1933 年，美国科学家库恩终于从 1 000 g 牛奶中得到了这种橙黄色物质，并在 1935 年成功地确定了其化学结构，并进行了人工合成。而瑞士科学家卡勒等也在同年独立完成了同样的工作，并测定其分子结构上具有一个核糖醇，于是将它命名为核黄素。该名称于 1952 年被国际生物化学命名委员会正式采纳。又因为核黄素是 B 族维生素大家庭中第二个被发现的成员，故又名为维生素 B_2。

拓展知识
常见食物中维生素 B_2 的含量

减少维生素 B_2 在食物烹调、储藏过程中的损失。

4. 生理功能

维生素 B_2 有以下生理功能：

（1）参与体内生物氧化与能量代谢。

（2）参与细胞的生长代谢。

（3）参与维生素 B_6 和烟酸的代谢。

（4）参与机体铁的吸收、储存和动员。

（5）具有抗氧化活性。

5. 缺乏症及过量表现

膳食中的大部分维生素 B_2 是以黄素单核苷酸（FMN）和黄素腺嘌呤二核苷酸（FAD）辅酶形式和蛋白质结合存在。进入胃后，在胃酸的作用下，与蛋白质分离，在上消化道转变为游离型维生素 B_2 后，在小肠上部被吸收。当摄入量较大时，在肝、肾中常有较高的浓度，但身体储存维生素 B_2 的能力有限，一旦超出肾脏的阈值，多余的维生素 B_2 就会通过泌尿系统以游离形式排出体外，因此每日身体组织的需要必须由饮食供给。维生素 B_2 每人每天需要量为儿童 0.6 mg，成人 1.6 mg。

膳食中长期缺乏维生素 B_2，会导致眼角膜以及口角处血管增生，引起舌炎、口角炎、阴囊炎、眼角膜炎等病症。

维生素 B_2 摄取过多，可能引起瘙痒、麻痹、流鼻血、灼热感、刺痛等。

（三）泛酸

1. 概念及结构

泛酸广泛存在于生物界，又名遍多酸，它在酵母、肝、肾、蛋、瘦肉、脱脂奶、豌豆、花生、甘薯等的含量都较为丰富，糙米中含泛酸 1.7 mg/（100 g），小麦含 1.0～1.5 mg/（100 g），玉米含 0.46 mg/（100 g），人体肠道细菌及植物都能合成泛酸。泛酸由一分子 β- 丙氨酸与一分子 α，γ- 二羟 -β，β- 二甲基丁酸缩合而成（图 7-7），是辅酶 A 的组分。

图 7-7 泛酸的化学结构

2. 理化性质

泛酸为淡黄色黏性油状物，溶于水和醋酸，不溶于氯仿和苯。在酸、碱、光及热等条件下都不稳定，可分裂为 β- 丙氨酸及其他产物。在中性溶液中对湿热、氧化和还原都稳定。

3. 食物来源

泛酸在酵母、肝、肾、蛋、瘦肉、脱脂奶、豌豆、花生、甘薯等食品中的含量都较为丰富，加之肠道细菌也能合成，供给人体需要，故极少发生缺乏症。

4. 生理功能

辅酶 A 是泛酸的活性形式，是酰基转移酶的辅酶，对糖、脂、蛋白质代谢过程中的酰基转移有重要作用。

泛酸参与体内能量的制造，并可以控制脂肪的新陈代谢，是大脑和神经必需的营养物质。泛酸有助于体内抗压力激素（类固醇）的分泌；可以保持皮肤和头发的健康；帮助细胞的形成，维持正常发育和中枢神经系统的发育；对于维持肾上腺的正常机能非常重要；是脂肪和糖类转变成能量时不可缺少的物质；是抗体的合成、人体利用对氨基苯甲酸和胆碱的必需物质。

泛酸的加氢产物叫作泛醇，外用可以加强正常皮肤水合功能，有改善干燥、粗糙、脱屑、止痒的效果。泛酸还可以减轻维A酸治疗时出现的相关皮肤不适。

5. 缺乏症及过量表现

缺乏泛酸可引起皮炎。大白鼠缺乏泛酸，毛发变灰白，并自行脱落，毛与皮的色素形成可能与泛酸有关。

目前尚无报告指出摄取过量泛酸会引起副作用，有试验结果表明，在服用药物的同时大量摄取泛酸钙的话，可能会出现某种风险和症状。在动物试验中存在因过度摄取泛酸而引起脱发等损害健康的报告。

（四）维生素PP

1. 概念及结构

维生素PP又称抗癞皮病维生素，包括尼克酸和尼克酰胺，两者在体内主要以尼克酰胺形式存在，因其可由烟碱氧化制得，所以又称为烟酸和烟酰胺（图7-8）。

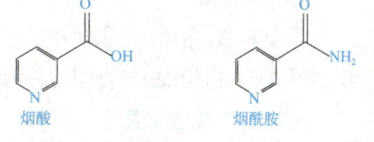

图7-8 烟酸和烟酰胺的化学结构

2. 理化性质

尼克酸及尼克酰胺为无色晶体，前者熔点为236 ℃，后者熔点为129～131 ℃，溶于水及酒精。尼克酸是维生素中最稳定的一种，不为光、空气、热所破坏，在酸性或碱性溶液中也很稳定，尼克酰胺在酸性溶液中加热可转变为尼克酸。

3. 食物来源

维生素PP在自然界分布广泛，肉类、谷物及花生含量丰富。在体内色氨酸可转变成尼克酰胺，成人男子体内60 mg色氨酸可合成1 mg尼克酰胺。

4. 生理功能

维生素PP有以下生理功能：

（1）作为脱氢酶的辅酶起到递氢体的作用。

（2）维持神经组织的健康。尼克酰胺对中枢及交感神经系统有维护作用。

（3）尼克酸可使血管扩张，使皮肤发赤发痒，尼克酰胺无此作用。大剂量尼克酸有降低血浆胆固醇和脂肪的作用。

5. 缺乏症及过量表现

烟酸广泛存在于动物体内，在体内色氨酸也可以转变为烟酸，故人体一般不会缺乏。若人体缺乏烟酸时会引发癞皮病。癞皮病患者的中枢及交感神经系统、皮肤、胃、肠等皆受不良影响，主要症状为两手及其裸露部位呈现对称性皮炎，中枢神经方面的症状为头痛、头昏、易刺激、抑郁等。

烟酸摄入过多可能导致皮炎、瘙痒、消化道不适、水肿以及昏迷等副作用。

（五）维生素B₆

1. 概念及结构

维生素B₆又称吡哆素，包括吡哆醇、吡哆醛及吡哆胺三种化合物，这三者都是嘧啶的衍生物（图7-9）。维生素B₆在体内以磷酸酯的形式存在。

科学史话

★1926年，戈德伯格等人发现VB₅中含有预防和治疗糙皮病的因子，1937年，科学家分离出烟酸，不久又在肝脏中获得烟酰胺。由于生理作用相仿，故一起被命名为抗糙皮病维生素，简称为维生素PP。

拓展知识

常见食物中烟酸的含量

科学史话

★1934年，匈牙利科学家发现了维生素B₆；1938年，确定了吡哆醇为维生素B₆复合物的一部分；1939年，确定了其化学结构并实现了人工合成。1942年，发现了具有维生素B₆活性的吡哆醛和吡多胺。

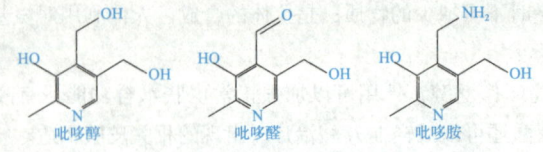

图 7-9 吡哆醇、吡哆醛及吡哆胺的化学结构

拓展知识 常见食物中维生素 B_6 的含量

2. 理化性质

吡哆素为无色晶体，易溶于水及乙醇，在酸液中稳定，在碱液中易被破坏，对光不稳定，吡哆醇耐热，吡哆醛和吡哆胺不耐高温。

3. 食物来源

维生素 B_6 在动植物界分布很广，麦胚、米糠、大豆、花生、酵母、肝脏、鱼、肉等食品中含量都比较多。

4. 生理功能

维生素 B_6 在体内以磷酸酯形式存在，磷酸吡哆醛、磷酸吡哆胺是其活性形式。维生素 B_6 作为辅酶在体内积极参与各种氨基酸代谢，是转氨酶、脱羧酶的辅酶。

5. 缺乏症及过量表现

长期缺乏维生素 B_6，会引起皮肤发炎，表现为脂溢性皮炎、口炎、口唇干裂、舌炎、易激怒、抑郁等。人与动物的肠道中微生物可合成维生素 B_6，但其量甚微，还是要从食物中补充。人体维生素 B_6 需要量与蛋白质摄入量多寡有很大关系，若蛋白质摄食量过多，应大量补充维生素 B_6，以免缺乏。

摄入维生素 B_6 每天大于 50 mg，可引起神经系统副作用，如手脚发麻和肌肉无力等。

（六）维生素 B_7

1. 概念及结构

维生素 B_7 又称生物素、维生素 H、辅酶 R，为含硫维生素，是由脲和带有戊酸侧链的噻吩组成的（图 7-10）。它是合成维生素 C 的必要物质，是脂肪和蛋白质正常代谢不可或缺的物质，是维持人体自然生长、发育和正常人体机能健康必要的营养素。

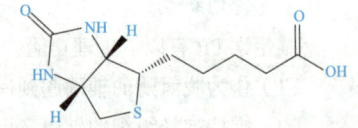

图 7-10 维生素 B_7 的化学结构

拓展知识 常见食物中维生素 H 的含量

2. 理化性质

生物素为无色的细长针状晶体，熔点 232 ℃，微溶于水，能溶于热水和乙醇，但不溶于乙醚及氯仿。在中等强度的酸及中性溶液中可稳定数日，在碱性溶液中稳定性较差。在普通温度下相当稳定，但高温和氧化剂可使其丧失活性。

3. 食物来源

生物素在动植物中广泛分布，韭菜、酵母、蛋黄、肝、肾等含有丰富的生物素，肠道细菌也能合成生物素供人体需要，一般不易发生缺乏症。

4. 生理功能

生物素有以下生理功能：

（1）维持上皮组织结构的完整和健全。生物素是维持机体上皮组织健全所必需的物质。

（2）增强机体免疫反应和抵抗力。生物素能增强机体的免疫反应和感染的抵抗力，稳定正常组织的溶酶体膜，维持机体的体液免疫、细胞免疫并影响一系列细胞因子的分泌。大剂量可促进胸腺增生，若与免疫增强剂合用，可使免疫力增强。

5. 缺乏症及过量表现

人和动物肠道中有些微生物能合成生物素，故一般很少发生缺乏症。但一些特殊情况下，如长期服用抗生素或某些药物、孕期等，易患生物素缺乏症。生物素缺乏的常见症状包括皮肤干燥、脱发、指甲变脆、口腔周围皮炎、结膜炎、舌炎、共济失调、精神沮丧、疲劳等。

若摄入过量生物素会导致营养失衡、胃肠不适、过敏反应等。

（七）叶酸

1. 概念及结构

叶酸又称维生素 B_{11}、蝶酰谷氨酸等，是一种水溶性维生素，因绿叶中含量十分丰富而得名。叶酸在自然界中有几种存在形式，其母体化合物是由蝶啶、对氨基苯甲酸和 L- 谷氨酸 3 种成分结合而成。叶酸含有 1 个或多个谷氨酰基，天然存在的叶酸大多是多谷氨酸形式。叶酸的生物活性形式为 5，6，7，8- 四氢叶酸（FH_4）(图 7-11)。

图 7-11　叶酸和 5，6，7，8- 四氢叶酸的化学结构

2. 理化性质

叶酸为黄色结晶，微溶于水，但其钠盐极易溶于水，不溶于乙醇。在酸性溶液中易被破坏，对热也不稳定，在室温中易损失，见光极易被破坏。

3. 食物来源

叶酸广泛分布于绿叶植物中，如菠菜、甜菜、硬花甘蓝等绿叶蔬菜，在动物性食品（肝脏、肾、蛋黄等）、水果（柑橘、猕猴桃等）和酵母中也广泛存在，但在根茎类蔬菜、玉米、猪肉中含量较少。

4. 生理功能

叶酸在体内有主动吸收和扩散被动吸收两种方式，吸收部位主要在小肠上部。还原型叶酸的吸收率较高，谷氨酰基越多吸收率越低，葡萄糖和维生素 C 可促进吸收。吸收后的叶酸在体内存于肠壁、肝、骨髓等组织中，被叶酸还原酶还原成具有生理活性的四氢叶酸，参与嘌呤、嘧啶的合成。因此，叶酸在蛋白质合成及细胞分裂与生长过程中具有重要作用，对正常红细胞的形成有促进作用。缺乏时，可致红细胞中血红蛋白生成减少、细胞成熟受阻，导致巨幼红细胞性贫血。

四氢叶酸是转移一碳基团（如甲酰基、羟甲基等）酶系的辅酶，是一碳基团的载体，促进正常血细胞形成。

5. 缺乏症及过量表现

叶酸作为机体细胞生长和繁殖必不可少的维生素之一，缺乏会对人体正常的生理活动产生影响。许多文献报道，缺乏叶酸与神经管畸形、巨幼细胞贫血、唇腭裂、抑郁症、肿瘤等疾病有直接关系。

叶酸过量会导致神经系统功能紊乱、腹泻、恶心、呕吐、皮肤瘙痒等。过量的叶酸还可

科学史话

★早在1931年，印度孟买产科医院的医生 Lucy Wills 博士发现，酵母或肝脏抽提物可以改善妊娠妇女的巨幼红细胞性贫血，因此认为这些抽提物中含有某种抗贫血因子。

1935年，有人在酵母和肝脏浓缩物中发现了抗猴子贫血的因子，取名为 VM；1939年，又有人在肝中发现了抗鸡贫血的因子，称为 VBc。

1941年，美国学者 Mitchell 等人在菠菜中发现了乳酸链球菌的一个生长因子，因主要来源于植物叶，故命名为叶酸。

1945年，Angier 等人在合成蝶酰谷氨酸时发现，上述发现均为同一种物质，此外，他们还完成了叶酸结构的测定。

拓展知识
常见食物中叶酸的含量

能影响维生素 B_{12} 的吸收和利用，导致维生素 B_{12} 缺乏。此外，叶酸过量还可能干扰锌的代谢，影响胎儿的生长发育。

（八）维生素 B_{12}

1. 概念及结构

维生素 B_{12} 是含钴的化合物，又称钴维生素或钴胺素，是唯一含金属元素的维生素。自然界中的维生素 B_{12} 都是微生物合成的，高等动植物不能制造维生素 B_{12}。维生素 B_{12} 在体内因结合的基团不同，可有多种存在形式，如氰钴胺素、羟钴胺素、甲基钴胺素、5'-脱氧腺苷钴胺素（图7-12），后两者是其活性形式，也是血液中存在的主要形式。

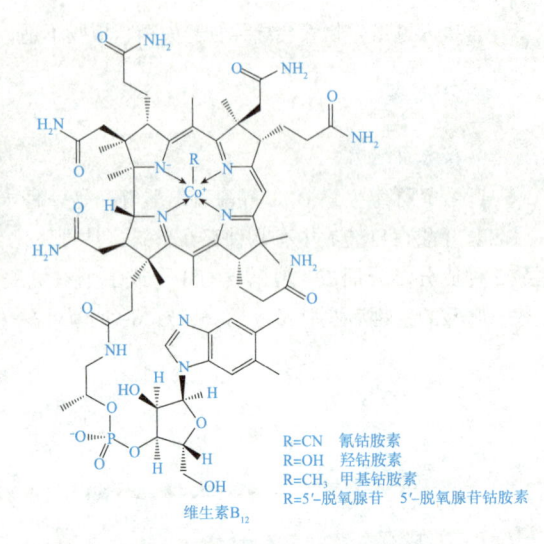

R=CN　氰钴胺素
R=OH　羟钴胺素
R=CH₃　甲基钴胺素
R=5'-脱氧腺苷　5'-脱氧腺苷钴胺素

图 7-12　维生素 B_{12} 的化学结构

2. 理化性质

维生素 B_{12} 为浅红色的针状结晶，熔点甚高，溶于水、乙醇和丙酮，不溶于氯仿。其晶体及水溶液都相当稳定。但酸、碱、日光、氧化和还原都能使之破坏，有光活性。

3. 食物来源

自然界中的维生素 B_{12} 主要是通过草食动物的瘤胃和结肠中的细菌合成的，因此，其膳食来源主要为动物性食品。其中动物内脏、肉类、蛋类是维生素 B_{12} 的丰富来源。豆制品经发酵会产生一部分维生素 B_{12}。人体肠道细菌也可以合成一部分。

4. 生理功能

维生素 B_{12} 辅酶作为甲基的载体参与同型半胱氨酸甲基化生成蛋氨酸的反应，维生素 B_{12} 可将 5-甲基四氢叶酸的甲基移去形成四氢叶酸，便于叶酸参与嘌呤、嘧啶的生物合成。维生素 B_{12} 作为甲基丙二酸辅酶 A 异构酶的辅酶参与甲基丙二酸-琥珀酸的异构化反应。维生素 B_{12} 还具有促进蛋氨酸与谷氨酸的生物合成、维持正常的造血功能等作用。

5. 缺乏症及过量表现

缺乏维生素 B_{12} 会导致人体造血器官功能失常，不能正常产生红血细胞，从而引发恶性贫血；缺乏维生素 B_{12} 还会导致消化道上皮组织细胞失常、儿童及幼龄动物发育不良、髓磷脂的生物合成减少、神经系统损害等。

维生素 B_{12} 过量的症状包括食欲缺乏、尿酸高、过敏等。过多的维生素 B_{12} 会增加身体负担，可能刺激胃部导致食欲不振。此外，维生素 B_{12} 过量还可能影响尿酸的排泄，导致尿酸升高。免疫系统的过度反应也可能引发过敏现象，如皮肤瘙痒、皮疹等。长期过量服用维生素 B_{12} 还可能损害神经系统，导致头晕、头痛等不适症状，甚至可能诱发其他疾病，如痛风、鼻咽炎、肺水肿、缺铁性贫血、低钾血症等。

（九）维生素 C

1. 概念及结构

维生素 C 具有防治坏血病的功能，因此又称为抗坏血酸。维生素 C 是含有 6 个碳原子的酸性多羟基化合物（图 7-13）。分子中 C_2 及 C_3 位上两个相邻的烯醇式羟基易解离而释放出 H^+，故具有酸的性质，同时又易失去氢原子而具有强的还原性。

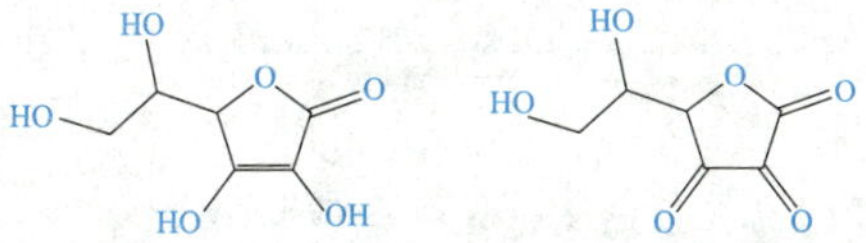

图 7-13　L- 抗坏血酸和 L- 脱氢抗坏血酸的化学结构

维生素 C 有 4 种异构体：D- 抗坏血酸、D- 异抗坏血酸、L- 抗坏血酸和 L- 脱氢抗坏血酸。其中自然界中天然存在的是 L- 抗坏血酸，其生物活性最高。

2. 理化性质

维生素 C 为无色晶体，熔点 192 ℃，味酸，溶于水及乙醇，不溶于脂肪及有机溶剂。在酸性环境中稳定，但在有氧、热、光和碱性环境下不稳定，特别是有氧化酶及铜、铁等金属离子存在时，可促进其氧化破坏。酸性、冷藏及未暴露于空气中的食品中维生素 C 破坏缓慢。

维生素 C 具有很强的还原性，很容易被氧化成脱氢维生素 C，但此反应是可逆的，并且抗坏血酸和脱氢抗坏血酸具有同样的生理功能，但脱氢抗坏血酸若继续氧化，生成二酮古乐糖酸，则反应不可逆而完全失去生理效能。维生素 C 可还原 2, 6- 二氯靛酚使之褪色，也可与 2, 4- 二硝基苯肼结合生成有色的脎，依此可进行定性或定量测定。

3. 食物来源

食物中的维生素 C 主要存在于新鲜的蔬菜水果中，人体不能合成。水果中新枣、酸枣、橘子、山楂、柠檬、猕猴桃、沙棘和刺梨等含量较高；蔬菜中绿叶蔬菜、青椒、番茄、大白菜等含量较高。

4. 生理功能

维生素 C 有以下生理功能：

（1）维生素 C 可作为氢载体，参与体内的氧化还原反应。如保持巯基酶的活性和谷胱甘肽的还原态；还原高铁血红蛋白为血红蛋白，恢复其运氧能力；促进肠道内铁的吸收；保护维生素 A、E 等免受氧化等。

（2）维生素 C 可作为羟基化酶的辅酶，参与体内多种羟化反应。如促进胶原蛋白的合成；参与胆固醇、芳香族氨基酸代谢等。

（3）维生素 C 具有抗病毒作用，可刺激免疫系统，提高机体免疫力。

（4）维生素 C 具有解毒、预防癌症功能。体内补充大量的维生素 C 后，可以缓解铅、汞、镉、砷等重金属对机体的毒害作用。维生素 C 还可以阻断致癌物 N- 亚硝基化合物合成，预防癌症。

（5）维生素 C 可清除自由基。维生素 C 可通过逐级供给电子而转变为半脱氢抗坏血酸和脱氢抗坏血酸的过程，清除体内自由基，使生育酚自由基重新还原成生育酚。

5. 缺乏症及过量表现

由于人体内不能合成自身所需的维生素 C，当人体缺乏维生素 C 时，可能会引起多种症状，其中最显著的是坏血病，最初表现是皮肤局部发炎、食欲不振、呼吸困难和全身疲倦，后来则是内脏、皮下组织、骨端或齿龈等处的微血管破裂出血，严重的可导致死亡。

维生素 C 过量会引起尿路结石、妇女生育能力下降、肠蠕动增加、血管内溶血或凝血，有时可导致白细胞吞噬能力下低，引起白癜风。孕妇服用大剂量时，可能产生婴儿坏血病。

科学史话

★维生素 C 缺乏导致的坏血病是最早被发现的维生素缺乏病之一，早在公元前 1550 年就有坏血病的记载。公元前 450 年，希腊的医学资料记载了坏血病的症状。15—16 世纪，坏血症曾波及整个欧洲。1747 年，英国一名海军军医首次发现柑橘和柠檬能治疗坏血病。1928 年，剑桥大学的学者从牛肾上腺素、柑橘和甘蓝叶分离出抗坏血酸。到 20 世纪 30 年代，科学家们阐明了维生素 C 的结构，并成功合成了维生素 C。

行业快讯

★目前全球 70% 以上的维生素产自我国，中国维生素产业市场规模整体呈现上涨态势，数据显示，2022 年中国维生素行业市场规模约为 114.2 亿元，同比增长 11.6%。各细分品种中，维生素 B 族、维生素 E、维生素 C 和维生素 A 市场份额最大，维生素 B 族占比 33%，维生素 E 占比 30%，维生素 C 占比 21%，维生素 A 占比 13%，其他维生素的市场份额最小，占比 3%。

知识任务三 维生素与食品加工

问题引导：
1. 维生素在食品加工及储藏过程中有哪些变化？
2. 维生素可应用于食品加工及储藏的哪些方面？
3. 如何避免维生素在食品加工及储藏过程中的损失？

一、维生素在食品加工及储藏过程中的变化

（一）加热

1. 热烫

热烫是食品在冷冻、干燥或罐制前常用的加热方法，通过这种处理可以钝化影响产品品质的酶类，减少微生物污染及除去空气，有利于食品储存期间保持维生素的稳定。但烫漂往往造成水溶性维生素大量流失，其损失程度与 pH 值、烫漂的时间和温度、含水率、切口表面积、烫漂类型及成熟有关。在水中热烫时，水溶性维生素的损失随接触时间的延长而增加，但脂溶性维生素受影响的程度较轻，蒸汽热烫可以较好地保存水溶性维生素。

2. 巴氏杀菌

巴氏杀菌的温度较低，只够杀灭病原菌和一些酶类。采用巴氏杀菌的食品大多具有较低的自然 pH 值或者经过发酵产生了酸性的环境。因此，对维生素的损失不大，但是氧化损失会比较高。

（二）冷藏或冷冻

就维生素的保存率而言，冷藏是保藏食品的最好方法。单就冷藏操作本身来说，维生素的损失很少或者可以忽略不计。

冷冻通常被认为是保持食品的感官性状、营养及长期保藏的最好方法。冷冻一般包括预冻结、冻结、冻藏和解冻。预冻结前的烫漂会造成水溶性维生素的损失，预冻结期间只要食品原料在冻结前储存时间不长，维生素的损失就小。冻藏温度对维生素 C 的影响很大，动物性食品（如猪肉）在冻藏期间维生素损失大。解冻对维生素的影响主要表现在水溶性维生素，动物性食品损失的主要是 B 族维生素。

（三）脱水

脱水干燥是应用较多的一种食品保藏方法。常用的干燥方法有自然干燥、烘房干燥、隧道式干燥、滚筒干燥、喷雾干燥和冷冻干燥等。在脱水过程中最不稳定的维生素是维生素 C。维生素 C 由于对热不稳定，干燥损失为 10%～15%，但冷冻干燥对其影响很小。喷雾干燥和滚筒干燥时乳中硫氨素的损失分别为 10% 和 15%，而维生素 A 和维生素 D 极少损失。蔬菜烫漂后空气干燥时，硫胺素的损失平均为豆类 5%、马铃薯 25%、胡萝卜 29%。

（四）发酵

食品发酵过程对维生素的损失并不严重，但发酵完成后的储藏过程会使维生素损失增加。

（五）盐渍

用干盐盐渍会减少水溶性维生素的损失。而在盐浓度高时，会有较多的液体渗出，又会增加水溶性维生素的损失。

（六）碾磨

碾磨是谷物所特有的加工方式，谷物在磨碎后其维生素含量有所降低，且降低程度与种子的胚乳和胚、种皮的分离程度有关。谷物精制程度越高，维生素损失越严重。例如，小麦在碾磨成面粉时，出粉率不同，维生素的存留也不同。

（七）添加剂和包装

在食品加工中，为防止食品腐败变质及提高其感官性状，通常加入一些添加剂，其中有的对维生素有一定的破坏作用，有的对维生素有保护作用。例如维生素 A、维生素 C 和维生素 E 易被氧化剂破坏，因此在面粉中使用漂白剂会降低这些维生素的含量或使它们失去活性；SO_2 或亚硫酸盐等还原剂对维生素 C 有保护作用，但因其亲核性会导致维生素 B_1 的失活；亚硝酸盐常用于肉类的发色与保藏，但它作为氧化剂引起类胡萝卜素、维生素 C、维生素 B_1 和叶酸的损失；果蔬加工中添加的有机酸可减少维生素 C 和硫胺素的损失；碱性物质会增加维生素 C、硫胺素和叶酸等的损失。

（八）储藏

新鲜食物在储藏和运输过程中都会发生维生素的损失。罐头食品或干制食品在储藏和销售过程中的维生素损失取决于它所处的温度。在低温下较长时间储存食品所引起的营养素损失主要是由包装的透气性和透光性所致。

二、维生素在食品加工及贮藏过程中的应用

（一）用作抗氧化剂

1. 抗坏血酸

抗坏血酸的抗氧化性能受到食品体系中氧化还原电位、作用时间、pH 值、氧、微量金属元素、酶和其他氧化剂的影响。

抗坏血酸具有清除溶液中氧的能力，因此，常用在罐装或瓶装产品中，特别是用在带有空气顶空的饮料中。当作为氧的清除剂时，抗坏血酸是一种还原剂，它的氢原子能够转移到氧上，使氧不能够进一步发挥作用，这时抗坏血酸氧化成脱氢抗坏血酸。脱氢抗坏血酸又能起到氧化剂的作用，从还原剂如硫化氢基团中除去氢。抗坏血酸和脱氢抗坏血酸是维生素的相反形式，并且两者都具有生理活性。

在有重金属存在的情况下，抗坏血酸螯合阳离子，结合重金属，促进氧化。当与重金属螯合时，抗坏血酸会失去生理维生素活性。

抗坏血酸在水果和蔬菜加工中用于控制酶促褐变，并常常用于防止花生酱、土豆片、啤酒、软饮料、香味物质等的氧化。

2. 抗坏血酸棕榈酸酯

抗坏血酸棕榈酸酯是一种脂溶的抗坏血酸和棕榈酸的酯。用作食品的防腐剂时，与生育酚有增效作用，具有极强的抗氧化性。抗坏血酸棕榈酸酯主要用在植物油中，并与天然存在

> **拓展知识**
>
> ★谷物中维生素、矿物质和含赖氨酸较高的蛋白质集中在谷粒的外部，向胚乳内部则逐渐降低。精制后谷物的 B 族维生素含量甚至可降低到原来的 15% 以下。精制程度越高则损失越严重，如小麦粉和大米进行精制加工时，维生素 E 的损失约达 70%。

的生育酚一起增加脂溶性和增效活性。

3. 维生素E

维生素E是自然界提供的最为广泛的抗氧化剂，也是植物油的主要抗氧化剂。自然存在的维生素E是热敏物质，在其不利条件下容易氧化，因此在加工过程中会损失。

维生素E在保护动物油脂、类胡萝卜素和维生素中起着极大的作用，常用作腊肉、烘烤食品、花生油等的抗氧化剂。

（二）用作色素

类胡萝卜素特别是它的同质合成对应物β-胡萝卜素、鸡油菌素等都是重要的食用色素，使食品呈黄、红和橘红颜色。β-胡萝卜素可用于着色黄油、起酥油、花生、奶酪、烘烤食品、糖果、冰激凌等。

（三）其他用途

在食品加工中，维生素还有很多其他方面的应用。

以抗坏血酸为例，在葡萄酒中，抗坏血酸除了做抗氧化剂外，还与葡萄酒中的亚硫酸结合，稳定酒的氧化还原电位，以保持葡萄酒的滋味、风味和澄清；在腌肉中阻止致癌物质亚硝胺的形成，并起到强化腊肉特有颜色和增加颜色稳定性的作用；在很多食品中防止由于酶作用生成黑色素而引起的变黑。

抗坏血酸也用作面团的改良剂，因为它能强化面筋，经强化的面团，在保存发酵过程中，酵母释放二氧化碳的能力得到了改善，增加了重量，增加了加工适应性，还减少了面团改良所需要的时间。

> **拓展知识**
>
> ★抗坏血酸棕榈酸酯为棕榈酸与L-抗坏血酸等天然成分酯化而成，其化学式为$C_{22}H_{38}O_7$，是一种高效的氧清除剂和增效剂，被世界卫生组织食品添加剂委员会评定为具有营养性、无毒、高效、使用安全的食品添加剂，是中国唯一可用于婴幼儿食品的抗氧化剂，用于食品可起到抗氧化、食品（油脂）护色、营养强化等功效。

技能任务一　2，6-二氯靛酚滴定法测定果蔬中抗坏血酸含量

任务工单
2，6-二氯靛酚滴定法测定果蔬中维生素C含量

扫码查标准
《食品安全国家标准 食品中抗坏血酸的测定》（GB 5009.86—2016）

> **问题引导：**
> 1. 2，6-二氯靛酚滴定法测定果蔬中抗坏血酸含量的原理是什么？
> 2. 如果样品含抗坏血酸过少或过多，应如何处理？

一、任务导入

维生素C又名抗坏血酸，是维持机体正常生理功能的重要维生素之一，人体不能自身合成，只能从食物中摄取。因此，食品中抗坏血酸含量的测定具有重要意义。

二、任务描述

还原型抗坏血酸能够还原染料2，6-二氯靛酚钠盐，本身被氧化成脱氧抗坏血酸。在酸

性环境中，2，6-二氯靛酚呈红色，被还原后变成无色。因此，可以用 2，6-二氯靛酚滴定样品中的抗坏血酸。当抗坏血酸全部被氧化后，稍多加一些染料，使滴定液呈淡红色，即为终点。如无其他杂质干扰，样品提取液所还原的标准染料量与样品中所含的还原型抗坏血酸的量成正比。

三、任务准备

各小组分别依据任务描述及试验原理，讨论后制定试验方案。

四、任务实施

（一）试验试剂

（1）2% 草酸。

（2）1% 草酸。

（3）标准抗坏血酸溶液（0.1 mg/mL）：准确称取 50.0 mg 纯抗坏血酸，溶于 1% 草酸溶液，并稀释至 500 mL。贮于棕色瓶中，冷藏，最好临用时配制。

（4）1% HCl 溶液。

（5）0.1% 浓度的 2，6-二氯靛酚溶液：溶 500 mg 2，6-二氯靛酚于 300 mL 含有 104 mg $NaHCO_3$ 的热水中，冷却后加水稀释到 500 mL，滤去不溶物，贮存于棕色瓶内，冷藏（4 ℃ 约可以保存一个星期），每次临用前用标准抗坏血酸标定。

（二）试验器材

电子天平、容量瓶 100 mL、微量滴定管 2 mL、量筒 50 mL、烧杯 50 mL、吸管、研钵、漏斗。

（三）操作步骤

1. 抗坏血酸的提取

新鲜水果和蔬菜类：用水洗净，用纱布或吸水纸吸干表面的水分，然后称取 20.0 g，加 2% 草酸 100 mL，置组织捣碎机内打成浆状。

称取浆状物 5.0 g，倒入 50 mL 容量瓶以 2% 草酸稀释至刻度。静置 10 min，过滤（最初 10 mL 滤液弃去），滤液备用。

2. 滴定

（1）标准液滴定。准确吸取抗坏血酸 1.0 mL（含 0.1 mg 抗坏血酸）置于 100 mL 锥形瓶中，加 9 mL 1% 草酸，微量滴定管以 0.1% 2，6-二氯靛酚滴定至淡红色，并保持 15 s 即为终点。由所用染料的体积计算出 1 mL 染料相当于多少 mg 抗坏血酸（表 7-1）。

表 7-1 标准液滴定数据记录表

平行样品编号	滴定前滴定管的读数	滴定后滴定管的读数	消耗的染料体积 /mL	每毫升染料能氧化抗坏血酸的质量数 /（mg·mL^{-1}）
1				
2				

技术提示

★ 抗坏血酸标准溶液及 2，6-二氯靛酚溶液不耐热、不耐光、易氧化，应 2～8 ℃ 低温避光保存，一周内使用。

"1+X" 粮农食品安全评价职业技能要求

★ 饮料加工安全评价（中级）：能够进行饮料中抗坏血酸检测。

技术提示

★ 滴定过程宜迅速，一般不要超过 2 min，滴定所用的染料不应少于 1 mL 或多于 4 mL。如果样品含抗坏血酸过少或过多，可酌量增减样液。

续表

平行样品编号	滴定前滴定管的读数	滴定后滴定管的读数	消耗的染料体积 /mL	每毫升染料能氧化抗坏血酸的质量数 / (mg·mL^{-1})
3				
T：每毫升染料能氧化抗坏血酸的质量数 / (mg·mL^{-1})（平均值）				

（2）样液滴定。准确吸取滤液两份，每份 10.0 mL，分别放入 100 mL 锥形瓶，滴定方法同前。

3. 计算

$$m = (VT/m_0) \times 100$$

式中　m——100 g 样品中所含的抗坏血酸的质量（mg）；
　　　V——滴定时用去的染料的体积数（mL）；
　　　T——每毫升染料能氧化抗坏血酸的质量数（mg/mL）；
　　　m_0——10.0 mL 样液相当于含样品的质量数（g）。

样液滴定数据记录表见表 7-2。

表 7-2　样液滴定数据记录表

平行样品编号	滴定前滴定管的读数	滴定后滴定管的读数	消耗的染料体积 /mL	m：100 克样品中所含的抗坏血酸的质量 /mg
1				
2				
3				
m：100 克样品中所含的抗坏血酸的质量 /mg（平均值）				

> **行成于思**
> ★请思考：
> 1. 怎样配制 200 mL 2% 的草酸？
> 2. 怎样配制 100 mL 1% HCl 溶液？
> 3. 公式中 m_0[10 mL 样液相当于含样品的质量数（g）]是怎样计算出来的？

五、任务总结

本次技能任务的试验现象和你预测的试验现象一致吗？如果不一致，问题可能出在哪里？你认为本次技能任务在操作过程中有哪些注意事项？你在本次技能任务中有哪些收获和感悟？（可上传至在线课相关讨论中，与全国学习者交流互动。）

试验操作视频
2,6-二氯靛酚滴定法测定果蔬中维生素 C 含量

六、成果展示

本次技能任务结束后，相信你已经有了很多收获，请将你的学习成果（试验过程及结果的照片和视频、试验报告、任务工单、检验报告单等均可）进行展示，与教师、同学一起互动交流吧。（可上传至在线课相关讨论中，与全国学习者交流互动。）

技能任务二　分光光度法测定鱼肝油中维生素 A 含量

问题引导：
1. 测定鱼肝油中维生素 A 含量的原理是什么？
2. 怎样判断无水乙醚中是否含有过氧化物？
3. 试验操作为何应在微弱光线下进行？

任务工单
分光光度法测定鱼肝油中维生素 A 含量

扫码查标准
《食品安全国家标准 食品中维生素 A、D、E 的测定》（GB 5009.82—2016）

一、任务导入

鱼肝油是从海鱼中提炼的一种脂肪油，主要成分是维生素 A 和维生素 D。维生素 A 可促进视觉细胞内感光色素的形成，降低夜盲症和视力减退的发生，维持正常的视觉反应。但维生素 A 摄入过量也会引起副作用，可损害脑组织等，因此，测定鱼肝油中维生素 A 含量具有十分重要的现实意义。

二、任务描述

维生素 A 的异丙醇溶液在 325 nm 波长处有最大吸收峰，其吸光度与维生素 A 的含量成正比。

三、任务准备

各小组分别依据任务描述及试验原理，讨论后制定试验方案。

四、任务实施

（一）试验试剂

（1）维生素 A 标准溶液：视黄醇 85%（或视黄醇乙酸脂 90%）经皂化处理后使用。称取一定量的标准品，用脱醛乙醇溶解使其浓度大约为 1 mg/mL。临用前需进行标定。取标定后的维生素 A 标准溶液配制成 10 IU/mL 的标准使用液。

（2）无水脱醛乙醇：取 2 g 硝酸银溶入少量水中。取 4 g 氢氧化钠溶于温乙醇中。将两者倾入盛有 1 L 乙醇的试剂瓶，振摇后，暗处放置两天（不时摇动促进反应）。取上层清液蒸馏，弃去初馏液 50 mL。

（3）酚酞：用 95% 乙醇配制成 1% 的溶液。

（4）1∶1 氢氧化钾。

（5）0.5 mol/L 氢氧化钾。

（6）无水乙醚：不含过氧化物。

（7）异丙醇。

（二）试验器材

分析天平、移液管、电热板、250 mL 三角瓶、分液漏斗、量筒、紫外分光光度计。

（三）操作步骤

1. 维生素 A 标准溶液标定

取维生素 A 溶液若干微升，用脱醛乙醇稀释 3.00 mL，在 325 nm 处测定吸光度，用此吸光度计算出维生素 A 的浓度。

$$C = \frac{A}{E} \times \frac{1}{100} \times \frac{3.0}{S \times 10}$$

式中　C——维生素 A 的浓度（g/mL）；
　　　A——维生素 A 的平均吸光度值；
　　　S——加入的维生素 A 溶液量（μL）；
　　　E——1% 维生素 A 的比吸光系数。

2. 样品处理

（1）皂化：称取 0.5～5 g 充分混匀的鱼肝油于三角瓶中，加入 10 mL 1∶1 氢氧化钾及 20～40 mL 乙醇，在电热板上回流 30 min。加入 10 mL 水，稍稍振摇，若有浑浊现象，表示皂化完全。

（2）提取：将皂化液移入分液漏斗，先用 30 mL 水分两次洗涤皂化瓶（若有渣，可用脱脂棉过滤），再用 50 mL 乙醚分两次洗涤皂化瓶，所有洗液并入分液漏斗，振摇 2 min（注意放气），静止分层后，水层放入第二分液漏斗。再用 30 mL 乙醚分两次洗涤皂化瓶，洗液倒入第二分液漏斗，振摇后静止分层，将水层放入第三分液漏斗，醚层并入第一分液漏斗。重复操作 3 次。

（3）洗涤：向第一分液漏斗的醚液中加入 30 mL 水，轻轻振摇，静止分层后放出水层。再加 15～20 mL 0.5 mol/L 的氢氧化钾溶液，轻轻振摇，静止分层后放出碱液。再用水同样操作至洗液不使酚酞变红为止。醚液静止 10～20 min 后，小心放掉析出的水。

（4）浓缩：将醚液经过无水硫酸钠滤入三角瓶，再用约 25 mL 乙醚洗涤分液漏斗和硫酸钠两次，洗液并入三角瓶。用水浴蒸馏回收乙醚，待瓶中剩余约 5 mL 乙醚时取下减压抽干，立即用异丙醇溶解并移入 50 mL 容量瓶中用异丙醇定容。

3. 绘制标准曲线

分别取维生素 A 标准使用液 0.00、1.00、2.00、3.00、4.00、5.00（mL）于 10 mL 容量瓶中用异丙醇定容。以零管调零，于紫外分光光度计上在 325 nm 处分别测定吸光度，绘制标准曲线。

4. 样品测定

取浓缩后的定溶液于紫外分光光度计上在 325 nm 处测定吸光度，通过此吸光度从标准曲线上查出维生素 A 的含量。

试验结果记录：

$$维生素 A（IU/100 g）= \frac{C \times V}{m} \times 100$$

式中　C——测出的样品浓缩后的定溶液的维生素 A 的含量（1 U/mL）；
　　　V——浓缩后的定溶液体积（mL）；
　　　m——样品的质量（g）。

技术提示

★ 无水乙醚中不含有过氧化物的检查方法：用 5 mL 乙醚加 1 mL 10% 碘化钾溶液，振摇 1 min，如有过氧化物则放出游离碘，水层呈黄色或加 4 滴 0.5% 淀粉溶液，水层呈蓝色。

虚拟仿真
紫外可见分光光度计的结构

五、任务总结

　　本次技能任务的试验现象和你预测的试验现象一致吗？如果不一致，问题可能出在哪里？你认为本次技能任务在操作过程中有哪些注意事项？你在本次技能任务中有哪些收获和感悟？（可上传至在线课相关讨论中，与全国学习者交流互动。）

六、成果展示

　　本次技能任务结束后，相信你已经有了很多收获，请将你的学习成果（试验过程及结果的照片和视频、试验报告、任务工单、检验报告单等均可）进行展示，与教师、同学一起互动交流吧。（可上传至在线课相关讨论中，与全国学习者交流互动。）

行成于思

★请思考：
1. 维生素A在加工过程中被破坏的途径有哪些？
2. 分光光度法测定鱼肝油中维生素A含量，样品为什么要进行皂化处理？
3. 食品中维生素A的测定还有哪些常用方法？其原理是什么？

技能任务三　液相色谱法测定婴幼儿食品中的维生素 B_{12}

问题引导：
1. 液相色谱法的测定原理是什么？
2. 氰化钾（或氰化钠）的作用是什么？
3. 哪些样品提取时可不使用氰化钾？

任务工单
液相色谱法测定婴幼儿食品中的维生素 B_{12}

一、任务导入

　　维生素 B_{12} 又称为钴胺素，是合成红细胞的必要元素。人体内无法合成维生素 B_{12}，只能从食物中获取，植物中不含有维生素 B_{12}。缺乏维生素 B_{12} 会导致人体造血器官功能失常，不能正常产生红血细胞，从而引发恶性贫血。缺乏维生素 B_{12} 还会导致消化道上皮组织细胞失常、儿童及幼龄动物发育不良、髓磷脂的生物合成减少、神经系统损害等。因此，测定婴幼儿食品中的维生素 B_{12} 具有重要意义。

二、任务描述

　　试样经酶解后，用氰化钾（或氰化钠）溶液将钴胺素异构体（羟钴胺素、甲钴胺素和5-脱氧腺苷钴胺素等）转化为氰钴胺素。样液通过免疫亲和柱净化、浓缩后，反相液相色谱柱分离，紫外检测器检测，外标法定量。

扫码查标准
《食品安全国家标准 食品中维生素 B_{12} 的测定》（GB 5009.285—2022）

三、任务准备

各小组分别依据任务描述及试验原理，讨论后制定试验方案。

四、任务实施

（一）试验试剂

（1）无水乙酸钠（CH_3COONa）。

（2）乙酸（CH_3COOH）。

（3）甲醇（CH_3OH）：色谱级。

（4）乙腈（CH_3CN）：色谱级。

（5）三氟乙酸（CF_3COOH）：色谱级。

（6）氰化钾或氰化钠（KCN/NaCN）。

（7）胃蛋白酶（CAS 号：9001-75-6，活力 ≥ 400 U/mg）。

（8）淀粉酶（活力 ≥ 50 U/mg）。

（9）乙醇（C_2H_6O）。

（10）维生素 B_{12}（氰钴胺素）标准品（$C_{63}H_{88}CoN_{14}O_{14}P$，CAS 号：68-19-9）：纯度 ≥ 99%，或经国家认证并授予标准物质证书的标准品。

（二）试验器材

（1）液相色谱仪：带紫外检测器。

（2）分析天平：感量为 0.01 g、0.001 g 和 0.000 01 g。

（3）pH 计：精度 0.01。

（4）水浴恒温振荡器：温度范围 25 ～ 100 ℃。

（5）超声波清洗器。

（6）离心机：转速 ≥ 10 000 r/min。

（7）维生素 B_{12} 免疫亲和柱，柱容量 ≥ 800 ng，柱回收率 ≥ 85%。玻璃纤维滤纸。

（8）微孔滤膜：水相，0.22 μm。

（三）操作步骤

1. 样品提取

称取 5 ～ 10 g 试样（精确至 0.01 g）于 150 mL 具塞锥形瓶中，依次加入 30 mL 乙酸钠缓冲液、0.2 g 胃蛋白酶、0.05 g 淀粉酶和 2 mL 氰化钾（或氰化钠）溶液，充分混合。将样品溶液放入水浴恒温振荡器，在 37 ℃，酶解 30 min（肉类样品酶解 10 ～ 16 h），酶解后转入 100 ℃ 水浴，保持 30 min，取出冷却至室温。将样品溶液转移至 100 mL 容量瓶中，用水定容至刻度，摇匀。移取上述溶液 40 ～ 50 mL 离心管中，在 10 000 r/min 下离心 10 min，取上清液用玻璃纤维滤纸过滤后备用。

2. 净化

将免疫亲和柱连接至固相萃取装置上，弃去免疫亲和柱内的缓冲液后，移取适量上述滤液（其中含维生素 B_{12} 为 10 ～ 500 ng）过柱，调节过柱速度为 2 ～ 3 mL/min。待样液完全过柱后，用 10 mL 水以稳定流速淋洗免疫亲和柱，抽干。在免疫亲和柱下放置 10 mL 玻璃试管，用 3 mL 甲醇分 3 次洗脱，收集全部洗脱液，在 60 ℃ 以下用氮气流缓缓吹至近干，用 0.04% 三氟乙酸溶液定容至 1.0 mL，涡旋 30 s 溶解残留物，0.22 μm 滤膜过滤，待测。

3. 液相色谱参考条件

（1）色谱柱：CG 柱（柱长 150 mm，柱内径 4.6 mm，填料粒径 2.5 μm），或相当者。

（2）流动相：A 相，0.04% 三氟乙酸溶液；B 相，乙腈。

（3）梯度洗脱：0～6.0 min，90%A；6.0～8.5 min，90%～0%A；8.5～14.0 min，90%A。

（4）流速：0.8 mL/min。

（5）柱温：40 ℃。

（6）进样体积：100 μL。

（7）检测波长：361 nm。

4. 标准曲线的制作

将标准系列溶液由低浓度到高浓度依次注入液相色谱仪，测定相应的色谱峰面积，以维生素 B_{12} 的峰面积为纵坐标，以维生素 B_{12} 的浓度为横坐标绘制标准曲线。液相色谱图如图 7-14 所示。

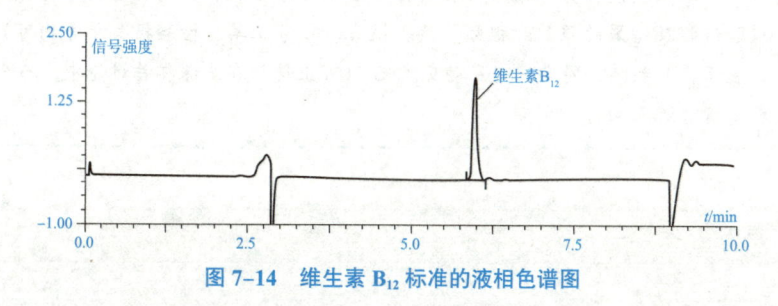

图 7-14　维生素 B_{12} 标准的液相色谱图

5. 样品测定

将待测样液注入液相色谱仪，得到待测溶液中维生素 B_{12} 的峰面积，根据标准曲线得到测定液中维生素 B_{12} 的浓度。待测样液中维生素 B_{12} 的响应值应在标准曲线的线性范围内，超过线性范围则应稀释上机溶液，或调整取样量重新按样品分析步骤处理后再进样分析。

6. 空白试验

不称取试样，按样品分析步骤操作，应不含有干扰待测组分的物质。

（四）试验数据记录与分析

试样中维生素 B_{12}（以氰钴胺素计）的含量按下式计算：

$$X = \frac{\rho \times V_1 \times V_3 \times 100}{m \times V_2 \times 1\,000}$$

式中　X——试样中维生素 B_{12} 的含量［μg/(100 g)］；

ρ——由标准曲线得到的试样溶液中维生素 B_{12} 的浓度（ng/mL）；

V_1——样品提取液的定容体积（mL）；

V_2——上柱溶液的体积（mL）；

V_3——试样过柱洗脱液的最终定容体积（mL）；

100——换算系数；

m——试样的取样量（g）；

1 000——换算系数。

当取样量为 5.00 g 时，婴幼儿食品和乳品、肉与肉制品的检出限为 0.2 μg/(100 g)，定量限为 0.5 μg/(100 g)。

计算结果保留两位有效数字。

> **技术提示**
> ★ 在重复性条件下获得的两次独立测定结果的绝对差值不得超过算术平均值的 15%。

五、任务总结

本次技能任务的试验现象和你预测的试验现象一致吗？如果不一致，问题可能出在哪里？你认为本次技能任务在操作过程中有哪些注意事项？你在本次技能任务中有哪些收获和感悟？（可上传至在线课相关讨论中，与全国学习者交流互动。）

行成于思

★请思考：
1. 本次试验中，样品提取步骤加入乙酸钠缓冲液、胃蛋白酶、淀粉酶和氰化钾（或氰化钠）溶液，分别有什么作用？
2. 食品中维生素 B_{12} 的测定还有哪些常用方法？其原理是什么？

六、成果展示

本次技能任务结束后，相信你已经有了很多收获，请将你的学习成果（试验过程及结果的照片和视频、试验报告、任务工单、检验报告单等均可）进行展示，与教师、同学一起互动交流吧。（可上传至在线课相关讨论中，与全国学习者交流互动。）

企业案例：NFC 苹果汁生产工艺流程及维生素 C 活性保护要点分析

中国苹果（图 7-15）年产量居世界首位，但大多以鲜食为主，加工产品主要是以浓缩苹果汁为主，种类较为单一，加工转化率较低。NFC 苹果汁（图 7-16）作为市面上新兴起的果汁，最大限度地保留了苹果的风味和营养成分，但存在口感较差、褐变增加、贮藏过程中易分层的问题。因此选择适当的果汁加工工艺，控制酶促褐变和非酶褐变，提高稳定性，是改善 NFC 果汁品质、开拓市场、满足消费者对品质要求的关键。

维生素 C 又称抗坏血酸，是人体必不可少的一类重要的维生素，但其性质不稳定，温度、光线、金属离子及碱性环境等因素对抗坏血酸的氧化都有促进作用。因此维生素 C 在饮料的加工和保藏过程中极易被氧化而失去活性。

某企业预备投资一条 NFC 苹果汁生产线，请你运用所学知识，帮助该企业设计 NFC 苹果汁加工工艺流程，并重点分析如何尽可能保护饮料中的维生素 C 活性。

图 7-15　新鲜苹果　　　　图 7-16　NFC 苹果汁

通过企业案例，同学们可以直观地了解企业在真实环境下面临的问题，探索和分析企业在解决问题时采取的策略和方法。

扫描下方二维码，可查看自己和教师的参考答案有何异同。

扫码查看
"企业案例"参考答案

拓展知识

★ NFC 是英文 Not From Concentrate 的缩写，中文称为"非浓缩还原汁"，是将新鲜原果清洗后压榨出果汁，经瞬间杀菌后直接灌装（不经过浓缩及复原），完全保留了水果原有的新鲜风味。

学习进行时

★ 青年是苦练本领、增长才干的黄金时期。"青春虚度无所成，白首衔悲亦何及。"当今时代，知识更新不断加快，社会分工日益细化，新技术新模式新业态层出不穷。这既为青年施展才华、竞展风采提供了广阔舞台，也对青年能力素质提出了新的更高要求。
——2019 年 4 月 30 日习近平在纪念五四运动 100 周年大会上的讲话

虚拟仿真
浓缩果汁加工 – 预处理 – 压榨

虚拟仿真
浓缩果汁加工 – 冷态开车（上）

虚拟仿真
浓缩果汁加工 – 冷态开车（下）

考核评价

请同学们按照下面的几个表格（表 7-3～表 7-5），对本项目进行学习过程考核评价。

表 7-3　学生自评表

评价项目	非常优秀（8～10）	做得不错（6～8）	尚有潜力（4～6）	奋起直追（2～4）
1.学习态度积极主动，能够及时完成教师布置的各项任务				
2.能够完整地记录探究活动的过程，收集的有关学习信息和资料全面翔实				
3.能够完全领会教师的授课内容，并迅速地掌握项目重难点知识与技能				
4.积极参与各项课堂活动，并能够清晰地表达自己的观点				
5.能够根据学习资料对项目进行合理分析，对所制定的技能任务试验方案进行可行性分析				
6.能够独立或合作完成技能任务				
7.能够主动思考学习过程中出现的问题，认识到自身知识的不足之处，并有效利用现有条件来解决问题				
8.通过本项目学习达到所要求的知识目标				
9.通过本项目学习达到所要求的能力目标				
10.通过本项目学习达到所要求的素质目标				
总评				
改进方法				

表 7-4　学生互评表

评价项目	非常优秀（8～10）	做得不错（6～8）	尚有潜力（4～6）	奋起直追（2～4）
1.按时出勤，遵守课堂纪律				
2.能够及时完成教师布置的各项任务				
3.学习资料收集完备、有效				
4.积极参与学习过程中的各项课堂活动				
5.能够清晰地表达自己的观点				
6.能够独立或合作完成技能任务				
7.能够正确评估自己的优点和缺点并充分发挥优势，努力改进不足				
8.能够灵活运用所学知识分析、解决问题				
9.能够为他人着想，维护良好工作氛围				
10.具有团队意识、责任感				
总评				
改进方法				

表 7-5　总评分表

	评价内容	得分	总评
总结性评价	知识考核（20%）		
	技能考核（20%）		
过程性评价	教师评价（20%）		
项目	学习档案（10%）		
	小组互评（10%）		
	自我评价（10%）		
增值性评价	提升水平（10%）		

项目八　万物之首、生命之源——水

项目背景

水是地球上常见的物质之一，地球表面约有 71% 被水覆盖。在人体内，水不仅是构成机体的主要成分，而且是维持生命活动、调节代谢过程不可缺少的重要物质。水是食品中重要的成分之一，水分活度反映了食品中的水分存在形式和能够被微生物利用的程度，食品的稳定性与水分活度紧密相关。因此，了解水的结构与特性、水分存在形式、水分活度的概念及其与食品稳定的关系，掌握食品加工过程中降低或保持水分含量的方法，具有十分重要的意义。

学习目标

知识目标	能力目标	素质目标
1. 掌握水和冰的物理性质、结构、特性及生物学意义。 2. 了解食品中水的存在形式。 3. 掌握水分活度的概念及水分活度与食品稳定性的关系。 4. 掌握食品加工及贮藏中降低水分含量的方法	1. 能够说出水和冰的物理性质、结构、特性及生物学意义。 2. 能够描述食品中水的存在形式。 3. 能够理解水分活度与食品稳定性的关系并指导食品加工及贮藏。 4. 能够采用适当方法降低食品水分含量	1. 培养砥砺前行、永不言弃的奋斗精神。 2. 培养关爱自然、和谐共生的环保意识。 3. 培养携手共进、齐心合作的团队精神。 4. 培养胸怀祖国、服务人民的爱国精神

学习重点

水分活度的概念及水分活度与食品稳定性的关系。

导学动画
水

单元教学设计
水

学习进行时

★新时代中国青年要继承和发扬五四精神，坚定理想信念，站稳人民立场，练就过硬本领，投身强国伟业，始终保持艰苦奋斗的前进姿态，同亿万人民一道，在实现中华民族伟大复兴中国梦的新长征路上奋勇搏击。
——2020年五四青年节前，习近平寄语新时代青年

食品生物化学

学习小贴士

★食品生物化学的知识具有很强的实践应用价值。在学习过程中要注重将所学知识应用于实际生活中，这不仅能提升我们的实践能力，还能让我们更加深入地理解食品生物化学的实用性和重要性。

思维导图

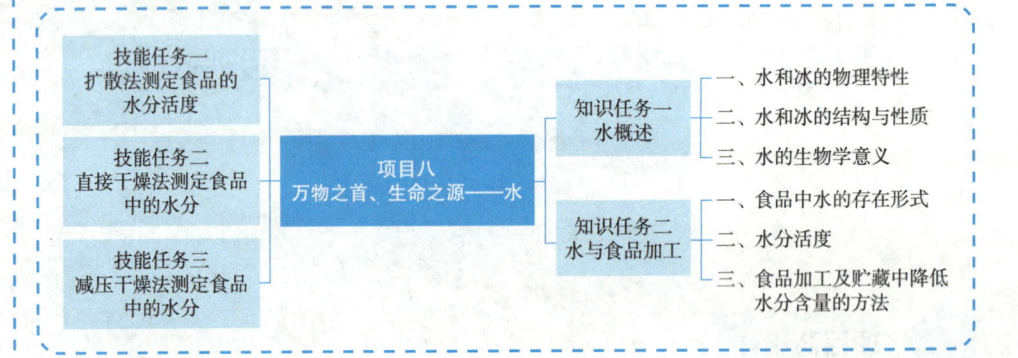

```
                技能任务一
                扩散法测定食品的
                水分活度
                                              ┌─ 一、水和冰的物理特性
                                  知识任务一 ─┼─ 二、水和冰的结构与性质
                技能任务二           水概述    └─ 三、水的生物学意义
                直接干燥法测定食品
  项目八         中的水分
万物之首、生命之源——水
                                              ┌─ 一、食品中水的存在形式
                技能任务三         知识任务二 ─┼─ 二、水分活度
                减压干燥法测定食品  水与食品加工 └─ 三、食品加工及贮藏中降低
                中的水分                          水分含量的方法
```

生态文明

四年攻坚战 如今清如许——我国饮用水水源地保护攻坚战攻坚克难记

案例启发

四年攻坚战 如今清如许——我国饮用水水源地保护攻坚战攻坚克难记

从唐古拉山脉到崇明岛，滚滚长江奔流而下，一泻千里，孕育了"黄金水道"，形成了富饶而具有活力的长江经济带，养育流域人口占全国四成。长江之命脉不只是一脉之血、一河之水，而是承载着中华民族世代繁盛的重担。我住长江头，君住长江尾，共饮长江水。饮用水安全，与每个人休戚与共。

2016年1月，习近平总书记在长江经济带发展座谈会上提出"共抓大保护，不搞大开发"。随后，环境保护部启动饮用水水源地保护攻坚战，于长江经济带打响第一枪。在不到两年时间里，对长江经济带地级以上城市319个饮用水水源地清理出的490个违法问题，逐一攻坚，整治"销号"。

2018年，长江经济带县级饮用水水源地整治展开，长江经济带以外的其他省份地级以上城市水源地整治也拉开序幕。2018年年底，共完成6 251个环境违法问题的清理整治。

2019年12月20日，捷报频传——全国其他地区持续推进县级水源地3 626个环境问题清理整治，其中3 619个问题已完成，完成率达99.8%，超过进度要求。收官圆满在即。

熟悉这一过程的人深知，这场攻坚战几多不易。前后横跨4年，由长江经济带辐射至全国，其间凝结了无数人的辛劳和汗水，克服了重重困难，冲破了巨大阻力，啃下了一个又一个硬骨头，解决了一大批历史遗留难题。

习近平总书记强调，绿水青山就是金山银山，改善生态环境就是发展生产力，绿水青山既是手段，也是目的。良好生态本身就蕴含着无穷的经济价值，能够源源不断地创造综合效益，我们要像保护自己的眼睛一样保护生态环境，像对待生命一样对待生态环境，实现经济社会可持续发展。

课前摸底

（一）填空题

1. 水分子之间是通过_____相互缔合的。
2. 一般来说，食品中的水分可分为_____和_____两大类。
3. 水的_____指的是水中钙离子、镁离子的总量，是衡量自来水是否符合标准的依据。
4. 生物体内各种营养物质和代谢产物的吸收、运输和排泄必须以水作为_____才能够正常进行。

（二）选择题

1. 可与水形成氢键的中性基团有（   ）。
   A. 羟基　　　　　B. 氨基　　　　　C. 羰基　　　　　D. 羧基
2. 结合水的作用力有（   ）。
   A. 配位键　　　　B. 氢键　　　　　C. 部分离子键　　D. 毛细管力

生态文明·让农村安全饮水更有保障

"生活用水由地下水换成南水北调水，就是不一样。自来水水量足、水质好，用起来方便，喝起来透着甜。"河北省宁晋县北留村党支部书记李玉锁说起用水变化喜上眉梢。大水网连上小农户，今年以来，当地置换水源、铺设管网，引来了南水北调水，农村安全饮水更有保障。

农村饮水安全事关亿万农民福祉。今年以来，各地区各部门大力完善农村供水工程体系，强化水源保护，提升农村供水水质，推进城乡供水一体化，越来越多的农村居民喝上了放心水、优质水。前11月，全国落实农村供水工程建设投资较去年同期增长18%，农村供水工程完工1.7万多处，提升了8 213万农村人口供水保障水平，农村供水工程建设成效显著。

农村安全饮水事关农民切身利益。坚持问需于民，用心用情用力排忧解难，让放心水、优质水流进千万家，让广大农民过上更加美好的生活。

（节选自《人民日报》2023年12月15日17版）

食品生物化学

> 微课视频
> 水概述

> 教学课件
> 水概述

> **拓展知识**
> ★ 0 ℃=273.15 K，2 000 K=2 000−273.15=1 726.85 ℃。

> **科技前沿**
> 我国科学家通过研究嫦娥五号月壤发现可大量生产水的方法（光明日报2024年08月25日）
> ★ 22 日，来自中国科学院宁波材料技术与工程研究所的消息显示，我国科研团队在国际学术期刊《创新》在线发表了题为《月球钛铁矿与内源性氢反应产生大量水》的研究文章。该文章通过研究嫦娥五号月壤不同矿物中的氢含量，提出一种全新的基于高温氧化还原反应生产水的方法，1 吨月壤将可以产生约 51 至 76 千克水，有望为未来月球科研站及空间站的建设提供重要设计依据。

知识任务一　水概述

问题引导：
1. 水和冰有哪些物理特性？
2. 水和冰的结构是什么？
3. 水有哪些生物学意义？

一、水和冰的物理特性

水与元素周期表中邻近氧的某些元素的氢化物，例如 CH_4、NH_3 等的物理性质比较，除了黏度外，其他性质均有显著差异。水的熔点、沸点比这些氢化物要高得多，介电常数、表面张力、比热容和相变热等物理常数也都异常高，但密度较低。此外，水结冰时体积增大，表现出异常的膨胀特性。

（一）水和冰的基本物理性质

在标准大气压下（101.325 kPa），纯水的沸点为 100 ℃，凝固点为 0 ℃；4 ℃时纯水的密度最大，为 1.000 0 g/cm³；0 ℃时纯水密度为 999.87 kg/m³，冰的密度为 917 kg/m³，因此，0 ℃水冻结成冰时，体积会增大约 1/11。水的热稳定性好，在 2 000 K 的高温下其离解不足百分之一；比热容大，能很好地起到调节温度的作用。

很多常见气体可以溶解在水中，如氢气、氧气、氮气、二氧化碳、惰性气体等，这些气体的溶解度与温度、压力、气相分压等因素有关。

（二）水和冰的热导值及热扩散速率

水的热导值大于其他液态物质，冰的热导值略大于非金属固体。0 ℃时冰的热导值约为同一温度下水的 4 倍，这说明冰的热能传导速率比生物组织中非流动的水快得多。从水和冰的热扩散值可看出水的固态和液态的温度变化速率，冰的热扩散速率为水的 9 倍，在一定的环境条件下，冰的温度变化速率比水大得多。水和冰无论是热传导或热扩散值都存在着相当大的差异，因而可以解释在温差相等的情况下，为什么生物组织的冷冻速度比解冻速度更快。

（三）水的硬度

水总硬度指的是水中钙离子、镁离子的总量，是衡量自来水是否符合标准的依据，主要可以分为暂时硬度和永久硬度两大类。暂时硬度是指水中的钙镁离子以碳酸盐的形式存在，遇热就会形成碳酸盐沉淀，最终被除去；而永久硬度是指水中钙镁离子主要以硫酸盐、硝酸盐等形式存在，性质稳定，不易除去。

水硬度是评价水质的一个重要标准，对于饮用水及食品加工用水有着很重要的影响。水硬度过高可能会形成水垢，影响产品质量。因此，为确定水质及进行水的相关处理，要对水中钙镁离子进行测定，即水总硬度的测试。

（四）水和冰的热胀冷缩

水具有一种特殊的热胀冷缩性质。当水温低于4℃时，呈现热缩冷胀现象，致使其密度降低；而在水温高于4℃时，则恢复正常的热胀冷缩规律。这是水极为重要且独特的特性之一，对生物的生存起着关键作用。水结冰时，由于冰的密度小于水，会浮于水面之上，从而为水下生物提供了生存保障。天气转暖时，因冰处于水面上层，也会率先解冻。故而，这一特性堪称水的重要特性之一。

二、水和冰的结构与性质

（一）水的结构

水的物理性质表明，水分子之间存在着很强的吸引力，水和冰在三维空间中通过强氢键缔合形成网络结构。

从分子结构来看，水分子由2个氢原子和1个氧原子组成。水分子中的氢、氢原子呈V形排布，氧是电负性很强的原子，对O—H键的共用电子对吸引力较强，产生较强的极性，所以水分子中的电荷是非对称分布的。由于水分子在三维空间形成多重氢键键合，因而水分子间存在着很大的吸引力。氢与共价键相比，氢键键能很小，键较长，易发生变化。

每个水分子最多能够与另外4个水分子通过氢键结合，得到四面体排列。由于每个水分子具有相等数目的氢键给体和受体，能够在三维空间形成氢键网络结构（图8-1）。因此，水分子间的吸引力比同样靠氢键结合在一起的其他小分子（如 NH_3、HF 等）要大得多。

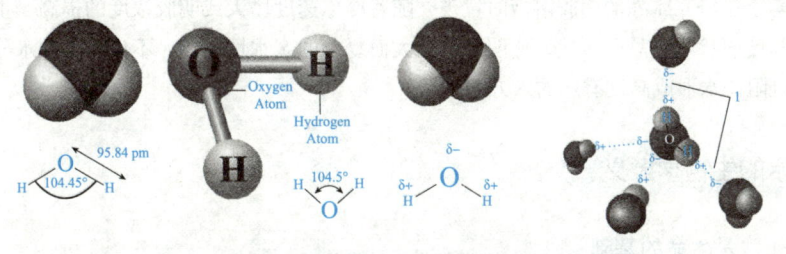

图8-1 水的分子结构及水分子间的氢键网络结构

根据水在三维空间形成氢键键合的能力，可以从理论上解释水的许多性质。例如，水的热容量、熔点、沸点、表面张力和相变热都很大，这些都是因为破坏水分子间的氢键需要供给足够的能量。

液态水中水分子与水分子之间的距离比冰要大，并且随温度升高邻近分子间的距离增大，水的配位数增多。例如，1.5℃时为0.29 nm，83℃时为0.31 nm，1.5℃时液态水中每1个水分子的周围平均分布4.4个水分子，83℃时为4.9个水分子。因而水的密度取决于水分子周围分布的水分子数和分子间的距离这两个因素。以4℃时水密度定为1 g/cm³，作为水的最大密度。

（二）冰的结构

1. 纯冰的结构

冰是无色透明的固体，是由水分子有序排列形成的结晶。分子之间主要靠氢键作用，晶格结构一般为六方体，但因不同压力可以有其他晶格结构。每个水分子能够缔合另外4个水

拓展知识

★水的硬度大致可以分为以下几类：

极软水：$CaCO_3$ 含量（mg/L）为0～75。

软水：$CaCO_3$ 含量为75～150。

中硬水：$CaCO_3$ 含量为150～300。

硬水：$CaCO_3$ 含量为300～450。

高硬水：$CaCO_3$ 含量为450～700。

超高硬水：$CaCO_3$ 含量为700～1 000。

特硬水：$CaCO_3$ 含量大于1 000。

党史故事
吃水不忘挖井人

行业快讯

★相关数据显示，2023年中国包装饮用水市场规模已达到2 150亿元。从增长速度来看，2018—2023年，饮用纯净水市场规模的复合年增长率约为7.7%。并且，预计2023—2028年其增速将提升至8.3%，高于天然矿泉水的增速，是所有即饮软饮品类中增长最快的品类。在全球范围内，纯净水市场的规模也颇为可观，已超过千亿美元，且每年以约5%的速度持续增长。在新兴市场，由于消费者对高品质饮用水需求的增加，纯净水市场呈现出更强劲的增长态势。

拓展知识
★ 冰的 H_2O 分子在温度接近 -180℃ 或更低时，不会发生氢键断裂，全部氢键保持原来完整的状态。随着温度上升，由于热运动体系混乱程度增大，原来的氢键平均数将会逐渐减少。食品和生物材料在低温下贮藏时的变质速度与冰的"活动"程度有关。

分子，形成四面体结构，所以配位数等于4。

当水的温度降到 0 ℃ 以下时，水分子与水分子之间的距离缩小，0 ℃ 时最邻近的水分子之间的距离为 0.276 nm。此时，每个水分子通过氢键与相邻的 4 个水分子结合，形成了具有稳定的四面体结构的冰。冰有多种结晶类型，普通冰属于六方晶系的六方形双锥体结构（图 8-2）。在常压和 0 ℃ 时，冰的所有结构中只有六方型冰结晶才是稳定的形式。水在结冰过程中，水分子高度有序排列，体积膨胀，体积增加了 9%，因而冰的密度降低，小于 1 g/cm³。

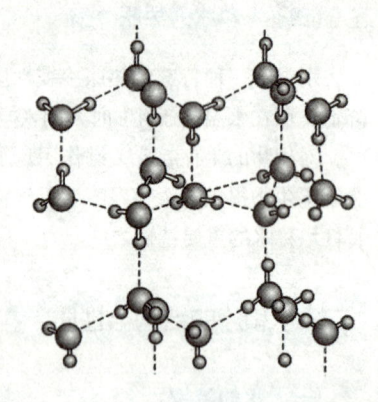

图 8-2 冰晶体的结构模型

冰并不完全是由精确排列的水分子组成的静态体系，每个氢原子也不一定恰好位于一对氧原子之间的连接线上。这里有两个原因：一是纯冰不仅含有普通水分子，而且还有 H^+ 和 OH^- 离子及同位素变体（同位素变体的数量非常少，在大多数情况下可忽略），因此，冰不是一个均匀体系；二是冰的结晶并不是完整的晶体，通常是有方向性或离子型缺陷的。冰结晶体中由于水分子的转动和氢原子的平动所产生的这些缺陷，可以为解释质子在冰中的淌度比在水中大得多，以及当水结冰时其直流电导略微降低等现象提供理论上的依据。

2. 溶质对冰晶结构的影响

溶质的种类和数量可以影响冰晶的数量、大小、结构、位置和取向。六方型是大多数冷冻食品中重要的冰结晶形式，是一种高度有序的普通结构。样品在最适度的低温冷却剂中缓慢冷冻，并且溶质的性质及浓度均不严重干扰水分子的迁移时，才有可能形成六方型冰结晶。科学家在研究冰冻的明胶溶液时发现，随着冷冻速度增大或明胶浓度的提高，主要形成六方型和玻璃状冰结晶。显然，像明胶这类大而复杂的亲水性分子，不仅能限制水分子的运动，而且阻碍水形成高度有序的六方型结晶。

三、水的生物学意义

（一）水是生命的基础

在生命体系中，水以各种状态存在，并与无机离子、有机分子一同构成原始生命的三大要素。因此，只有在含水的情况下，才有生物体生命活动。生物体内一切生命活动都是在水环境中进行的，生物体没有水就无法生活。

（二）水是细胞原生质的重要组分

细胞作为生命的基本单位，其生命活动和新陈代谢都需要水的参与。水在各种细胞中的含量都是最多的，可占生物体重的 80%～90%，婴儿身体中水分含量可达 80%，而成年人体内水分含量也达体重的 2/3。其他生物的含水率也相当高。

（三）水是很好的溶剂

生物体内各种营养物质和代谢产物的吸收、运输和排泄必须以水作为溶剂才能够正常进行，酶所催化的各种化学反应必须以水为介质才能够发生。同时，水还是光合作用、葡萄糖酵解等多种重要反应的直接参与者。

生化与健康
★ 世界卫生组织对于健康饮用水提出七条标准： 1. 不含任何对人体有毒有害及有异味的物质。 2. 水的硬度介于 30～200（以碳酸钙计）。 3. 人体所需的矿物质含量适中。 4. pH 值呈弱碱性。 5. 水中溶解氧不低于 6 mg/L 及二氧化碳适度。 6. 水分子团半幅宽小于 100 Hz（充满活力的小分子团水）。 7. 水的媒体营养生理功能（溶解力、渗透力、扩散力、代谢力、乳化力、洗净力等）要强。

（四）水在生物体内的多种生理功能

水具有比热容高的特点，能够有效地调节细胞或生物体的温度。此外，水还可以通过形成氢键网络，维持细胞内外的渗透压平衡，保持细胞内外溶液浓度的稳定。细胞膜是由疏水性和亲水性分子组成的，水的存在使得细胞膜具有良好的稳定性和流动性，从而保持了细胞的完整性和功能。

（五）水在生物体外的重要作用

许多生物体生活在水中，水是它们的栖息地和食物来源。水中的溶解氧和二氧化碳是水生生物进行呼吸作用的重要物质。水还提供了生物体的浮力，使得水生生物能够在水中活动、繁衍和捕食。水在气候调节中也起着重要的作用，水汽的蒸发、凝结和沉降过程，共同维持了地球上的水循环平衡。

知识任务二　水与食品加工

问题引导：
1. 水在食品中有哪几种存在形式？
2. 什么是水分活度？水分活度的高低对食品有何影响？
3. 食品加工及贮藏中有哪些降低水分含量的方法？

微课视频
水与食品加工

教学课件
水与食品加工

拓展知识
食品成分与结合水、自由水关系示意图

一、食品中水的存在形式

食品中的水不是单独存在的，它会与食品中的其他成分发生化学或物理作用。按照食品中的水与其他成分之间相互作用的强弱，可将食品中的水分为结合水和自由水。

（一）结合水

结合水又称固定水、束缚水，是指存在于溶质或其他非水组分附近、与溶质分子之间通过化学键结合的那一部分水。结合水是食品中与非水成分结合的最牢固的水。

食品中的大多数结合水是由于食品中的水分与食品中的蛋白质、淀粉、果胶等物质的羧基、羰基、氨基、亚氨基、羟基、巯基等亲水性基团或水中的无机离子的键合或偶极作用产生的。结合水的实际数量随产品而异，例如，在复杂体系中存在不同结合程度的水，水分子和食品体系中其他分子的结合方式也会随总的水分含量而改变。

根据与食品中非水组分之间的作用力的强弱，结合水可分为化合水、单分子层水和多分子层水3类。

1. 化合水

化合水又称组成水，是指与食品中非水组分结合最牢固，并构成非水组分整体的那部分水。这部分水在食品中所占比例很小，在高水分食品中的含量约为0.5%。

2. 单分子层水

单分子层水又称邻近水，指与食品中非水成分的强极性基团（如羧基、氨基、羟基等）直接以氢键结合的第一个水分子层。在食品的水分中它与非水成分之间的结合能力最强，很难蒸发，与纯水相比其蒸发焓大为增加，它不能被微生物所利用。

一般说来，食品干燥后安全贮藏的水分含量要求即为该食品的单分子层水。若得到干燥后食品的水分含量就可以计算食品的单分子层水含量。

3. 多分子层水

多分子层水是指单分子层水之外的几个水分子层包含的水，主要依靠水–水和水–溶质氢键的作用结合。

（二）自由水

自由水又称游离水，是指食品中与非水成分有较弱作用或基本没有作用的水。结合水在食品中不能作为溶剂，在 -40 ℃时不结冰，而自由水可以作为溶剂，在 -40 ℃会结冰。自由水可分为滞化水、毛细管水、自由流动水3类。

1. 滞化水

滞化水又称不移动水，是指被组织中的显微和亚显微结构与膜所阻留的水，不能自由流动。

2. 毛细管水

毛细管水在生物组织中又称为细胞间水，是指存在于生物组织的细胞间隙和食品结构组织中，由毛细管力所截留的水。

3. 自由流动水

自由流动水是指动物的血浆、淋巴和尿液，植物的导管和细胞内液泡中的水及食品中肉眼可见的水，是可以自由流动的水。

自由水具有水的全部性质。在食品内可以作为溶剂，也会蒸发及吸潮。所以食品中的含水率随着周围环境湿度的变化而改变。微生物可以利用自由水生长繁殖，各种化学反应也可以在其中进行。因此，自由水的含量直接关系着食品的贮藏和腐败。

二、水分活度

（一）水分活度的概念

食品中的水分或多或少都受到不同程度的束缚，被束缚的程度越大，水形成水蒸气的趋势就越小，自由度就越小，可利用的程度也越小。引入食品水分活度的概念来定量说明水分子在食品中被束缚的程度，更容易表示出食品中水分的性质。

水分活度可用 A_w 表示，其定义为：食品中水的蒸气压 P 与同温下纯水的饱和蒸气压 P_0 之比。

$$A_w = \frac{P}{P_0}$$

式中　A_w——水分活度；
　　　P——溶液或食品表面的水分蒸气压；
　　　P_0——同温度下纯水的饱和蒸气压。

拓展知识
部分食品的水分含量和水分活度

纯水的A_w=1，完全无水时A_w=0。食品中存在结合水，结合水的蒸气压远低于游离水，所以一般食品的水分活度是0～1的数值。食品中结合水含量越高，食品的水分活度就越低，可见用水分活度可表示食品中水分被束缚的程度。

食品的含水率是指食品中所含水分的多少，可用多种方式表示，与食品的水分活度是两个不同的概念。通常食品的含水率越高，水分活度也较高，但这种关系并不绝对，有些食品的含水率相近，但水分活度可能相差很大；有些食品的水分活度相近，但含水率可能相差很大。

（二）等温吸湿曲线

水分活度与食品所含水分之间的关系可用等温吸湿曲线来表示。等温吸湿曲线表示在一定温度下，使食品吸湿或解吸，所得到的水分活度与食品含水率之间的关系曲线。当食品的含水率很低时，水分含量的微小变化即可引起水分活度极大的变动；当水分活度大于0.8时，即使含水率急剧变化，水分活度的变化也不大。显然低含水率区的变化更值得注意，我们将这一部分曲线称为等温吸湿曲线（图8-3）。

不同的食品在不同温度下得到的等温吸湿曲线各不相同，但都具有类似的形状，而且同一食品解吸曲线和吸附曲线并不重叠，这一现象称为滞后。一般情况下，当水分活度值一定时，解吸过程中食品的水分含量大于回吸过程中食品的水分含量。

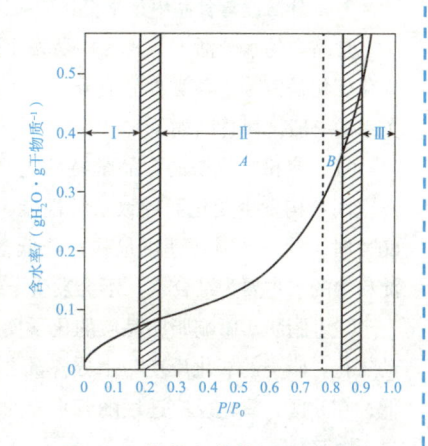

图8-3 核桃仁的等温吸湿曲线

食品的等温吸湿曲线可分为3个区域：

Ⅰ区域，为低水分区，A_w数值为0～0.25，相当于含水率为0～0.07 g/g干物质，此时，食品中的水分大多是结合力最强的单分子层结合水。

Ⅱ区域，A_w数值为0.25～0.80，相当于含水率为0.07～0.33 g/g干物质，这部分水为多分子层结合水或称准结合水。

Ⅲ区域，为高湿度区，A_w数值为0.80～0.99，物料含水量大于0.40 g/g干物质，这部分水是食品中结合最不牢固和最容易流动的水。

从上述分区可以看出，A_w=0.80是自由水和结合水之间的一个临界值。

（三）水分活度与食品稳定性的关系

水分活度与食品的稳定性是紧密相关的。水分活度的变化不仅可影响微生物的生命活动，还可影响食品中组分的化学变化，从而影响食品的耐藏性及食品的品质。

1. 水分活度与微生物生命活动的关系

微生物和其他生物一样，正常的生理活动需要一定的水分。与食品稳定性有关的微生物主要有细菌、酵母菌和霉菌，其中一些微生物在食品中的应用有其有益的一面，这主要体现在发酵食品的生产中。

但很多情况下，这些微生物的生命活动会直接引起食品的腐败变质。不同微生物的生长繁殖都要求有一定的最低限度的水分活度值。如果食品的水分活度值低于这一数值，微生物的生长繁殖就会受到抑制。

在食品微生物中，细菌对水分活度最敏感，通常A_w<0.9时不能生长；大多数酵母菌在A_w<

0.87时受到抑制；大多数霉菌在$A_w<0.80$时不能生长。

当水分活度值高于微生物生长所需的最低水分活度时，微生物易繁殖而使食品变质。同时，微生物对水分的需求会受到其他一些因素的影响。因此，在控制食品的水分活度时，应视具体情况而定。

2. 水分活度对酶促反应的影响

在酶促反应中，水分活度还可影响酶的活性。当水分活度低于0.8时，大多数酶的活力受到抑制；当水分活度在0.25～0.30时，食品中的淀粉酶、多酚氧化酶和过氧化物酶等酶的活性会受到强烈的抑制甚至丧失。

降低食品的水分活度，可以延缓酶促褐变和非酶褐变的进行，减少食品中营养成分的破坏，防止水溶性色素的分解。但水分活度过低，会加速脂肪的氧化酸败。

3. 水分活度与食品中化学变化的关系

食品中的水分活度与食品中所发生的生化变化的种类和速度有密切的关系，而食品中的生化变化是依赖于各类食品成分而发生的。以各类食品成分为线索，其生化变化与水分活度关系的一般规律总结如下：

（1）淀粉。淀粉的食品学特性主要体现在老化和糊化上。老化是淀粉颗粒结构、淀粉链空间结构发生变化而导致溶解性能、糊化及成面团作用变差的过程。当含水率在30%～60%时，淀粉的老化速度最快；降低含水率老化速度变慢；当含水率降至10%～15%时，淀粉中的水主要为结合水，不会发生老化。

（2）脂肪。影响脂肪品质的化学反应主要为酸败，而酸败过程的化学本质是空气氧的自动氧化。脂类的氧化反应与水分含量之间的关系：在Ⅰ区，氧化反应速度随着水分增加而降低；在Ⅱ区，氧化反应速度随着水分的增加而加快；在Ⅲ区，氧化反应速度随着水分增加又呈下降趋势。

（3）蛋白质。蛋白质变性是改变了蛋白质分子多肽链特有的有规律的高级结构，使蛋白质的许多性质发生改变。因为水能使多孔蛋白质膨润，暴露出长链中可能被氧化的基团，氧就很容易转移到反应位置。所以水分活度增大会加速蛋白质的氧化作用，破坏保持蛋白质高级结构的副键，导致蛋白质变性。

4. 水分活度对食品质构的影响

水分活度对干燥和半干燥食品的质构有较大的影响。可通过各种各样的食品包装来创造适宜的小环境，尽可能达到不同食品对水分活度的要求。肉制品韧性的增加与交联作用及高水分活度下发生的化学反应有关，水分活度为0.4～0.5时，肉干的硬度及耐嚼性都降低。

三、食品加工及贮藏中降低水分含量的方法

食品在贮藏、运输和销售过程中，受外界因素的影响，食品的水分含量会发生变化，进而影响食品的感官特征和内在质量，食品的风味也会发生改变。另外，为了运输方便，增强食品的稳定性，在加工过程中，经常进行干燥、浓缩等处理除去食品中一部分水分，使水分活度控制在一定范围内。

（一）物料干燥的动力

水分内扩散作用的动力是借助湿度梯度使水分在原料内部移动，由含水分高的部位向含水分低的部位移动。湿度梯度差异越大，水分内扩散速度就越快。所以，湿度梯度是物料干燥的动力之一。

在干燥过程中，有时采用升温、降温、再升温、再降温的方法，使温度上下波动。即先将温度升到一定程度，使物料内部受热，然后降低物料表面的温度。这样物料内部温度高于表面温度，形成温度梯度，水分借助温度梯度沿热流方向向外移动而蒸发。因此，温度梯度是物料干燥的另一动力。

（二）干燥速度的控制

物料的水分外扩散与水分内扩散有时是同时进行的。一般而言，物料水分的外扩散速度与内扩散速度是不相等的。

对可溶性固形物含量低和薄片状的物料进行干燥，其水分内部扩散速度往往大于外部扩散速度，这时水分在表面汽化的速度起控制作用，这种干燥情况称为表面汽化控制。对可溶性物质含量高或厚度较大的原料进行干燥，内部水分扩散的速度较表面汽化速度小，这时内部水分的扩散速度起控制作用，这种情况称为内部扩散控制。

（三）影响干燥过程的因素

（1）干燥介质的温度和相对湿度。除真空冷冻干燥外，其他干燥方法干燥介质的温度越高，相对湿度越小，干燥速度越快，但温度过高，相对湿度过小，会造成结壳现象，影响干制的进行。

（2）空气流速。提高空气流速，可以加速干制的进程。

（3）大气压或真空度。大气压的变化会影响水分的蒸发速率；而真空度较高时，利于水分蒸发，干制速度会加快。

（4）食品种类和状态。不同食品、不同品种，由于结构和成分不同，干燥速度不同；原料切分小，比表面积大，则干燥速度快。

（5）原料装载量。装载量大、厚度大，不利于空气流通，影响水分蒸发。

（四）干燥方法的选择原则

1. 被干燥物料的性质

根据被干燥物料的性质，如物料的状态及它的分散性、黏附性能、湿态与干态的热敏性（软化点、熔点、分解温度、升华温度、着火点等）、黏性、表面张力、含湿量、物料与水分的结合状态等及其在干燥过程的主要变化。

2. 干燥制品的品质要求

选择干燥方法时，要注意热敏感成分的保护要求，风味物质的挥发程度等因素。

3. 干燥成本

干燥成本包括设备投资，能耗及干燥过程的物耗与劳力消耗等。

综合上述条件，选择最佳的干燥工艺条件，在耗热、耗能量最少情况下获得最好的产品质量。

（五）食品常用干燥方法

1. 自然干燥

自然干燥的主要设备为晒场和晒干用具（如晒盘、席箔、运输工具等），以及必要的建筑物（如工作室、贮藏室、包装室等）。

自然干燥的优点是能够充分利用自然能源。投资少、管理粗放、生产费用低，能在产地就地进行干燥。自然干燥还能促使尚未完全成熟的原料在干燥过程进一步成熟。

自然干燥的缺点是干燥缓慢，干燥时间长。晒干时间随食品物料种类和气候条件而异，一般2～3天，长则10多天，甚至更长时间。干燥最终水分受到限制，常会受到气候条件的影响和限制。如在阴雨季节就无法晒干，而难以制成品质优良的产品，甚至还会造成原料的腐败变质。自然干燥还需有大面积的晒场和大量劳动力，生产效率低，又容易遭受灰尘、杂质、昆虫等污染和鸟类、啮齿动物等的侵袭，制品的卫生安全性较难保证。

2. 热风干燥

热风干燥以热空气为干燥介质，采用自然或强制对流循环的方式与食品进行湿热交换，物料表面上的水分即水汽，通过表面的气膜向气流主体扩散。与此同时，由于物料表面汽化的结果，使物料内部和表面之间产生水分梯度差，物料内部的水分因此以气态或液态的形式向表面扩散。这一过程对于物料而言是一个传热传质的干燥过程，但对于干燥介质即热空气来说，则是一个冷却增湿过程。干燥介质既是载热体也是载湿体。

3. 喷雾干燥

喷雾干燥是系统化技术应用于物料干燥的一种方法。于干燥室中将稀料经雾化后，在与热空气的接触中，水分迅速汽化，即得到干燥产品。该法能直接使溶液、乳浊液干燥成粉状或颗粒状制品，可省去蒸发、粉碎等工序。

喷雾干燥的优点是干燥过程非常迅速，可直接干燥成粉末；易改变干燥条件，调整产品质量标准；生产效率高，操作人员少；生产能力大，产品质量高。喷雾干燥器每小时的喷雾量可达几百吨，是处理能力较大的干燥器之一。

喷雾干燥的缺点是设备较复杂，占地面积大，一次投资大；雾化器、粉末回收装置价格较高；需要空气量多，增加鼓风机的电能消耗与回收装置的容量；热效率不高，热消耗大。

4. 真空干燥

在常压下的各种加热干燥方法，因物料受热，其色、香、味和营养成分会受到一定程度的损失。若采用真空干燥的方法，物料在负压状态下与空气隔绝，对于部分在干燥时易发生氧化等化学变化的物料而言，可更好地维持其原有特性，从而减少品质损失。

真空干燥就是将被干燥的食品物料放置在密闭的干燥室内，在用真空系统抽真空的同时，对被干燥物料适当不断加热，使物料内部的水分通过压力差或浓度差扩散到表面。水分子在物料表面获得足够的动能，在克服分子间的吸引力后，逃逸到真空室的低压空气中，从而被真空泵抽走除去。

5. 冷冻升华干燥

冷冻升华干燥又称为真空冷冻干燥。其操作方法是先将原料在冰点以下冷冻，水分变为固态，然后在较高真空下升华，将冰转化为蒸汽而除去，物料即被干燥。

冷冻升华干燥在真空度较高、物料温度低的状态下干燥，可避免物料中成分的热破坏和氧化作用，较高程度保留食品的色、香、味及维生素C等营养物质。干燥过程对物料物理结构和分子结构破坏极小，能较好保持原有体积及形态，制品容易复水恢复原有性质与状态。但设备投资及操作费用较高，生产成本较高，为常规干燥方法的2～5倍。

6. 远红外干燥

远红外干燥也被称为热辐射干燥，是利用远红外线发生器所提供的辐射能来进行干燥作业的技术。在远红外干燥中，热源材料通常选取热辐射率接近黑体的物质，因此具有较高的热辐射效率。远红外线辐射热在空气中传播时，不存在传热界面，因此传播热损失较小，传热效率较高，被辐射物料表面的热强度可达对流干燥强度的30倍以上。大多数食品湿物料等有机物在远红外区具备更多的吸收带，因此远红外线相较于一般红外线拥有更高的干燥速率。远红外线的光子能量级比紫外线和可见光线都更低，所以通常仅产生热效应，不会致使物质发生变化，能够减少热对食品材料的不良破坏作用。这些特性使得远红外干燥技术在食品干燥领域得到广泛应用。

7. 微波干燥

微波干燥就是利用微波加热的方法使物料中水分得以干燥。微波是一种电磁波，其加热是利用电介质加热原理。

由于微波在食品材料中的穿透性、吸收性，使食品电介质吸收微波能在内部转化为热能，因此，微波加热速度快，微波干燥有较高的干燥速率。不同含水率食品物料在微波场中，对微波吸收性不同，含水率高的物料有较高的吸收性，因此微波干燥有利于保持制品水分含量一致，还具有干燥食品水分的调平作用。对比较复杂形状的物料有均匀的加热性，且容易控制。微波不仅可用于常规干燥，也可作为真空干燥、冷冻干燥、对流干燥等的热源。

扫码查标准
《远红外线干燥箱》
（GB/T 29250—2012）

技能任务一　扩散法测定食品的水分活度

问题引导：
1. 扩散法测定食品水分活度的原理是什么？
2. 康威氏微量扩散皿为什么需要密封？
3. 试样切块过大对试验结果有何影响？

任务工单
扩散法测定食品的水分活度

一、任务导入

水分活度值对食品的色、香、味、组织结构及食品稳定性有着重要的影响。不同水分含量的食品由于其水分活度不同，储藏时的稳定性也不同。测定食品水分活度并进行相应的控制，可以提高产品质量，延长食品保藏期。因此，食品中水分活度测定已成为食品检验中的一个重要项目。

二、任务描述

食品中的水分都随环境条件的变动而变化。当环境空气的相对湿度低于食品的水分活度时，食品中的水分向空气中蒸发，食品的质量减轻；相反，当环境空气的相对湿度高于食品的水分活度时，食品就会从空气中吸收水分，使质量增加。不管是蒸发水分还是吸收水分，这一过程最终会持续到食品和环境的水分达到平衡时为止。

据此原理，采用标准水分活度的试剂，形成相应湿度的空气环境，在康威氏微量扩散皿的密封和恒温条件下，观察食品试样在此空气环境中因水分变化而引起的质量变化。

通常使试样分别在 A_w 较高、中等和较低的标准饱和盐溶液中扩散平衡后，根据试样质量的增加（在较高 A_w 标准饱和盐溶液达平衡）和减少（在较低 A_w 标准饱和盐溶液达平衡）的量，计算试样的 A_w 值。

该法适用于中等及高水分活度（$A_w > 0.5$）的样品，是一种测定食品水分活度值快速、方便、广泛应用的分析方法。

扫码查标准
《食品安全国家标准 食品水分活度的测定》（GB 5009.238—2016）

三、任务准备

各小组分别依据任务描述及试验原理，讨论后制定试验方案。

四、任务实施

（一）试验试剂

（1）待测样品 100 g、凡士林。

（2）一系列已知水分活度的标准溶液或标准水分活度试剂（也可选择其他试剂）如下。

1）氯化镁饱和溶液：在易于溶解的温度下，准确称取 150 g 氯化镁，加入热水 200 mL，冷却至形成固液两相的饱和溶液，贮于棕色试剂瓶中，常温下放置一周后使用。

2）氯化钠饱和溶液：在易于溶解的温度下，准确称取 100 g 氯化钠，加入热水 200 mL，冷却至形成固液两相的饱和溶液，贮于棕色试剂瓶中，常温下放置一周后使用。

3）碳酸钾饱和溶液：在易于溶解的温度下，准确称取 300 g 碳酸钾，加入热水 200 mL，冷却至形成固液两相的饱和溶液，贮于棕色试剂瓶中，常温下放置一周后使用。

（二）试验器材

康威氏微量扩散皿（图 8-4）、分析天平（感量 0.000 1 g）、称量皿（直径 35 mm，高 10 mm）或称量纸。

> **技术提示**
> ★ 康威氏微量扩散皿密封性要好。

图 8-4 康威氏微量扩散皿

（三）操作步骤

（1）样品制备。

1）粉末状固体、颗粒状固体及糊状样品：取有代表性样品至少 200 g，混匀，置于密闭的玻璃容器内。

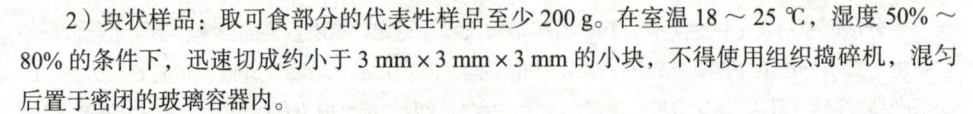

2）块状样品：取可食部分的代表性样品至少 200 g。在室温 18～25 ℃，湿度 50%～80% 的条件下，迅速切成约小于 3 mm×3 mm×3 mm 的小块，不得使用组织捣碎机，混匀后置于密闭的玻璃容器内。

3）瓶装固体、液体混合样品：取液体部分。

4）质量多样混合样品：取有代表性的混合均匀样品。

5）瓶装固体、液体混合样品：取液体部分。

6）液体或流动酱汁样品：直接采取均匀样品进行称重。

（2）从表中选取 A_w 高中低的 3 种标准饱和盐溶液 8.0 mL，一般为氯化镁饱和溶液、氯化钠饱和溶液、硝酸钾标准饱和溶液，或者分别放入 3 种盐 5.0 g，加入少许蒸馏水润湿。

（3）在预先准确称量过的称量皿中，准确称取约 1.00 g（若样品体积大，可改为 0.500 g）的均匀切碎样品，迅速放入康威氏皿的内室，记下称量皿和样品的总质量。也可用称量纸，注意称量纸需折叠好，避免堵塞气体流通。

（4）在康威氏皿磨口边缘均匀地涂上一层凡士林，在 25 ℃±0.5 ℃的恒温箱中静置 2～3 h（试验时长有限，可改为 1 h 10 min）。取出其中的称量皿及样品，用电子天平迅速准确称量，并求出样品的质量。以后每隔 30 min 称量一次，至恒重为止。

（5）以各种标准盐的饱和溶液在 25 ℃时的 A_w 值为横坐标（表 8-1），被测样品的增减质量为纵坐标作图，并将各点连接成一条直线。此线与横轴的交点即为所测样品的 A_w 值。

> **技术提示**
> ★ 试样要在同一条件下进行，操作要迅速。
> 试样的大小和形状对测定结果有影响。
> 若样品含有水溶性挥发物，则不可能准确测定其水分活度。

> **技术提示**
> ★ 绝大多数样品可在 2 h 后测得 A_w 值，但米饭类、油脂类、油浸烟熏鱼类则需 4 d 左右才能测定。因此，需加入样品量 0.2% 的山梨酸防腐，并以山梨酸的水溶液做空白样。

表 8-1　标准饱和盐溶液的 A_w 值表（25 ℃）

标准试剂	A_w	标准试剂	A_w
氢氧化钠（$NaOH \cdot H_2O$）	0.070	氯化锶（$SrCl_2 \cdot 6H_2O$）	0.708
氯化锂（$LiCl \cdot H_2O$）	0.110	硝酸钠（$NaNO_3$）	0.737
醋酸钾（$KAc \cdot H_2O$）	0.224	氯化钠（$NaCl$）	0.752
氯化镁（$MgCl_2 \cdot 6H_2O$）	0.330	溴化钾（KBr）	0.807
碳酸钾（$K_2CO_3 \cdot 2H_2O$）	0.427	氯化钾（KCl）	0.842
硝酸锂（$LiNO_3 \cdot 3H_2O$）	0.467	氯化钡（$BaCl_2 \cdot 2H_2O$）	0.901
硝酸镁 [$Mg(NO_3)_2 \cdot 6H_2O$]	0.528	硝酸钾（KNO_3）	0.924
溴化钠（$NaBr_2 \cdot 2H_2O$）	0.577	重铬酸钾（$K_2Cr_2O_7 \cdot 2H_2O$）	0.986

五、任务总结

本次技能任务的试验现象和你预测的试验现象一致吗？如果不一致，问题可能出在哪里？你认为本次技能任务在操作过程中有哪些注意事项？你在本次技能任务中有哪些收获和感悟？（可上传至在线课相关讨论中，与全国学习者交流互动。）

行成于思

★请思考：
1. 为什么试样中含有水溶性挥发性物质会影响水分活度的准确测定？
2. 若样品切块大小不均匀，会对试验结果产生怎样的影响？

六、成果展示

本次技能任务结束后，相信你已经有了很多收获，请将你的学习成果（试验过程及结果的照片和视频、试验报告、任务工单、检验报告单等均可）进行展示，与教师、同学一起互动交流吧。（可上传至在线课相关讨论中，与全国学习者交流互动。）

试验操作视频
扩散法测定食品的水分活度

技能任务二　直接干燥法测定食品中的水分

问题引导：
1. 直接干燥法测定食品中的水分的原理是什么？
2. 若样品在干燥过程中结块应如何处理？
3. 若样品在 101～105 ℃ 下分解应如何处理？

任务工单
直接干燥法测定食品中的水分

扫码查标准
《食品安全国家标准 食品中水分的测定》
（GB 5009.3—2016）

一、任务导入

食品中的水分会直接影响食品的感官性状和保存期的长短。水分含量过高有利于细菌的生长繁殖，易腐败变质，还会导致食品中营养成分的分解，加速食品中污染物的扩散。因此，测定食品中的水分含量，对控制水分、保证食品质量和提高稳定性具有重要意义。

二、任务描述

利用食品中水分的物理性质，在 101.3 kPa（一个大气压），温度 101～105 ℃下采用挥发方法测定样品中干燥减失的质量，包括吸湿水、部分结晶水和该条件下能挥发的物质，再通过干燥前后的称量数值计算出水分的含量。

三、任务准备

各小组分别依据任务描述及试验原理，讨论后制定试验方案。

四、任务实施

（一）试验试剂

（1）盐酸溶液（6 mol/L）：量取 50 mL 盐酸，加水稀释至 100 mL。
（2）氢氧化钠溶液（6 mol/L）：称取 24 g 氢氧化钠，加水溶解并稀释至 100 mL。

（二）试验器材

电热恒温干燥箱、分析天平（感量 0.1 mg）、称量瓶、干燥器。

（三）操作步骤

（1）取洁净铝制或玻璃制的扁形称量瓶，置于 101～105 ℃干燥箱中，瓶盖斜支于瓶边，加热 1.0 h，取出盖好，置干燥器内冷却 0.5 h，称量，并重复干燥至前后两次质量差不超过 2 mg，即为恒重。
（2）将混合均匀的试样迅速磨细至颗粒小于 2 mm，不易研磨的样品应尽可能切碎。
（3）称取 2～10 g 试样（精确至 0.000 1 g），放入恒重后的称量瓶，试样厚度不超过 5 mm，如为疏松试样，厚度不超过 10 mm，加盖，精密称量后，置于 101～105 ℃干燥箱中，瓶盖斜支于瓶边，干燥 2～4 h 后，盖好取出，放入干燥器内冷却 0.5 h 后称量。然后再放入 101～105 ℃干燥箱中干燥 1 h 左右，取出，放入干燥器内冷却 0.5 h 后再称量。并重复以上操作至前后两次质量差不超过 2 mg，即为恒重。

（四）试验数据记录与分析

试样中的水分含量，按下式进行计算：

$$X = \frac{m_1 - m_2}{m_1 - m_3} \times 100$$

式中　X——试样中水分的含量 [g/(100 g)]；
　　　m_1——称量瓶和试样的质量（g）；

m_2——称量瓶和试样干燥后的质量（g）；

m_3——称量瓶的质量（g）；

100——单位换算系数。

水分含量≥1 g/（100 g）时，计算结果保留3位有效数字；水分含量<1 g/（100 g）时，计算结果保留两位有效数字。

五、任务总结

本次技能任务的试验现象和你预测的试验现象一致吗？如果不一致，问题可能出在哪里？你认为本次技能任务在操作过程中有哪些注意事项？你在本次技能任务中有哪些收获和感悟？（可上传至在线课相关讨论中，与全国学习者交流互动。）

技术提示

★在重复性条件下获得的两次独立测定结果的绝对差值不得超过算术平均值的10%。

六、成果展示

本次技能任务结束后，相信你已经有了很多收获，请将你的学习成果（试验过程及结果的照片和视频、试验报告、任务工单、检验报告单等均可）进行展示，与教师、同学一起互动交流吧。（可上传至在线课相关讨论中，与全国学习者交流互动。）

行成于思

★请思考：
1. 干燥器有何作用？怎样正确地维护和使用干燥器？
2. 为什么经加热干燥的称量瓶要迅速放到干燥器内？为什么要冷却后再称量？

技能任务三　减压干燥法测定食品中的水分

问题引导：
1. 减压干燥法的原理是什么？
2. 为何水分过少的食品不适合用减压干燥法？
3. 为何减压干燥法对温度精度要求较高？

任务工单

减压干燥法测定食品中的水分

一、任务导入

测定食品中的水分含量，对控制水分、保证食品质量和稳定性的提高具有重要意义。食品中水分的测定最常用的是直接干燥法，但直接干燥法是在温度101～105 ℃下采用挥发方法测定样品中干燥减失的质量，不适用于高温易分解的样品，而减压干燥法适用于高温易分解的样品及水分较多的样品（如糖、味精等食品）中水分的测定。

技术提示

★本任务依据的标准为《食品安全国家标准 食品中水分的测定》（GB 5009.7—2016），见前文188页侧边栏二维码。

·189·

二、任务描述

利用食品中水分的物理性质，在达到 40～53 kPa 压力后加热至 60 ℃ ±5 ℃，采用减压烘干方法去除试样中的水分，再通过烘干前后的称量数值计算出水分的含量。

三、任务准备

各小组分别依据任务描述及试验原理，讨论后制定试验方案。

四、任务实施

（一）试验器材

（1）扁形铝制或玻璃制称量瓶。
（2）真空干燥箱。
（3）干燥器：内附有效干燥剂。
（4）分析天平：感量为 0.1 mg。

（二）操作步骤

1. 试样制备

粉末和结晶试样直接称取；较大块硬糖经研钵粉碎，混匀备用。

2. 测定

取已恒重的称量瓶称取 2～10 g（精确至 0.000 1 g）试样，放入真空干燥箱，将真空干燥箱连接真空泵，抽出真空干燥箱内的空气（所需压力一般为 40～53 kPa），并同时加热至所需温度 60 ℃ ±5 ℃。关闭真空泵上的活塞，停止抽气，使真空干燥箱内保持一定的温度和压力，经 4 h 后，打开活塞，使空气经干燥装置缓缓通入至真空干燥箱，待压力恢复正常后再打开。取出称量瓶，放入干燥器中 0.5 h 后称量，并重复以上操作至前后两次质量差不超过 2 mg，即为恒重。

（三）试验数据记录与分析

试样中的水分含量，按下式进行计算：

$$X = \frac{m_1 - m_2}{m_1 - m_3} \times 100$$

式中　X——试样中水分的含量 [g/(100 g)]；
　　　m_1——称量瓶和试样的质量（g）；
　　　m_2——称量瓶和试样干燥后的质量（g）；
　　　m_3——称量瓶的质量（g）；
　　　100——单位换算系数。

水分含量 ≥ 1 g/(100 g) 时，计算结果保留 3 位有效数字；水分含量 <1 g/(100 g) 时，计算结果保留两位有效数字。

> **技术提示**
> ★ 在重复性条件下获得的两次独立测定结果的绝对差值不得超过算术平均值的 10%。

五、任务总结

　　本次技能任务的试验现象和你预测的试验现象一致吗？如果不一致，问题可能出在哪里？你认为本次技能任务在操作过程中有哪些注意事项？你在本次技能任务中有哪些收获和感悟？（可上传至在线课相关讨论中，与全国学习者交流互动。）

六、成果展示

　　本次技能任务结束后，相信你已经有了很多收获，请将你的学习成果（试验过程及结果的照片和视频、试验报告、任务工单、检验报告单等均可）进行展示，与教师、同学一起互动交流吧。（可上传至在线课相关讨论中，与全国学习者交流互动。）

企业案例：真空冷冻干燥机操作要点及注意事项

学习进行时

★ "广大青年要牢记'空谈误国、实干兴邦'，立足本职、埋头苦干，从自身做起，从点滴做起，用勤劳的双手、一流的业绩成就属于自己的人生精彩。"
——2013 年 5 月 4 日，习近平在同各界优秀青年代表座谈时的讲话

真空冷冻干燥是利用升华的原理使物料脱水的一种干燥技术。这种方法可以有效地去除物质中的水分，同时又保持了物质的原有结构和特性。这使得真空冷冻干燥技术在许多领域都具有广泛的应用前景。

某企业计划开发一款使用真空冷冻干燥技术的果蔬脆产品，新购买了一台真空冷冻干燥机（图 8-5）。请你根据真空冷冻干燥的原理及工艺流程（图 8-6），尝试写出真空冷冻干燥机操作要点及注意事项，帮助该企业尽快投入生产。

图 8-5 真空冷冻干燥机示意

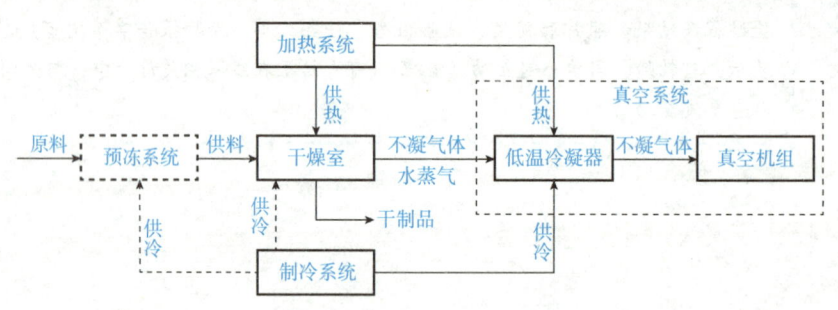

图 8-6 真空冷冻干燥工艺流程

扫码查看"企业案例"参考答案

通过企业案例，同学们可以直观地了解企业在真实环境下面临的问题，探索和分析企业在解决问题时采取的策略和方法。

扫描左侧二维码，可查看自己和教师的参考答案有何异同。

考核评价

请同学们按照下面的几个表格（表8-2～表8-4），对本项目进行学习过程考核评价。

表8-2 学生自评表

评价项目	评价标准			
	非常优秀（8～10）	做得不错（6～8）	尚有潜力（4～6）	奋起直追（2～4）
1. 学习态度积极主动，能够及时完成教师布置的各项任务				
2. 能够完整地记录探究活动的过程，收集的有关学习信息和资料全面翔实				
3. 能够完全领会教师的授课内容，并迅速地掌握项目重难点知识与技能				
4. 积极参与各项课堂活动，并能够清晰地表达自己的观点				
5. 能够根据学习资料对项目进行合理分析，对所制定的技能任务试验方案进行可行性分析				
6. 能够独立或合作完成技能任务				
7. 能够主动思考学习过程中出现的问题，认识到自身知识的不足之处，并有效利用现有条件来解决问题				
8. 通过本项目学习达到所要求的知识目标				
9. 通过本项目学习达到所要求的能力目标				
10. 通过本项目学习达到所要求的素质目标				
总评				
改进方法				

表8-3 学生互评表

评价项目	评价标准			
	非常优秀（8～10）	做得不错（6～8）	尚有潜力（4～6）	奋起直追（2～4）
1. 按时出勤，遵守课堂纪律				
2. 能够及时完成教师布置的各项任务				
3. 学习资料收集完备、有效				
4. 积极参与学习过程中的各项课堂活动				
5. 能够清晰地表达自己的观点				
6. 能够独立或合作完成技能任务				
7. 能够正确评估自己的优点和缺点并充分发挥优势，努力改进不足				
8. 能够灵活运用所学知识分析、解决问题				
9. 能够为他人着想，维护良好工作氛围				
10. 具有团队意识、责任感				
总评				
改进方法				

表8-4 总评分表

	评价内容	得分	总评
总结性评价	知识考核（20%）		
	技能考核（20%）		
过程性评价 项目	教师评价（20%）		
	学习档案（10%）		
	小组互评（10%）		
	自我评价（10%）		
增值性评价	提升水平（10%）		

项目九　虽然我很少，但我很重要——矿物质

项目背景

矿物质又称为无机盐，是构成人体组织、维持生理功能、生化代谢所必需的重要营养素，人体无法自身合成，必须从外界摄取才能满足日常所需。人体内约有50多种矿物质，已证明有20多种元素是维持机体正常生理功能所必需。矿物质在食品中的含量虽少，但具有重要的营养生理功能。因此，研究食品中矿物质的组成、性质、生理功能、加工特性等内容，可有效建立合理膳食结构，保证适量有益矿物质，减少有毒矿物质，维持生命体系处于最佳平衡状态。

学习目标

知识目标	能力目标	素质目标
1.掌握食品中矿物质的概念、分类及生物学意义。	1.能够对食品中的矿物质进行分类。	1.培养追求真理、严谨治学的求实精神。
2.掌握食品中重要矿物质的生理功能、缺乏及过量表现。	2.能够说出食品中重要矿物质的生理功能、缺乏及过量表现。	2.培养言出必行、信守承诺的诚信精神。
3.熟悉常见动物性食品和植物性食品中的矿物质。	3.能够进行矿物质的定性及定量测定。	3.培养关爱自然、和谐共生的环保意识。
4.掌握矿物质在食品加工及贮藏中的变化与矿物质的营养强化	4.能够说出矿物质在食品加工及贮藏中的变化并防止矿物质的损失。	4.培养坚守正义、见贤思齐的崇善品德
	5.能够进行矿物质的营养强化	

学习重点

1.食品中重要矿物质的生理功能、缺乏及过量表现。
2.矿物质在食品加工及贮藏中的变化。

导学动画
矿物质

单元教学设计
矿物质

学习进行时

★前进要奋力，干事要努力。当代中国青年要在感悟时代、紧跟时代中珍惜韶华，自觉按照党和人民的要求锤炼自己、提高自己，做到志存高远、德才并重、情理兼修、勇于开拓，在火热的青春中放飞人生梦想，在拼搏的青春中成就事业华章。
——2015年7月24日，习近平致全国青联十二届全委会和全国学联二十六大的贺信

项目九　虽然我很少，但我很重要——矿物质

思维导图

- 项目九 虽然很少，但我很重要——矿物质
  - 技能任务一 火焰原子吸收光谱法测定豆腐中钙含量
  - 技能任务二 碘量法测定海带中碘含量
  - 技能任务三 电感耦合等离子体质谱法测定食品中多种元素含量
  - 知识任务一 矿物质概述
    - 一、矿物质的概念
    - 二、矿物质的分类
    - 三、矿物质的生物学意义
    - 四、食品中重要的矿物质
  - 知识任务二 矿物质与食品加工
    - 一、食品中矿物质的存在形式
    - 二、矿物质在食品加工及贮藏中的变化
    - 三、矿物质的营养强化

学习小贴士

★在学习过程中要学会归纳总结知识点和重点内容。可以通过制作笔记、总结报告或思维导图等方式来整理所学知识，形成清晰的知识脉络和体系。这不仅有助于加深记忆和理解，还能为后续的复习和考试提供便利。

案例启发

日本水俣病带给人类的警示

水俣病是因食入被有机汞污染河水中的鱼、贝类所引起的甲基汞为主的有机汞中毒，是有机汞侵入脑神经细胞而引起的一种综合性疾病。水俣病因1953年首先发现于日本熊本县水俣湾附近的渔村而得名。水俣病是最早出现的由于工业废水排放污染造成的公害病。日本水俣病事件被称为世界八大公害事件之一。症状表现为轻者口齿不清、步履蹒跚、面部痴呆、手足麻痹、感觉障碍、视觉丧失、震颤、手足变形；重者精神失常，或酣睡，或兴奋，身体弯弓高叫，直至死亡。

水俣病危害了当地人的健康和家庭幸福，使很多人身心受到摧残，经济上受到沉重的打击，甚至家破人亡。更可悲的是，由于甲基汞污染，水俣湾的鱼虾不能再捕捞食用，当地渔民的生活失去了依赖，很多家庭陷于贫困之中。

水俣病的遗传性也很强，孕妇吃了被甲基汞污染的海产品后，可能引起婴儿患先天性水俣病。许多先天性水俣病患儿都存在运动和语言方面的障碍，其症状酷似小儿麻痹症，这说明要消除水俣病的影响绝非易事。

日本工业在第二次世界大战后飞速发展，但由于没有环境保护措施，工业污染和各种公害病泛滥成灾。

经济虽然得到发展，但环境破坏和贻害无穷的公害病使日本政府和企业付出了极其高昂的代价。水俣病引发的诉讼旷日持久，时至今日依然没完没了。

前事不忘，后事之师，水俣病事件给我们带来了警示。重视工业发展的同时也要重视环境问题。建设生态文明是关系人民福祉、关乎民族未来的大计，是实现中华民族伟大复兴的中国梦的重要内容。坚持保护优先，坚持节约资源和保护环境的基本国策，把生态文明建设融入经济建设、政治建设、文化建设、社会建设各方面和全过程，建设美丽中国，努力开创社会主义生态文明新时代。

警钟长鸣
日本水俣病带给人类的警示

课前摸底

（一）填空题

1. 由于在食品灰化过程中，有机物成为挥发性的气体逸去，而无机物大部分是不挥发的残渣，因此，矿物质也称_____。
2. 食品中矿物质按其对人体健康的影响可分为_____、_____和有毒元素三类。
3. 食品中的矿物质，若按在体内含量的多少，可分为_____和_____两类。
4. _____是人体内含量较高的元素之一，仅次于C、H、O、N，居体内元素第五位，但其是以元素起作用的第一位。

（二）选择题

1. 以下营养素属于微量元素的是（　　）。
   A. 钾　　　　　B. 钙　　　　　C. 磷　　　　　D. 锌
2. 成人碘缺乏病的主要特征是（　　）。
   A. 脑发育落后　　B. 甲状腺肿　　C. 甲状腺肿瘤　　D. 生长迟缓

健康中国·成人补钙有了统一标准！
官方推荐每日"餐标"

钙是国人容易缺乏的营养素之一，然而，在"补钙"方面，国人一直存在许多误解。经过10年的时间，中国营养学会编写了《中国居民膳食营养素参考摄入量（2023版）》，为成年人提出了统一的补钙标准。

与10年前的版本相比，常量元素中变化最大的是钙。《中国居民膳食营养参考摄入量（2023版）》中，1～11岁人群的钙推荐摄入量100～200 mg/d不等；成年人推荐摄入量为800 mg/d；变动比较大的是50岁以上人群，推荐摄入量由原来的1 000 mg/d降至800 mg/d。也就是说，成人补钙有了统一标准，均为800 mg/d。

想摄入充足的钙，专家建议每天这样搭配饮食：至少喝300 g 纯牛奶/酸奶，或吃30 g 奶酪。吃300～500 g 蔬菜（生重），其中深绿色蔬菜占一半。50～100 g 豆制品，如豆腐、豆腐干等。25 g（约1汤匙）坚果仁或1小勺芝麻酱。50～100 g 鱼虾贝类、少量虾皮（比如取5 g 做汤）等。

在此基础上，还要做到适量吃肉禽蛋、少盐、少酒和戒烟。
（摘自《生命时报》）

知识任务一　矿物质概述

问题引导：
1. 矿物质是什么？
2. 矿物质可分为哪几类？分类的依据是什么？
3. 矿物质有哪些生理功能？

一、矿物质的概念

食品是一个多成分的复杂体系。组成食品成分的元素有很多，其中碳、氢、氧、氮4种元素主要以有机化合物和水的形式存在，除此4种元素之外，其他的元素成分均称为矿物质或无机盐。

由于在食品灰化过程中，有机物成为挥发性的气体逸去，而无机物大部分是不挥发的残渣，因此，矿物质也称灰分。矿物质在食品中的含量较少，但具有重要的营养生理功能，有些对人体具有一定的毒性。因此，研究食品中的矿物质，目的在于提供建立合理膳食结构的依据，保证适量有益矿物质，减少有毒矿物质，维持生命体系处于最佳平衡状态。

食品中矿物质含量的变化主要取决于环境因素。植物可以从土壤中获得矿物质并贮存于根、茎和叶中；动物通过摄食饲料而获得。食物中的矿物质可以离子状态、可溶性盐和不溶性盐的形式存在；有些矿物质在食品中往往以螯合物或复合物的形式存在。

矿物质的生物可利用性是指食品中的矿物质实际被机体吸收和利用的程度。机体对食品中矿物质的吸收与利用，依赖于食品提供的矿物质总量及可吸收程度，并与机体的机能状态等有关。因此，矿物质的生物可利用性受许多因素的影响。测定矿物质生物可利用性的方法有化学平衡法、生物检验法、离体试验及放射性同位素示踪技术等。影响矿物质生物可利用性的因素主要有矿物质本身的化学形式、溶解性、食品组成、食品加工、机体的状态等。

二、矿物质的分类

（一）按矿物质对人体健康的影响分类

食品中矿物质按其对人体健康的影响可分为必需元素、非必需元素和有毒元素三类。

（1）必需元素是指这类元素存在于机体的健康组织中，对机体自身的稳定具有重要作用。当缺乏或不足时，机体出现各种功能异常现象。例如，缺铁导致贫血；缺硒出现白肌病；缺碘易患甲状腺肿等。但必需元素摄入过多会对人体造成危害，引起中毒。

（2）非必需元素又称辅助营养元素。

（3）有毒元素通常指重金属元素，如汞、铅、镉等。

（二）按矿物质在体内含量的多少分类

食品中的矿物质，若按在体内含量的多少，可分为常量元素和微量元素两类。除有毒元素外，无论是常量元素还是微量元素，在适当的范围内对维持人体正常的代谢与健康具有十分重要的作用。

> **生化与健康**
> ★人体必需微量元素的评判标准：
> 1. 这种元素存在于一切健康机体的所有组织之中。
> 2. 在组织中的浓度相当恒定。
> 3. 缺乏该元素时，能在不同组织中产生相似的结构、生理功能异常。
> 4. 补充该元素能够防止此类异常变化。
> 5. 补充该元素可使失常的功能及结构恢复正常。

（1）常量元素是指人体内含量大于0.01%体重或需要量在每天100 mg以上的矿物质，共7种，按照在体内含量多少进行排序分别为钙（Ca）、磷（P）、钾（K）、钠（Na）、硫（S）、氯（Cl）、镁（Mg）。人们对常量元素的需要量在每天100 mg以上。

（2）微量元素指人体内含量小于0.01%体重或需要量在每天100 mg以下的矿物质，如铁（Fe）、碘（I）、硒（Se）、锌（Zn）、锰（Mn）、铬（Cr）等。

（三）按矿物质的生物学作用分类

食品中的矿物质，若按生物学作用，可分为人体必需微量元素、人体可能必需微量元素、具有潜在毒性但低剂量时可能具有人体必需功能的元素3类。

（1）人体必需微量元素有8种，分别为铁（Fe）、碘（I）、锌（Zn）、硒（Se）、铜（Cu）、钼（Mo）、铬（Cr）、钴（Co）。

（2）人体可能必需微量元素有5种，分别为锰（Mn）、硅（Si）、镍（Ni）、硼（B）、钒（V）。

（3）具有潜在毒性但低剂量时可能具有人体必需功能的元素有氟（F）、铅（Pb）、镉（Cd）、汞（Hg）、砷（As）、铝（Al）、锡（Sn）和锂（Li）等。

三、矿物质的生物学意义

（一）机体的构成成分

食品中许多矿物质是构成机体必不可少的部分，例如，钙、磷、镁、氟和硅等是构成牙齿和骨骼的主要成分；磷和硫存在于肌肉和蛋白质中；铁是血红蛋白的重要组成成分。

（二）维持内环境的稳定

作为体内的主要调节物质，矿物质不仅可以调节渗透压，保持渗透压的恒定以维持组织细胞的正常功能和形态，而且可以维持体内的酸碱平衡和神经肌肉的兴奋性。

（三）某些特殊功能

某些矿物质在体内作为酶的构成成分或激活剂。在这些酶中，特定的金属与酶蛋白分子牢固地结合，使整个酶系具有一定的活性。例如，血红蛋白和细胞色素酶系中的铁，谷胱甘肽过氧化物酶中的硒等。有些矿物质是构成激素或维生素的原料，例如碘是甲状腺素不可缺少的元素，钴是维生素B_{12}的组成成分等。

（四）改善食品的品质

许多矿物质是非常重要的食品添加剂，它们对改善食品的品质意义重大。例如，Ca^{2+}是豆腐的凝固剂，还可保持食品的质构；磷酸盐有利于增加肉制品的持水性和结着性；食盐是典型的风味改良剂等。

四、食品中重要的矿物质

（一）钙

钙是人体内含量较高的元素之一，仅次于C、H、O、N，居体内元素第五位，但其是以元素起作用的第一位。成年人体内约含钙1 200 g，约占体重的2%，其中99%集中在骨骼与牙齿中，是构成骨骼与牙齿的主要成分。体液中的钙有3种形式：钙离子Ca^{2+}，占47.4%，是生理上的活性形式；与有机酸或无机酸复合的扩散性钙复合物，占6.5%，如枸杞酸钙和$CaSO_4$；第三种形式是Ca的蛋白结合钙，占46.2%，其含量相当稳定。

1. 生理功能

（1）构成骨骼和牙齿。

（2）维持肌肉神经的活动。

（3）促进体内某些酶的活性，如腺苷酸环化酶、ATP酶、琥珀酸脱氢酶、脂肪酶等。

（4）其他：参与凝血过程、激素分泌、维持体液酸碱平衡和细胞内胶质的稳定性；调节血压作用；可能降低结肠癌发生的危险性等。

2. 缺乏及过量表现

儿童体内缺钙，会导致生长发育迟缓、骨骼软化、变形，严重者可出现佝偻病；中老年人体内缺钙，会导致骨质疏松症；有研究提示，缺钙还可能与龋齿、高血压、结肠癌、男性不育有关。

钙过量对人体有很大的危害，会导致泌尿系统结石、高钙血症、胃肠道损害等。

3. 食物来源

奶类及其制品、虾皮、海带、紫菜、黑芝麻、豆类及其制品和某些绿叶蔬菜等是钙的良好来源。硬水中含钙也较高。需注意的是，动物肉含钙很低，非钙的良好来源。

（二）磷

正常人体含磷约为1%，成人体内骨骼中含600～900 g磷，约占机体总磷的80%。其吸收、代谢过程与钙相似，吸收率约为45%。钙磷比适当，约70%可被小肠吸收。食物中大部分是磷酸酯的形式，吸收前必须裂解为游离磷再以无机磷酸盐形式被吸收。排泄主要经肾脏，不能吸收者随粪便排出。

1. 生理功能

（1）磷是体内软组织结构的重要成分，很多结构蛋白质都含磷。磷作为核酸、磷脂及辅酶的组分参与非常重要的代谢过程。

（2）碳水化合物和脂肪的吸收代谢都需要通过含磷的中间产物。

（3）参与ATP等供能贮能物质，在能量产生、传递过程中起重要作用。

（4）维生素B族只有经过磷酸化才具活性，发挥辅酶作用。

（5）磷酸盐组成缓冲系统，参与维持体液渗透压和酸碱平衡。

2. 缺乏及过量表现

磷普遍存在于自然界的动植物中，正常膳食可以满足人对磷的需要。临床所见的磷缺乏患者多见于长期大量服用抗酸药者。

不均衡的钙磷比不仅影响磷的吸收，也影响钙的吸收。过量的磷酸盐可引起低血钙症，使血清中钙离子水平降低，引起肌肉痉挛性抽搐。同时，磷摄入过多易导致骨质疏松、牙齿松动等钙缺乏症。

3. 食物来源

磷普遍存在于各种动植物食品中，但谷类种子中的磷，因植酸的缘故难以利用，蔬菜和水果含磷较少，而肉、鱼、禽、蛋、乳及其制品含磷丰富，是磷的良好食物来源。

（三）铁

成人体内铁含量4～5 g，分为储存铁和功能铁。储存铁占25%～30%，以铁蛋白和含

拓展知识

★磷的单质有剧毒，白磷比红磷的毒性更大。缺乏保护的情况下，在白磷环境中工作的人们会慢性中毒，并导致下颌坏死（磷颚）。磷酸酯是神经毒剂，只能由有足够资质的化学家操作。相对而言，无机磷酸盐是无害的，而过度使用含磷肥料和清洁剂，会导致磷酸盐污染。

生化与健康
中国居民膳食参考摄入量

科技前沿
人体磷酸盐如何保持稳态？科学家揭秘

★人民网北京8月28日电（记者赵竹青）记者近日从中国科学院物理研究所/北京凝聚态物理国家研究中心获悉，研究员姜道华团队利用冷冻电镜单颗粒技术和磷酸根外排功能体系，深入分析了一种可以帮助人体排出磷酸盐的蛋白——XPR1的结构和功能，阐明了该蛋白转运和调控磷酸盐的机制。该研究有助于推进人体磷酸根稳态的相关研究，相关成果发表于《自然》。

铁血黄素形式存在于肝、脾、骨髓中。功能铁包括血红蛋白60%～75%，肌红蛋白3%，1%含铁酶类如细胞色素、细胞色素氧化酶、过氧化物酶、过氧化氢酶等。

1. 生理功能

（1）参与体内氧的运输和组织呼吸过程。铁是血红蛋白、肌红蛋白、细胞色素及某些呼吸酶的组成成分，参与氧气的运送和组织呼吸过程。

（2）维持正常的造血功能。铁与红细胞的形成和成熟有关，铁在骨髓造血组织中进入幼红细胞，与卟啉结合形成血红素，血红素再与蛋白合成血红蛋白。

（3）其他生理功能。维持正常的免疫功能，促进β-胡萝卜素转变为VA，促进嘌呤与胶原的合成，脂类转运及药物代谢，抗脂质过氧化作用等。

2. 缺乏及过量表现

人体铁摄入量不足可导致机体铁缺乏，严重的造成缺铁性贫血。成年人缺铁表现为易疲劳、倦怠、出现亚健康状态；青少年缺铁将影响生长发育，免疫力下降；婴幼儿缺铁会造成智力发育的损伤和行为改变，易发生铅中毒等现象。

铁在体内大量沉积，绝大多数是由病理因素造成的，如遗传性血色素沉着病。少数由口服大量的铁造成铁中毒。急性铁中毒患者会出现乏力、皮肤苍白、消化道出血、抽搐、恶心、呕吐等症状，严重时还可能出现代谢性酸中毒、肠坏死等。补铁过多，也会导致患者出现铁代谢障碍，导致患者体内的铁元素不能正常吸收，从而引起血色病，在裸露的皮肤表面或古铜色的皮肤上产生色素沉着。严重时还可能引发肝硬化等疾病。

3. 食物来源

人体对铁的吸收与膳食中铁的存在形式有很大关系。膳食中的铁分为血红素铁和非血红素铁两种。血红素铁主要来源为动物性食物，为二价铁，直接与肌红蛋白和血红蛋白中的原卟啉结合，被肠道黏膜细胞吸收，吸收率高达15%～20%；非血红素铁主要来源为植物性食物，为三价铁，吸收率较低。

铁广泛存在于动植物体内，动物性食物（如肝脏、血、禽、鱼类）含铁量丰富，吸收率也较高，但牛奶是贫铁食物；植物性食物中铁的吸收率较动物性食物铁吸收率低。

（四）锌

锌是人体必需的微量元素，人体内锌含量为1.4～2.3 g，是含量仅次于铁的微量元素。广泛分布于各组织器官中，其中骨骼与皮肤中较多，头发锌含量可以反映膳食锌的长期供应水平和人体锌的营养状况。

1. 生理功能

（1）参与多种金属酶的构成。目前人体中已经发现的含锌酶210多种，如碳酸酐酶、碱性磷酸酶、醇脱氢酶、超氧化物歧化酶、DNA聚合酶、RNA聚合酶等。

（2）促进生长发育和组织再生。锌参与蛋白质的合成及细胞的生长、分裂与分化过程，人体缺锌会导致"缺锌性侏儒症"、创伤组织愈合缓慢、顽固性溃疡、性发育迟缓等。

（3）维持免疫功能。锌直接影响胸腺细胞的增殖，维持细胞免疫功能。

（4）维持细胞膜结构。锌可与细胞膜上的各种基团、受体等作用，增强膜稳定性和抗氧自由基的能力。

（5）维持正常的味觉。锌与唾液蛋白结合可生成味觉素，增强食欲。

（6）其他功能。锌参与维生素A还原酶和视黄醇结合蛋白（RBP）的合成，可以促进视黄醛的合成与变构；促进肝中维生素A的动员，以维持血浆维生素A浓度的恒定。

2. 缺乏及过量表现

由于植物性食物中含有植酸、草酸等物质，锌的吸收率较低。长期锌摄入不足或消耗增多会造成锌缺乏。人体缺锌时食欲降低，甚至产生异食癖；孕妇严重缺锌可导致胎儿畸形，胎儿出生后缺锌可导致生长发育缓慢或停滞，严重者导致侏儒症；创伤组织愈合缓慢、顽固性溃疡；性发育迟缓；皮肤粗糙，免疫力下降等。

锌摄入过多引起锌中毒，腹痛、腹泻、恶心、呕吐是锌中毒的主要表现。

3. 食物来源

动物性食品为锌的良好来源，含量丰富且吸收率高，在动物性食品中，尤其以贝类海产品（牡蛎、扇贝）、红色肉类及动物内脏（如心、肝、肾）含量丰富；植物性食物中锌的吸收利用率较低。

（五）碘

碘是维持人体正常生理功能不可缺少的微量元素，它参与甲状腺素的合成。成人体内含碘总量为 20～50 mg，其中 40%～60% 存在于甲状腺中，其余分布在血浆、肌肉、肾上腺、皮肤、中枢神经、卵巢及胸腺等处。碘的生理功能也是通过甲状腺素的生理作用显示出来的。

甲状腺中的碘以甲状腺素的形式存在，甲状腺的聚碘能力很高，其碘浓度可比血浆高 25 倍。甲状腺素由甲状腺细胞合成分泌，包括四碘甲状腺原氨酸（T4）和三碘甲状腺原氨酸（T3）两种。其中，T3 的含量远低于 T4，但正常甲状腺素的生理总活性有 2/3 是由 T3 完成的。

1. 生理功能

（1）参与甲状腺素的合成。碘最主要的生理功能是参与甲状腺素的合成，甲状腺素可促进生物氧化，协调氧化磷酸化过程，调节能量转化；促进糖和脂肪的代谢；促进蛋白质合成和神经系统发育，对胚胎发育期和出生后早期生长发育，特别是智力发育尤为重要。

（2）重要的酶激活剂。碘可激活体内 100 多种酶，促进物质代谢，对生物氧化有重要作用，如细胞色素酶系、琥珀酸氧化酶系等。

（3）其他功能。碘可调节组织中水盐代谢，促进组织中水盐进入血液及排出体外；促进维生素的吸收利用等；碘有强大的杀菌作用，能杀灭细菌、芽孢、真菌、阿米巴原虫等；此外，碘化钾、碘化钠等碘化合物，可增加支气管分泌，使痰易咳出。

2. 缺乏及过量表现

典型的碘缺乏引起的症状为甲状腺肿，甲状腺肿常为地区性疾病，故又称为地方性甲状腺肿大。婴幼儿缺碘会导致生长发育迟缓、智力低下，甚至发生克汀病，又称呆小症；妇女缺碘会导致不孕、早产、死胎、畸胎、新生儿甲低等。缺碘对大脑神经的损伤是不可逆的。

长期过量摄入碘可能导致甲状腺疾病如甲状腺功能减退、自身免疫性甲状腺炎、甲状腺肿大等，增加甲状腺功能亢进和甲状腺癌风险。一次性过量摄入碘可引起急性碘中毒，表现为胃肠道刺激、腹痛、恶心、呕吐、腹泻和心血管症状。

3. 食物来源

海水中的碘含量相对稳定，海生生物（如海带、紫菜、发菜、蛤、海参、海蜇、龙虾）都是含碘丰富的食物来源。其他食品的碘含量则主要取决于动、植物生长地区的地质化学状况。一般远离海洋的内陆山区，其土壤和空气含碘量少，因此，水和食品的含碘量也低，可能成为缺碘的地方性甲状腺肿高发区。

（六）硒

硒是人体必需的微量元素之一，存在于所有的细胞和组织细胞中。成人体内硒总量为 14～21 mg，肝、胰、肾、心、脾、牙釉质和指甲含量最多，脂肪中含量最少，血硒与头发中硒可以反映体内硒的营养水平。

1. 生理功能

（1）构成含硒酶。硒是谷胱甘肽过氧化物酶的重要组成部分。谷胱甘肽过氧化物酶催化还原型的谷胱甘肽转化成氧化型的谷胱甘肽，使体内有毒的过氧化物还原为无毒的羟基化合物，使体内过氧化氢分解，从而保护细胞膜和各种生物膜免受过氧化物的损害，维持细胞的正常功能。

（2）提高机体免疫力。硒与体液免疫和细胞免疫均有关系，缺硒导致巨噬细胞数量减少、杀伤力降低、降低人体免疫力，补硒则会刺激机体产生较高水平的免疫球蛋白，提高人体免疫力。

（3）抗肿瘤作用。硒通过谷胱甘肽过氧化物酶表现出的清除自由基的作用，保护了遗传物质DNA，避免因DNA受自由基攻击而产生突变导致肿瘤的发生。

（4）其他作用。硒还具有保护视力及视器官、调节甲状腺激素、调节血糖的作用；硒与金属有很强的结合力，可以起到对部分重金属解毒的作用。

2. 缺乏及过量表现

克山病和大骨节病与硒缺乏有关。克山病是硒缺乏的典型代表性疾病，患者主要表现为急性和慢性心功能不全，心脏扩大，心律失常及脑、肺和肾等脏器的栓塞。

硒摄入过多会引起中毒。急性硒中毒症状包括失明、腹痛、流涎、呼吸困难。慢性硒中毒症状包括头发脱落、指甲变形、关节糜烂、四肢僵硬、心脏萎缩、肝硬化等。

3. 食物来源

动物性食品，尤其是动物内脏（心、肝、肾）及海产品是硒的良好来源，植物体内也含有硒，需注意的是食物中硒的含量受当地水土中硒含量的影响很大。

（七）铬

1957年，科学家从猪肾中提取出一种称为"葡萄糖耐量因子"的化合物，能够恢复大鼠受损的葡萄糖耐量。铬是这种化合物的组成成分，因此，铬被认定为能够增强胰岛素作用的必需元素。铬是一种多价元素，常见的有+2、+3、+6价的铬。六价铬有毒，需转化成三价铬后被人体利用，生物组织中铬的含量极低，并随着年龄的增长逐渐下降。

1. 生理功能

（1）增强胰岛素的作用。铬与尼克酸、谷胱甘肽一起组成葡萄糖耐量因子，对加强胰岛素的作用，降低血糖有着重要意义。

（2）保护心血管。三价铬能增强血清中胆固醇的分解与排泄，有效地减少胆固醇在动脉壁的沉积，具有保护心血管、预防动脉粥样硬化、预防高血压的作用。

（3）促进生长发育。在DNR和RNA的结合部位发现了大量的铬，缺铬的动物生长发育停滞，试验表明，补铬可以促进大鼠的生长并延长存活时间。

2. 缺乏及过量表现

人体内铬含量随着年龄的增长而逐渐降低，因此，铬缺乏可见于老年人、糖尿病患者、患蛋白质-能量营养不良症的婴儿等，表现为体重下降、生长停滞、外周神经炎、葡萄糖耐量异常、血脂升高等。

铬过量会损害皮肤和呼吸道，可能导致皮肤炎症、溃疡及鼻腔的炎症和坏死。长期接触铬化合物还可能增加致癌风险，引起胃炎、胃肠溃疡等消化系统问题，以及全身疼痛、疲劳等症状。严重时，可能导致消化道出血、肾功能衰竭，甚至死亡。铬过量对神经系统也可能造成损伤，表现为头晕、头痛、失眠、乏力等症状。孕妇若接触到重金属铬，可能会有流产、早产、死胎等风险。

3. 食物来源

铬的良好食物来源是啤酒酵母、肉、奶酪、海产品、坚果、豆类和全谷等。蔬菜中铬的利用率较低。食品加工和精制可使某些食品的铬含量大幅度下降，例如，红糖的铬含量比砂糖高 3～12 倍；精面粉的铬含量较全麦面粉的铬含量低得多。啤酒酵母和动物肝脏中的铬以具有生物活性的复合物形式存在，吸收率较高。

（八）钾

钾离子是人体体液中的重要电解质之一，在维持人体细胞内外之间的水平衡、渗透压平衡、酸碱平衡及电解质平衡等方面起着重要的作用。体液中钾离子浓度出现异常主要与肾脏疾病有关，如肾小管酸性中毒时，导致尿钾增高，血清钾减低。

1. 生理功能

（1）参与碳水化合物、蛋白质的代谢。钾离子参与细胞内葡萄糖形成糖原、氨基酸形成蛋白质。因此，缺钾会造成碳水化合物及蛋白质代谢异常。

（2）维持细胞正常渗透压。钾离子是细胞内液中重要的阳离子。细胞内的钾离子与细胞外的钠离子共同作用激活钠泵产生能量，保持细胞内外水分的平衡，进而维持细胞内外渗透压平衡。

（3）维持细胞内外液酸碱平衡。细胞内液中钾含量过低时，细胞外液中的氢离子将向细胞内转移，导致细胞内酸中毒和细胞外碱中毒。细胞内液中钾含量过高时，细胞内液中的氢离子向细胞外转移，导致细胞内碱中毒和细胞外酸中毒。

（4）维持正常的心肌功能。心肌细胞内外的钾离子浓度对心肌的自律性、兴奋性和传导性有一定影响。过高或过低的钾离子浓度都会造成心律失常。

（5）降血压。钾离子可促进尿钠的排出，因此，高血压者补充钾有一定降压作用。

2. 缺乏及过量表现

钾普遍存在于食物中，由于膳食原因造成的钾缺乏并不常见，但高温作业或重体力劳动时大量出汗会导致钾大量流失，可引起钾缺乏症，表现为肌肉无力或瘫痪、心律失常、精神异常、横纹肌肉裂解症等。

钾的过量摄入会导致高钾血症，主要表现为四肢及口周感觉麻木、四肢苍白发凉、肌肉酸疼、行动迟缓、心跳减慢甚至突然停止等。严重者还会引发氮质血症、代谢性酸中毒等并发症。

3. 食物来源

大部分食物都含钾，钾的主要食物来源是水果、蔬菜和肉类。紫菜、银耳、黄豆中钾含量均在 1 500 mg/（100 g）以上，是理想的钾的食物来源。

（九）钠

钠是人体重要的常量元素，成人体内的钠约占体重的 0.15%，主要存在于细胞外液、骨

生化与健康
中国居民膳食钾参考摄入量

文化自信
中国诗词歌赋中的盐

生化与健康
中国居民膳食钠参考摄入量

骼中，细胞内液中钠含量较少。

1. 生理功能

（1）维持体内正常渗透压及水分平衡。作为血浆和其他细胞外液的主要阳离子，钠在保持体液的渗透压和水分平衡方面起重要作用。细胞内钠离子含量过高会导致细胞吸水、组织水肿。细胞内钠离子含量过低会导致细胞失水、水分平衡改变。

（2）维持体液酸碱平衡。一方面钠离子在肾小管重吸收后与氢离子发生交换，能够清除体内酸代谢产物，维持体液酸碱平衡；另一方面，钠离子的总量影响着缓冲系统中碳酸氢盐的消长，对维持体液的酸碱平衡也有重要作用。

（3）维持血压。钠离子能通过调节体内细胞外液容量，影响细胞外液中钠浓度的变化来实现对血压的影响。还可以影响血管的收缩和扩张，从而调节血压。当体内钠离子过多时，会导致血容量增加，血压升高；反之，当体内钠离子不足时，会导致血容量减少，血压降低。世界卫生组织在预防高血压的措施中建议每日食盐摄入量应控制在 5 g 以下。

（4）其他作用。在食品工业中，钠可激活某些酶如淀粉酶；诱发食品中典型咸味；降低食品的水分活度，抑制微生物生长，起到防腐的作用；作为膨松剂改善食品的质构。

2. 缺乏及过量表现

钠普遍存在于食物中，因此，正常情况下一般很少出现钠缺乏症。摄入不足主要因为长期进食差或长期低钠饮食不能满足机体的正常需要，导致机体缺钠；或运动或发热时大量出汗、严重恶心呕吐、严重腹泻、长期服用利尿剂等引起机体钠离子丢失过多导致低钠；还有一种原因是输葡萄糖过多、过快，但未补充含钠液体造成体内的钠离子被稀释，发生相对性缺钠。机体缺钠表现为乏力、恶心干呕，严重的话会导致人昏厥。

钠摄入过多时会造成高血压。

3. 食物来源

钠广泛存在于食物中，其主要来源是食盐和味精。

（十）氯

氯是人体的必需元素。人体内的氯含量为 105 g 左右，约占体重的 0.15%，婴儿含量较多，约占体重的 0.2%。人体内氯约 70% 分布在血浆、细胞间液及淋巴液中，在人体内胃液和脑脊髓中氯的浓度最高，其次是胃肠道黏膜、皮肤、睾丸、卵巢、红细胞等肌肉及神经组织中的氯含量最低。

1. 生理功能

（1）维持水和电解质的平衡。以阴离子形式存在的氯，是细胞外液的常规成分。它在维持细胞外液渗透压、容量、水平衡和酸碱平衡中起着十分重要的作用。在红细胞中，氯能迅速穿越细胞膜，在细胞质和体液之间保持平衡。

（2）促进二氧化碳的排泄。氯迅速从红血球中转移到血浆中（氯转移作用）并与碳酸氢盐进行交换，使红血球与血浆间的氯离子与碳酸氢盐不断得到平衡，有助于血液将二氧化碳送到肺排出体外。

（3）帮助食物消化吸收。氯参与胃酸的形成，这对维生素 B_{12} 和铁的正常吸收、淀粉酶的激活都是必不可少的。

（4）杀菌防腐。氯是强氧化剂，能氧化细菌原浆蛋白中的活性基因（如巯基酶等）并和蛋白质的氨基酸结合，使之变性，从而达到杀菌和抑制病毒的目的。

2. 缺乏及过量表现

人体对氯的需要量约为钠的一半，日常饮食及加入的食盐中所含的氯，一般能满足人体的需要。食盐是很好的氯食物源，食物中也含有大量的氯，平均每人每天只要摄入 3～9 g 氯化物就满足机体的需要。

但在一些病理情况下，可引起血液中氯化物的降低，导致氯缺乏或低氯血症。长期或严重的呕吐、腹泻或洗胃、出汗过多及利尿药应用不当等均可引起氯缺乏。严重缺乏者可发生代谢性碱中毒，出现呼吸慢而浅、倦怠、食欲不振，部分肌肉痉挛甚至全身痉挛。

氯过高或高氯血症，主要由于严重脱水、氯化物摄入过多、尿路阻塞、肾功能不全等引起，严重时可引起代谢性酸中毒，出现疲乏、眩晕、感觉迟钝、呼吸深快、心率加速、昏迷，甚至死亡。过量的氯进入人体后，与湿润的黏膜接触形成盐酸和次氯酸，次氯酸又分解为盐酸和新生态氧引起上呼吸道黏膜炎性肿胀，充血或眼结膜刺激症状。新生态氧具有强氧化作用，引起脂质过氧化而损害细胞膜。如果氯的浓度过高或接触时间较长，常能引起呼吸道深部病变，发生细支气管炎、支气管周围炎、肺炎及中毒性肺水肿等。在生活供水水源中，一般氯化物浓度超过 250 mg/L 时，有些人可感到肠不适，超过 500 mg/L 时就会产生危害性。

3. 食物来源

膳食中的氯绝大多数来源为氯化钠，仅有少量来源为氯化钾。因此，在食盐及其加工食品（如酱油、腌渍品、酱咸菜等）中氯含量丰富。此外，海产品中氯含量丰富，天然水中也含有一定的氯。

知识任务二　矿物质与食品加工

问题引导：
1. 常见动物性食品和植物性食品中的矿物质有哪些？
2. 矿物质在食品加工及贮藏过程中有哪些变化？
3. 如何进行食品中矿物质强化？

微课视频
矿物质与食品加工

教学课件
矿物质与食品加工

一、食品中矿物质的存在形式

（一）动物性食品中的矿物质

牛乳中的矿物质含量约为 0.7%，其中钠、钾、钙、磷、硫、氯等含量较高，铁、铜、锌等含量较低。牛乳因富含钙常作为人体钙的主要来源。乳清中的钙占总钙的 30% 且以溶解态存在；剩余的钙大部分与酪蛋白结合，以磷酸钙胶体形式存在；少量的钙与 α-乳清蛋白和 β-乳球蛋白结合而存在。有人提出，钙之所以能维持酪蛋白的稳定，主要是钙在磷酸根和酪蛋白磷酸基团之间形成钙桥。牛奶加热时，钙、磷从溶解态转变为胶体态。

肉类是矿物质的良好来源。其中钾、钠、磷含量相当高，铁、铜、锰、锌含量也较多。肉中的矿物质有的呈溶解状态，有的呈不溶解状态。不溶解的矿物元素与蛋白质结合在一起。肉在解冻时由于滴汁发生钠的大量损失，而钙、磷、钾损失较小。蛋中的钙主要存在于蛋壳中，其他矿物质主要存在于蛋黄中。蛋黄中富含铁，但由于卵黄磷蛋白的存在大大影响了铁在人体内的生物利用率。此外，鸡蛋中的伴清蛋白可与金属离子结合，影响了矿物质的吸收与利用。鸡蛋中的伴清蛋白与金属离子亲和性大小依次为 $Fe^{3+}>Cu^{2+}>Mn^{2+}>Zn^{2+}$。

（二）植物性食品中的矿物质

植物性食品包括谷类、薯类、豆类、蔬菜水果类、食用菌及藻类等。矿物元素在植物性食品中的含量和分布都相差很大，但植物性食品含钾、镁较丰富。植物中富含有机酸，矿物质大多以有机酸盐的形式存在，这是植物性食品中矿物元素的共同特点。

（1）在谷类食品中，磷含量较丰富，主要存在于所含的蛋白质中，镁和锰的含量也相对较高，但钙的含量不高。由于谷皮中含植酸，与钙、锌、铁等元素结合成不易吸收的复合物，使这些矿物元素的生物有效性降低。当粮谷类食物经发酵处理后，植酸水解，可提高相关矿物元素的生物利用率。矿物元素主要存在于谷类籽粒的外层，比如麸皮和谷糠，胚乳部分含量较低。因此，谷类的加工精度越高，矿物元素的损失越大。

（2）薯类包括马铃薯、甘薯、山药、芋头等。其中马铃薯的营养价值较高。薯类中的矿物元素以钾的含量较高，其他还有铁、钙、磷、镁等。

（3）豆类食品中矿物元素的含量在植物性食品中最为丰富，含有较多的钙，也是钾、磷等矿物质的优质来源，铁、镁、锌、锰、硒等矿物质的含量也很高。大豆中也存在植酸，这也会影响钙、铁、磷等矿物元素的吸收利用率，使其中矿物质的生物利用率不如动物性食品，但被吸收的绝对量仍不少。

（4）蔬菜水果中含有丰富的钙、磷、铁、钾、钠、镁、铜、锰等矿物质，其中钾含量高，钠含量相对较低。由于新鲜果蔬含水率可达80%～95%，所以矿物质的含量似乎不高，但如果以干物质计，它们的矿物质含量是相当丰富的。所以蔬菜和水果是日常膳食中矿物质的主要来源。蔬菜中矿物质的含量高于水果。蔬菜中雪里蕻、芹菜、油菜等不仅含钙量高，而且易被人体吸收利用；菠菜、苋菜、空心菜等由于含较多的草酸，影响其中钙、铁的吸收。

（5）食用菌是可食用的真菌类，如蘑菇、发菜、羊肚菌、牛肚菌、鸡油菌、香菇、平菇、草菇、银耳、黑木耳、金针菇、茯苓、竹荪、灵芝等。食用菌的营养价值和药用价值都很高，含丰富的钙、磷、铁等矿物质。

（6）海藻是广泛分布于海洋中的植物的总称，主要有绿藻、红藻和褐藻。其中供食用的绿藻为绿紫菜，红藻为紫菜、石花菜，褐藻为海带等。海藻类主要的营养价值是富含矿物质，其含量可达干物质的10%～30%。海藻中钠、镁、钙、钾的含量都较高，是人体重要的钾钙供给源。海藻中的碘是人体必需的微量矿物元素，以海带中含量最多。海藻中的硒、锌含量也较高。

二、矿物质在食品加工及贮藏中的变化

食品中的矿物质与其他成分相比，具有较高的稳定性，在很大程度上受遗传因素和环境因素的影响。但食物从原料到加工成成品，采取了一系列加工手段，矿物质在加工过程中可能从一种形式转变成另一种形式，也可能从某一部位转移到另一部位。这种变化可能会提高

拓展知识
大豆营养成分表

拓展知识
芹菜营养成分表

拓展知识
银耳营养成分表

拓展知识
几种藻类营养成分表

某些食品中矿物元素的可利用率，如豆类食品经发酵以后，其中的磷从植酸中释放出来，提高了可溶性而有利于吸收；而且豆类的加工以脱脂、分离、浓缩为主，对所含矿物质的影响较小，所以豆类在这些加工过程中，矿物质基本没有损失。但食品加工的很多手段往往会造成矿物质的损失，即不可利用。

（一）谷类碾磨对食品中矿物质的影响

谷类的矿物质主要分布于糊粉层和胚组织中，在胚乳中含量较小，因而碾磨过程很容易造成矿物质含量的降低，而且碾磨的精度越高，矿物质损失量越大，但不同矿物质的损失率不尽相同。

（二）预处理对食品中矿物质的影响

食品加工中一些预处理过程对食品中矿物质含量有一定的影响。果蔬原料在加工制作前，都要进行修整，比如去皮、去叶等，这给矿物质带来直接的损失。

清洗、泡发、烫漂等处理也会造成矿物质的溶解损失，这一损失与矿物质的水溶性直接相关。例如海带是碘的良好来源，但食用海带前，习惯于用大量水长时间浸泡，造成碘的大量损失。

蔬菜在速冻加工、罐制加工时一般都需进行热水烫漂或蒸气热烫，以达到钝化酶的目的，同时减少一部分水分，有利于冻结，但烫漂操作必然会引起水溶性矿物质的损失，尤其是热水烫漂比蒸气热烫损失更大，但其中硝酸盐的损失对人体健康有利。

（三）热处理对食品中矿物质的影响

热处理是家庭烹调和工厂生产食品中常见的操作。热处理的方式有多种，如煮、炒、油炸等，一般情况下，热处理总体上会引起矿物质含量的减少。

尤其必须注意，在家庭烹调中，一些食品的不合理配伍可能降低某些矿物质的生物可利用性。比如富含钙的食品与富含草酸的食品同煮时，大部分的钙会形成沉淀而不利于吸收。

食品加工时，也可能会使某些矿物质的含量增加。这主要来自加工过程中的添加物、加工用水、设备及包装材料。在果蔬加工中，为了提高组织硬度，往往会加入一些钙盐，这会使制品的钙含量增加。

加工用水如果是硬水，则会提高制品中钙、镁的含量，在腌制蔬菜时可能是有利的，但对啤酒、饮料的生产会产生不良的后果；肉类腌制时，使用较多量的盐，使钠的含量增加。

肉类罐头、火腿肠等肉制品在制作过程中添加磷酸盐以改良产品品质，这同时会引起磷含量的提高；不锈钢设备、金属罐头的使用，可能会在产品引入镍、锡、铁等金属离子。

三、矿物质的营养强化

一种优质的食品应具有良好的品质属性，主要包括安全性、营养、色泽、风味和质地。其中营养是一个重要的衡量指标。但是，没有一种天然食物含有人体需要的全部营养素，其中也包括矿物质。此外，食品在加工及贮藏过程中往往造成矿物质的损失。因此，为了维护人体的健康，提高食品的营养价值，根据需要有必要进行矿物质的营养强化。对此，我国有关部门专门制定了食品营养强化剂使用标准。

（一）食品中矿物质强化的形式

根据营养强化的目的不同，食品中矿物质的强化主要有矿物质的恢复、强化和增补3种形式。矿物质的恢复指添加矿物质使其在食品中的含量恢复到加工前的水平；矿物质的强化指添加某种矿物质，使该食品成为该种矿物质的丰富来源；矿物质的增补指有选择性地添加某种矿物质，使其达到规定的营养标准要求。

（二）食品中矿物质强化的意义

人们由于饮食习惯和居住环境等不同，往往会出现各种矿物质的摄入不足，导致各种不足症和缺乏症。例如，缺硒地区人们易患白肌病和大骨节病。因此，有针对性地进行矿物质的强化对提高食品的营养价值和保护人体的健康具有十分重要的作用。矿物质强化，可补充食品在加工及贮藏中矿物质的损失；满足不同人群生理和职业的要求；方便摄食及预防和减少矿物质缺乏症。

（三）食品中矿物质强化的原则

食品进行矿物质强化必须遵循一定的原则，即从营养、卫生、经济效益和实际需要等方面全面考虑。

1. 结合实际，有明确的针对性

在对食品进行矿物质强化时必须结合当地的实际，要对当地的食物种类进行全面的分析，同时对人们的营养状况做全面细致的调查和研究，尤其要注意地区性矿物质缺乏症，然后科学地选择需要强化的食品、矿物质强化的种类和数量。

2. 选择生物利用性较高的矿物质

在进行矿物质营养强化时，最好选择生物利用性较高的矿物质。例如，钙强化剂有氯化钙、碳酸钙、磷酸钙、硫酸钙、柠檬酸钙、葡萄糖酸钙和乳酸钙等。其中人体对乳酸钙的生物利用率最好。强化时应尽量避免使用那些难溶解、难吸收的矿物质如植酸钙、草酸钙等。另外，还可使用某些含钙的天然物质（如骨粉及蛋壳粉），因为骨粉含钙30%左右，其钙的生物可利用性为83%；蛋壳粉含钙38%，其生物可利用性为82%。

3. 应保持矿物质和其他营养素间的平衡

食品进行矿物质强化时，除考虑选择的矿物质具有较高的可利用性外，还应保持矿物质与其他营养素之间的平衡。若强化不当会造成食品各营养素间产生新的不平衡，影响矿物质及其他营养素在体内的吸收与利用。

4. 符合安全卫生和质量标准

食品中使用的矿物质强化剂要符合有关的卫生和质量标准，同时还要注意使用剂量。生理剂量是健康人所需的剂量或用于预防矿物质缺乏症的剂量；药理剂量是指用于治疗缺乏症的剂量。一般来说，药理剂量通常是生理剂量的10倍；而中毒剂量是可引起不良反应或中毒症状的剂量，通常是生理剂量的100倍。

5. 不影响食品原来的品质属性

食品大多具有美好的色、香、味等感官性状，在进行矿物质强化时不应损害食品原有的感官性状而致使消费者不能接受。根据不同矿物质强化剂的特点，选择被强化的食品与之配合。这样不但不会产生不良反应，而且还可提高食品的感官性状和商品价值。例如，铁盐色黑，当用于酱或酱油强化时，因这些食品本身具有一定的颜色和味道，在合适的强化剂量范围内，可以完全不会使人们产生不快的感觉。

6. 经济合理，有利于推广

矿物质强化的目的主要是提高食品的营养和保持人们的健康。一般情况下，食品的矿物质强化需要增加一定的成本。因此，在强化时应注意成本和经济效益，否则不利于推广，达不到应有的目的。

技能任务一　火焰原子吸收光谱法测定豆腐中钙含量

问题引导：
1. 火焰原子吸收光谱法测定豆腐中钙含量的原理是什么？
2. 为什么样品要先碳化至无烟再移入马弗炉？
3. 该方法检出限是多少？

一、任务导入

豆腐是由黄豆或黑豆经过浸泡、磨浆、凝固等工艺制成，其钙含量远高于同等重量的牛奶，且豆腐中的钙以游离态存在，人体吸收率相对较高。这意味着在补钙效率上，豆腐有着显著优势。除钙之外，豆腐还富含优质植物蛋白、磷、铁、镁、维生素 B 族等多种营养素。其中，蛋白质与钙的协同作用对于骨骼构建尤为关键；磷有助于钙的沉积与利用；铁、镁等矿物质则对骨骼健康及整体新陈代谢起到辅助作用。因此，豆腐是补钙的良好选择。

二、任务描述

溶液中的钙离子在火焰温度下转变为基态钙原子蒸气，当钙空心阴极灯发射出波长为 422.7 nm 的钙特征谱线通过基态钙原子蒸气时，被基态钙原子吸收，在恒定的测试条件下，其吸光度与溶液中钙浓度成正比。

三、任务准备

各小组分别依据任务描述及试验原理，讨论后制定试验方案。

四、任务实施

（一）试验试剂

（1）盐酸溶液（1+1）：量取 500 mL 盐酸，与 500 mL 水混合均匀。
（2）硝酸溶液（5+95）：量取 50 mL 硝酸，加入 950 mL 水，混匀。
（3）硝酸溶液（1+1）：量取 500 mL 硝酸，与 500 mL 水混合均匀。

（4）1 mg/mL 钙标准储备液：准确称取 2.496 3 g（精确至 0.000 1 g）碳酸钙，加盐酸溶液（1+1）溶解，移入 1 000 mL 容量瓶，加水定容至刻度，混匀。

（5）钙标准系列溶液：分别吸取钙标准中间液（100 mg/L）0.000 mL、0.500 mL、1.00 mL、2.00 mL、4.00 mL、6.00 mL 于 100 mL 容量瓶中，另在各容量瓶中加入 5 mL 镧溶液（20 g/L），最后加入硝酸溶液（5+95）定容至刻度，混匀。此钙标准系列溶液中钙的质量浓度分别为 0.000 mg/L、0.500 mg/L、1.00 mg/L、2.00 mg/L、4.00 mg/L 和 6.00 mg/L。

（6）镧溶液（20 g/L）：称取 23.45 g 氧化镧，先用少量水湿润后再加入 75 mL 盐酸溶液（1+1）溶解，转入 1 000 mL 容量瓶，加水定容至刻度，混匀。

（二）试验器材

原子吸收光谱仪（配火焰原子化器、钙空心阴极灯）、马弗炉、分析天平（感量为 1 mg 和 0.1 mg）、可调式电热板、容量瓶、坩埚、刻度管。

（三）操作步骤

1. 样品处理

准确称取固体试样 5 g（精确至 0.001 g）于坩埚中，小火加热，碳化至无烟，转移至马弗炉中，于 550 ℃灰化 3～4 h。冷却，取出。对于灰化不彻底的试样，加数滴硝酸，小火加热，小心蒸干，再转入 550 ℃马弗炉，继续灰化 1～2 h，至试样呈白灰状，冷却，取出，用适量硝酸溶液（1+1）溶解转移至刻度管中，用水定容至 25 mL。根据实际测定需要稀释，并在稀释液中加入一定体积的镧溶液，使其在最终稀释液中的浓度为 1 g/L，混匀备用，此为试样待测液。同时做试剂空白试验。

2. 仪器工作条件

波长 422.7 nm，狭缝 1.3 nm，燃烧头高度 3 mm，灯电流 5～15 mA，乙炔流量 2 L/min，空气流量 9 L/min。

3. 标准曲线的制作

将钙标准系列溶液按浓度由低到高的顺序分别导入火焰原子化器，测定吸光度值，以标准系列溶液中钙的质量浓度为横坐标，相应的吸光度值为纵坐标，制作标准曲线。

4. 样品测定

在与测定标准溶液相同的试验条件下，将空白溶液和试样待测液分别导入原子化器，测定相应的吸光度值，与标准系列比较定量。

（四）试验数据记录与分析

试样中钙的含量按下式计算：

$$X = \frac{(\rho - \rho_0) \times f \times V}{m}$$

式中　X——试样中钙的含量（mg/kg 或 mg/L）；
　　　ρ——试样待测液中钙的质量浓度（mg/L）；
　　　ρ_0——空白溶液中钙的质量浓度（mg/L）；
　　　f——试样消化液的稀释倍数；
　　　V——试样消化液的定容体积（mL）；
　　　m——试样质量或移取体积（g 或 mL）。

当钙含量 ≥ 10.0 mg/kg 或 10.0 mg/L 时，计算结果保留 3 位有效数字；当钙含量 <10.0 mg/kg

或 10.0 mg/L 时，计算结果保留两位有效数字。

五、任务总结

本次技能任务的试验现象和你预测的试验现象一致吗？如果不一致，问题可能出在哪里？你认为本次技能任务在操作过程中有哪些注意事项？你在本次技能任务中有哪些收获和感悟？（可上传至在线课相关讨论中，与全国学习者交流互动。）

行成于思
★请思考：
1. 影响钙含量测试结果的有哪几方面？
2. 为什么样品要先碳化至无烟再移入马弗炉？

六、成果展示

本次技能任务结束后，相信你已经有了很多收获，请将你的学习成果（试验过程及结果的照片和视频、试验报告、任务工单、检验报告单等均可）进行展示，与教师、同学一起互动交流吧。（可上传至在线课相关讨论中，与全国学习者交流互动。）

技能任务二　碘量法测定海带中碘含量

问题引导：
1. 碘量法测定海带中碘含量的原理是什么？
2. 碘化钾溶液为何需要现用现配？
3. 灼烧后海带中的碘以何种形式存在？

任务工单
碘量法测定海带中碘含量

扫码查标准
《食品安全国家标准 食品中碘的测定》（GB 5009.267—2020）

一、任务导入

碘是人体必需的元素之一，缺碘会患甲状腺肿大。海带中含有丰富的碘，可用来纠正因长期缺碘引起的甲状腺功能不足，使肿大的甲状腺体缩小，又可促进炎性渗出物吸收，并使病态组织崩溃、溶解。多食海带能防治甲状腺肿大，还能预防动脉硬化，降低胆固醇与脂的积聚。

二、任务描述

在海带中，碘与有机基团（R）结合成碘化合物（RI），海带样品经碳化、灰化处理后，碘化合物（RI）转化为碘化钾、碘化钠等。在酸性介质中，用液溴将碘离子氧化成碘酸根离子，碘酸根在酸性溶液中氧化碘化钾而析出碘，以淀粉溶液作为指示剂，用硫代硫酸钠溶液滴定，计算样品中碘的含量。

211

三、任务准备

各小组分别依据任务描述及试验原理，讨论后制定试验方案。

四、任务实施

（一）试验试剂

（1）碳酸钠溶液（50 g/L）：称取 5 g 无水碳酸钠，溶于 100 mL 水中。

（2）饱和溴水：量取 5 mL 液溴置于涂有凡士林的塞子的棕色玻璃瓶中，加水 100 mL，充分振荡，使其成为饱和溶液（溶液底部留有少量溴液，操作应在通风橱内进行）。

（3）硫酸溶液（3 mol/L）：量取 180 mL 硫酸，缓缓注入盛有 700 mL 水的烧杯，并不断搅拌，冷却至室温，用水稀释至 1 000 mL，混匀。

（4）硫酸溶液（1 mol/L）：量取 57 mL 硫酸，按上述方法配制。

（5）碘化钾溶液（150 g/L）：称取 15.0 g 碘化钾，用水溶解并稀释至 100 mL，贮存于棕色瓶中，现用现配。

（6）甲酸钠溶液（200 g/L）：称取 20.0 g 甲酸钠，用水溶解并稀释至 100 mL。

（7）硫代硫酸钠标准溶液（0.01 mol/L）：按《化学试剂 标准滴定溶液的制备》（GB/T 601—2016）中的规定配制及标定。

（8）甲基橙溶液（1 g/L）：称取 0.1 g 甲基橙粉末，溶于 100 mL 水中。

（9）淀粉溶液（5 g/L）：称取 0.5 g 淀粉于 200 mL 烧杯中，加入 5 mL 水调成糊状，再倒入 100 mL 沸水，搅拌后再煮沸 0.5 min，冷却备用，现用现配。

（二）试验器材

马弗炉、分析天平、可调式电热板、250 mL 碘量瓶、坩埚。

（三）操作步骤

（1）称取试样 2～5 g（精确至 0.1 mg），置于 50 mL 瓷坩埚中，加入 5～10 mL 碳酸钠溶液，使充分浸润试样，静置 5 min，置于 101～105 ℃电热恒温干燥箱中干燥 3 h，将样品烘干，取出。

（2）在通风橱内用电炉加热，使试样充分碳化至无烟，置于 550 ℃ ±25 ℃马弗炉中灼烧 40 min，冷却至 200 ℃左右，取出。在坩埚中加入少量水研磨，将溶液及残渣全部转入 250 mL 烧杯，坩埚用水冲洗数次并转入烧杯，烧杯中溶液总量为 150～200 mL，煮沸 5 min。溶液及残渣趁热用滤纸过滤至 250 mL 容量瓶中，烧杯及漏斗内残渣用热水反复冲洗，冷却，定容。然后准确移取适量滤液于 250 mL 碘量瓶中，备用。

（3）在碘量瓶中加入 2～3 滴甲基橙溶液，用 1 mol/L 硫酸溶液调至红色，在通风橱内加入 5 mL 饱和溴水，加热煮沸至黄色消失。稍冷后加入 5 mL 甲酸钠溶液，在电炉上加热煮沸 2 min，取下，用水浴冷却至 30 ℃以下，再加入 5 mL 3 mol/L 硫酸溶液，5 mL 碘化钾溶液，盖上瓶盖，放置 10 min。

（4）用硫代硫酸钠标准溶液滴定至溶液呈浅黄色，加入 1 mL 淀粉溶液，继续滴定至蓝色恰好消失。同时做空白试验，分别记录消耗的硫代硫酸钠标准溶液体积 V、V_0。

（四）试验数据记录与分析

试样中碘的含量计算：

拓展知识

★碘量法中使用碘量瓶的目的是防止碘的挥发和防止溶液与空气接触。

碘量瓶是一种特殊的实验室容器，其设计特点是在锥形瓶口上使用磨口塞子，并且加一水封槽。这种设计主要用于碘量分析，盖塞子后以水封瓶口，以防止碘的挥发和溶液与空气接触。

$$X_1 = \frac{(V - V_0) \times c \times 21.15 \times V_1 \times 1\,000}{V_2 \times m_1}$$

式中 X_1——试样中碘的含量（mg/kg）；
　　　V——滴定样液消耗硫代硫酸钠标准溶液的体积（mL）；
　　　V_0——滴定试剂空白消耗硫代硫酸钠标准溶液的体积（mL）；
　　　c——硫代硫酸钠标准溶液的浓度（mol/L）；
　　　21.15——与1.00 mL硫代硫酸钠标准滴定溶液 [c（$Na_2S_2O_3$）= 1.000 mol/L] 相当的碘的质量（mg）；
　　　V_1——碘含量较高样液的定容体积（mL）；
　　　V_2——移取碘含量较高滤液的体积（mL）；
　　　m_1——样品的质量（g）；
　　　1 000——单位换算系数。
结果保留至小数点后一位。

五、任务总结

本次技能任务的试验现象和你预测的试验现象一致吗？如果不一致，问题可能出在哪里？你认为本次技能任务在操作过程中有哪些注意事项？你在本次技能任务中有哪些收获和感悟？（可上传至在线课相关讨论中，与全国学习者交流互动。）

六、成果展示

本次技能任务结束后，相信你已经有了很多收获，请将你的学习成果（试验过程及结果的照片和视频、试验报告、任务工单、检验报告单等均可）进行展示，与教师、同学一起互动交流吧。（可上传至在线课相关讨论中，与全国学习者交流互动。）

行成于思
★请思考：
1. 碘化钾溶液为何需要现用现配？
2. 影响本次试验结果准确性的因素有哪些？

技能任务三　电感耦合等离子体质谱法测定食品中多种元素含量

问题引导：
1. 电感耦合等离子体质谱法的测定原理是什么？
2. 测定食品中多种元素含量除微波消解法以外还可以采用哪些消解方法？
3. 试样中低含量和高含量待测元素的计算有何不同？

任务工单
电感耦合等离子体质谱法测定食品中多种元素含量

一、任务导入

食品中含有多种矿物质元素,对于人体健康至关重要。不同的元素在人体内发挥着不同的作用,如钙、铁、锌等元素是人体必需的微量元素,它们参与维持人体正常的生理功能,而重金属元素(如铅、汞、镉等)是有害元素,过量摄入可能会对人体健康造成危害。因此,准确测定食品中的多元素含量对于保障人体健康具有重要意义。

电感耦合等离子体质谱法(ICP-MS)是一种高灵敏度、高选择性的分析技术,适用于食品中硼、钠、镁、铝、钾、钙、钛、钒、铬、锰、铁、钴、镍、铜、锌、砷、硒、锶、钼、镉、锡、锑、钡、汞、铊、铅的测定。

二、任务描述

试样经消解后,由电感耦合等离子体质谱仪测定,以元素特定质量数(质荷比,m/e)定性,采用外标法,以待测元素质谱信号与内标元素质谱信号的强度比与待测元素的浓度成正比进行定量分析。

三、任务准备

各小组分别依据任务描述及试验原理,讨论后制定试验方案。

四、任务实施

(一)试验试剂

(1)硝酸(HNO_3):优级纯或更高纯度。

(2)氩气(Ar):氩气(≥99.995%)或液氩。

(3)氦气(He):氦气(≥99.995%)。

(4)金元素(Au)溶液(1 000 mg/L)。

(5)标准品。

1)元素贮备液(1 000 mg/L或100 mg/L):铅、镉、砷、汞、硒、铬、锡、铜、铁、锰、锌、镍、铝、锑、钾、钠、钙、镁、硼、钡、锶、钼、铊、钛、钒和钴,采用经国家认证并授予标准物质证书的单元素或多元素标准贮备液。

2)内标元素贮备液(1 000 mg/L):钪、锗、铟、铑、铼、铋等采用经国家认证并授予标准物质证书的单元素或多元素内标准贮备液。

(6)标准溶液配制。

1)混合标准工作溶液:吸取适量单元素标准贮备液或多元素混合标准贮备液,用硝酸溶液(5+95)逐级稀释配成混合标准工作溶液系列,各元素质量浓度见侧边栏二维码:ICP-MS方法中元素的标准溶液系列质量浓度表。

2)汞标准工作溶液:取适量汞贮备液,用汞标准稳定剂逐级稀释配成标准工作溶液系列,浓度范围见侧边栏二维码:ICP-MS方法中元素的标准溶液系列质量浓度表。

3)内标使用液:取适量内标单元素贮备液或内标多元素标准贮备液,用硝酸溶液(5+95)配制合适浓度的内标使用液。由于不同仪器采用的蠕动泵管内径有所不同,当在线加入内标时，需考虑使内标元素在样液中的浓度，样液混合后的内标元素参考浓度范围为 25～100 µg/L，低质量数元素可以适当提高使用液浓度。

（二）试验器材

电感耦合等离子体质谱仪（ICP-MS）；分析天平（感量为 0.1 mg 和 1 mg）；微波消解仪（配有聚四氟乙烯消解内罐）；压力消解罐（配有聚四氟乙烯消解内罐）；恒温干燥箱；控温电热板；超声水浴箱；样品粉碎设备：匀浆机、高速粉碎机。

（三）操作步骤

1. 试样制备

（1）固态样品。

1）干样：豆类、谷物、菌类、茶叶、干制水果、焙烤食品等低含水率样品，取可食部分，必要时经高速粉碎机粉碎均匀；对于固体乳制品、蛋白粉、面粉等呈均匀状的粉状样品，摇匀。

2）鲜样：蔬菜、水果、水产品等高含水量样品必要时洗净、晾干，取可食部分匀浆均匀；对于肉类、蛋类等样品取可食部分匀浆均匀。

3）速冻及罐头食品：经解冻的速冻食品及罐头样品，取可食部分匀浆均匀。

4）液态样品：软饮料、调味品等样品摇匀。

（2）半固态样品。搅拌均匀。

2. 试样消解

采用微波消解法：称取固体样品 0.2～0.5 g（精确至 0.001 g，含水分较多的样品可适当增加取样量至 1 g）或准确移取液体试样 1.00～3.00 mL 于微波消解内罐中，含乙醇或二氧化碳的样品先在电热板上低温加热除去乙醇或二氧化碳，加入 5～10 mL 硝酸，加盖放置 1 h 或过夜，旋紧罐盖，按照微波消解仪标准操作步骤进行消解，消解条件见表 9-1。

表 9-1 微波消解条件

消解方式	步骤	控制温度/℃	升温时间	恒温时间
微波消解	1	120	5 min	5 min
	2	150	5 min	10 min
	3	190	5 min	20 min
压力罐消解	1	80	—	2 h
	2	120	—	2 h
	3	160～170	—	4 h

冷却后取出，缓慢打开罐盖排气，用少量水冲洗内盖，将消解罐放在控温电热板上或超声水浴箱中，于 100 ℃加热 30 min 或超声脱气 2～5 min，用水定容至 25 mL 或 50 mL，混匀备用，同时做空白试验。

3. 仪器参考条件

（1）仪器操作条件：仪器操作条件见表 9-2。

技术提示

★ 内标溶液既可在配制混合标准工作溶液和样品消化液中手动定量加入，也可由仪器在线加入。

"1+X" 粮农食品安全评价职业技能要求

★ 粮油加工环节检测与安全评价（中级）：
能够进行真菌毒素、重金属和农药残留的快速定量检测。

虚拟仿真
茶叶中重金属检测前处理（微波消解）

虚拟仿真
面制品重金属检测前处理（湿法消解）

"1+X" 食品检验管理职业技能要求

★ 常用仪器设备使用和维护（高级）：
能规范并熟练使用气相色谱仪、液相色谱仪、质谱仪等大型精密检测仪器设备。
能依据检测要求优化大型检测仪器设备的参数设置。
能拆装仪器设备部件并更换相应耗材。
能熟练维护维修所用仪器设备。

表 9-2 仪器操作条件

参数名称	参数	参数名称	参数
射频功率	1 500 W	雾化器	高盐/同心雾化器
等离子体气流量	15 L/min	采样锥/截取锥	镍/铂锥
载气流量	0.80 L/min	采样深度	8～10 mm
辅助气流量	0.40 L/min	采集模式	跳峰（Spectrum）
氦气流量	4～5 mL/min	检测方式	自动
雾化室温度	2 ℃	每峰测定点数	1～3
样品提升速率	0.3 r/s	重复次数	2～3

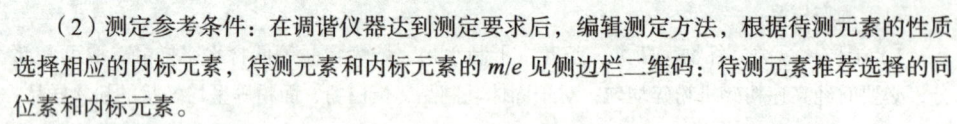

（2）测定参考条件：在调谐仪器达到测定要求后，编辑测定方法，根据待测元素的性质选择相应的内标元素，待测元素和内标元素的 m/e 见侧边栏二维码；待测元素推荐选择的同位素和内标元素。

拓展知识
待测元素推荐选择的同位素和内标元素

4. 标准曲线的制作

将混合标准溶液注入电感耦合等离子体质谱仪，测定待测元素和内标元素的信号响应值，以待测元素的浓度为横坐标，待测元素与所选内标元素响应信号值的比值为纵坐标，绘制标准曲线。

5. 试样溶液的测定

将空白溶液和试样溶液分别注入电感耦合等离子体质谱仪，测定待测元素和内标元素的信号响应值，根据标准曲线得到消解液中待测元素的浓度。

（四）试验数据记录与分析

（1）试样中低含量待测元素的含量按下式计算：

$$X = \frac{(\rho - \rho_0) \times V \times f}{m \times 1\ 000}$$

式中　X——试样中待测元素含量（mg/kg 或 mg/L）；
　　　ρ——试样溶液中被测元素质量浓度（μg/L）；
　　　ρ_0——试样空白液中被测元素质量浓度（μg/L）；
　　　V——试样消化液定容体积（mL）；
　　　f——试样稀释倍数；
　　　m——试样称取质量或移取体积（g 或 mL）；
　　　1 000——换算系数。

（2）试样中高含量待测元素的含量按下式计算：

$$X = \frac{(\rho - \rho_0) \times V \times f}{m}$$

式中　X——试样中待测元素含量（mg/kg 或 mg/L）；
　　　ρ——试样溶液中被测元素质量浓度（mg/L）；
　　　ρ_0——试样空白液中被测元素质量浓度（mg/L）；
　　　V——试样消化液定容体积（mL）；
　　　f——试样稀释倍数；
　　　m——试样称取质量或移取体积（g 或 mL）；
　　　1 000——换算系数。

技术提示
★样品中各元素含量大于 1mg/kg 时，在重复性条件下获得的两次独立测定结果的绝对差值不得超过算术平均值的 10%；
小于或等于 1mg/kg 且大于 0.1 mg/kg 时，在重复性条件下获得的两次独立测定结果的绝对差值不得超过算术平均值的 15%；
小于或等于 0.1 mg/kg 时，在重复性条件下获得的两次独立测定结果的绝对差值不得超过算术平均值的 20%。

技术提示
★计算结果均保留 3 位有效数字。

五、任务总结

　　本次技能任务的试验现象和你预测的试验现象一致吗？如果不一致，问题可能出在哪里？你认为本次技能任务在操作过程中有哪些注意事项？你在本次技能任务中有哪些收获和感悟？（可上传至在线课相关讨论中，与全国学习者交流互动。）

六、成果展示

　　本次技能任务结束后，相信你已经有了很多收获，请将你的学习成果（试验过程及结果的照片和视频、试验报告、任务工单、检验报告单等均可）进行展示，与教师、同学一起互动交流吧。（可上传至在线课相关讨论中，与全国学习者交流互动。）

企业案例：富锌无铅皮蛋生产工艺流程及要点分析

皮蛋又叫松花蛋、彩蛋、变蛋、碱蛋，因其蛋白透明、富有弹性、酷似皮冻，所以得名皮蛋，剥开后，其表面有松枝状花纹，而且蛋黄色彩多样，故又名松花蛋（图9-1）。皮蛋是我国独创的一种蛋类加工产品，其产量常年居我国再制蛋制品之首。

传统加工皮蛋时，在料液中都加入了 0.2% ～ 0.4% 氧化铅。铅是一种有毒的重金属元素。会在人体内蓄积而引起慢性重金属中毒，对人体的健康，尤其对儿童智力发育有严重的不良影响。而锌是人体必需微量元素，在我国居民膳食中，锌的供应量普遍存在不足，常食含锌食品有利人体健康。因此，某企业计划开发一款富锌无铅皮蛋，用锌盐代替氧化铅。你能在图9-2 的工艺流程基础上，帮助该企业总结富锌无铅皮蛋的加工工艺要点吗？

图 9-1　皮蛋

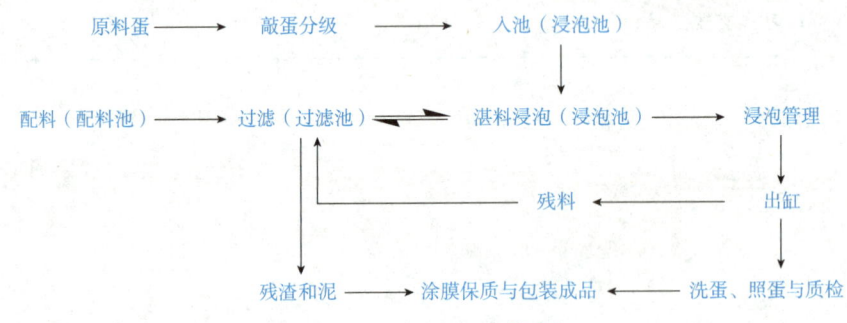

原料蛋 → 敲蛋分级 → 入池（浸泡池）

配料（配料池）→ 过滤（过滤池）⇌ 灌料浸泡（浸泡池）→ 浸泡管理

残料 ← 出缸

残渣和泥 → 涂膜保质与包装成品 ← 洗蛋、照蛋与质检

图 9-2　松花蛋加工工艺流程

通过企业案例，同学们可以直观地了解企业在真实环境下面临的问题，探索和分析企业在解决问题时采取的策略和方法。

扫描下方二维码，可查看自己和教师的参考答案有何异同。

扫码查看
"企业案例"
参考答案

文化自信

★松花蛋加工工艺在我国历史久远，最早在元延祐元年（1314年），农学家鲁明善创作的《农桑衣食撮要》一书中就记载了松花蛋的加工情况。在明朝，松花蛋是朝廷贡品，明末崇祯年间出版的《养余月令》中就详细记录了松花蛋加工工艺，并沿用至今。《养余月令》中记载：先以茶煎汤，内投松竹叶数片，待温将蛋浸洗毕，每百斤用盐十两，真栗柴炭灰五升，石灰一升，如常调腌之，入坛三日，取出盘调上下，复装入过三日，又如之，共三次，封藏一月余即成皮蛋。

学习进行时

★学习是成长进步的阶梯，实践是提高本领的途径。青年的素质和本领直接影响着实现中国梦的进程。古人说："学如弓弩，才如箭镞。"说的是学问的根基好比弓弩，才能好比箭头，只要依靠厚实的见识来引导，就可以让才能很好发挥作用。——2013年5月4日习近平在同各界优秀青年代表座谈时的讲话

考核评价

请同学们按照下面的几个表格（表9-3～表9-5），对本项目进行学习过程考核评价。

表9-3　学生自评表

评价项目	评价标准			
	非常优秀（8～10）	做得不错（6～8）	尚有潜力（4～6）	奋起直追（2～4）
1. 学习态度积极主动，能够及时完成教师布置的各项任务				
2. 能够完整地记录探究活动的过程，收集的有关学习信息和资料全面翔实				
3. 能够完全领会教师的授课内容，并迅速地掌握项目重难点知识与技能				
4. 积极参与各项课堂活动，并能够清晰地表达自己的观点				
5. 能够根据学习资料对项目进行合理分析，对所制定的技能任务试验方案进行可行性分析				
6. 能够独立或合作完成技能任务				
7. 能够主动思考学习过程中出现的问题，认识到自身知识的不足之处，并有效利用现有条件来解决问题				
8. 通过本项目学习达到所要求的知识目标				
9. 通过本项目学习达到所要求的能力目标				
10. 通过本项目学习达到所要求的素质目标				
总评				
改进方法				

表9-4　学生互评表

评价项目	评价标准			
	非常优秀（8～10）	做得不错（6～8）	尚有潜力（4～6）	奋起直追（2～4）
1. 按时出勤，遵守课堂纪律				
2. 能够及时完成教师布置的各项任务				
3. 学习资料收集完备、有效				
4. 积极参与学习过程中的各项课堂活动				
5. 能够清晰地表达自己的观点				
6. 能够独立或合作完成技能任务				
7. 能够正确评估自己的优点和缺点并充分发挥优势，努力改进不足				
8. 能够灵活运用所学知识分析、解决问题				
9. 能够为他人着想，维护良好工作氛围				
10. 具有团队意识、责任感				
总评				
改进方法				

表9-5　总评分表

		评价内容	得分	总评
总结性评价		知识考核（20%）		
		技能考核（20%）		
过程性评价	项目	教师评价（20%）		
		学习档案（10%）		
		小组互评（10%）		
		自我评价（10%）		
增值性评价		提升水平（10%）		

巩固提升

巩固提升参考答案

扫码自测　难度指数：★★★

扫码自测　难度指数：★★★★★

扫码自测参考答案　难度指数：★★★

扫码自测参考答案　难度指数：★★★★★

项目十　四两拨千斤——食品中的其他成分

项目背景

食品中的其他成分包括食品中的呈色物质、嗅感物质、风味物质、食品添加剂及有毒有害成分等，这些物质不仅能够改变食品外观品质，给予人们感官上的享受，还会直接影响食品的加工、贮藏、运输、销售等各个方面，有的成分甚至会对人类身体健康产生极大影响。因此，了解它们的组成、结构、功能及其在加工过程中所发生的变化具有重要意义。

学习目标

知识目标	能力目标	素质目标
1. 了解食品中天然色素的分类及特点，掌握常用食色素的性质。	1. 能够正确使用常用食品色素。	1. 培养乐学善思、砥砺践行的笃行精神。
2. 理解嗅觉的概念及特征，了解食品中香气成分形成的途径，掌握食品中香气成分的分类及特点。	2. 能够利用食品中香气成分形成的途径增加食品中的香气成分。	2. 培养居安思危、防患未然的安全意识。
3. 理解食品风味的概念、特点、分析方法，了解味觉生理及其影响因素，掌握食品呈味机理及常见风味物质的性质。	3. 能够借助食品呈味机理改善食品风味。	3. 培养追求卓越、精益求精的工匠精神。
4. 理解食品添加剂的定义、分类、安全性及使用原则，掌握食品中常用添加剂及其性质。	4. 能够正确使用常用食品添加剂。	4. 培养心系社会、担当有为的社会责任感
5. 理解食品有毒有害成分的定义及分类，掌握食品中常见的有毒有害成分及其性质	5. 能够避免或消除食品中常见的有毒有害成分	

学习进行时

★实现中国梦是一场历史接力赛，当代青年要在实现民族复兴的赛道上奋勇争先。时代总是把历史责任赋予青年。新时代的中国青年，生逢其时、重任在肩，施展才干的舞台无比广阔，实现梦想的前景无比光明。
——2022 年 5 月 10 日，习近平在庆祝中国共产主义青年团成立 100 周年大会上的讲话

学习重点

1. 食品色、香、味成分、添加剂及食品有毒有害成分的概念及性质。
2. 食品添加剂的使用。

项目十 四两拨千斤——食品中的其他成分

思维导图

- 知识任务一 呈色物质
  - 一、食品中的天然色素
  - 二、食品中的人工合成色素
  - 三、褐变现象
- 知识任务二 嗅感物质
  - 一、嗅觉
  - 二、食品香气形成途径
  - 三、植物性食物的香气
  - 四、动物性食物的香气
  - 五、发酵食品的香气
  - 六、焙烤食品的香气
- 知识任务三 风味物质
  - 一、风味的概念及特点
  - 二、味觉生理及影响因素
  - 三、食品风味分析方法
  - 四、甜味及甜味物质
  - 五、酸味及酸味物质
  - 六、咸味及咸味物质
  - 七、苦味及苦味物质
  - 八、鲜味及鲜味物质
  - 九、辣味及辣味物质
  - 十、涩味及涩味物质
- 知识任务四 食品添加剂
  - 一、食品添加剂概述
  - 二、食品中常用的添加剂
- 知识任务五 食品有毒有害成分
  - 一、食品有毒有害成分概述
  - 二、食品原料中的天然毒素
  - 三、环境污染产生的毒素
  - 四、食品加工及储藏过程中产生的毒素
- 技能任务一 分光光度法测定绿色蔬菜中叶绿素含量
- 技能任务二 旋光法测定味精中谷氨酸钠含量
- 技能任务三 酸碱滴定法测定蜜饯中二氧化硫含量

项目十 四两拨千斤——食品中的其他成分

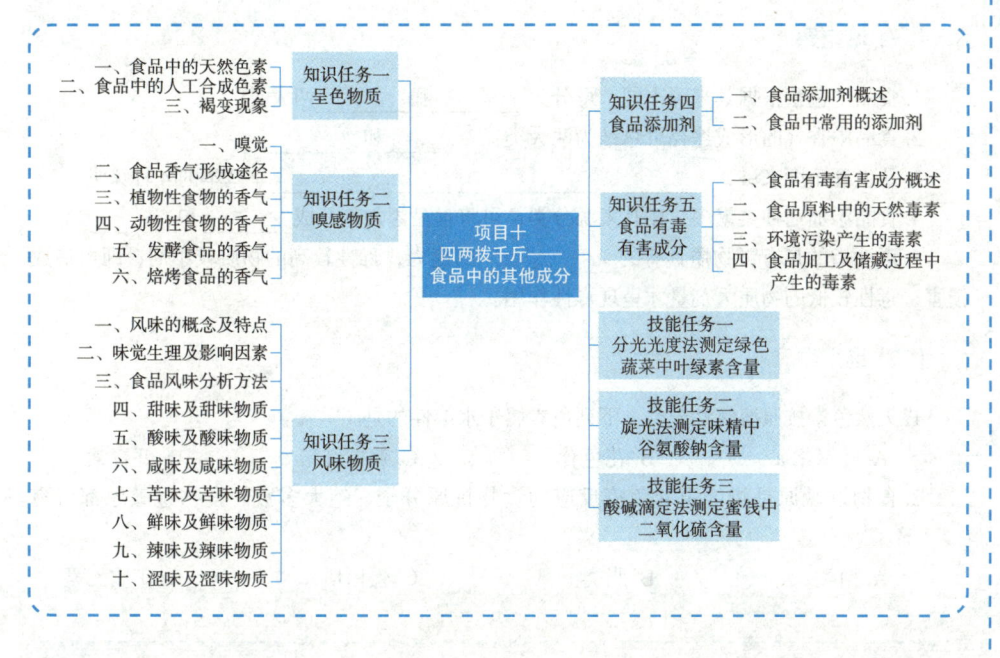

学习小贴士

★ 食品生物化学不仅是一门科学，更与我们的日常生活和健康息息相关。在学习过程中，要特别关注食品中的营养成分、色香味物质、添加剂、污染物等对人体健康的影响。这不仅能增强学习的兴趣和动力，还能让我们更加关注自己的饮食健康。

案例启发

有机化学家邢其毅对花果头香的研究

邢其毅是我国著名的有机化学家和教育家，中国科学院院士。1933年毕业于北京辅仁大学化学系，随后赴美留学，1936年获博士学位。同年夏天赴德国慕尼黑大学博士后研究，期间完成了芦竹碱的结构阐释和合成工作，这项成果后来成为一个重要的吲哚甲基化方法。

邢其毅在国外求学期间始终牵挂着祖国。1937年，在隆隆炮火声中，他毅然放弃优越的科研条件回到祖国，要用知识报国。为了支援抗战，寻找抗疟药物，他跑到云南边境河口地区收集金鸡纳树皮，开展有效成分的分析研究工作。1944年他冒着生命危险，从国民党统治的大后方来到了共产党领导的抗日前线皖北解放区天长县，参加新四军工作。

邢其毅是人工合成牛胰岛素研究集体的学术领导者之一。经过数年的共同努力，终于在1965年合成了结晶牛胰岛素。为了发展我国的抗生素工业，1956年，邢其毅和戴乾圜等设计了一条新的、从容易得到的工业原料苯乙烯开始合成氯霉素的方法。

邢其毅注意到我国各种新鲜花果香气成分的研究还是一块"处女地"，于是他和他的同事们自己设计了一个提取装置，到花果产地当场收集它们的香气成分。于1978年首次完成了白兰花头香成分的全分析，开创了我国进行花果头香成分研究的先例。随后，他们对多种我国特有的花果品种和资源进行了广泛系统的研究，取得了一系列具有重要科学意义和经济价值的研究成果，推动了我国花果头香成分的研究。

邢其毅教授既是一位造诣深厚的有机化学家，同时也是一位享有盛誉的教育家。他的著作如同知识的源泉，滋育着我国几代化学家的成长；他的精神激励着我们在科学的道路上不断前行。

人物小传
有机化学家邢其毅对花果头香的研究

课前摸底

(一) 填空题

1. 食品中色素根据其来源不同，可分为_____和_____两大类。
2. 食品中香气的形成途径可总结为两大类：_____和_____。
3. 从生理角度来讲，_____、_____、_____、_____是基本的4种味觉。
4. 食品添加剂种类繁多，按其来源分类，可将食品添加剂分成_____和_____。
5. 毒性指的是有毒物质具有的_____的能力，毒性较高的物质较小剂量即可造成损害，毒性较低的物质大剂量才呈现毒性作用。

(二) 选择题

1. 天然色素按照溶解性分类，下列色素属于水溶性的是（　　）。
    A. 叶绿素 a   B. 花色苷   C. 辣椒红素   D. 虾青素
2. 食物过敏原是指能引起免疫反应的食物抗原分子，绝大多数的食物过敏原都含有（　　）。
    A. 糖类   B. 脂类   C. 蛋白质   D. 矿质元素

健康中国·"零添加""纯天然"更安全健康？不一定！

估计很多人都有这样的疑问，食品添加剂是不是对人体都有害？在新时代背景下，人们的生活追求已从"吃饱"到"吃好"转变，更加关注食品安全问题。其实长期以来有一种错误认知：食品添加剂＝"不安全"。食品添加剂在我国被"妖魔化"的一个重要原因就是替非法添加物背了黑锅。

事实上，食品添加剂≠违法添加物。别急着否定它，它的存在对于食品工业有特殊的积极意义：比如，没有抗结剂，你买的盐将会聚集结块；不填充氮气（加工助剂），薯片到你手里的时候将会碎成渣；就连很多人钟爱的维生素C，也是一种食品添加剂（抗氧化剂）。

可见，食品添加剂并不是大家认为的那么"坏"。一般来说，正规厂家生产的食品，其中所含的食品添加剂，都是符合国家食品安全标准的，大家可以放心购买。

知识任务一　呈色物质

问题引导：
1. 呈色物质是什么？
2. 食品中的天然色素和人工合成色素有哪些？
3. 食品褐变现象的反应机理是什么？影响因素有哪些？

食品的色泽是人们评价食品感官质量的一个重要因素。人们通常根据色泽来判断食品的新鲜度、成熟度及风味等。食品中色素根据其来源不同，可分为天然色素和人工合成色素两大类。

一、食品中的天然色素

食品中的天然色素的分类方法比较多，见表 10-1。以吡咯色素、多烯类色素、多酚类色素和醌酮类色素为例说明它们的结构、性质及在加工过程中的变化。

表 10-1　天然色素的分类

分类依据	种类	色素举例
来源	植物色素	叶绿素、花青素、类胡萝卜素
	动物色素	血红素、胭脂虫红色素、虾青素
	微生物色素	红曲色素
溶解性	脂溶性色素	叶绿素、叶黄素、类胡萝卜素
	水溶性色素	花青素
结构	吡咯色素	血红素、叶绿素
	多烯类色素	胡萝卜素、叶黄素
	多酚类色素	花青素、花黄素
	醌酮类色素	红曲色素，姜黄素，虫胶色素，胭脂虫红色素

（一）吡咯色素

1. 血红素

血红素是一种红色色素，存在于肌肉和血液中，分别以肌红蛋白、血红蛋白的形式存在。肌红蛋白由一分子血红素和一条肽链组成的球蛋白构成，血红蛋白由四分子血红素和四条肽链组成的球蛋白构成。

血红素是一种铁卟啉类化合物，中心铁离子有 6 个配位键，其中 4 个分别与卟啉环的 4 个氮原子以配位键相结合，还有一个与肌红蛋白或血红蛋白中的球蛋白以配位键相连接；第六个键与能提供电子对的原子结合（图 10-1）。

动物被屠宰放血后，新鲜肉中的肌红蛋白保持还原状态，肌肉的颜色呈稍暗的紫红色。当鲜肉存放在空气中，部分肌红蛋白与氧气发生氧合反应，生成鲜红色的氧合肌红蛋白；部分肌红蛋白与氧气发生氧化反应，生成褐色的高铁肌红蛋白（图 10-2）。

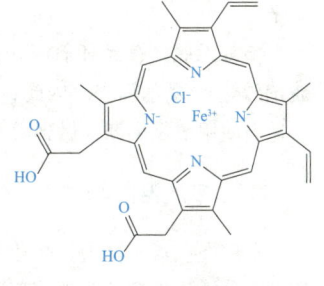

图 10-1　血红素的化学结构

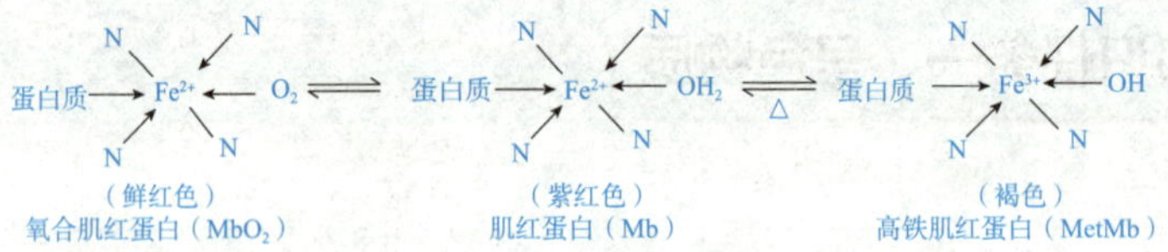

$$\text{蛋白质} \underset{N}{\overset{N}{\rightarrow}} Fe^{2+} \underset{N}{\overset{N}{\rightarrow}} O_2 \rightleftharpoons \text{蛋白质} \underset{N}{\overset{N}{\rightarrow}} Fe^{2+} \underset{N}{\overset{N}{\rightarrow}} OH_2 \xrightarrow{\Delta} \text{蛋白质} \underset{N}{\overset{N}{\rightarrow}} Fe^{3+} \underset{N}{\overset{N}{\rightarrow}} OH$$

（鲜红色）　　　　　　　（紫红色）　　　　　　（褐色）
氧合肌红蛋白（MbO₂）　　肌红蛋白（Mb）　　　高铁肌红蛋白（MetMb）

图 10-2　肌红蛋白的相互转化

肌红蛋白和血红蛋白可以与亚硝基（-NO）作用，形成鲜桃红色的亚硝基肌红蛋白和亚硝基血红蛋白，它们在受热后变性，形成鲜红的氧化氮肌色原，颜色更加诱人，因此，在肉类加工中，常添加硝酸盐和亚硝酸盐等作为发色剂。但过量的亚硝酸盐可以与肉中的胺类物质作用转化为亚硝胺，具有强烈的致癌作用。因此，在肉制品的相关国家标准中，均规定了亚硝酸盐的最高限量。

2. 叶绿素

绿色植物中主要的色素是叶绿素，是由叶绿酸、叶绿醇和甲醇缩合而成的二醇酯。在高等植物中存在着 a、b 两种类型的叶绿素，含量比约为 3∶1。

叶绿素结合的金属离子为 Mg^{2+}，在 4 个吡咯环之外还有一个副环，侧链基团不相同（图 10-3）。当分子中 3 位碳原子上的取代基分别为甲基（-CH₃）、醛基（-CHO）时，形成蓝绿色的叶绿素 a 和黄绿色的叶绿素 b，两者均为脂溶性色素，不溶于水，易溶于乙醇、乙醚、丙酮、氯仿等有机溶剂，因此，常采用有机溶剂提取法从植物匀浆中提取。

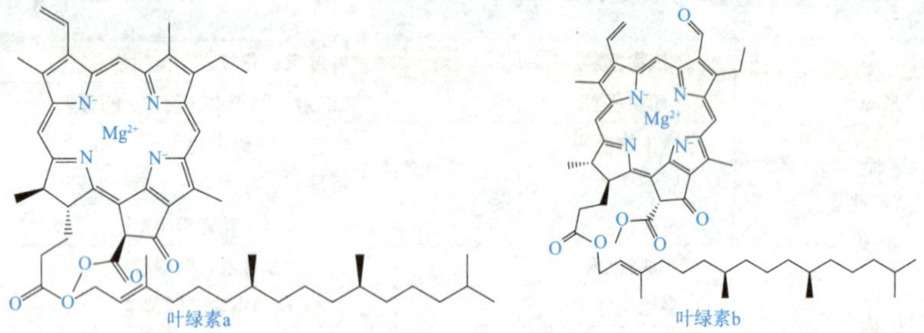

> **科学史话**
> ★德国化学家韦尔斯泰特，在20世纪初，采用了当时最先进的色层分离法来提取绿叶中的物质。经过10年的艰苦努力，韦尔斯泰特用成吨的绿叶，终于捕捉到叶中的神秘物质——叶绿素，正是因为叶绿素在植物体内所起到的奇特作用，才使我们人类得以生存。由于成功地提取了叶绿素，1915年，韦尔斯泰特荣获了诺贝尔化学奖。

叶绿素a　　　　　　叶绿素b

图 10-3　叶绿素 a 及叶绿素 b 的化学结构

在果蔬加工过程中，叶绿素被破坏，主要有以下几方面的原因：

（1）热烫和杀菌。植物体中存在有机酸，在加热过程中，叶绿素分子中的镁离子被两个氢离子取代，生成脱镁叶绿素，颜色由绿色变为黄褐色。在制作发酵型或半发酵型果蔬腌制品时，由于发酵过程产生了乳酸，促使叶绿素转变为脱镁叶绿素。

（2）叶绿素酶。叶绿素酶的作用可分为直接作用和间接作用两类。起直接作用的酶有叶绿素酶；起间接作用的酶有蛋白酶、酯酶、脂氧合酶、过氧化物酶、果胶酯酶等。蛋白酶和酯酶能够分解叶绿素和类胡萝卜素、类脂物及脂蛋白的复合体，使叶绿素从复合体中游离出来。

（3）光照。在光和氧气作用下，叶绿素被光解为一系列小分子物质（如乳酸、柠檬酸、琥珀酸等），颜色褪去。因此，在贮藏绿色果蔬及其制品时，应选择合适的包装材料和方法，并适当使用抗氧化剂，做到避光、除氧，防止叶绿素因光氧化褪色。

（二）多烯类色素

多烯类色素又称为类胡萝卜素，存在于植物、动物和微生物体内，大多具有红、橙、黄等颜色，属于脂溶性色素，不溶于水，易溶于有机溶剂。按照结构与溶解性质，多烯类色素可分为胡萝卜素类和叶黄素类两大类。

1. 胡萝卜素类

胡萝卜素类结构中存在大量共轭双键，主要有番茄红素、α-胡萝卜素、β-胡萝卜素和γ-胡萝卜素4种物质（图10-4），其中以β-胡萝卜素生物活性最高，因而应用较广。α-、β-和γ-胡萝卜素在人体中均能表现出维生素A的生理作用，所以称它们为维生素A原，它们在胡萝卜、蛋黄和牛奶等物质中含量较高，番茄红素在番茄中含量较高。

胡萝卜素类性质比较稳定，在无氧条件下对光、热、酸不敏感，颜色变化不大。但在有氧条件下，胡萝卜素类物质容易被氧化分解为更小的分子，强热或光照也会加速这一分解过程，油炸、烧烤等高温处理方式均会引起胡萝卜素类物质的分解。此外，某些酶类如多酚氧化酶、过氧化酶等，也会加速胡萝卜素类物质的氧化分解速率。因此，在食品加工及贮藏过程中，采用热烫等手段将酶钝化处理，可在一定程度上保护胡萝卜素类物质。

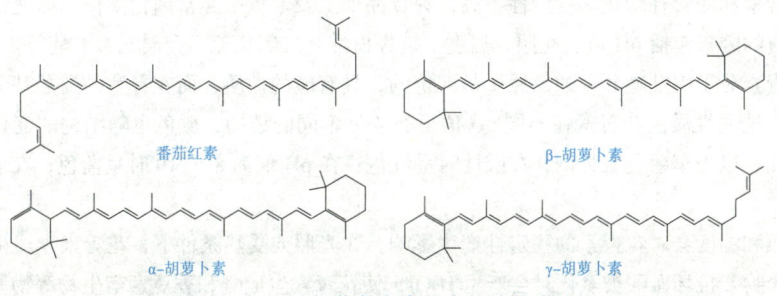

图10-4 4种胡萝卜素类化合物的化学结构

2. 叶黄素类

叶黄素类是共轭多烯烃的加氧衍生物，叶黄素类种类较多，在食物中存在十分广泛，如叶黄素、玉米黄素、辣椒红素、柑橘黄素等。常见叶黄素类化合物的结构如图10-5所示。

叶黄素类的颜色一般为黄色和橙黄色，少数如辣椒红素为红色。叶黄素类若以脂肪酸形式存在，颜色保持不变，但与蛋白质相结合会改变颜色。例如在活体龙虾中虾青素与蛋白质结合形成蓝色的虾黄素，煮熟后蛋白质变性，虾黄素被氧化为虾红素，颜色变为砖红色。

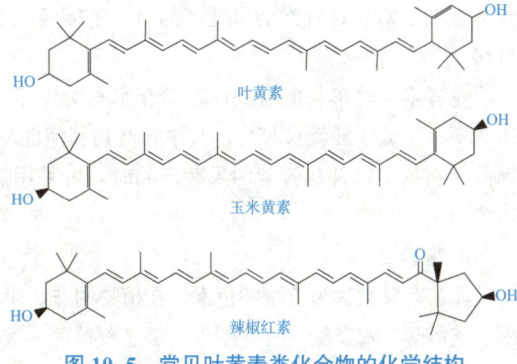

图10-5 常见叶黄素类化合物的化学结构

（三）多酚类色素

多酚类色素均为水溶性色素，包括花青素、花黄素、儿茶素和单宁4大类。

1. 花青素

许多植物的花、果实、茎和叶具有鲜艳的颜色，就是因为在其细胞液中存在花青素。食物中的花青素有6种（图10-6），即天竺葵色素、矢车菊色素、飞燕草色素、芍药色素、牵牛花色素和锦葵色素。自然状态下花青素以糖苷形式存在，称为花青苷，很少有游离的花青素存在。

拓展知识

★胡萝卜素萃取法试验流程：
1. 原料加工：取500 g新鲜胡萝卜，清水清洗，沥干，粉碎，烘干。
2. 原料装填：将胡萝卜粉与200 mL石油醚装入蒸馏瓶。
3. 加热萃取：安装萃取回流装置，沸水浴加热萃取30 min。
4. 过滤：将萃取物过滤，除去固体物，得到萃取液。
5. 浓缩：安装水蒸气蒸馏装置，加热萃取液，萃取剂挥发，得到胡萝卜素。

科技前沿

黑玉米芯提取高纯度花青素取得重大进展（黑龙江日报2023年09月07日）

★日前，记者从东北林业大学获悉，该校用黑玉米芯为原料提取花青素取得重大进展，提取花青素粉末最高纯度达到77%。

拓展知识

★花青素广泛存在于开花植物（被子植物）中，其在植物中的含量随品种、季节、气候、成熟度等不同有很大差别。据初步统计：在27个属科，73个种植物中均含花青素，如紫甘薯、葡萄、血橙、红球甘蓝、蓝莓、茄子、樱桃、红莓、草莓、桑葚、山楂、牵牛花等植物的组织中均有一定含量。

拓展知识

常见食物中叶黄素含量

> **拓展知识**
> ★儿茶素类化合物是茶叶中的主要功能成分，占茶叶干质量的12%～24%。茶树中儿茶素类化合物主要包括儿茶素（catechin, C）、表儿茶素（epicatechin, EC）、没食子儿茶素（gallocatechin, GC）、表没食子儿茶素（epigallocatechin, EGC）、儿茶素没食子酸酯（catechin gallate, CG）、表儿茶素没食子酸酯（epicatechin gallate, ECG）、没食子儿茶素没食子酸酯（gallocatechin gallate, GCG）及表没食子儿茶素没食子酸酯（epigallocatechin gallate, EGCG）8种单体。

天竺葵色素　　矢车菊色素　　飞燕草色素

芍药色素　　牵牛花色素　　锦葵色素

图10-6　6种花青素的化学结构

花青素和花青苷的化学稳定性不高，在食品加工及贮藏中经常因化学作用而变色，影响变色反应的因素包括pH值、光照、温度、抗坏血酸、二氧化硫、金属元素、酶等。

花青素分子中吡喃环上的氧原子是四价的，具有碱的性质，而花青素的酚羟基又具有酸的性质，这些性质使花青素在不同pH值下有4种不同的结构，颜色也随结构的变化而发生相应改变。以矢车菊色素为例，在酸性时呈红色；在pH值为8～10时呈蓝色；在pH＞11时无色。

光照和温度会对花青素的稳定性产生影响，在光照或受热条件下，花青素生成褐色的高分子聚合物。抗坏血酸被氧化时会产生H_2O_2，使花青素生成醌和香豆素衍生物等物质，这些物质进一步降解或聚合使得食品中出现褐色沉淀；果蔬中添加二氧化硫会使花青素褪色，若除去二氧化硫则可部分恢复原有色泽。因此，在加工富含花青素的果蔬产品时，护色是必不可少的工序。

花青素能与钙、镁、铁、铝等多种金属元素形成紫色或暗灰色的络合物，称为色淀。因此，在加工富含花青素的果蔬产品时，不能接触金属制品，并选用玻璃、塑料或涂料包装材料。

花青素的降解与酶有关，在糖苷水解酶作用下，花青素容易降解褪色；在多酚氧化酶作用下，小分子酚类被氧化，其中间产物邻醌能将花青苷转化为氧化的花青苷及降解产物。因此，在加工富含花青素的果蔬产品时，可采用热烫等手段将酶钝化，防止花青素被酶类降解。

2. 花黄素

花黄素又被称为黄酮类色素，在植物的花、果实、茎和叶中分布广泛，常见的种类有黄酮、黄酮醇、双黄酮、查耳酮等，常显橙黄色、浅黄色或无色。在碱性条件下，花黄素呈现明显黄色，因此，在食品加工及贮藏过程中，硬水（pH＝8）处理的马铃薯、芦笋、洋葱等容易由白色变黄进而变成黄褐色。花黄素还能与多价金属离子反应，形成颜色更深的络合物。例如花黄素与铁离子络合后，产物颜色有棕色、蓝色、紫色等，与铝离子络合后，产物黄色增强。因此，在加工富含花黄素的果蔬类产品时，最好使用不锈钢制品，并选用玻璃、塑料或涂料包装材料。

3. 儿茶素

儿茶素在茶叶中含量很高，在苹果、桃、李、葡萄等植物中也有存在。儿茶素具有较轻的涩味，本身无色。儿茶素被氧化会生成褐色的物质，在高温、潮湿、有氧的环境下会发生自动氧化，与金属离子结合会产生白色或有色沉淀，例如，儿茶素遇到三价铁离子时生成黑绿色沉淀，遇到醋酸铅时生成灰黄色沉淀。

> **拓展知识**
> ★在工业上，鞣酸被大量应用于鞣革与制造墨水。鞣酸能使蛋白质凝固。人们把生猪皮、生牛皮用鞣酸进行化学处理，能使生皮中的可溶性蛋白质凝固。于是，本来放上几天就会发臭腐烂的生皮，变成了漂亮、干净、柔韧、经久耐用的皮革。这种制革工序，叫作皮革鞣制。

文化自信
千年传承——古田红曲

4. 单宁

单宁是一种天然的多酚类化合物，又被称为鞣质，颜色白中带黄或呈轻微的褐色，广泛存在于植物中，是植物涩味的主要来源，在柿子、五倍子、石榴、茶叶等植物中含量较多。单宁有水溶性和聚合性两大类。水溶性单宁在温和条件下用稀酸、酶处理或煮沸，可水解为单体物质；聚合性单宁在温和条件下处理缩合成高分子物质。

单宁具有潮解性，被氧化后生成黑色物质。在果蔬组织受损及加工过程中，单宁氧化会影响产品的色泽。单宁与金属离子反应后会生成深色盐类，特别是与铁反应，生成物为蓝黑色，因此，富含单宁的果蔬在加工过程中最好不要使用铁制品。单宁与蛋白质、明胶作用均会产生沉淀，因此，在果汁加工过程中，可用加明胶的方法除去过量的单宁。当未成熟的果蔬中含有大量单宁而导致口感发涩时，可采用乙烯催熟、温水、酒精浸泡、二氧化碳气调等方法除涩。

（四）醌酮类色素

食品中的醌酮类色素种类有很多，常见的有红曲色素、姜黄色素、紫胶色素、胭脂虫红色素等。

1. 红曲色素

红曲色素来源为红曲米，是由红曲霉菌分泌的微生物色素。红曲霉菌在培养初期无色，后期逐渐变为鲜红色。在腐乳、红曲黄酒、制酱、香肠及各种糕点中，常用红曲色素。红曲色素共有6种，分别为红斑素、红曲红素、红曲素、红曲黄素、红斑胺和红曲红胺，颜色为黄、橙、紫不等，生产中常用的是红斑素和红曲红素。

红曲色素属于脂溶性色素，不溶于水，易溶于乙醇、乙醚等有机溶剂。红曲色素具有很多优点：对酸碱稳定、耐热、耐光性强，不易受金属离子的影响，抗氧化剂、还原剂的能力强，并且对蛋白质的着色能力强，因此，得到了广泛应用。

2. 姜黄色素

姜黄色素是从姜科、天南星科植物的根茎中提取出的一种黄色色素，主要包括约70%的姜黄素、约15%的脱甲氧基姜黄素、约10%的双脱甲氧基姜黄素，通常将这三者统称为姜黄素（图10-7）。

姜黄色素不溶于水，可溶于乙醇、丙二醇，易溶于碱性溶液和冰醋酸。由于酸碱度会影响姜黄色素的显色，高纯度的姜黄色素溶液在pH为7.0～8.0条件下呈玫瑰红色，pH＜7.0条件下呈纯黄至橘黄色，pH＞9.0条件下呈棕色至红棕色，因此，可作为化学指示剂。

姜黄色素在食品工业中常作为色素和调味品，应用十分广泛，姜黄色素不仅可做食品天然色素，而且还具有一定的抗氧化、清除氧自由基、防癌抗癌等作用，具有很好的应用前景。

图 10-7 姜黄色素的分子结构

3. 紫胶色素

紫胶又名虫胶，紫胶色素是紫胶加工过程中提取的副产品，也是唯一的动物树脂提取物，颜色为红色至桃红色，通过媒染等方法可获得其他颜色。紫胶色素是紫胶红色素A、B、C、D、E这几种物质的混合物。

紫胶色素呈酸性，可溶于水、甲醇、戊醇、乙酸等，微溶于乙醚、丙酮、丙二醇等，不溶于乙醚、苯、脂肪酸、脂肪醇等，具有较高的光稳定性和热稳定性，在酸性介质中也比较稳定。紫胶色素具有色泽鲜艳、安全健康、着色力强、稳定性好等优点，可广泛应用于食品、化妆品、印染和纺织等行业，发展前景广阔。

4. 胭脂虫红色素

胭脂虫红色素又称为洋红酸、胭脂红、胭脂虫红酸，是一种蒽醌类天然色素，可溶于水和醇类，不溶于油脂，pH 值改变或金属离子的存在均会影响胭脂虫红色素的显色，pH < 4 时显橙色，pH 为 5～6 时显红色或紫红色，pH > 7 时显紫色，铁离子存在的条件下显黑紫色，遇蛋白质显红紫色或紫色。其分子式为 $C_{22}H_{20}O_{13}$，结构式如图 10-8 所示。

胭脂虫红色素理化性质稳定，被广泛应用于食品、化妆品、医药及纺织品等行业。

图 10-8 胭脂虫红色素的化学结构

二、食品中的人工合成色素

人工合成色素是由工业原料经人工制取而成，具有成本低、使用方便、色泽鲜艳、稳定性高、耐储存、杂质少等优点，在食品工业中的应用十分广泛。但许多人工合成色素的原料主要来源为煤焦油，违规使用对人体健康会产生较大危害，因此在使用时必须注意其安全限量。

食用合成色素根据其结构，可分为非偶氮色素类和偶氮色素类。

（一）非偶氮色素类

非偶氮色素类人工合成色素包括赤藓红、亮蓝、靛蓝等，分子结构中无偶氮基（–N=N–）。

1. 赤藓红

赤藓红又称为樱桃红、四碘荧光素、食品色素 3 号，是一种常用的人工合成食品添加剂。赤藓红为红至暗红褐色颗粒或粉末状物质，溶于水后呈红色，具有耐热性好、染色力强等优点，但该色素吸湿性较差，不耐光和酸，pH<4.5 时会产生不溶性的黄棕色沉淀，在碱性条件下又生成红色沉淀，使用时应加以注意。

2. 亮蓝

亮蓝又名食用色素蓝 1 号，是无臭的红紫至蓝紫色颗粒或粉末，有金属光泽。溶于水后呈亮蓝色，也可溶于乙醇、丙二醇和甘油。亮蓝色素具有耐热性、耐光性、耐盐性、耐酸碱性、耐氧化还原性和耐微生物性等优点。在弱酸条件下显青色，强酸条件下显黄色，在沸腾的碱液中显紫色。在饮料、糖果、冰激凌等食品中得到广泛应用。

3. 靛蓝

靛蓝也被称为食用色素蓝 2 号、酸性靛蓝、磺化靛蓝等，是无臭的暗紫色至暗紫褐色粉末或颗粒，0.05% 水溶液呈深蓝色，溶于甘油、丙二醇，不溶于乙醇与油脂。靛蓝色素具有着色力好的优点，但其耐热性、耐光性、耐盐性、耐酸碱性、耐氧化还原性和耐微生物性均不如亮蓝色素，色泽也较暗，因此实际应用比亮蓝色素少。

（二）偶氮色素类

偶氮色素类的发色基团是偶氮基（–N=N–），多具有芳香环或芳香环衍生物的结构，由硝酸、萘、萘胺、萘酚、磺基、对氨基苯磺酸等合成，易在体内代谢生成致癌物质。

1. 柠檬黄

柠檬黄又名食用黄色4号、酒石黄、酸性淡黄等，是无臭的橙黄或亮橙色粉末或颗粒，水溶性好，0.1%的水溶液呈黄色，易溶于甘油、丙二醇，微溶于乙醇，不溶于油脂。柠檬黄色素具有耐光性、耐热性、耐酸性、耐盐性好，着色力强的优点，在柠檬酸、酒石酸中也很稳定。但其耐氧化性较差，遇碱时会稍变红，还原时褪色。

2. 日落黄

日落黄又名食用黄色5号、橘黄、晚霞黄、夕阳黄等，是无臭的橙红色粉末或颗粒，水溶性好，0.1%的水溶液呈橙黄色，易溶于甘油、丙二醇，难溶于乙醇，不溶于油脂。日落黄色素具有耐光性、耐热性、耐酸性好，着色力强的优点。但其易吸湿，遇碱时呈红褐色，还原时褪色。

3. 苋菜红

苋菜红又被称为食用红色2号、杨梅红、鸡冠花红、酸性红、蓝光酸性红等，是无臭的紫红色均匀粉末，水溶性好，0.01%水溶液呈现玫瑰红色，可溶于甘油和丙二醇，不溶于油脂及其他有机溶剂。苋菜红色素具有耐光性、耐热性、耐酸性、耐盐性好的优点，在柠檬酸、酒石酸中也很稳定。但其耐细菌性及还原性较差，遇碱会变为暗红色，遇铜、铁等金属时易褪色。因此，苋菜红色素在含还原性物质的食品和发酵食品中不宜使用。

4. 胭脂红

胭脂红又名大红、亮猩红、丽春红4R等，是无臭的红色至深红色粉末或颗粒，水溶性好，溶于水后显红色，可溶于甘油，微溶于乙醇，不溶于油脂。胭脂红色素具有耐光性、耐酸性、耐盐性好的优点，但其着色力、耐热性、耐还原性、耐细菌性均较差，遇碱时会呈现褐色。

5. 新红

新红色素为红褐色粉末或颗粒，具有酸性染料的特点，水溶性好，溶于水后显红色，微溶于乙醇，不溶于油脂。新红色素对氧化还原较敏感，遇铜、铁等金属时易变色，使用时应加以注意。

三、褐变现象

天然食品在加工及贮藏过程中或受到机械损伤后，常常会发生颜色变褐变暗的现象，这种现象即为褐变。褐变是食品加工中普遍存在的一种变色现象，尤其以新鲜果蔬为原料进行加工或经贮藏后易发生褐变现象。在一些食品加工中，褐变是有利的，如面包、糕点等，而对另外一些食品，特别是水果和蔬菜，褐变是不利的，它使食物的营养价值、颜色和风味受到影响。根据反应机理的不同，食品中的褐变可分为酶促褐变和非酶褐变两大类。

（一）酶促褐变

酶促褐变多发生在水果蔬菜中。水果和蔬菜在采收后，当有机械损伤发生或处于异常环境时，果蔬中原有的氧化还原反应平衡被破坏，导致氧化产物积累发生变色。这种变色的速度很快，一般需要和空气接触，由酶催化，因此，被称为酶促褐变。如苹果、马铃薯等去皮后即发生酶促褐变。

1. 酶促褐变的机理

对酶促褐变起催化作用的酶主要是酚酶、抗坏血酸氧化酶、过氧化物酶等。以酚酶为例来阐明酶促褐变的机理。酚酶是两种酶的复合体，可以催化两类反应：一种是酚羟化酶，又名甲酚酶；另一种是多酚氧化酶，又名儿茶酚酶。正常状态下，食物中的酚类和醌类维持着动态平衡状态，但当环境发生变化或受到机械损伤后，酚类物质在多酚氧化酶和氧的作用下被氧化为邻醌，进而在酚羟化酶的作用下生成三羟基化合物，再被氧化为羟基醌，最后聚合生成黑色素。参与反应的底物对酶促褐变的速度有很大影响，一般来说，邻羟基结构的酚类反应最快，其次是对位二酚类，间位二酚不但不能被氧化，对酚酶还有一定的抑制作用。

2. 酶促褐变的控制

食品发生酶促褐变必须满足的条件是同时有多酚类物质、氧和氧化酶类存在，例如，西瓜和橘子等水果中不含多酚氧化酶，因此不会产生酶促褐变现象。在食品加工及贮藏过程中，若要控制酶促褐变，可从隔绝氧气或抑制酶的活性入手。常用的方法有以下几种。

（1）加热处理。酶类大多属于蛋白质，加热变性后即失去活性，因此可用加热处理抑制酶促褐变。加热时要注意控制时间及温度，尽量使酶被钝化的同时又不影响食品原有的风味。目前最广泛采用的方法是短时高温处理，处理后食物中的酶全部失去活性。

（2）加酸处理。大多数酚酶的最适 pH 值范围是 6～7，处于 pH < 3.0 的条件下活性极低，因此可通过加酸处理抑制酶促褐变。生产中常用的酸有柠檬酸、苹果酸、维生素 C 及它们的混合液。

（3）驱氧处理。酶促褐变必须有氧气存在才能发生，因此可对食品进行驱氧处理抑制酶促褐变。常用的驱氧法是将切开的果蔬用清水、糖水或盐水浸渍，以隔绝氧气；也可浸渍在糖水或盐水中后进行真空抽气处理，以去除细胞间隙的空气；还可用高浓度的抗坏血酸溶液浸涂果蔬表面，以隔绝氧气。

（4）加抑制剂处理。常用的酚酶抑制剂有二氧化硫、亚硫酸钠、亚硫酸氢钠、焦亚硫酸钠等，它们不仅可以抑制酶促褐变，有些还可作为防腐剂和漂白剂，因而在食品工业中得到了广泛应用。但许多抑制剂残留在食品中产生异味，有些甚至对人体健康有一定影响，因此使用时应注意其残留量。

（5）加底物类似物。底物类似物可竞争性抑制酶活性，进而抑制酶促褐变。食品加工中常用的底物类似物有对香豆酸、阿魏酸等。

（二）非酶褐变

非酶褐变是指果蔬原料在加工过程中发生的与酶无关的褐变，主要包括美拉德反应、焦糖化反应、抗坏血酸褐变等。

1. 非酶褐变的机理

美拉德反应和焦糖化反应的反应机理见项目二、知识任务二单糖的理化性质。

抗坏血酸褐变对果汁等食品影响较大，其反应机理：抗坏血酸自动氧化，生成脱氢抗坏血酸，脱氢抗坏血酸水合生成 2,3-二酮古洛糖酸，2,3-二酮古洛糖酸脱水脱羧生成糠醛，进而形成黑色素。

pH 值会影响抗坏血酸褐变的程度。pH < 5.0 时，抗坏血酸自动氧化生成脱氢抗坏血酸的反应速度很慢；pH 值为 2.0～3.5 时，pH 值与抗坏血酸褐变的程度成反比。有金属离子存在或在碱性条件下，抗坏血酸不稳定，更易发生褐变。

2. 非酶褐变的控制

（1）降温处理。温度对非酶褐变的影响很大，温度相差10 ℃，反应的速度会相差3～5倍，因此，降低温度可有效控制非酶褐变，例如，美拉德反应在30 ℃以上反应速度很快，而10 ℃以下的温度可抑制该反应。

（2）降pH值处理。pH值对非酶褐变也有较大影响，降低pH值可有效控制非酶褐变。例如，美拉德反应在pH＞3.0时，反应速度与pH值成正比。

（3）降浓度处理。一般来说，食品的基质浓度越高，非酶褐变的速度也就越快，因此降浓度处理可有效控制非酶褐变。

（4）亚硫酸盐处理。食品中的羰基与亚硫酸根起加成反应，因此用亚硫酸盐和SO_2处理也可有效控制非酶褐变。

知识任务二　嗅感物质

问题引导：
1. 嗅觉有哪些特征？
2. 食品香气的形成途径是什么？
3. 植物性食品和动物性食品分别有哪些香气成分？

一、嗅觉

（一）嗅觉的概念

嗅觉是挥发性物质气流刺激鼻腔内的嗅觉感受器所发生的刺激感，令人喜爱的是香气，令人生厌的是臭气。

（二）嗅觉的特征

1. 灵敏性

人类的嗅觉十分灵敏，很多浓度很低的挥发性物质也会刺激嗅觉细胞产生嗅觉，专业人士能分辨4 000多种气味。很多动物的嗅觉比人类更灵敏，如犬类的嗅觉是普通人类的100万倍左右。

2. 适应性

人类的嗅觉具有适应性，当一些挥发性物质长期刺激嗅觉中枢神经后，嗅觉细胞疲劳，对该物质的嗅觉受到抑制而不再灵敏，但对于其他气味仍然较灵敏。

3. 差异性

不同人的嗅觉差异很大，同样浓度的挥发性物质，有人能闻到而有人感受不到；相同的气体成分，有人感觉愉快而有人厌恶。这种差异性很大程度上是由遗传引起的，一般来说，女性的嗅觉比男性要更敏锐一些。而同一个人在不同的生理状况、心理状况下，其嗅觉阈值

拓展知识

★ 橘汁储藏试验发现，由于抗坏血酸发生氧化降解导致储藏过程中美拉德反应对其发生非酶褐变作用不显著，同时氨基化合物可促进非酶褐变发生。向果汁中过多添加抗坏血酸会致使褐变程度加重。

微课视频
嗅感物质

教学课件
嗅感物质

名言警句

★ 北齐颜之推《颜氏家训·慕贤》中说道："与善人居，如入芝兰之室，久而自芳也；与恶人居，如入鲍鱼之肆，久而自臭也。"说明人类嗅觉具有适应性。也告诉我们人与人是相互影响的，人创造环境，环境又影响人。和优秀的人在一起，你会想要出类拔萃；和勤奋的人在一起，你也会以懒惰为耻；和积极的人在一起，你会克服消沉；与智者同行，你会不同凡响；与高人为伍，你能登上巅峰。在现实生活中，和谁在一起的确很重要，有时甚至会影响你的人生成败。和什么样的人在一起，就会有什么样的人生。

也会发生波动。例如人在生病时，女性在月经期、妊娠期和更年期均可能发生嗅觉敏感度下降或升高的现象。

二、食品香气形成途径

一种食品的香气是由多种挥发性物质组成，香味物质的形成途径及反应机制目前尚未完全探索清楚。从目前的研究来看，食品中香气的形成途径可总结为两大类：酶促化学反应和非酶促化学反应。

（一）酶促化学反应

酶促反应是前体物质在酶的作用下进行生物合成，生成香味物质的过程。许多植物在生长、成熟、加工及贮藏过程中所产生的香气成分大多通过该途径生成。例如，苹果、梨、香蕉等水果，葱、蒜、韭菜等蔬菜，其香气形成过程都是典型的酶促化学反应。

1. 氨基酸为前体

氨基酸是很多植物香气成分的前体物质，例如，以 L-亮氨酸为前体物质可生成苹果的特征香气成分异戊酸乙酯和香蕉的特征香气物质乙酸异戊酯等；以芳香族氨基酸为前体物质可生成酚、醚类香气成分，例如很多水果中存在的草莓醛、香蕉中的 5-甲基丁香酚等；以半胱氨酸为前体物质可生成含硫的香气成分，例如蒜的特征香气成分蒜素、二烯丙基二硫化合物、丙基烯丙基二硫化合物，洋葱催泪的主要成分 S-氧化硫代丙醛等。

2. 脂肪酸为前体

脂肪酸也是很多植物香气成分的前体物质，例如，以亚油酸为前体物质，在氧合酶催化的条件下，可生成苹果、香蕉、桃和菠萝等水果中的香气成分己醛；西瓜、香瓜等瓜类中的特征香气成分 2 反-壬烯醛（醇）和 3 顺-壬烯醇；香菇中的特征香气成分 1-辛烯-3-醇、1-辛烯-3-酮；番茄的特征香气成分（2Z）-己烯醛和（3Z）-己烯醇；黄瓜的特征香气成分（2E，6Z）-壬烯醛（醇）等。

（二）非酶促化学反应

食品中的香气成分还可以通过各种物理化学因素而生成，此途径往往与酶促化学反应同时进行。食品在加工及贮藏特别是加热时生成的香气成分大部分源于此途径。

1. 烹煮

烹煮的加热温度相对较低，时间也较短，因此烹煮过程中的主要非酶促化学反应有羰氨反应，多酚类化合物的氧化，维生素、类胡萝卜素、含硫化合物的分解等。烹煮过程可使鱼、肉等动物性食物形成较多的香气成分，使蔬菜和谷类产生部分新的香气成分，但水果和乳品等形成的香气成分较少。

2. 焙烤

焙烤的加热温度较高，时间也较长，因此焙烤过程中的主要非酶促化学反应有羰氨反应，单糖、脂类、氨基酸、维生素、β-胡萝卜素、儿茶酚的降解等，在此过程中可形成大量的羰化物、吡嗪类化合物、含硫化合物等香气成分。例如，烤面包、炒花生、炒瓜子、炒米、炒面等食物，焙烤之后香气成分均大大增加。

3. 油炸

油炸的加热温度较高，油炸与焙烤过程中发生的反应类似，但主要是油脂的热降解，另外还有一些酯类化合物、吡嗪类化合物、油脂自身香气成分等。油炸食品的特征香气成分

拓展知识
生物体内从氨基酸生成香气成分的概略过程

行业快讯
人工嗅觉分析技术——电子鼻的工作原理、特性及用途

2,4-癸二烯醛就是通过油脂的热降解形成的。

三、植物性食物的香气

（一）水果的香气成分

水果的香气成分主要为有机酸酯和萜类化合物，其次是醛类、醇类、酮类和挥发酸，它们是植物代谢过程中产生的。

一般水果的香气随果实的成熟而增强。人工催熟的果实，因为果实采摘后离开母体，代谢能力下降等因素的影响，其香气成分含量显著减少，因此，人工催熟的果实不及树上成熟的果实香。

（二）蔬菜的香气成分

各种蔬菜的香气成分主要是含硫化合物，是香气前体在风味酶的作用下产生的。

风味酶是酶的复合体，该酶的发现具有重要意义，利用提取的风味酶可以再生、强化甚至改变食品的香气。从某种原料提取的风味酶就可以产生该原料特有的香气，如用从洋葱中提取得到的风味酶处理甘蓝，得到的是洋葱的气味而不是甘蓝的气味。

四、动物性食物的香气

（一）肉制品热加工后的香气

肉制品热加工后产生醇、醛、酮、酸、酯、醚、呋喃、碳水化合物、苯系化合物（硫醇、硫酸酯、噻吩、噻唑）、含氮化合物（氨、胺、吡嗪）等，具有特殊香气。此外，肉香味也与油脂分解和含硫化合物热分解的生成物有关。例如，羊脂分解产生不同的不饱和脂肪酸而具有羊肉香气，羊肉香气的主体成分是羰基化合物及不饱和脂肪酸；鸡肉加热分解产生癸二烯醛等化合物而具有鸡肉香气；目前已测得牛肉中的香气成分有300多种，由各种香气综合作用后产生特有的牛肉香味。

（二）水产品的香气成分

水产品的气味较强，最具代表性的是腥臭味，随着水产品的新鲜度的降低而增强。海参等水产品体内含有壬二烯醇、正辛醇及癸二烯醇等醇类，当这些醇类含量极微时，给人以清香气。鱼类的皮和体内含有5-氨基戊醛及5-氨基戊酸，所以给人以强烈的腥味。水产品捕捞上来后，主要被微生物侵蚀产生氨、三甲胺、硫化氢、甲硫醇、吲哚等物质而带有臭味。鱼加热后产生的鱼香，主要是一些含氮的有机物、有机酸和含硫化合物及羰基化合物。

（三）乳及乳制品的香气成分

鲜乳的香气成分主要为2-己酮、2-戊酮、丁酮、丙酮、乙醛等，其中甲硫醚是构成牛乳风味的主体成分。新鲜奶酪的香气成分包括正丁酸、异丁酸、正戊酸、异戊酸、正辛酸等化合物，此外，还有微量的丁二酮、异戊醛等，所以具有发酵乳制品的特殊香气。

生化趣事
为什么有些人觉得香菜有肥皂味？遗传和嗅觉之谜

"1+X"粮农食品安全评价职业技能要求
★水产品加工安全评价（高级）：
能够进行水产品中三甲胺含量的测定与评价。
能够进行鱼类鲜度指标K值测定与评价。
能够进行水产品中组胺/酪胺的测定与评价。

"1+X"粮农食品安全评价职业技能要求
★乳与乳制品加工安全评价（中级）：
能够采用酚酞指示剂法进行鲜乳酸度的测定与评价。
能够进行鲜乳中抗生素测定与评价。
能够进行乳粉感官评价。

牛乳及乳制品放置时间过长或加工不及时会产生异味的原因如下。

（1）乳中的脂肪酸吸收外界异味的能力较强，特别是在温度为35 ℃时吸收能力最强，而刚挤出的牛乳恰好为此温度，所以挤奶房要求干净清洁、无异味。

（2）乳中的脂酶水解乳脂生成低级脂肪酸，其中丁酸具有强烈的酸败臭味，所以挤出后的牛乳应立即降温，抑制酶的活力。

（3）牛乳及乳制品长时间暴露在空气中，脂肪自动氧化产生辛二烯醛和壬二烯醛，含量在 1 μg/g 以下就使人嗅到一股氧化臭气。蛋白质降解产生的蛋氨酸在日光下分解，产生的 β-甲硫基丙醛含量在 0.5 μg/g 以下，也使人闻到一股奶臭气。另外，牛乳在微生物作用下分解产生许多带臭气的物质。

五、发酵食品的香气

发酵食品的香气成分是各种发酵微生物活动的结果，发酵原料不同、菌种不同，产生的香气物质也不同。

（一）酒类的香气成分

酒类的香气成分经测定有 200 多种，其中以羧酸的酯类最多，其次是羰基化合物。一般酿造酒中香气物质的来源有：原料中的香气物质在发酵过程中转入酒中；原料中的物质经过发酵作用生成香气物质；酒在贮藏过程中形成香气物质。如果是蒸馏酒，则在蒸馏过程中因加热反应而生成香气物质。

醇类是酒的主要芳香物质之一，除乙醇外，含量较多的是正丁醇、异丁醇、异戊醇、活性戊醇等，统称为杂醇油或高级醇。如酒的杂醇油含量高，则酒会产生异杂味；含量低，则酒的香气不够，所以杂醇油的含量是酒类的检验指标之一。

酯类也是酒的香气物质，白酒中以醋酸乙酯、醋酸戊酯、己酸乙酯、乳酸乙酯为主，果酒中 $C_6 \sim C_8$ 的脂肪酸乙酯含量较多。酒中除酯类羰基化合物外，还有醛、酸等化合物，它们都是微生物发酵过程中产生的，对酒的香气也有一定的影响。例如，啤酒中的双乙酰含量在 0.2 μg/g 以下可构成啤酒特有的香气，但超过此含量使啤酒呈馊饭气味。

酒中的酚类化合物来源为原料和贮酒木桶。木质容器中含有香兰素，在发酵贮存过程中能溶于酒中，使酒的香气物质含有酚类化合物。

（二）酱制品的香气成分

酱制品的香气主要是醇类、醛类、酯类、酚类和有机酸。醇类以发酵原料中的糖类物质在酵母菌作用下产生的乙醇为主，其次是戊醇和异戊醇，它们是经氨基酸分解而成的，所以酱制品多采用含蛋白质的豆类植物为原料制得。醛类物质有乙醛、丙醛、异戊醛等，它们是由发酵过程中相应的醇氧化而得。酯类包括丁酯、乙酯和戊酯等，它们是由相应的酸、醇在微生物脂酶作用下形成的。酚类物质主要由麸皮中的木质素降解而得，如甲氨基苯酚。酱油及酱香成分很复杂，经分析，优质酱油中的香气物质近 300 种。

六、焙烤食品的香气

人们通常用焙烤或烘烤的方法来加热食物，许多食物在焙烤时散发出美好的香气，如面包皮风味、爆米花气味、焦糖风味、坚果风味等。

拓展知识

★ 酵母在代谢过程中先生成 α-乙酰乳酸（α-乙酰乳酸是双乙酰的前驱体），然后经过一系列的变化生成双乙酰，最后双乙酰被酵母自身还原成为 2,3-丁二醇。而且 α-乙酰乳酸氧化为双乙酰的速度要比双乙酰被还原的速度慢得多，因此，发酵过程中 α-乙酰乳酸的生成量及转化速度决定了酒液中双乙酰的生成量及转化速度。

香气成分形成于加热过程中发生的羰氨反应，还有油脂分解、含硫化合物分解的产物，综合而成各种食品特有的焙烤香气。食物在焙烤过程中产生的香气在很大程度上与吡嗪有关。当食品色泽从浅黄色变为黄色时，这种风味达到最佳，当继续加热使色泽变褐时就出现了焦煳气味。

知识任务三　风味物质

问题引导：
1. 风味的概念是什么？有哪些特点？
2. 味觉的影响因素有哪些？
3. 食品中的常见呈味物质有哪些？

一、风味的概念及特点

（一）风味的概念

广义的食品风味是指食物在摄入口腔前后，对人的所有感觉器官产生刺激，由此而产生的各种感觉的综合，包括味觉、嗅觉、触觉、视觉和听觉等。狭义的食品风味一般指味觉和嗅觉方面的感觉，嗅觉在上一任务中已进行了阐述，本任务主要介绍味觉方面的知识。

（二）风味的特点

1. 种类多

一种食品的风味往往是由多种风味物质组合而成的，包括呈色物质、呈香物质、呈味物质等，一般来说，食品中所含的风味物质越多，食品的风味就越好。

2. 含量少

绝大多数食品风味物质，尤其是呈色物质和呈香物质含量都很低，例如，许多食品中的香气成分的含量只占到整个食品的 $10^{-7} \sim 10^{-16}$，但可以很大程度上刺激人的食欲。

3. 相互影响

风味物质的各种组分之间会产生相互协同或拮抗作用。例如，1 mg/kg 的己烯醛单独存在时具有青豆气味，但将 13 mg/kg 的己烯醛和 12.5 mg/kg 的癸二烯醛混合时气味消失。

4. 稳定性差

很多食品风味物质特别是香气成分容易挥发，接触空气后很快会自动氧化或分解，热稳定性差。例如，茶叶的风味物质分离后极易自动氧化。

5. 易受影响

食品中的风味物质还容易受到自身浓度及外界环境的影响。例如，戊基呋喃浓度低时具有豆腥味，浓度高时具有甘草味；味精在 pH 为 6.0 时具有最强的鲜味，当 pH > 7.0 则失去鲜味，这是由于味精在不同介质中的解离程度不同。

6. 缺乏普遍规律

食品的风味与风味物质的分子结构之间缺乏普遍的规律性，同类风味物质不一定有相同的结构特点，并且微小的结构改变往往也会引起风味的巨大差异。食品的风味物质是由许多不同类别的化合物组成的，如酸味物质、甜味物质、苦味物质、辣味物质、香味物质等，其中酸味物质往往具有相同的结构特点，但苦味物质、香味物质等结构差异很大。

二、味觉生理及影响因素

(一) 味觉生理

味觉是食品在人的口腔内对味觉器官化学系统的刺激而产生的一种感觉。食品溶液或食品中的可溶性呈味物质溶于唾液后，对口腔内的味觉感受器（味蕾和自由神经末梢）产生刺激，这种刺激通过味神经感觉系统传导到大脑的味觉中枢，大脑的综合神经中枢系统进行分析后产生味觉。

不同味觉的产生依赖于不同的味细胞受体，例如甜味物质的受体是蛋白质，咸味、苦味物质的受体是脂质。味感物质只有成液体状态或溶于水后，才能进入味孔，刺激味细胞产生味觉，将舌头表面擦干后放一块十分干燥的糖，舌头将无法感觉到糖的甜味。口腔内唾液腺分泌的唾液是食物的天然溶剂，且唾液分泌的量和成分与食物的种类有关，食物越干燥分泌的唾液量越多，吃鸡蛋黄时分泌的唾液浓稠且蛋白酶含量较高，吃酸梅分泌的唾液稀薄且酶含量较低。

人类的味觉通过神经传递，因此十分灵敏，从味感物质刺激味蕾到人出现味觉，只需要 1.5 ~ 4.0 ms，而视觉需要 13 ~ 15 ms，听觉需要 1.27 ~ 21.5 ms，触觉需要 2.4 ~ 8.9 ms。苦味的传递速度最慢，因此人们总是在最后才感觉到苦味，但苦味物质的阈值往往更低，人们对其更敏感。甜味以蔗糖为例，其阈值为 0.5 mol/L；咸味以食盐为例，其阈值为 0.25 mol/L；酸味以盐酸为例，其阈值为 0.007 mol/L；苦味以奎宁为例，其阈值为 0.001 6 mol/L。

目前世界上对味觉的分类并不一致，我国一般分为酸、甜、苦、咸、鲜、辣、涩；欧美各国分为酸、甜、苦、咸、辣、金属味；日本分为酸、甜、苦、咸、辣；印度分为酸、甜、苦、辣、咸、淡味、涩味、不正常味。从生理角度来讲，甜、酸、咸、苦是最基本的 4 种味觉。

(二) 味觉的影响因素

1. 呈味物质的结构

呈味物质的结构是影响其味感的内因。一般来说，糖类多呈甜味；盐类多呈咸味；羧酸多呈酸味；而生物碱、重金属盐多呈苦味。但这种规律也有不少例外，如草酸有涩味；糖精、乙酸铅等并不属于糖类，其甜度却很突出；碘化钾属于盐类，却有苦味。因此，呈味物质的结构与其味感的关系非常复杂，同类呈味物质不一定有相同的结构特点，并且微小的结构改变往往也会引起味感的巨大差异。

2. 温度

温度也会对味觉产生影响，温度不同，即使是相同数量的同一物质，其阈值也会有

生化趣事

★味蕾是分布在口腔黏膜中，由 40 ~ 150 个椭圆形的味细胞组成的、具有小孔的微结构。人对味道的敏感程度随年龄增长而降低，其原因是味蕾数目随着年龄的增长而减少，一般婴儿有超过 1 000 个味蕾，成年人有 9 000 多个。人的味蕾大部分分布在舌头表面的乳突中，小部分分布在咽喉、会咽和软腭处，通过味孔与口腔相通，并与味神经相连。味蕾中的味细胞只能存活 6 ~ 8 d，因此味蕾每 10 ~ 14 d 更新一次。味孔的顶端有许多长约 2 μm 的微绒毛（微丝），能够迅速吸附呈味物质，从而产生味觉。

生化趣事

★舌头不同的部位对味觉的感受也有不同的灵敏度，例如，对甜味最敏感的部位是舌前部，对咸味最敏感的部位是舌尖和舌头边缘，对酸味最敏感的部位是靠腮的两边，对苦味最敏感的部位是舌根部。

差异。在30 ℃左右，人类的味觉最为敏锐，10～40 ℃较敏锐，超过此温度范围，各种味觉大多变得迟钝。甜味和酸味的最适感觉温度为35～50 ℃，咸味的最适感觉温度为18～35 ℃，苦味最适感觉温度是10 ℃左右。

3. 浓度及溶解度

呈味物质在适当的浓度范围内能够呈现出美好的味道，但不适当的浓度会使品尝者产生不愉快的感觉。浓度对不同味感的影响也各有不同，例如，甜味在绝大多数浓度下让人感觉愉悦；单纯的苦味在绝大多数浓度下令人不快；酸味与咸味都是低浓度时让人感觉愉悦，高浓度时令人不快。

呈味物质必须有一定的水溶性才可能有一定的味感，完全不溶于水的物质是无味的，溶解度小于阈值的物质也是无味的。水溶性越高，味觉产生得越快，消失得也越快。一般呈现酸味、甜味、咸味的物质有较大的水溶性，而呈现苦味的物质水溶性一般。

4. 呈味物质的相互作用

（1）对比现象。不同味感的呈味物质之间可能会相互作用，从而增强某种味感，这种现象称为对比现象。例如在味精溶液中加入一定量的食盐，鲜味会有所增强。

（2）相乘现象。相同味感的呈味物质之间可能会相互作用，从而显著增强某种味感，这种现象称为相乘现象。例如味精与呈味核苷酸共同使用时，鲜味会增强若干倍；甘草与蔗糖共同使用时，甜度可达蔗糖的100倍。

（3）消杀现象。不同味感的呈味物质之间可能会相互作用，从而减弱某种味感，这种现象称为消杀现象。例如相同含盐量的酱油与盐水，人们会感觉酱油鲜美而盐水太咸。

（4）变调现象。不同味感的呈味物质之间可能会相互作用，从而改变某种味感，这种现象称为变调现象。例如刚吃过中药再喝白开水，会感到原本无味的水有了甜味；吃完甜食后再喝酒，会感到酒略带苦味。

5. 个体差异

人类生活的环境差异很大，在饮食方面表现为不同的味觉偏好，特别是由于味蕾数目随着年龄的增长而减少，人对味道的敏感程度随年龄增长而降低。有调查显示，儿童特别是5～6岁的幼儿对糖的敏感度很高，可达成人的两倍。

当人体患病或发生异常时，会发生味觉迟钝、失味或变味现象。例如，黄疸病患者对苦味的敏感度明显下降甚至丧失；糖尿病患者对甜味的敏感度显著下降。从某种意义上说，味觉的敏感度与身体的需求状况相关，疾病引起的味觉迟钝、失味或变味现象有些是暂时的，康复后会恢复正常，有些是永久的。

在饥饿状态下，人的味觉敏感度也会得到提高，进食后处于饱足状态下，味觉敏感性会下降，降低的程度与摄入食物的热量值有关，这种现象也说明人类味觉敏感度与体内生理需求密切相关。

三、食品风味分析方法

（一）感官评价法

对食品风味的分析和评价最终都是以人的感官为主要指标来进行的。食品的感官评价法就是通过收集感官评价人员对某种食品的感官数据，通过统计、分析后得出食品的量化特征，进而进行科学评价的技术。

生化趣事

★ 人类口腔中一个叫作"TRPM5"的味蕾受体是负责感知不同温度下味觉变化的受体。

拓展知识

★ 呈味核苷酸是由核苷酸组成的一种强烈鲜味剂。主要含5'-肌苷酸二钠和5'-鸟苷酸二钠（两者占90%以上）。一般由酵母酶解后精制而成。它是味精的升级产品。在味精中只需加入1%，即可使鲜度增加1～2倍。

拓展知识

★ 近年来，我国绝大多数食品感官评价技术趋于成熟，绝大多数食品可以使用或参考国家相关标准进行科学的感官评价，其主要流程是：
1. 培训并择优选择感官评价员；
2. 确定样品属性，查找待评价样品关于感官评定的国家标准，若没有相应的国标，则参照类似产品的国标或权威文献；
3. 结合统计学方法确定产品描述词，尽量能够用最少量的词语表达最大量的产品特性；
4. 确定待评价样品的标度和权重，建立样品的感官评价方案。

（二）仪器法

仪器法对食品风味进行评价的一般分析步骤通常是：风味物质的提取如蒸馏、萃取等，分级分离如柱色谱分离等，风味物质的分离鉴定如质谱-气相色谱联用法等。

食品风味物质提取的方法主要有顶空取样技术、固相微萃取技术、搅拌棒吸附萃取技术和超临界流体萃取技术等，其原理和方法各不相同，但其目的均是获取食品中的风味物质并浓缩，以便进行下一步的分析鉴定。提取时应注意不破坏食品中的风味物质，也不产生掩盖食品原有风味的物质。

食品风味物质鉴定的方法主要有气相色谱法、液相色谱法、色谱-质谱联用测定法、电子鼻检测技术、电子舌检测技术等。在应用中可结合各种分析方法、设备和技术的优缺点，根据需求选用。随着人类科技的不断进步，仪器分析手段的不断提高和人们对于食品风味分析需求的不断增加，食品风味物质的仪器分析方法也将更加先进，更加完善。

四、甜味及甜味物质

（一）甜味概述

甜味普遍受到人们的欢迎，常用来改进食品的食用性。糖类及其衍生物是最具有代表性的天然甜味物质，另外还有许多非糖的天然化合物、天然化合物衍生物及人工合成的甜味物质也具有甜味，在食品工业中常有应用。

（二）影响甜度的因素

甜味的强度常用甜度来表示，一般以在水中较稳定的非还原天然蔗糖为基准物来进行判断。例如，将10%或15%浓度的天然蔗糖水溶液在20 ℃时的甜度定为100或1.0，用来比较其他甜味物质在相同浓度和相同温度下的甜度，用这种方法测出的甜度称为比甜度。影响甜度的主要因素有以下几点。

1. 浓度

甜度会随着甜味物质浓度的增大而提高，但各种甜味物质的甜度提高的程度不同。葡萄糖的甜度随浓度增高的程度比蔗糖大。例如，当蔗糖与葡萄糖的浓度均在40%以下时，蔗糖的甜度更大，但当它们的浓度均在40%以上时，甜度无差别。人工合成甜味剂在过高的浓度下会有苦味产生。因此，食品中甜味剂须在一定浓度范围内使用。

2. 温度

温度对甜味物质的影响有两方面：味觉器官和化合物结构。

（1）味觉器官。一般在30 ℃时，人的味觉器官最敏锐，所以进行感官评价时的温度在10～40 ℃时较为适宜，过高或过低的温度都会使感觉器官变得迟钝，无法反映真实情况。

（2）化合物结构。一般来说，在较低温度范围内，温度对大多数糖（除蔗糖和葡萄糖以外）的甜度影响比较大。例如果糖的甜度受温度的影响十分显著。

3. 甜味物质的相互作用

味感物质的相互作用见前文中味觉的影响因素。

（三）常见甜味物质

1. 天然甜味剂

天然甜味剂是从植物中提取或以天然物质为原料加工而成的，包括糖类甜味剂、糖醇类甜味剂和非糖天然甜味剂。

（1）糖类甜味剂。糖类甜味剂是一种能够提供营养和能量的物质，是食物的天然成分。这里主要介绍单糖和低聚糖。如葡萄糖易溶于水，难溶于乙醇，吸湿性差，它的甜味有凉爽感，适合食用和静脉注射；果糖易溶于水，难溶于乙醇，吸湿性特别强，不需要胰岛素调控，能直接在人体内代谢，适合老人和病人食用；木糖吸湿性差，易溶于水，不溶于乙醇、乙醚，不参与人体代谢，易引起褐变反应；蔗糖易溶于水，不溶于乙醇、乙醚；麦芽糖溶于水，微溶于乙醇，不溶于乙醚，甜味爽口温和，营养价值高；多糖如淀粉、纤维素等，不能结晶，也无甜味，但经过水解后得到的转化糖浆有一定的甜度。

（2）糖醇类甜味剂。目前糖醇类甜味剂投入使用的有木糖醇、山梨醇、麦芽糖醇、甘露醇等，其中麦芽糖醇的甜度接近蔗糖的甜度。它们在人体内的吸收和代谢均不受胰岛素的影响，也不妨碍糖原的合成，是糖尿病、心脏病、肝脏病人理想的甜味剂。木糖醇和山梨醇因不能被微生物利用，所以有防龋齿的功效。山梨糖醇有很强的保湿性，所以常用作食品的保湿剂，可防止淀粉老化、冷藏食品的水分蒸发。

（3）非糖天然甜味剂。部分植物的根、叶、果实等常含有非糖的甜味物质，有的可供食用，而且比较安全。因此，从植物体内提取非糖甜味剂被广泛接受，主要包括以下几种：

1）甘草苷。甘草苷是从豆科植物甘草中提取的甜味剂，它是甘草酸和 2 分子葡萄糖醛缩合而成的，其相对甜度为 1.0～3.0。甘草苷的甜味释放缓慢，保留的时间较长，很少单独使用，可以和蔗糖等甜味剂一起使用。有资料表明，甘草苷有解毒、保肝的功能。

2）甜叶菊苷。甜叶菊苷是存在于甜叶菊的茎、叶中的一种二萜烯类糖苷。其纯品是白色结晶粉末，甜度是蔗糖的 200～300 倍。其耐酸、碱、热，溶解性好，没有苦味和发泡性。甜叶菊苷具有降低血压、促进代谢、治疗胃酸过多等方面的保健作用，是目前极具潜力的一种非糖甜味剂。

3）甘茶素。甘茶素是从虎耳草科植物甘茶叶中提取得到的一种甜味剂，甜度是蔗糖的 400 倍，与蔗糖并用（用量为蔗糖的 1%）可使蔗糖甜度提高 3 倍。其纯品为白色针状结晶，对热、酸稳定，具有微弱的防腐性能。

2. 人工合成甜味剂

人工合成甜味剂以化学的方法合成制得。

（1）糖精钠。糖精钠又名水溶性糖精或可溶性糖精，为无色至白色结晶或晶体粉末，无臭或微有芳香气味，味极甜并微带苦，相对甜度为蔗糖的 200～700 倍，耐热性及耐碱性弱，在酸性条件下加热，甜味渐渐消失，溶液浓度大于 0.026% 则味苦。糖精钠不参与体内代谢，不产生热量，适合用作糖尿病等特殊人群的甜味剂。

（2）甜蜜素。甜蜜素又称环己基氨基磺酸钠，为无臭、味甜的白色结晶或白色晶体粉末，易溶于水，难溶于乙醇，不溶于氯仿和乙醚，对热、光、空气均较为稳定，相对甜度为蔗糖的 40～50 倍。甜蜜素浓度大于 0.4% 时带苦味，将甜蜜素溶于高浓度的亚硝酸盐、亚硫酸盐水溶液中，会生成石油或橡胶样的气味。人体摄入甜蜜素后无蓄积现象，60% 随粪便排出，40% 随尿排出，为无营养甜味剂。

（3）安赛蜜。安赛蜜又称乙酰磺胺酸钾，为无臭的白色结晶，无固定熔点，易溶于水，难溶于乙醇等有机溶剂。安赛蜜的相对甜度约为蔗糖的 200 倍，耐光、耐热，具有较高的稳定性。安赛蜜为非营养型人工合成甜味剂，不会导致龋齿。

五、酸味及酸味物质

（一）酸味概述

酸味是舌黏膜受到氢离子刺激而产生的一种味感，由于酸味的产生主要是受氢离子的作用，因此，凡是在溶液中能电离出氢离子的化合物都具有酸味。氢离子是酸味物质的定味基，负离子A是助味基，氢离子在味觉受体上发生交换作用，从而产生酸味感。许多动物对酸味刺激都很敏感，人类对酸性食物适应性更强，食物中适当的酸味能给人以爽快的感觉，并促进食欲。

（二）影响酸味的因素

1. 氢离子浓度

所有酸味剂在溶液中都能电离出氢离子，酸味与氢离子的浓度有很大关系，但二者之间并不是简单的线性函数关系。当溶液中的氢离子浓度过低，即 pH > 5.0 时，几乎无法感受到酸味；当溶液中的氢离子浓度过高，即 pH < 3.0 时，食品的酸味过强，会使人难以忍受。

2. 酸味剂阴离子的性质

酸味剂阴离子的性质对酸味的强度和品质影响很大。在 pH 值相同的条件下，有机酸一般比无机酸的酸味更强；在酸味剂阴离子的结构上增加疏水性不饱和键，其酸味比相同碳数的羧酸强；在酸味剂阴离子的结构上增加亲水的羟基，其酸味比相同碳数的羧酸弱。

3. 总酸度和缓冲作用

在 pH 值相同的条件下，总酸度和缓冲作用较大的酸味剂通常酸味更强。例如，在相同 pH 值时丁二酸的总酸度比丙二酸大，丁二酸的酸味就比丙二酸强。

4. 其他因素

将糖、食盐、乙醇等物质加入酸味剂溶液中会降低酸味。糖酸比是水果和饮料等食品风味的重要因素之一，需要酸味和甜味的合理搭配混合。将适量苦味物质加入酸中，也会形成特殊的食品风味。

（三）常见酸味物质

1. 食醋

食醋是我国传统酸味调料，酸味比较温和，用于烹饪时有调味、防腐、去腥等作用。醋酸也叫乙酸，无色液体，有刺鼻的醋酸味，易挥发，能溶于水、乙醇、乙醚、四氯化碳及甘油等有机溶剂，因其浓度在98%以上时能冻结成冰状固体，故又称冰醋酸。

2. 柠檬酸

柠檬酸在柑橘类及浆果类水果中含量最多，是食品中常用的酸味剂之一。柠檬酸易溶于水和乙醇，微溶于乙醚。柠檬酸的酸味圆润柔和、爽快可口，入口即达最高酸感，常用于制作清凉饮料、糖果、水果罐头等，但由于其后味延续时间短，所以常与苹果酸、酒石酸等其他酸味剂共用。

3. 苹果酸

苹果酸为无臭、有特殊酸味的白色针状晶体，易溶于水和乙醇，不能溶于乙醚。苹果酸在自然界中常与柠檬酸共存，绝大多数的果实中含有苹果酸，含量最多的是苹果及其他仁果类果实。其酸味强度为柠檬酸的1.2倍，滋味爽口，略带刺激性，在口中有微涩感，呈味时间长。苹果酸常用于果冻、果汁、饮料及糖果等的制作。

4. 酒石酸

酒石酸为无色透明的三棱形结晶或粉末，易溶于水及乙醇。酒石酸广泛存在于许多水果中，在葡萄中含量最高。其酸味强度为柠檬酸的1.3倍，略带涩感，在食品中多与柠檬酸、苹果酸共同使用，常用于饮料、果酱、糖果等的加工。

5. 乳酸

乳酸为无臭、微酸、无色或微黄色的糖浆状液体，可与水、乙醇、丙酮以任意比例混合，不溶于氯仿。乳酸在自然界中广泛存在，特别是在发酵食品、腌渍物、果酒、清酒、酱油及乳制品中含量较多。乳酸具有杀菌作用，可防止杂菌生长，抑制异常发酵。乳酸酸味稍强于柠檬酸，在食品工业中常用于清凉饮料、果酱、果冻、糖果等的加工。

6. 磷酸

磷酸的分子式为 H_3PO_4，为无色透明结晶或浆状液体，易潮解，能与水、乙醇以任意比例混合，接触有机物则会着色。磷酸的酸味强度为柠檬酸的2.3～2.5倍，有强烈的收敛味和涩味，在饮料加工中可用来代替柠檬酸和苹果酸。

7. 抗坏血酸

抗坏血酸在果蔬中广泛存在，为白色结晶，易溶于水，有爽快的酸味，易氧化。抗坏血酸目前常作为酸味剂和营养强化剂广泛应用于食品工业，还可用于肉类食品中作为抗氧化剂等。

8. 葡萄糖酸

葡萄糖酸为淡黄色浆状液体，易溶于水，微溶于酒精。葡萄糖酸的酸味爽快，因此常用于制作清凉饮料、配制食醋等，还可用于制作嫩豆腐的凝固剂，例如市售的内酯豆腐就是用δ-葡萄糖酸内酯作为凝固剂生产的。

六、咸味及咸味物质

（一）咸味概述

咸味是4种基本味感之一，对食品的调味十分重要，被誉为"百味之首"。很多盐类尤其是中性盐都能呈现咸味，但其他盐的咸味并不纯正，伴有杂味，如溴化钾、碘化钾除具有咸味外，还带有苦味，只有氯化钠才产生纯正的咸味。因此常用的咸味剂是食盐，其主要成分是氯化钠，还含有少量钾、钙、镁等矿物质，咸味的主体是氯离子。苹果酸钠、葡萄糖酸钠等可代替食盐起到咸味剂的作用，适宜某些需限量摄取食盐的疾病患者食用。

（二）常见咸味物质

1. 低钠盐

低钠盐主要以钠、钙、镁元素来调低食品中钠的含量，这种盐保持了原来盐的咸度，味道纯正，可用于替代传统食盐。

2. 强化盐

强化盐的主要成分是氯化钠，但其中添加了很多碘、铁、锌、硒等人体不可缺少的营养素，替代传统食盐使用，能够方便地为食用者补充营养素。20世纪50年代以来，我国对缺碘地区全面供应含氯化钠和碘酸钾的加碘盐，治愈了数千万地方性甲状腺肿大患者，保障了人民的健康。

3. 风味盐

风味盐的主要成分是氯化钠，但其中添加了很多调味品，如五香粉、花椒粉、辣椒粉、胡椒粉等，使得咸味剂的用途更加广泛，使用更加方便。

七、苦味及苦味物质

（一）苦味概述

苦味物质在很多食物中都有存在，许多无机物和有机物都具苦味。单纯的苦味是令人不愉快的感觉，但若是与甜、酸等其他味感调配得当时，能形成一种特殊风味，受到人们的喜爱，例如茶、咖啡、苦瓜等。同时苦味物质大多具有药理作用，一些患有味觉减弱或衰退、消化活动障碍等疾病的人，常需要强烈刺激感受器来帮助味觉恢复正常，因苦味阈值最小，所以常被采用。

（二）常见苦味物质

1. 咖啡碱和可可碱

咖啡碱和可可碱是食品中主要的生物碱类苦味物质，均为嘌呤类衍生物。咖啡碱主要存在于茶叶、咖啡中，在水中浓度为 150～200 mg/kg 时具有中等苦味，易溶于水、乙醇、乙醚和氯仿。可可碱在可可中含量最高，是可可产生苦味的原因。溶于热水，难溶于冷水、乙醇，不溶于乙醚。咖啡碱和可可碱都具有兴奋中枢神经的作用。

2. 苦杏仁苷

苦杏仁苷多存在于许多蔷薇科植物（如桃、李、杏、樱桃、苦扁桃等）的果核、种仁及叶子中。苦杏仁苷本身无毒，还具有镇咳作用，但当它被 β- 葡萄糖苷酶代谢分解后，就会产生有毒的氢氰酸，因此生食杏仁、桃仁过多会引起中毒。

3. 柚皮苷及新橙皮苷

柑橘类果皮中的主要苦味物质是柚皮苷和新橙皮苷。柚皮苷纯品的苦味超过奎宁，阈值可低至 0.002%。柚皮苷及新橙皮苷水解后苦味消失，根据这一性质，可用酶制剂来水解橙汁中的柚皮苷与新橙皮苷以脱去苦味。

4. 胆汁

胆汁是动物肝脏分泌并储存于胆囊中的一种液体，味极苦，其主要成分是胆酸、鹅胆酸及脱氧胆酸。

5. 苦味酒花

酒花在啤酒工业大量使用，使啤酒具有特征风味。酒花中的苦味物质是葎草酮或蛇麻酮的衍生物，葎草酮在啤酒中的含量最丰富，在煮沸时葎草酮转变为异葎草酮。异葎草酮在光照射下会产生臭鼬鼠臭味和日晒味化合物，因此，啤酒一般采用深色玻璃瓶或不透光铝罐包装。

八、鲜味及鲜味物质

（一）鲜味概述

鲜味是一种复杂的综合味感，它能增强食品风味，使人增加食欲。鲜味剂的用量高于其单独检测阈值时能够使食品鲜味增加，但用量低于阈值时仅是增强风味，因此鲜味剂又称为风味添加剂、食品增味剂。鲜味分子需要有条相当于 3～9 个碳原子长的脂链，当脂链碳原子数目为 4～6 时鲜味最强，脂链两端均需带有负电荷，若将羧基经过酯化、酰胺化，或加热脱水形成内酯、内酰胺后，其鲜味均会降低。目前作为商品的鲜味剂主要是谷氨酸型和核苷酸型。

（二）常见鲜味物质

1. 谷氨酸钠

谷氨酸钠俗称味精，简称 MSG，是无臭、无色至白色柱状结晶或结晶性粉末，有特有的鲜味。易溶于水，微溶于乙醇，不溶于乙醚和丙酮等有机溶剂。无吸湿性，对光、热较稳定，在碱性条件下加热会发生消旋作用，在 pH<5 的酸性条件下加热发生吡咯烷酮化，形成焦谷氨酸，这两种反应均会使谷氨酸钠的鲜味减退。

2. 鲜味核苷酸

能够呈鲜味的核苷酸有 5'- 肌苷酸（5'-IMP）、5'- 鸟苷酸（5'-GMP）、5'- 黄苷酸、5'- 脱氧肌苷酸、5'- 脱氧鸟苷酸等，其中 5'- 肌苷酸是鱼类食品鲜味的代表，5'- 鸟苷酸是香菇类食品鲜味的代表，此两者鲜味较强。这些鲜味核苷酸与谷氨酸钠合用时具有协同效应，谷氨酸钠的鲜味可明显提高，并会随浓度升高而增加。核苷酸类鲜味剂对酶不稳定，极易被生鲜食品中的磷酸酯酶分解，分解后的产物失去鲜味。

3. 琥珀酸及其钠盐

琥珀酸及其钠盐又称干贝素、海鲜精，具有鲜味，是无色至白色结晶或结晶性粉末，易溶于水，不溶于酒精。在贝壳、水产类中含量最多。琥珀酸的呈味能力是琥珀酸钠的 4 倍，是琥珀酸二钠盐的 8 倍。

4. 麦芽酚和乙基麦芽酚

在水果和甜食中常用麦芽酚和乙基麦芽酚作为风味增效剂。商品麦芽酚为白色或无色结晶粉末，商品乙基麦芽酚的外观和化学性质与麦芽酚相似。两者的构成与酚类相似，都具有邻羟基烯酮结构，并有少量邻二酮形成的异构体与之平衡。麦芽酚和乙基麦芽酚都作为甜味增效剂应用于食品工业。

5. 新型鲜味剂

新型鲜味剂包括酵母提取物、水解动植物蛋白、复合牛肉、鸡肉、猪肉浸膏和粉剂等。这些新型鲜味剂风味多样，且含有蛋白质、肽类、氨基酸、矿物质等营养成分，市场前景广阔。

九、辣味及辣味物质

（一）辣味概述

辣味是由辛香料中的一些成分所引起的一种味感，是尖利的刺痛感和特殊的灼烧感的总和。辣味不但会刺激舌和口腔的触觉神经，同时也会机械刺激鼻腔，有时甚至对皮肤也产生灼烧感。食物中适当的辣味可增进食欲、促进消化液分泌，有些人特别嗜好辣味食品，目前辣味已广泛应用于食品调味中。

拓展知识

★ 啤酒花不仅可以用来酿造啤酒，而且还可用于食品加工业，是一种很好的发酵剂。利用啤酒花制作酵母和面包，既能防腐，又能延长贮存期，广泛应用于食品工业方面，具有重要的经济用途。

行业快讯

★ 中国是全球最大的味精生产国和消费国，约占全球总产量的 75%。2024 年中国味精行业的市场规模达到了 280 亿元，同比增长了 10%。

拓展知识
呈鲜机理

拓展知识
谷氨酸钠结构式

扫码查标准
《食品安全国家标准 食品添加剂 琥珀酸二钠》(GB 29939—2013)

扫码查标准
《食品安全国家标准 食品添加剂 麦芽酚》(GB 1886.282—2016)

（二）常见辣味物质

1. 热辣（火辣）味物质

热辣（火辣）味是一种能在口中引起灼热感觉的无芳香的辣味，主要的热辣（火辣）味物质有以下几种。

（1）辣椒。辣椒的主要辣味成分为类辣椒素及少量二氢辣椒素。不同种类的辣椒所含的辣椒素差别较大，甜椒中辣椒素含量极低，红辣椒中辣椒素含量约为0.06%，牛角红椒中辣椒素含量约为0.2%，印度萨姆椒中辣椒素含量约为0.3%，乌干达辣椒中辣椒素含量高达0.85%。

（2）胡椒。常见的胡椒有黑白两种，黑胡椒由尚未成熟的绿色果实制得，白胡椒则是由成熟的果实加工而成。胡椒中的辣味成分主要是胡椒碱和少量类辣椒素。

（3）花椒。花椒的主要辣味成分为花椒素和少量异硫氰酸烷丙酯等。

2. 辛辣（芳香辣）味物质

辛辣物质主要包括以下3种：

（1）姜。姜辣素是生姜中具有辣味物质的总称，是多种物质构成的混合物，其组成结构中均含有3-甲氧基-4-羟基苯基官能团。姜辣素中的主要活性成分是姜酚，呈现生姜的典型辣味。姜酚包括6-姜酚、8-姜酚、10-姜酚、12-姜酚等10余种，其中6-姜酚约占总姜酚的75%以上。

（2）肉豆蔻和丁香。肉豆蔻和丁香中的主要辣味成分是丁香酚和异丁香酚，两者均含有邻甲氧基苯酚基团。

（3）芥子苷。芥子苷有白芥子苷和黑芥子苷两种，水解时会产生芥子油和葡萄糖。白芥子苷主要存在于白芥子中，黑芥子苷主要存在于黑芥种子、芥菜、辣根等蔬菜中。

3. 刺激辣味物质

（1）蒜、葱、韭菜。蒜、葱、韭菜等的主要辣味成分都是二硫化物，例如蒜的主要辣味成分为蒜素、二烯丙基二硫化物、丙基烯丙基二硫化物等，大葱、洋葱、韭菜的主要辣味成分为二丙基二硫化物、甲基丙基二硫化物等。这些二硫化物在受热时都会分解成相应的硫醇，因此蒜、葱、韭菜等煮熟后辣味减弱。

（2）芥末、萝卜。芥末、萝卜等的主要辣味成分为异硫氰酸酯类化合物，具有较为强烈的刺激性辣味，受热时会水解为异硫氰酸，因此芥末、萝卜等煮熟后辣味减弱。最典型的异硫氰酸酯类化合物是异硫氰酸烯丙酯，也称为芥子油。

十、涩味及涩味物质

（一）涩味概述

与前面的几种味感不同，涩味不是由涩味物质作用于味蕾所产生的，而是刺激触觉神经末梢所产生的，当口腔黏膜蛋白质被凝固时，口腔就会有收敛和干燥的感觉，此时感到的滋味便是涩味。

（二）常见涩味物质

未成熟的柿子有明显的涩味，其原因是柿果实发育过程中在其特化的果肉细胞——单宁细胞的液泡中积累了大量的单宁。柿单宁根据在醇溶液中的溶解性，分为可溶性和不溶性两大类。在食用柿子时，咬破的单宁细胞释放出大量的单宁，与人体口腔蛋白结合，产生强烈

扫码查标准
《食品安全国家标准 食品添加剂 乙基麦芽酚》(GB 1886.208—2016)

拓展知识
呈辣机理

拓展知识
★芥末又称芥子末、西洋山芋菜等，一般分黄芥末和绿芥末两种。黄芥末源于中国，是芥菜的种子研磨而成；绿芥末（青芥辣）源于欧洲，用辣根（马萝卜）制造，添加色素后呈绿色，其辛辣气味强于黄芥末，且有一种独特的香气。

拓展知识
呈涩机理

的收敛感,俗称"涩感",其临界含量为0.1%。

茶叶中也含有较多的多酚类物质,但因不同种类的茶叶加工方法不同,制作出的茶叶中所含的多酚类物质也有所不同,因此不同的茶叶涩味程度也不相同。一般来说,绿茶所含的多酚类物质较多,涩味更浓烈一些;红茶等经过发酵的茶叶,所含的多酚类物质被氧化而含量减少,涩味更轻一些。

知识任务四　食品添加剂

问题引导:
1. 食品添加剂是什么?
2. 食品添加剂可分为哪几类?分类的依据是什么?
3. 食品中常用的添加剂有哪些?

一、食品添加剂概述

(一)食品添加剂的分类

食品添加剂是指为改善食品品质和色、香、味,以及为防腐、保鲜和加工工艺的需要而加入食品中的人工合成或者天然物质。

1. 按来源分类

食品添加剂可分为天然食品添加剂和化学合成食品添加剂。天然食品添加剂是利用动植物或微生物的代谢产物等为原料,经提取所获得的天然物质;化学合成食品添加剂是利用氧化、还原、聚合、缩合、成盐等各种化学反应而得到的物质。

2. 按功能分类

食品添加剂按照其功能可分为22类,分别是酸度调节剂、抗结剂、消泡剂、抗氧化剂、漂白剂、膨松剂、胶基糖果中基础剂物质、着色剂、护色剂、乳化剂、酶制剂、增味剂、面粉处理剂、被膜剂、水分保持剂、防腐剂、稳定剂和凝固剂、甜味剂、增稠剂、食品用香料、食品工业用加工助剂、其他。这22类添加剂数目各不相同,数目最多的食品用香料有1 528种,最少的专用抗结剂只有6种。

(二)食品添加剂的安全性

食品添加剂在食品加工中具有不可替代的作用,被誉为食品工业的灵魂,但部分食品添加剂具有一定的毒性,因此,必须按照相关的规定来使用。我国对食品添加剂能否使用、使用范围、最大使用量都有严格规定,《食品安全国家标准 食品添加剂使用标准》(GB 2760—2024)中列出的食品添加剂都要依据《食品安全国家标准 食品安全性毒理学评价程序》(GB 15193.1—2014)进行安全性试验,一般分4个阶段:急性毒性试验;遗传毒性

微课视频
食品添加剂

教学课件
食品添加剂

文化自信
★人类使用食品添加剂的历史与人类文明史一样悠久。我国食品添加剂的使用历史可以追溯到6 000年前的大汶口文化时期,当时酿酒用酵母中的转化酶(蔗糖酶)就是食品添加剂,属于食品用酶制剂;2 000多年前用"卤水"点豆腐,实质上卤水就是一种食品添加剂,属于食品凝固剂。

拓展知识
★食品添加剂在合法使用情况下是安全的。迄今为止,我国对人体健康造成危害的食品安全事件没有一起是由于合法使用食品添加剂造成的。超范围、超限量使用食品添加剂和添加非食用物质等"两超一非"的违法行为,才是导致食品安全问题发生的原因。

· 245 ·

试验、传统致畸试验、30 天喂养试验；亚慢性毒性试验（90 天喂养试验）、繁殖试验、代谢试验；慢性毒件试验（包括致癌试验）。

除了安全性试验结果以外，评价食品添加剂的安全性时还要考虑半数致死量（LD_{50}）、最大未观察到有害作用剂量、每日允许摄入量（ADI）、添加剂实际每日摄入量等因素。

（三）食品添加剂的使用原则

《食品安全国家标准 食品添加剂使用标准》（GB 2760—2024）中规定，食品添加剂使用时应符合以下基本要求：不应对人体产生任何健康危害；不应掩盖食品腐败变质；不应掩盖食品本身或加工过程中的质量缺陷或以掺杂、掺假、伪造为目的而使用食品添加剂；不应降低食品本身的营养价值；在达到预期效果的前提下尽可能降低在食品中的使用量。

此外，食品添加剂最好成本低，来源充足，使用方便、安全，易于储存、运输及检测。

二、食品中常用的添加剂

（一）防腐剂

食品防腐剂是指为了抑制微生物活动，防止食品在生产、运输、贮藏、流通过程中因微生物繁殖污染引起腐败变质，提高食品的保存性，延长食用价值，而在食品加工过程中添加的一类物质。

食品防腐剂根据其来源，可分为天然的食品防腐剂和化学合成的食品防腐剂两类，其中后者目前应用较广泛。食品防腐剂根据其组成，可分为酸型防腐剂（如苯甲酸、山梨酸等）、酯型防腐剂（如尼泊金酯类）、无机盐防腐剂（如亚硫酸盐、焦亚硫酸盐次氯酸盐等）和生物防腐剂（如乳酸链球菌素、维他霉素等）。

常见的食品防腐剂有以下几种。

1. 苯甲酸及其钠盐

苯甲酸又称为安息香酸，存在于酸果蔓、梅干、肉桂和丁香等植物中，为无臭或微带安息香气味的白色有丝光的鳞片状或针状结晶，微溶于水，易溶于乙醇。苯甲酸及其钠盐抗酵母菌和细菌能力强，抗霉菌活性较差，在 pH 值为 2.5 ~ 4.0 范围内最具活性，因此适合用于酸性食品（如果汁、碳酸饮料、泡菜等）的防腐。苯甲酸钠溶解性比苯甲酸更好，因此在食品中更常用。

2. 山梨酸及其钾盐

山梨酸为无臭或微带刺激性臭味的无色或白色晶体粉末，耐热、耐光性好，微溶于水，易氧化失效。山梨酸及其钾盐抗霉菌、酵母菌和好气性细菌能力强，属于酸型防腐剂，在酸性介质中对微生物有良好的抑制作用，对 pH 值在 5.5 以下的食品防腐效果好，pH ≥ 8 时丧失防腐活性。山梨酸及其钾盐是目前使用最多的防腐剂，也是目前被认为较安全的食品防腐剂之一，毒性较低。

3. 对羟基苯甲酸酯类

对羟基苯甲酸酯类又称尼泊金酯类，为无臭无味的白色或无色结晶或粉末，难溶于水，随碳链的增长在油、乙醇、甘油中溶解度增大。它对真菌的抑菌效果最好，对细菌的抑制作用也较强，对革兰阳性菌有致死作用，但对革兰阴性杆菌及乳酸菌的作用较差。对 pH 值为 4 ~ 8 范围内的食品防腐效果好。

4. 乳酸链球菌素

乳酸链球菌素是一种天然食品防腐剂，为略带咸味的白色或略带黄色的结晶性粉末或颗粒，乳酸链球菌素在需采用巴氏消毒法进行消毒的食品，如牛乳及其加工产品和罐头食品中的应用意义特别大，因为这些食品杀菌温度较低，往往残留耐热性孢子，而乳酸链球菌素具有很强的杀芽孢能力，因此广泛应用于乳制品、罐头、饮料、肉类等食品中。

（二）抗氧化剂

食品抗氧化剂是指能阻止或延迟食品氧化，提高食品稳定性和延长储存期的食品添加剂，抗氧化剂被广泛应用于食品工业。

常见的抗氧化剂有以下几种。

1. 丁基羟基茴香醚（BHA）

丁基羟基茴香醚又名丁基 -4- 羟基茴香醚、丁基大茴香醚，是具有酚类的特异臭和刺激性味道的无色至微黄色蜡样结晶粉末，不溶于水，可溶于油脂和有机溶剂，对热稳定，弱碱性条件下不易被破坏，因此常用于焙烤食品的抗氧化。

2. 二丁基羟基甲苯（BHT）

二丁基羟基甲苯又名 2,6- 二叔丁基对甲酚，为无臭、无味的无色结晶或白色结晶性粉末，不溶于水、甘油，易溶于乙醇、大豆油等，对热稳定。BHT 抗氧化能力不如 BHA，与 BHA 复配使用效果较好，可用于食用油脂、油炸食品、饼干、方便面等食品的抗氧化。

3. 没食子酸丙酯（PG）

没食子酸丙酯又名棓酸丙酯，为无臭、微有苦味的白色至浅黄褐色晶体粉末，微溶于油脂和水，易溶于乙醇等有机溶剂，对热稳定，具有吸湿性，对光不稳定，易与铜、铁离子发生反应变为紫色或暗绿色。PG 对油脂的抗氧化能力很强，与增效剂柠檬酸或与 BHA、BHT 复配使用抗氧化效果较好。

4. 叔丁基对苯二酚（TBHQ）

叔丁基对苯二酚是无异味异臭的白色或浅黄色的结晶粉末，极少溶于水，溶于乙醇、乙醚及植物油等，在油、水中溶解度随温度升高而增大。叔丁基对苯二酚对大多数油脂尤其是植物油有防止腐败的作用，比 BHT、BHA、PG 等具有更强的抗氧化能力，对其他抗氧化剂和螯合剂有增效作用。

5. 抗坏血酸

见本节前文：酸味及酸味物质。

6. 茶多酚

茶多酚是从茶中提取的抗氧化剂，为有茶叶味的浅黄色或浅绿色粉末，易溶于水、乙醇、乙酸乙酯等，在酸性和中性条件下稳定。茶多酚是一类多酚化合物的总称，包括儿茶素、黄酮、花青素、酚酸等，其中儿茶素占茶多酚总量的 60%～80%，也是茶多酚抗氧化作用的主要成分。茶多酚与柠檬酸、苹果酸、酒石酸有良好的协同效应，对于油脂的抗氧化能力很强，还具有防止食品褪色、杀菌消炎等作用。

（三）漂白剂

食品漂白剂是指能够破坏、抑制食品发色因素，使其褪色或使食品免于褐变的物质。食品漂白剂除了食品漂白和抑制褐变，还具有防腐和抗氧化的作用。

食品漂白剂根据其作用机制，可分为还原性漂白剂及氧化性漂白剂两大类。还原性漂白剂能使着色物质还原而起漂白作用，所有的还原性漂白剂都属于亚硫酸类化合物，如亚硫酸氢钠、亚硫酸钠等；氧化性漂白剂能使着色物质氧化分解而漂白，如过氧化氢、过氧化钙、过氧化丙酮等，目前在我国食品工业中应用较少。

常见的食品漂白剂有以下几种。

1. 二氧化硫

二氧化硫又称亚硫酸酐，在常温下为有强烈刺激臭的无色气体，易溶于水或乙醇，浓度较高时对眼和呼吸道黏膜有强刺激性。在果蔬制品加工中，二氧化硫可起到破坏酶氧化系统、阻止氧化的作用，使果实中单宁类物质不致氧化而变色，从而达到漂白的目的。二氧化硫还可以改变细胞膜的透性，提高果蔬干制的干燥率。

2. 亚硫酸钠

亚硫酸钠分为无水品与七水品两种，无水亚硫酸钠分子式为 Na_2SO_3，为无臭、具有清凉咸味和亚硫酸味的白色粉末或小结晶，易溶于水，微溶于乙醇，在空气中会缓慢氧化成硫酸盐，较七水亚硫酸钠更稳定；七水亚硫酸钠为无色单斜晶系结晶。

3. 焦亚硫酸钠

焦亚硫酸钠原名偏重亚硫酸钠，分子式为 $Na_2S_2O_5$，为带 SO_2 气味的白色粒状粉末或无色晶体或白色至黄色结晶状粉末，易溶于水，难溶于乙醇。亚硫酸氢钠与焦亚硫酸钠呈可逆反应，因此商用焦亚硫酸钠一般为两者的混合物。

4. 过氧化氢

过氧化氢又称双氧水，分子式为 H_2O_2，为无臭或略带刺激性臭味的无色透明液体，具有很强的漂白作用和杀菌作用，特别是在 pH 为 10～12 的碱性条件下漂白作用最强，可与水以任意比例混溶。遇光、遇热或在过氧化氢酶、过氧化物酶或碱的作用下会分解成水和氧，因此保存时需使用磷酸盐、有机酸盐等稳定剂。

（四）乳化剂

乳化剂是指添加于食品后可显著降低油水两相界面张力，使互不相溶的疏水性物质和亲水性物质形成稳定乳浊液的食品添加剂。在食品工业中常常使用食品乳化剂来达到乳化、均匀、稳定、分散起酥、改进食品风味、提高食品的品质和保藏性、防止食品变质等目的。

乳化剂按相对分子质量大小可分为小分子乳化剂和高分子乳化剂；按亲油亲水性可分为油包水类乳化剂和水包油类乳化剂。

常见的乳化剂有以下几种。

1. 乙酰化单甘油脂肪酸酯

乙酰化单甘油脂肪酸酯又称乙酰化脂肪酸甘油酯，是带有乙酸气味的褐色、黄褐色至米黄色的不同黏稠度液体或蜡状固体，不溶于水，不溶于冷的油脂，溶于热的油脂、乙醇、丙酮和其他有机溶剂。乙酰化单甘油脂肪酸酯可用作 W/O 型乳化剂，还能用于食品的涂层保鲜。

2. 乳酸脂肪酸甘油酯

乳酸脂肪酸甘油酯与乙酰化单甘油脂肪酸酯结构相似，属于 W/O 型乳化剂，外观呈稀液体至蜡状固体，不溶于水、甘油、丙二醇等极性物质，溶于热的油脂、己醇。乳酸脂肪酸甘油酯热稳定性差，易被碱、酸和解脂酶水解。乳酸脂肪酸甘油酯与淀粉有很强的亲和力和优良的充气性，因此广泛用于需较高充气量和持气能力的食品（如蛋糕）中。

3. 柠檬酸脂肪酸甘油酯

柠檬酸脂肪酸甘油酯又称柠檬酸单甘酯，属于阴离子型乳化剂，为白色至黄白色蜡状固体或至软半固体，不溶于冷水、甘油和丙二醇，能分散于热水，易溶于乙醇。柠檬酸脂肪酸甘油酯在提高乳化能力、作为人造奶油的防溅剂和高脂食品中的脂肪代用品等方面应用价值较高。

4. 单硬脂酸甘油酯

单硬脂酸甘油酯又称单甘油酯，为白色蜡状薄片或珠粒固体，不溶于水，能溶于热的有机溶剂如乙醇、苯、丙酮及矿物油中，与热水经强烈振荡混合于水中，多为油包水型乳化剂，常用作乳化剂、稳定剂、凝固剂、消泡剂和涂层剂。

5. 蔗糖脂肪酸酯

蔗糖脂肪酸酯是蔗糖与脂肪酸化形成的化合物，又被称为脂肪酸蔗糖酯、蔗糖酯等，是无臭或稍有特殊气味的白色至黄色粉末，有时也呈无色至微黄色的黏稠流体或软固体。易溶于乙醇、丙酮，其酯化程度可影响其亲水亲油平衡值，常作为乳化剂，应用于冷冻饮品、果酱、小麦粉、糖果等食品中。

6. 大豆磷脂

大豆磷脂又称卵磷脂、磷脂等，是一种混合物，其中磷酸肌醇约占33%，磷酸胆胺约占25%，磷酸胆碱约占24%。为无臭或有特殊气味的淡黄色至棕色的黏稠液体。大豆磷脂是W/O和O/W两种类型兼可使用的乳化剂，广泛应用于糕点、糖果、人造奶油等食品。

（五）增稠剂

食品增稠剂是指可以提高食品黏稠度或形成凝胶，从而改变食品的物理性质、赋予食品黏润、适宜的口感，并兼有乳化、稳定或使食品呈悬浮状态作用的物质。

食品增稠剂是一类高分子亲水胶体物质，分子中含羟基、羧基、氨基或羧酸根等亲水集团，能与水分子发生水化作用构成单相均匀分散体系。除了增稠、凝胶作用外，还具有发泡剂、稳定泡沫、黏合、成膜、保水等作用。

根据来源，食品增稠剂可分为植物渗出液制取增稠剂、植物种子和海藻制取增稠剂、动物原料制取增稠剂、天然物质为基础的半合成增稠剂。

常见的食品增稠剂有以下几种。

1. 琼脂

琼脂又称为琼胶、冻粉或洋菜等。所形成的凝胶是胶类中强度最高的，可以制作许多坚韧而富有弹性的果冻食品。琼脂的另一个特性是快速凝固，在水果冻中可防止生成过程中水果浆产生上浮下沉；做油饼、面包的透明糖衣时，可减少油饼、面包的吸液软化倾向。

2. 阿拉伯胶

阿拉伯胶又称阿拉伯树胶、金合欢胶，为无臭、无味的黄色至淡黄褐色半透明块状体或白色至淡黄色颗粒状或粉末，溶于水，不溶于油和多数有机溶剂。阿拉伯胶由豆科金合欢树属的树干渗出液制得，是典型的"高浓低黏"型胶体，也是很好的天然水包油型乳化稳定剂和凝固剂，还具有降低溶液表面张力的功能，在食品工业中应用广泛。

3. 卡拉胶

卡拉胶又被称为鹿角菜胶、角叉胶等，是无臭、味淡的白色或淡黄色粉末，由半乳聚糖所组成的多糖类物质组成。卡拉胶不溶于冷水，不溶于有机溶剂，水溶液具有高度黏性和胶凝特点，其凝胶具有热可逆性，最突出的特点是与蛋白质类物质作用可形成稳定胶体。

4. 明胶

明胶是动物的皮、骨、韧带等含的胶原蛋白，经部分水解后得到的大分子多肽的高聚物，含有除色氨酸外组成蛋白质的全部氨基酸。明胶为有特殊臭味的白色或淡黄色、半透明、微带光泽的薄片或细粒，不溶于冷水但可以吸水膨胀软化，不溶于乙醇、乙醚、氯仿等有机溶剂，溶于醋酸、甘油等。明胶具有保护胶体、稳定泡沫的作用，还可提高食品的营养价值，在食品工业中有着重要的作用。

5. 海藻酸钠

海藻酸钠又称藻酸钠、海藻胶、藻朊酸钠等，是从海藻中提取的无臭、无味的白色或淡黄色粉末。溶于水成黏稠状胶体溶液，不溶于乙醇、氯仿和乙醚。海藻酸钠易与蛋白质、淀粉、明胶、阿拉伯胶、羧甲基纤维素（CMC）、甘油、山梨醇等互溶，所以可与多种食品原料配合使用。在食品工业中，海藻酸钠最主要的作用是形成食用凝胶。

6. 果胶

果胶主要成分是多缩半乳糖醛酸甲酯，根据酯化的半乳糖醛酸基与总的半乳糖醛酸基的百分比值，可将果胶分为高甲氧基果胶（50%～75%）和低甲氧基果胶（20%～50%）。果胶是微甜带酸的淡黄褐色粉末，无固定熔点和溶解度，不溶于乙醇及其他有机溶剂，与3倍及以上的砂糖混合后更易溶于水。果胶形成的凝胶在结构、外观、色、香、味等影响感官方面均优于其他食品增稠剂，在食品工业中应用广泛。

（六）食品膨松剂

食品膨松剂又被称为膨胀剂、起发粉、面团调节剂等，是指在食品加工过程中加入的能使产品发起形成致密多孔组织，从而使得制品具有疏松、柔软或酥脆的物质。

常见的食品膨松剂有以下几种。

1. 碱性膨松剂

碱性膨松剂也称膨松盐，常用的有碳酸氢钠、碳酸氢铵等。碱性膨松剂具有价格低、保存性较好、使用稳定性较高等优点，所以常在饼干、糕点中单独用作膨松剂。碳酸氢钠受热分解后产生 CO_2 气体，但其在成品中残留碳酸钠使之呈碱性，影响口味，使用不当时还会使成品表面出现黄色斑点。碳酸氢铵因其分解后产气量大，所以起发能力强，但过量使用会在成品中残留刺激性的氨气，使成品具有特异的臭味，并且使成品内部或表面出现大的空洞。

2. 酸性膨松剂

酸性膨松剂也称膨松酸，常用的有酒石酸氢钾、硫酸铝钾、各种酸性磷酸盐。酸性膨松剂主要用作复合膨松剂的酸性成分。戚风蛋糕生产中常用的塔塔粉，其化学本质为酒石酸氢钾，作用是提供酸性，帮助蛋白打发以中和蛋白的碱性，消除蛋白的碱味，且使色泽变为雪白。

3. 生物膨松剂

生物膨松剂主要是指以各种形态存在的优良的酵母菌。酵母菌因发酵时使糖类生成二氧化碳和酒精，使面坯起发、增大，具有膨松剂的特点，因此也被称为生物膨松剂，主要用于面包、馒头和苏打饼干等。

4. 复合膨松剂

复合膨松剂又称发酵粉、发泡粉、泡打粉，是由多种成分配合而成，在实际中应用最多。复合膨松剂的配方很多，依具体的食品生产而有所差异。复合膨松剂主要是由碳酸盐、酸性或有机酸及助剂3个部分组成。其中碳酸盐用量占20%～40%，常用碳酸氢钠等，作用是产生 CO_2；酸性或有机酸用量占35%～50%，常用柠檬酸、酒石酸、延胡索酸、乳酸等，作用是与碳酸盐发生反应产生气体，并降低成品的碱性；助剂用量占10%～40%，常用淀粉、脂肪酸等，其作用是改善膨松剂的保存性，防止吸潮结块和失效。

知识任务五　食品有毒有害成分

问题引导：
1. 食品中有毒有害成分是什么？
2. 食品原料中的天然毒素有哪些？分别有什么性质特点？
3. 环境污染产生的毒素有哪些？分别有什么性质特点？
4. 食品加工及储藏过程中产生的毒素有哪些？分别有什么性质特点？

微课视频
食品有毒有害成分

教学课件
食品有毒有害成分

一、食品有毒有害成分概述

（一）定义

食品中有毒有害成分也称嫌忌成分、毒素、毒物等，是指"已经证明人和动物在摄入达到某个数量时可能带来相当程度危害的物质"，这个摄入量往往是正常膳食摄入量的1/25以下。带来的危害可能是急性中毒、慢性中毒、致癌、致畸、致突变等。

毒性指的是有毒物质具有的对细胞和（或）组织产生损害的能力，毒性较高的物质较小剂量即可造成损害，毒性较低的物质大剂量才呈现毒性作用。

（二）食品有毒有害成分的分类

根据性质不同，食品有毒有害成分可分为生物性有害成分（如有害微生物及其毒素、病毒、寄生虫及其虫卵和昆虫等）、物理性有害成分（食品吸附、吸收的外来放射性元素如 ^{137}Cs、^{90}Sr 等）和化学性有害成分（如农药、兽药、重金属元素、食品添加剂、环境污染物、工业三废等）。

根据来源不同，食品有毒有害成分可分为食品原料中的天然毒素（内源性有害成分）、环境污染产生的毒素（外源性有害成分）和食品加工及储藏过程中产生的毒素（诱发性有害成分）。

根据食品原料不同，食品有毒有害成分可分为植物性食品中的有害成分（大部分为植物次生代谢物）和动物性食品中的有害成分（如鱼类和贝类毒性物质等）。

二、食品原料中的天然毒素

（一）植物性食品中的天然毒素

1. 氰苷

氰苷主要存在于杏、桃、李等核果或仁果的核、仁及木薯块根、亚麻籽中，是一类由氰醇衍生物的羟基和D-葡萄糖缩合形成的糖苷类化合物，水解后产生氢氰酸，因此又称

生化与健康

★处理急性氰化物中毒时，首先让病人立刻口服亚硝酸酯（亚硝酸异戊酯）或亚硝酸盐，可使人体中20%～30%的血红蛋白变为高铁血红蛋白，后者与氰基的亲和力更大，可以与细胞色素氧化酶中结合的氰基结合，生成氰化高铁血红蛋白，使细胞色素氧化酶免受抑制，恢复酶的活性。但氰化高铁血红蛋白不稳定，容易在数分钟内再游离出氰基，故需迅速给予硫代硫酸盐等解毒剂，使氰离子转变为低毒的硫氰化物，从尿中排出。

生氰糖苷。人体摄入氰苷后会导致意识紊乱、肌肉麻痹、呼吸困难、抽搐和昏迷窒息而死亡。

2. 硫苷

硫苷又称硫代葡萄糖苷，主要存在于甘蓝、萝卜、芥菜等十字花科蔬菜及葱、大蒜等葱蒜属植物中，是一类含有 β-D-硫代葡萄糖基成分的糖苷类化合物。过量摄入会引发甲状腺代谢性肿大。

3. 皂苷

皂苷又称皂素，因其水溶液振摇时能像肥皂一样产生大量泡沫而得名，是类固醇或三萜系化合物的低聚糖苷类化合物的总称，在植物界中分布广泛。过量摄入会出现喉部发痒、噎逆、恶心、腹痛、头痛、晕眩、泄泻、体温升高、痉挛等中毒症状，严重者会因麻痹而致死亡。

4. 凝集素

凝集素也称植物红血球凝集素，是一种能使血液中的红血球细胞凝集的蛋白质，主要有大豆凝集素、蓖麻毒蛋白等，存在于豌豆、扁豆、菜豆、刀豆、蚕豆等豆类中。含有凝集素的食物生食或烹调加热不足时会引起食用者恶心、呕吐等症状，严重者甚至死亡。加工时可采取加热处理及热水抽提等措施去毒。

5. 消化酶抑制剂

消化酶抑制剂是一种能够对食品成分的消化起阻碍作用的小分子蛋白质，主要有胰蛋白酶抑制剂和淀粉酶抑制剂两类。胰蛋白酶抑制剂主要存在于豆类及马铃薯块茎食物中，能抑制酶水解蛋白质的活性；淀粉酶抑制剂主要存在于小麦、菜豆、芋头、未成熟的香蕉和芒果等食品中，能使淀粉酶的活性钝化。消化酶抑制剂会影响人体对营养物质的吸收，高压蒸汽处理及充分加热处理可去除消化酶抑制剂的活性。

6. 毒肽

毒肽多存在于毒菌中，例如鹅膏菌毒素和鬼笔菌毒素等，误食后可造成严重的后果。其毒性机制基本相同，都是作用于肝脏，误食约 50 g 毒蕈，其中所含的毒素即可致人死亡，数小时后出现中毒症状，3~5 d 后死亡。

7. 山黧豆毒素

山黧豆毒素存在于山黧豆中，一类是氨基酸毒素，可致神经麻痹，如 α，γ-二氨基丁酸、γ-N-草酰基-α，γ-二氨基丁酸等；另一类是氨基酸衍生物毒素，可致骨骼畸形，如 β-N-（γ-谷氨酰）-氨基丙腈、γ-羟基戊氨酸等。人体摄入山黧豆毒素后会产生肌肉无力、不可逆的腿脚麻痹等症状，严重时可导致死亡。

8. 刀豆氨酸

人体摄入刀豆氨酸会阻抗体内的精氨酸代谢，焙炒或煮沸 15~45 min 可以破坏大部分的刀豆氨酸。

9. 毒蝇蕈碱

毒蝇蕈碱存在于毒蝇蕈等毒伞属蕈类中，是一种羟色胺类化合物，人体摄入后 15~30 min 出现多涎、流泪和多汗症状，严重者发生恶心、呕吐和腹泻，脉搏降低、不规律，哮喘，并有致幻作用，少见死亡，可使用阿托品硫酸盐解毒。

10. 秋水仙碱

秋水仙碱主要存在于鲜黄花菜中，本身无毒，但在体内被氧化成氧化二秋水仙碱后有剧毒。人体摄入后数分钟至十几小时出现恶心、呕吐、腹痛、腹泻、头昏等症状。鲜黄花菜经干制、水浸或开水烫后高温烹饪可去毒。

拓展知识
★ 一种凝集素具有只对某一种特异性糖基专一性结合的能力。因此，凝集素可以作为研究细胞膜结构的探针。

生化与健康
★ 全世界每年有成百上千人由于吃毒蘑菇而身亡，其中 90% 以上是由于鹅膏毒素引起的。

生化与健康
★ 成人如果一次摄入 0.1~0.2 mg 秋水仙碱（相当于 50~100 g 鲜黄花菜）即可引起中毒，一次摄入 3~20 mg 可导致死亡。

拓展知识
★ 河豚毒素为氨基全氢喹唑啉型化合物，是自然界中发现的毒性很大的神经毒素之一。

"1+X"粮农食品安全评价职业技能要求
★ 粮油加工环节检测与安全评价（中级）：能够进行真菌毒素、重金属和农药残留的快速定量检测。

11. 棉酚

棉酚主要存在于棉籽中，是萘的衍生物，会在榨油时进入棉籽油，因此，食用棉籽油的地区易发生棉酚中毒。棉酚可损害人体的肝、肾、心等脏器和中枢神经系统，降低生殖能力，可用湿热处理法、溶剂萃取法、加碱加水炼制抽提法等方法去毒。

（二）动物性食品中的天然毒素

1. 河豚毒素

河豚毒素主要存在于河豚体内，在一些两栖类爬行动物体内也有存在，是一种小分子量、非蛋白质的神经毒素，毒性很强。河豚毒素在河豚肌肉和血液中含量很低，浓度较高的部位依次是卵巢、鱼卵、肝脏、肾脏、眼睛和皮肤，河豚中毒大多是因为食用了毒素含量较高的部位。河豚毒素理化性质稳定，耐光、耐盐、耐热，因此，一般的家庭烹调和灭菌操作不能去除其毒性，但在碱性环境中易于降解。

2. 组胺

沙丁鱼、金枪鱼、鲭鱼、大麻哈鱼等青皮红肉鱼体内含有丰富的组氨酸，死亡后游离的组氨酸脱去羧基产生组胺。组胺毒性较强，人体摄入后出现恶心、呕吐、腹泻、头昏等症状，1～2 d 后症状消失。青皮红肉鱼在鲜活状态下处理和烹调不会产生组胺，但食用死亡较久的青皮红肉鱼可能发生中毒现象。

3. 贝类毒素

贝类自身无毒素，但它们摄取的有毒藻类产生的毒素在其体内累积放大，转化为有机毒素，可引起人类食物中毒。贝类毒素包括麻痹性贝类毒素和腹泻性贝类毒素两类。

（1）麻痹性贝类毒素是一类四氢嘌呤的三环化合物，可溶于水，一般呈白色，易被胃肠道吸收，耐高温、耐酸，在碱性条件下不稳定，易分解失活，毒性与河豚毒素相似。

（2）腹泻性贝类毒素是一类脂溶性次生代谢产物，其化学结构是聚醚或大环内酯化合物，主要由鳍藻属和原甲藻属等藻类产生，因人类误食后主要症状是腹泻而得名，一般在摄入贝类后 30 min 到 4 h 内产生症状，持续 2～3 d 即可痊愈。腹泻性贝类毒素性质非常稳定，一般的烹调加热不能使其破坏。

三、环境污染产生的毒素

（一）微生物毒素

1. 沙门氏菌

沙门氏菌是引起食物中毒的重要病原菌，主要存在于动物肠道中，沙门氏菌本身不分泌外毒素，但菌体裂解时可产生毒性很强的内毒素，人体摄入后表现为呕吐、腹泻、腹痛、头痛、体温升高、痉挛等症状，严重者导致死亡。沙门氏菌不耐热，60～70 ℃经 30 min 即可杀死。

2. 大肠杆菌

大肠杆菌为人体肠道内的正常寄居菌，但有些菌株会导致人腹泻等。生牛乳、果汁、蔬菜、香肠等都易污染大肠杆菌。大肠杆菌对热敏感，正常烹饪的温度即可杀灭。

3. 肉毒杆菌

肉毒杆菌是严格厌氧菌，芽孢极为耐热，因此罐头杀菌不足时容易导致中毒。肉毒杆菌产生的肉毒毒素是一种神经毒素，能使横膈肌或其他呼吸器官麻痹而造成患者窒息死亡。国外引起肉毒杆菌中毒的食品主要是罐头和香肠等，国内主要是臭豆腐和豆瓣酱等。加工过程中应注意适当灭菌、冷藏或冷冻处理。

4. 金黄色葡萄球菌

金黄色葡萄球菌是葡萄球菌中致病力最强的一种，污染食品后可分泌出葡萄球菌肠毒素，该毒素较耐热，人体摄入后表现为恶心、呕吐、痉挛、腹泻等急性胃肠炎症状。加工过程中应注意适当加热、冷藏或冷冻处理。

5. 黄曲霉毒素

黄曲霉毒素主要存在于花生、花生油、玉米、稻米等粮油及其制品中，是目前为止发现的毒性最强的霉菌毒素，也是目前所知致癌性最强的化学物质。黄曲霉毒素十分耐热，一般的烹调加工很难将其破坏。急性毒性主要表现为肝毒性，症状包括呕吐、厌食、发热、黄疸和腹水等肝炎症状；慢性毒性主要表现为生长缓慢、发育迟缓、肝脏出现损伤。

6. 青霉毒素

青霉毒素常见于黄变米中，是由污染食品的青霉菌产生的毒性代谢产物，毒性很强，可引发动物肝脏硬化和肝癌，对人和哺乳动物肾脏也有损害。

7. 镰刀菌毒素

镰刀菌毒素又称赤霉病麦毒素，是镰刀菌在各种粮食中生长所产生的一种有毒的代谢产物。镰刀菌毒素性质比较稳定，耐热、耐酸、耐干燥，120 ℃的温度仍不能破坏其活性，因此被镰刀菌污染的粮食不能再食用，也不能用作饲料。

（二）农药、兽药残留

1. 有机磷农药

有机磷农药占农药总用量的80%左右，是人类最早合成且目前仍在广泛使用的一类杀虫剂。敌敌畏、丙硫磷、乐果等都属于有机磷农药。有机磷农药是一种神经毒素，人体摄入后引起中枢神经系统过度兴奋而出现中毒症状。大多数的有机磷农药为无色或黄色的油状液体，不溶于水，易溶于有机溶剂及脂肪中，在碱性条件、紫外线、氧化及热的作用下极易降解，在食品加工过程中，可利用有机磷农药对热的不稳定性和酶的作用降低残留。

2. 有机氯农药

有机氯农药具有广谱、高效、价低、急性毒性小的特点，但在自然界中降解很慢，半衰期可达数年之久，属高残留品种，环境危害较大。我国在1983年开始禁止生产和使用有机氯农药，但由于有机氯农药性质稳定，在环境中仍有残留，进而影响食品的安全性。有机氯农药属于神经毒素，主要引起中枢神经系统疾患，摄入后还会引起肝脏脂肪病变，肝、肾器官肿大等，并具有致癌、致畸、致突变作用。

3. 兽药残留

常见的兽药包括抗生素类、驱肠虫药类、生长促进剂类、抗原虫类、灭锥虫药类、镇静剂类、β-肾上腺素能受体阻断剂等。兽药滥用、假兽药或劣质兽药、兽药使用不当、使用违禁或淘汰药物等均会造成兽药残留超标。食品中的兽药残留可引起中毒者的超敏反应、损害泌尿系统和造血系统、致癌、致畸等。

（三）重金属

1. 汞

汞俗称水银，是室温下唯一的液体金属。汞蒸气被人体吸入后会引起中毒，有机汞的毒性比无机汞大。受汞污染的鱼类和贝类等动物性食品是人类通过膳食摄取汞、引起汞中毒的主要来源。无机汞引起的急性中毒会导致肾组织坏死，发生尿毒症，严重时引起死亡；有机汞引起的急性中毒早期主要造成胃肠系统的损坏，引起肠道黏膜发炎，剧烈腹痛、腹泻和呕吐，甚至虚脱而死亡。慢性汞中毒会造成肝脏、肾脏的功能性衰竭。甲基汞对机体还具有致癌、致畸、致突变性，影响人体生育能力。

2. 铅

铅在自然界里以化合物状态存在，分布很广。食品中的铅主要源于含铅农药残留、含铅三废污染、含铅输送管道、加工设备、包装材料、含铅食品添加剂等。铅的急性中毒的主要症状为食欲不振、口腔金属味、失眠、头痛、头昏、肌肉关节酸痛、腹痛、胃肠炎等；长期蓄积可损害造血系统、肾脏和神经系统。

3. 镉

在重金属污染中以镉最为严重。食品中镉主要源于含镉工业三废对水源的直接污染、鱼贝类等水生生物的生物富集作用等。镉的急性中毒主要症状为呕吐、腹痛和腹泻，继而引发中枢神经中毒。镉的慢性毒性主要表现在肾脏中毒、骨中毒、致癌性。

四、食品加工及储藏过程中产生的毒素

（一）亚硝胺类

亚硝胺类主要源于腌制肉制品、咸鱼、熏肉制品等，具有很强的致癌、致畸、致突变性。亚硝胺主要由亚硝酸盐与仲胺在人和动物体内发生亚硝化反应转化形成。在肉制品加工过程中，可在添加亚硝酸盐的同时加入维生素 C 或维生素 E 等还原剂，防止亚硝胺的转化；少食腌制蔬菜，多食新鲜水果蔬菜；预防食物微生物污染等，均可有效预防亚硝胺的危害。

（二）杂环胺

杂环胺是蛋白质、肽和氨基酸的热解产物，包括氨基咪唑并喹啉、氨基咪唑并吡啶、氨基咪唑并吲哚等，是一类氨基咪唑杂芳烃类化合物。杂环胺在肝脏内代谢活化后具有强烈的致癌性和致突变性。烧烤、煎炸、烘焙等烹调方法产生的杂环胺数量较多，因此改进烹调加工方法，多食用富含膳食纤维、维生素 C、维生素 E、黄酮类物质的水果蔬菜可有效预防杂环胺的危害。

（三）苯并 [a] 芘

苯并 [a] 芘是目前世界上公认的强致癌、致畸、致突变物质之一，属于多环芳烃类化合物。食物中的苯并 [a] 芘源于大气污染和食物加工特别是熏烤加工。严格控制食品熏烤温度，避免食品直接接触明火，改良食品烟熏剂，使用熏烟洗净器或冷熏液，可有效预防苯并 [a] 芘的危害。

（四）食品添加剂使用不当

某些食品添加剂本身没有毒性作用，但它们加入食品及进入人体以后经一定的化学或代谢转化成为有毒性的转化产物，如亚硝酸盐可在体内转化为致癌的亚硝基化合物；食品添加剂中所含的杂质也会成为对人体有害成分，如糖精中的邻甲苯磺酰胺；过量使用营养性添

加剂如维生素 A 等会引起中毒现象；有些食品添加剂会引起过敏反应；有些食品添加剂具有急性和慢性毒性，超标使用会对人体健康产生危害。

（五）非法添加物

食品非法添加物是指国家食品安全标准中规定添加范围之外而添加到食品中的物质。近十几年来的食品安全事件，有许多是因为非法添加物的使用而造成的。如"苏丹红一号"事件、"三聚氰胺"事件"吊白块"事件、"孔雀石绿"事件等。以上食品安全事故的"罪魁祸首"都不是国家规定的食品添加剂，而是非法添加物，但人们误把矛头指向了添加剂，使添加剂成了非法添加物的"替罪羊"。

2008 年以来，全国打击违法添加非食用物质和滥用食品添加剂专项整治领导小组陆续发布了 6 批《食品中可能违法添加的非食用物质和易滥用的食品添加剂名单》，详细列出了可能遭到非法添加的食品种类和相应的检测方法，并多次开展集中整治行动，依法严厉打击在食品中添加非食用物质和滥用食品添加剂的违法犯罪行为，切实保护人民群众身体健康，促进食品行业健康发展。

技能任务一　分光光度法测定绿色蔬菜中叶绿素含量

问题引导：
1. 测定果蔬组织中叶绿素含量有何意义？
2. 测定叶绿素含量的原理是什么？
3. 试液制备时为何要避免高温和光照？

一、任务导入

叶片的叶绿素含量直接影响光合速率，并与氮素营养有密切的关系，在栽培、生理、农业、育种等研究上是重要的诊断指标。叶绿素还具有抗氧化、抗突变、抗炎症、抑制癌细胞、清除重金属污染、减轻黄曲霉毒素致癌效果等作用，可预防 DNA 的氧化损伤作用，并通过螯合各种促氧化金属离子而抑制脂质氧化。因此，掌握测定食品中叶绿素含量的方法具有重要意义。

二、任务描述

叶绿素的分子结构是由 4 个吡咯环组成的一个卟啉环，此外还有一个叶绿醇的侧键，由于分子具有共轭结构，因此可吸收光能。叶绿素是脂类化合物，可溶于丙酮、石油醚、己烷等有机溶剂。试样中的叶绿素用无水乙醇和丙酮 1∶1（V∶V）混合液提取，试液分别测定 645 nm 和 663 nm 处吸光度值，利用 Arnon 公式计算试样叶绿素含量。

三、任务准备

各小组分别依据任务描述及试验原理，讨论后制定试验方案。

四、任务实施

（一）试验试剂

无水乙醇、丙酮、提取剂；无水乙醇和丙酮1∶1（V∶V）混合液。

（二）试验器材

高速组织捣碎机（0 r/min～2 000 r/min）、分光光度计、分析天平（±0.01 g）、容量瓶、研钵、漏斗、滴管、滤纸、试管架。

（三）操作步骤

1. 试样制备

（1）含水率较大的样品：取代表性样品，切碎，混匀，用组织捣碎机制成匀浆，备用。

（2）含水率较小的制品：取代表性样品，按1∶1（m∶m）的比例加入蒸馏水，用组织捣碎机制成匀浆，备用。

2. 试液制备

（1）深绿色样品，准确称取0.5 g试样于三角瓶中，加入100 mL提取剂。

（2）绿色样品，准确称取0.5 g试样于三角瓶中，加入10 mL提取剂。

（3）浅绿色样品，称取2.0～5.0 g试样于三角瓶中，加入10 mL提取剂。

三角瓶用封口膜密封，室温下避光静置提取5 h，过滤，滤液待测。

3. 试液测定

以提取剂为空白溶液，调零点。分别在645 nm和663 nm处测定试液的吸光度值。

（四）试验数据记录与分析

试样中叶绿素a含量、叶绿素b含量和叶绿素总含量均以质量分数W表示，单位为毫克每克（mg/g），分别按式（10-1）～式（10-3）计算。

$$W_1 = (12.72 \times A_1 - 2.59 \times A_2) \times V / (1\,000 \times m) \quad (10\text{-}1)$$

式中　W_1——叶绿素a含量（mg/g）；
　　　A_1——试液在663 nm处的吸光值；
　　　A_2——试液在645 nm处的吸光值；
　　　V——试液体积（mL）；
　　　m——试液质量（g）。

$$W_2 = (22.88 \times A_2 - 4.67 \times A_1) \times V / (1\,000 \times m) \quad (10\text{-}2)$$

式中　W_2——叶绿素b含量（mg/g）。

$$W_3 = (8.05 \times A_1 + 20.29 \times A_2) \times V / (1\,000 \times m) \quad (10\text{-}3)$$

式中　W_3——叶绿素总含量（mg/g）。

扫码查标准
《水果、蔬菜及其制品中叶绿素含量的测定 分光光度法》
（NY/T 3082—2017）

拓展知识
★ Arnon公式用来计算叶绿素含量。该公式由Isreal氏于1955年提出，也称为A/B法。

技术提示
★ 光照和高温会使叶绿素发生氧化和分解，试液制备时应避免高温和光照。

技术提示
★ 计算结果均保留3位有效数字。

行成于思
★ 请思考：
1. 测定叶绿素含量试验中，使用分光光度计应注意哪些问题？
2. 叶绿素在酸碱介质中稳定性如何？

食品生物化学

五、任务总结

本次技能任务的试验现象和你预测的试验现象一致吗?如果不一致,问题可能出在哪里?你认为本次技能任务在操作过程中有哪些注意事项?你在本次技能任务中有哪些收获和感悟?(可上传至在线课相关讨论中,与全国学习者交流互动。)

六、成果展示

本次技能任务结束后,相信你已经有了很多收获,请将你的学习成果(试验过程及结果的照片和视频、试验报告、任务工单、检验报告单等均可)进行展示,与教师、同学一起互动交流吧。(可上传至在线课相关讨论中,与全国学习者交流互动。)

技能任务二 旋光法测定味精中谷氨酸钠含量

问题引导:
1. 测定味精中谷氨酸钠的意义是什么?
2. 旋光法还可用于哪些物质的检测?
3. 测定中为何需要固定旋光管上下方向?

试验操作视频
测定绿色蔬菜中叶绿素含量

任务工单
旋光法测定味精中谷氨酸钠含量

扫码查标准
《食品安全国家标准 味精中谷氨酸钠的测定》(GB 5009.43—2023)

"1+X"食品合规管理职业技能要求
★合规体系应用(高级):
能够有效进行食品配料合规性的判定及配方调整的技术支持工作。

一、任务导入

味精是指以粮食及制品为原料经发酵提纯的谷氨酸钠,具有很强的类似肉类的鲜味,市场上销售的味精按谷氨酸钠含量可分为99%、98%、95%、90%和80%等,国家标准规定味精谷氨酸钠含量应≥80%,但近年来的市场抽检结果表明,味精的主要质量问题是谷氨酸钠含量偏低。味精中谷氨酸钠含量偏低,会导致下游产品质量不稳定,损害消费者的经济利益。

二、任务描述

谷氨酸钠分子结构中含有一个不对称碳原子,具有光学活性,能使偏振光面旋转一定角度,用旋光仪测定旋光度,根据旋光度换算谷氨酸钠的含量。

三、任务准备

各小组分别依据任务描述及试验原理,讨论后制定试验方案。

四、任务实施

（一）试验试剂

盐酸、蒸馏水。

（二）试验器材

旋光仪：精度 ±0.010°，备有钠光灯（钠光谱 D 线 589.3 nm）。
分析天平：感量 0.1 mg。

（三）操作步骤

1. 试样制备

取 100 g 的味精样品用粉碎机磨碎均匀。

2. 试样前处理

称取试样 10 g（精确至 0.000 1 g），加少量水溶解并转移至 100 mL 容量瓶中，加盐酸 20 mL，混匀并冷却至 20 ℃，用水定容并摇匀。

3. 试样溶液的测定

于 20 ℃ ±0.5 ℃，用标准旋光角校正仪器；将试液置于旋光管中（不得有气泡），观测其旋光度，同时记录旋光管中试液的温度。

（四）试验数据记录与分析

样品中谷氨酸钠的含量按下式计算：

$$X = \frac{\dfrac{\alpha}{L \times c}}{25.16 + 0.047(20-T)} \times 100$$

式中　X——样品中谷氨酸钠的含量（含 1 分子结晶水）(%)；
　　　α——实测试液的旋光度（°）；
　　　L——旋光管长度（液层厚度）(dm)；
　　　c——1 mL 试样液中味精的质量（g/mL）；
　　　25.16——谷氨酸钠的比旋光度（°）；
　　　0.047——温度校正系数；
　　　20——测试液的设定温度（℃）；
　　　T——测试液的实测温度（℃）；
　　　100——换算系数。

> **技术提示**
> ★ 以重复性条件下获得的两次独立测定结果的算术平均值表示，结果保留 3 位有效数字。

> **虚拟仿真**
> 圆盘旋光仪的结构

五、任务总结

> 本次技能任务的试验现象和你预测的试验现象一致吗？如果不一致，问题可能出在哪里？你认为本次技能任务在操作过程中有哪些注意事项？你在本次技能任务中有哪些收获和感悟？（可上传至在线课相关讨论中，与全国学习者交流互动。）

食品生物化学

> **行成于思**
> ★请思考：
> 1. 旋光仪除了测定味精中谷氨酸钠含量以外，还能用于食品中哪些物质的测定？
> 2. 为什么使用盐酸进行试样溶液的配制？加盐酸的量对结果有何影响？

六、成果展示

本次技能任务结束后，相信你已经有了很多收获，请将你的学习成果（试验过程及结果的照片和视频、试验报告、任务工单、检验报告单等均可）进行展示，与教师、同学一起互动交流吧。（可上传至在线课相关讨论中，与全国学习者交流互动。）

技能任务三　酸碱滴定法测定蜜饯中二氧化硫含量

问题引导：
1. 蜜饯中为何会添加二氧化硫？
2. 酸碱滴定法测定蜜饯中二氧化硫的原理是什么？
3. 如何判断蜜饯中二氧化硫含量是否超标？

任务工单
酸碱滴定法测定蜜饯中二氧化硫含量

扫码查标准
《食品安全国家标准 食品中二氧化硫的测定》（GB 5009.34—2022）

一、任务导入

随着我国人民生活质量的提高，食品安全问题日益引起人们的高度重视。二氧化硫是一种无色、有刺激气味的气体，是食品工业中常用的食品添加剂。二氧化硫急性中毒可引起眼、鼻、黏膜刺激症状，严重时产生喉头痉挛、喉头水肿、支气管痉挛，大量吸入可引起肺水肿、窒息、昏迷甚至死亡。因此，掌握食品中二氧化硫的测定方法具有重要的现实意义。

二、任务描述

采用充氮蒸馏法处理试样，试样酸化后在加热条件下亚硫酸盐等系列物质释放二氧化硫，用过氧化氢溶液吸收蒸馏物，二氧化硫溶于吸收液被氧化生成硫酸，采用氢氧化钠标准溶液滴定，根据氢氧化钠标准溶液消耗量计算试样中二氧化硫的含量。

> **"1+X"食品合规管理职业技能要求**
> ★合规体系建立（高级）：
> 能够运用污染物、农兽药残留等限量标准和添加剂等使用标准，完成配方设计、合规性判断等工作，并对食品安全品质进行规范性指导。

三、任务准备

各小组分别依据任务描述及试验原理，讨论后制定试验方案。

四、任务实施

（一）试验试剂

（1）过氧化氢（H_2O_2）：30%。
（2）无水乙醇（C_2H_5OH）。

260

（3）氢氧化钠（NaOH）。
（4）甲基红（$C_{15}H_{15}N_3O_2$）。
（5）盐酸（HCl）（ρ = 1.19 g/mL）。
（6）氮气（纯度 >99.9%）。

（二）试验器材

（1）玻璃充氮蒸馏器：500 mL 或 1 000 mL，或等效的蒸馏设备。
（2）电子天平：感量为 0.01 g。
（3）10 mL 半微量滴定管和 25 mL 滴定管。
（4）组织捣碎机。

（三）操作步骤

1. 试样前处理

将蜜饯用组织捣碎机粉碎，充分混合均匀。

2. 试样测定

取固体或半流体试样 20 ~ 100 g（精确至 0.01 g，取样量可视含量高低而定）；取液体试样 20 ~ 200 mL（g），将称量好的试样置于图 10-9 的圆底烧瓶 A 中，加水 200 ~ 500 mL。安装好装置后，打开回流冷凝管开关给水（冷凝水温度 <15 ℃），将冷凝管的上端 E 口处连接的玻璃导管置于 100 mL 锥形瓶底部。锥形瓶内加入 3% 过氧化氢溶液 50 mL 作为吸收液（玻璃导管的末端应在吸收液液面以下）。在吸收中加入 3 滴 2.5 g/L 甲基红乙醇溶液指示剂，并用氢氧化钠标准溶液（0.01 mol/L）滴定至黄色即终点（如果超过终点，则应舍弃该吸收溶液）。开通氮气，调节气体流量计至 1.0 ~ 2.0 L/min；打开分液漏斗 C 的活塞，使 10 mL 6 mol/L 盐酸溶液快速流入蒸馏瓶，立刻加热烧瓶内的溶液至沸，并保持微沸 1.5 h，停止加热。将吸收液放冷后摇匀，用氢氧化钠标准溶液（0.01 mol/L）滴定至黄色且 20 s 不褪，并同时进行空白试验。

> **技术提示**
> ★半微量滴定管和微量滴定管的主要区别在于它们的容积和最小分度值。半微量滴定管的容积通常为 10 mL，其最小分度值为 0.05 mL，适用于测量较小体积但比微量滴定管稍大的液体量。微量滴定管的容积范围为 1 mL 到 5 mL，最小分度值为 0.005 mL 或 0.01 mL，适用于测量非常小的液体体积。

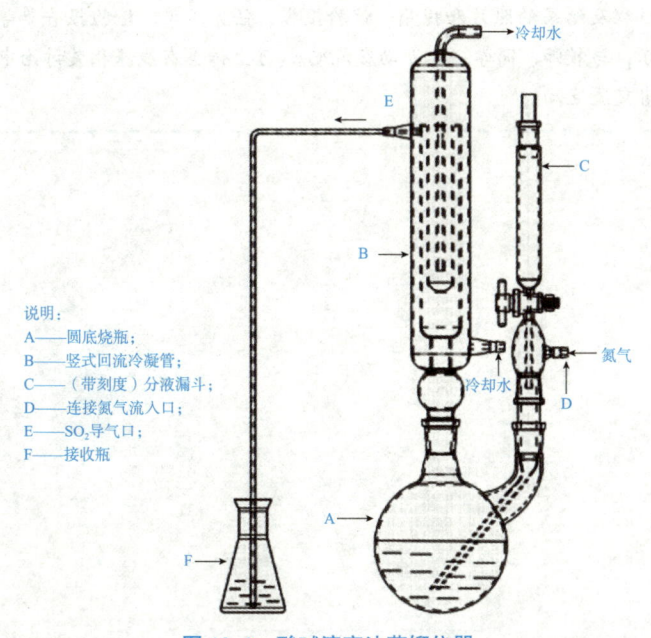

说明：
A——圆底烧瓶；
B——竖式回流冷凝管；
C——（带刻度）分液漏斗；
D——连接氮气流入口；
E——SO_2 导气口；
F——接收瓶

图 10-9 酸碱滴定法蒸馏仪器

（四）试验数据记录与分析

试样中二氧化硫的含量按下式计算：

$$X = \frac{(V - V_0) \times c \times 0.032 \times 1\,000 \times 1\,000}{m} \times 100$$

式中　X——试样中二氧化硫含量（以 SO_2 计）(mg/kg 或 mg/L)；
　　　V——试样溶液消耗氢氧化钠标准溶液的体积（mL）；
　　　V_0——空白溶液消耗氢氧化钠标准溶液的体积（mL）；
　　　C——氢氧化钠滴定液的摩尔浓度（mol/L）；
　　　0.032——1 mL 氢氧化钠标准溶液（1 mol/L）相当于二氧化硫的质量（g），(g/mmoL)；
　　　m——试样的质量或体积（g 或 mL）。

计算结果保留 3 位有效数字。

> **技术提示**
> ★在重复性条件下获得的两次独立测定结果的绝对差不得超过算术平均值的 10%。

五、任务总结

本次技能任务的试验现象和你预测的试验现象一致吗？如果不一致，问题可能出在哪里？你认为本次技能任务在操作过程中有哪些注意事项？你在本次技能任务中有哪些收获和感悟？（可上传至在线课相关讨论中，与全国学习者交流互动。）

> **行成于思**
> ★请思考：
> 1. 还有哪些食品中可能含有二氧化硫？
> 2. 食品中二氧化硫的测定还有哪些常用方法？其原理是什么？

六、成果展示

本次技能任务结束后，相信你已经有了很多收获，请将你的学习成果（试验过程及结果的照片和视频、试验报告、任务工单、检验报告单等均可）进行展示，与教师、同学一起互动交流吧。（可上传至在线课相关讨论中，与全国学习者交流互动。）

企业案例：柿饼生产工艺流程及脱涩技术分析

柿子（图10-10）原产于中国，是柿科柿属植物中作为果树栽培的代表种，已有2 000年以上的栽培历史。我国是世界上柿子栽培面积和产量最大的国家。但目前我国的柿子制品加工比例不足10%，产品单一、种类少，且90%以上为涩柿制品，产品技术含量低。

我国的柿子加工品中以柿饼（图10-11）加工为主。柿饼是由鲜柿子加工制成的干制品，深受消费者喜爱，具有广阔的市场空间。

某企业最近收购了一批柿子用于生产柿饼，但这批柿子中的单宁含量过高，直接用传统方法加工会导致生产的柿饼涩味严重，口感不佳。请你运用所学知识，帮助该企业进行柿子的脱涩，并改进柿饼加工工艺流程。

图10-10 新鲜柿子

图10-11 柿饼

通过企业案例，同学们可以直观地了解企业在真实环境下面临的问题，探索和分析企业在解决问题时采取的策略和方法。

扫描右侧二维码，可查看自己和教师的参考答案有何异同。

学习进行时

★幸福生活是靠劳动创造的，大家要保持平实之心，客观看待个人条件和社会需求，从实际出发选择职业和工作岗位，热爱劳动，脚踏实地，在实践中一步步成长起来。

——2022年6月8日，习近平在四川考察时的讲话

扫码查看"企业案例"参考答案

考核评价

请同学们按照下面的几个表格（表 10-2 ～表 10-4），对本项目进行学习过程考核评价。

表 10-2　学生自评表

评价项目	非常优秀（8～10）	做得不错（6～8）	尚有潜力（4～6）	奋起直追（2～4）
1. 学习态度积极主动，能够及时完成教师布置的各项任务				
2. 能够完整地记录探究活动的过程，收集的有关学习信息和资料全面翔实				
3. 能够完全领会教师的授课内容，并迅速地掌握项目重难点知识与技能				
4. 积极参与各项课堂活动，并能够清晰地表达自己的观点				
5. 能够根据学习资料对项目进行合理分析，对所制定的技能任务试验方案进行可行性分析				
6. 能够独立或合作完成技能任务				
7. 能够主动思考学习过程中出现的问题，认识到自身知识的不足之处，并有效利用现有条件来解决问题				
8. 通过本项目学习达到所要求的知识目标				
9. 通过本项目学习达到所要求的能力目标				
10. 通过本项目学习达到所要求的素质目标				
总评				
改进方法				

表 10-3　学生互评表

评价项目	非常优秀（8～10）	做得不错（6～8）	尚有潜力（4～6）	奋起直追（2～4）
1. 按时出勤，遵守课堂纪律				
2. 能够及时完成教师布置的各项任务				
3. 学习资料收集完备、有效				
4. 积极参与学习过程中的各项课堂活动				
5. 能够清晰地表达自己的观点				
6. 能够独立或合作完成技能任务				
7. 能够正确评估自己的优点和缺点并充分发挥优势，努力改进不足				
8. 能够灵活运用所学知识分析、解决问题				
9. 能够为他人着想，维护良好工作氛围				
10. 具有团队意识、责任感				
总评				
改进方法				

表 10-4　总评分表

评价内容		得分	总评
总结性评价	知识考核（20%）		
	技能考核（20%）		
过程性评价　项目	教师评价（20%）		
	学习档案（10%）		
	小组互评（10%）		
	自我评价（10%）		
增值性评价	提升水平（10%）		

项目十一 食物与人的密切关系——生物氧化与物质代谢

项目背景

生物细胞将糖、脂、蛋白质等燃料分子氧化分解，最终生成 CO_2 和 H_2O 并释放出能量的作用称为生物氧化。生物氧化可为生物的生命活动提供所需的能量，为生物体有机物的合成提供原料，与生物体各种有机物的合成、转化有着密切的联系，是生物物质代谢和能量代谢的中心。生物的新陈代谢是生命活动的基础，涉及物质的合成、分解、转化和运输等。而动植物食品原料的组织代谢直接影响食品品质及营养成分。因此，学习本项目内容有助于我们更深入地探索生命活动的本质和机制，并为食品的加工及贮藏提供科学依据。

学习目标

知识目标	能力目标	素质目标
1. 掌握生物氧化、呼吸链的概念。 2. 掌握糖类、脂类、蛋白质、核酸的代谢反应过程及调控。 3. 掌握糖类、脂类、蛋白质、核酸之间的相互转化及调控。 4. 了解动植物食品原料组织代谢的特点及影响因素。	1. 能够说出生物氧化中 CO_2、H_2O 和 ATP 的生成途径。 2. 能够说出糖类、脂类、蛋白质、核酸的代谢反应过程及调控。 3. 能够说出糖类、脂类、蛋白质、核酸之间的相互转化及调控。 4. 能够利用动植物食品原料组织代谢的特点及影响因素指导食品加工及贮藏。	1. 培养探索未知、笃志不倦的科学精神。 2. 培养勇于开拓、敢为人先的创新思维。 3. 培养携手共进、齐心合作的团队精神。 4. 培养胸怀祖国、服务人民的爱国精神。

学习重点

1. 糖类、脂类、蛋白质、核酸的代谢反应过程及调控。
2. 糖类、脂类、蛋白质、核酸之间的相互转化及调控。

导学动画
生物氧化与物质代谢

单元教学设计
生物氧化与物质代谢

学习进行时

★未来属于青年，希望寄予青年。一百年前，一群新青年高举马克思主义思想火炬，在风雨如晦的中国苦苦探寻民族复兴的前途。一百年来，在中国共产党的旗帜下，一代代中国青年把青春奋斗融入党和人民事业，成为实现中华民族伟大复兴的先锋力量。新时代的中国青年要以实现中华民族伟大复兴为己任，增强做中国人的志气、骨气、底气，不负时代，不负韶华，不负党和人民的殷切期望！
——2021 年 7 月 1 日，习近平在庆祝中国共产党成立 100 周年大会上的讲话

食品生物化学

思维导图

学习小贴士

★食品生物化学是一门需要花费较多时间和精力去学习的课程。在学习过程中要保持积极的学习态度，勇于面对挑战和困难。当遇到不理解的问题时要及时寻求帮助和解答，不要轻易放弃或气馁。在学习过程中要关注学科前沿动态和最新进展，了解最新的研究成果和技术应用情况。这不仅能拓宽我们的视野和思路，还能激发我们的学习兴趣和热情。

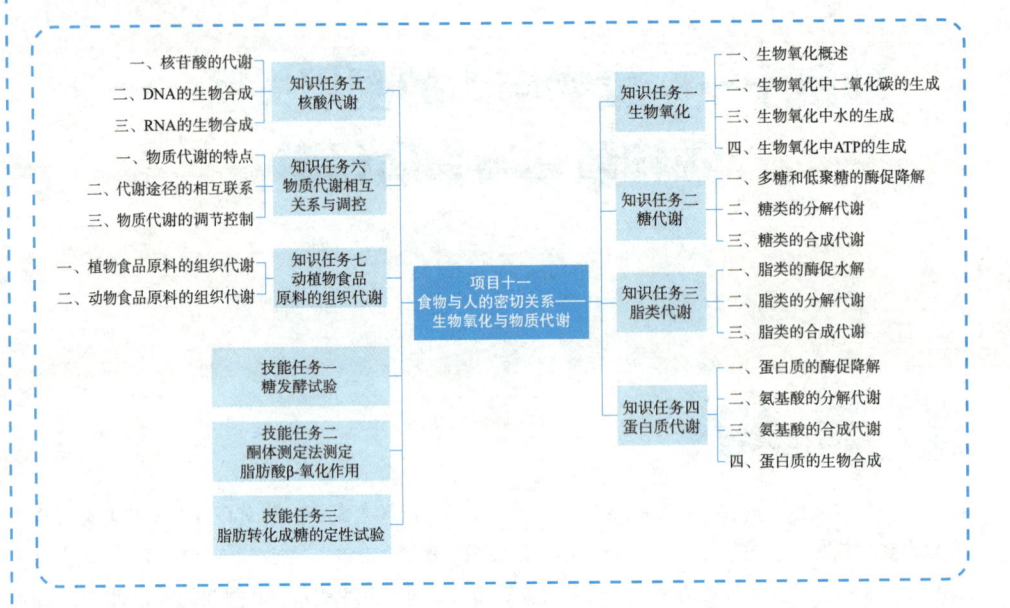

项目十一 食物与人的密切关系——生物氧化与物质代谢

- 知识任务一 生物氧化
  - 一、生物氧化概述
  - 二、生物氧化中二氧化碳的生成
  - 三、生物氧化中水的生成
  - 四、生物氧化中ATP的生成
- 知识任务二 糖代谢
  - 一、多糖和低聚糖的酶促降解
  - 二、糖类的分解代谢
  - 三、糖类的合成代谢
- 知识任务三 脂类代谢
  - 一、脂类的酶促水解
  - 二、脂类的分解代谢
  - 三、脂类的合成代谢
- 知识任务四 蛋白质代谢
  - 一、蛋白质的酶促降解
  - 二、氨基酸的分解代谢
  - 三、氨基酸的合成代谢
  - 四、蛋白质的生物合成
- 知识任务五 核酸代谢
  - 一、核苷酸的代谢
  - 二、DNA的生物合成
  - 三、RNA的生物合成
- 知识任务六 物质代谢相互关系与调控
  - 一、物质代谢的特点
  - 二、代谢途径的相互联系
  - 三、物质代谢的调节控制
- 知识任务七 动植物食品原料的组织代谢
  - 一、植物食品原料的组织代谢
  - 二、动物食品原料的组织代谢
- 技能任务一 糖发酵试验
- 技能任务二 酮体测定法测定脂肪酸β-氧化作用
- 技能任务三 脂肪转化成糖的定性试验

案例启发

人物小传
代谢内分泌学专家伍汉文——他的人生是一段传奇

代谢内分泌学专家伍汉文——他的人生是一段传奇

"每个人都会经历生死，我若不在了，愿意把我的遗体捐献给国家。"伍汉文最后的贡献，是把自己交给国家。这位中国代谢内分泌学科先驱、医学遗传学家、中南大学湘雅二医院教授，于2019年2月20日在长沙逝世，享年94岁。

伍汉文出生于香港，其母是东莞小有名气的妇儿科医生，为避战乱到香港谋生。受家学影响，伍汉文从小就想做个好医生。目睹了日军奸淫掳掠、杀人放火的伍汉文，立志从医报国。香港沦陷后，他长途跋涉近两个月，赶至当时因战乱迁至贵阳的湘雅医学院，并以优异成绩得偿所愿。

学业期满后，伍汉文留在湘雅医学院。1950年，他受派参加抗美援朝，从事卫生学校任教及军队医疗工作。1953年10月，因教学有方、救治伤病员无数，伍汉文荣立三等军功载誉回到湘雅医学院。

新中国成立初期，中国工业建设突飞猛进，随之而来的工业污染、粉尘危害成为"健康杀手"，逐渐增加的职业病患者引起了伍汉文的警惕。当时的炼铅炉工因长期吸入铅蒸气导致了铅中毒，看到工人们被职业病折磨，伍汉文决心要研制出治疗铅中毒的特效药。他研制出治疗铅中毒肠痉挛、腹绞痛的硫酸镁注射剂，以及防治铅中毒用口服钙剂加维生素C的方法，填补了中国职业病防治的空白。

20世纪50年代，伍汉文就着手筹建湖南省代谢内分泌学科，是中国最早创建代谢内分泌学科和实验室的学者之一。

"我们总是要找到疾病的源头，研究它是怎么发生的，为什么会发生，如何去治疗，想方设法解决病人的痛苦。"这是伍汉文最常说的话。"一息尚存，耕耘不止。振兴中华，毕生为斯。"伍汉文的座右铭，是其一生最真实的写照。而他一生为公、无私奉献的精神也将永远激励着我们。

· 266 ·

课前摸底

(一) 填空题

1. 生物细胞将糖、脂、蛋白质等燃料分子氧化分解，最终生成_____和_____并释放出_____的作用称为生物氧化。
2. 糖类中多糖和低聚糖必须依靠酶水解成_____，才能被细胞吸收，进入中间代谢。
3. 脂肪酸氧化分解的途径有 β-氧化、α-氧化、ω-氧化，其中_____是脂肪酸氧化的主要方式。
4. _____是氨基酸分解代谢的主要途径。

(二) 选择题

1. 体内 CO_2 来自（　　）。
   A. 碳原子被氧原子氧化　　　　　B. 呼吸链的氧化还原过程
   C. 有机酸脱羧　　　　　　　　　D. 糖原分解
   E. 甘油三酯水解

2. 采收后的果蔬仍在不断地进行水分蒸发，加速了细胞内可塑性物质的水解过程，酶的游离和可利用的呼吸底物增多，使细胞的呼吸作用（　　）。
   A. 增强　　　　B. 降低　　　　C. 保持不变　　　　D. 不确定

健康中国·警惕人生的"假疲劳"

跑过长跑的人，或许有这样的经历：开始一段之后，便会呼呼急喘，上气不接下气，四肢也如灌铅块，迈腿摆臂都费劲。身体感到疲惫不堪，心里就仿佛窜出个小人，一直在耳边嚷嚷着：快停下来，快停下来。不少人真的停了下来，认为自己的体力承受不住。其实，你可能被身体欺骗了。

在最初起跑的阶段，由于突然间的运动加剧，人体会产生乳酸堆积，引发疲劳感。这时，身体需要一定的时间和能量代谢掉这些"疲劳素"。也就是说，只要坚持一下，当乳酸被消耗后，疲劳感自然会缓解。因此，起步时出现的筋疲力尽，只是一种"假疲劳"，是身体向你发出信号：咬咬牙，撑过去。

其实，人生的每一次尝试或者探索，都会遇到"假疲劳"的困扰。要完成一项任务，接手一份工作，开始时顺风顺水，进展迅速，但随着过程的推进，碰到的问题越来越多，遇到的困难越来越大，需要不断支出精力和体力，难免心生倦怠，甚至质疑自己的能力。然而，越是到了"乳酸"积累的峰值，越不应轻言放弃，面对虚假疲劳的"杯弓蛇影"畏葸不前。此时不妨冷静分析，找准症结所在，汲取新的能量，给自己争取一个代谢掉"疲劳素"的机遇期，横下一条心，钻钻牛角尖，柳暗花明也许就在眼前。

所谓成长，正是在一个又一个"身心俱疲"的反复考验中、在一次又一次限制与突破的持续淬炼里实现的。当你的人生长跑与气喘吁吁不期而遇时，不要轻易收起迈开的双腿，停下摆开的双臂，咬咬牙，撑过去，也许美好的风景就在不远的前方。

（节选自《人民网》2016 年 08 月 30 日）

知识任务一　生物氧化

问题引导：
1. 什么是生物氧化？生物氧化有哪些特点？
2. 生物氧化有何生理意义？
3. 生物氧化中 CO_2、H_2O 和 ATP 如何生成？

微课视频
生物氧化

教学课件
生物氧化

一、生物氧化概述

（一）生物氧化的概念

生物细胞将糖、脂、蛋白质等燃料分子氧化分解，最终生成 CO_2 和 H_2O 并释放出能量的作用称为生物氧化。生物氧化包含了细胞呼吸作用中的一系列氧化还原反应，所以又称为细胞氧化或细胞呼吸。生物氧化实质上就是指氧化磷酸化，是 NADH 和 $FADH_2$ 上的电子通过一系列电子传递载体传递给 O_2，伴随 NADH 和 $FADH_2$ 的再氧化，将释放的能量使 ADP 磷酸化形成 ATP 的过程。真核生物细胞内的生物氧化都在线粒体内进行，原核生物则在细胞膜上进行。

（二）生物氧化的特点

（1）生物氧化是在生物细胞内进行的酶促氧化过程，反应条件温和（水溶液、中性 pH 值和常温）。
（2）生物氧化进行过程中，必然伴随生物还原反应的发生。
（3）水是许多生物氧化反应的氧供体，通过加水脱氢作用直接参与氧化反应。
（4）在生物氧化中，碳的氧化和氢的氧化是非同步进行的。氧化过程中脱下来的氢质子和电子，通常由各种载体，如 NADH 等传递到氧并生成水。
（5）生物氧化由一系列连续的化学反应分步完成，伴随着能量的逐步释放。每一步反应都由特殊的酶催化，每一步反应的产物都可以分离出来。这种逐步进行的反应模式有利于在温和的条件下释放能量，提高能量利用率。
（6）生物氧化释放的能量通过与 ATP 合成相偶联，转换成生物体能够直接利用的能源物质 ATP。

（三）生物氧化的意义

1. 为生物的生命活动提供所需的能量

在生物氧化的过程中，生物把贮藏在有机物中的能量通过一系列的反应逐步释放出来，供给生命活动需要。呼吸作用将有机物质氧化，使其中的化学能以 ATP 的形式贮存起来。当 ATP 在 ATP 酶作用下分解时，再把贮存的能量释放出来，未被利用的能量就转化为热能而散失掉。

2. 为生物体有机物的合成提供原料

生物氧化经历一系列的中间过程，产生许多的中间产物，这些中间产物可以成为合成其他各种重要化合物的原料。例如，有些中间产物可以转化为氨基酸，最后可合成蛋白质；有些中间产物可以转化为脂肪酸和甘油，最后合成脂肪；蛋白质和脂肪也可以通过这些中间产物参加到呼吸作用过程中。因此，生物氧化与生物体各种有机物的合成、转化有着密切的联系，是生物物质代谢和能量代谢的中心。

二、生物氧化中二氧化碳的生成

绝大部分有机物生物氧化中的 CO_2 生成是经三羧酸循环中的脱羧作用产生的。其他一些 CO_2 产生途径有糖异生和氨基酸脱羧。生物氧化过程产生的 CO_2 是由代谢中间产物（如草酰乙酸、苹果酸、丙酮酸等）脱羧产生。脱羧方式有直接脱羧和氧化脱羧两种。不伴有氧化而直接由脱羧酶催化生成 CO_2 的方式称为直接脱羧（图 11-1）；脱羧同时伴有氧化（脱氢）的方式称为氧化脱羧（图 11-2）。

图 11-1　直接脱羧

图 11-2　氧化脱羧

拓展知识
生物氧化的一般过程

三、生物氧化中水的生成

生物氧化作用主要是通过脱氢反应来实现的。代谢物脱下的氢经生物氧化作用和吸入的氧结合生成水。在生物氧化中，碳的氧化和氢的氧化是非同步进行的。生物体主要以脱氢酶、传递体及氧化酶组成生物氧化体系，以促进水的生成。代谢物上的氢原子被脱氢酶激活脱落后，经一系列传递体，最后（将质子和电子）传递给氧而生成水的全部体系称为呼吸链。在氧化呼吸链中，酶和辅酶按照一定顺序排列在线粒体内膜上，其中传递氢的酶或辅酶称为递氢体，传递电子的酶或辅酶称为电子传递体。不论递氢体还是电子传递体都起传递电子的作用，所以氧化呼吸链又称电子传递体系或电子传递链。

（一）呼吸链的组成

呼吸链中的电子载体以多酶复合体形式发挥功能，包括 NADH-泛醌还原酶（复合体Ⅰ）、琥珀酸-泛醌还原酶（复合体Ⅱ）、泛醌-细胞色素 c 还原酶（复合体Ⅲ）、细胞色素 c 氧化酶（复合体Ⅳ）。

（1）NADH-泛醌还原酶即复合体Ⅰ，可简写为 NADH-Q 还原酶。其作用是催化 NADH 氧化脱氢及 Q 还原。它既是一种脱氢酶，也是一种还原酶。NADH 所携带的高能电子是线粒体呼吸链重要电子供体之一。

（2）琥珀酸-泛醌还原酶即复合体Ⅱ，也是存在于线粒体内膜上的蛋白复合体，比复合体Ⅰ结构简单，含 4 种不同的蛋白质。其活性部分含有辅基 FAD 和铁硫蛋白。其作用是催化琥珀酸的脱氢氧化和 Q 的还原。

（3）泛醌-细胞色素 c 还原酶即复合体Ⅲ，可简写为 QH_2-Cyt c 还原酶。其作用是催化还原型 QH_2 氧化和细胞色素 c（Cyt c）。复合体Ⅲ是线粒体内膜上的一种跨膜蛋白复合体，

科学史话
★ 1926 年 Keilin 首次使用分光镜观察昆虫飞翔肌振动时，发现有特殊的吸收光谱，因此，把细胞内的吸光物质定名为细胞色素。细胞色素是一类含有铁卟啉辅基的色蛋白，属于递电子体。

是由 2 个相同单体组成的二聚体。每个单体由 11 种亚基组成。活性部分主要包括细胞色素 b 和 c1，以及铁硫蛋白 2Fe-2S。

（4）细胞色素 c 氧化酶即复合体Ⅳ，可简写为 Cyt c 氧化酶，位于线粒体呼吸链末端，由 13 个多肽亚基组成，活性部分主要包括 Cyt a 和 a3，两者组成一个复合体，除含铁卟啉外，还含铜原子。Cyt aa3 可以直接以 O_2 为电子受体。在电子传递过程中，分子中的铜离子可以发生 $Cu^+ \leftrightarrow Cu^{2+}$ 的互变，将 Cyt c 所携带的电子传递给 O_2。

（二）呼吸链的种类

在具有线粒体的生物中，典型的呼吸链有两种：NADH 呼吸链和 $FADH_2$ 呼吸链。这两种呼吸链的区别仅在于最初的受氢体不同，在 NADH 呼吸链中，最初的受氢体是 NAD^+；在 $FADH_2$ 呼吸链中，最初的受氢体是 FAD。除此之外，其余组分基本一致（图 11-3）。

（1）NADH 呼吸链：绝大部分分解代谢的脱氢氧化反应通过此呼吸链完成；

（2）$FADH_2$ 呼吸链：只能催化某些代谢物脱氢，不能使 NADH 或 NADPH 脱氢。

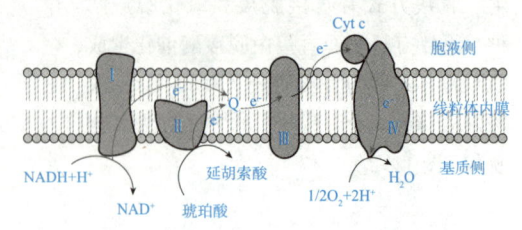

图 11-3　呼吸链各组分的电子传递顺序

四、生物氧化中 ATP 的生成

动物体内的各种能源物质氧化分解释放的能量，必须转化为 ATP 形式才能被机体利用。ATP 是通过磷酸化作用生成的，在动物体内有底物水平磷酸化和氧化磷酸化两种方式。

（一）底物水平磷酸化

底物水平磷酸化是指在物质代谢过程中，底物被氧化时伴随着分子内部能量的重新分布，从而生成了含某些高能磷酸键或高能硫酯键的高能化合物，通过酶的作用，高能化合物将高能键转移给 ADP（GDP），从而使其磷酸化生成 ATP（GTP）的过程。

底物水平磷酸化是机体获能的一种方式，在发酵作用（无氧呼吸）中是进行生物氧化取得能量的唯一方式。底物水平磷酸化和氧的存在与否无关，在 ATP 生成中没有氧分子参与，也不经过电传递链传递电子。

（二）氧化磷酸化

氧化磷酸化又称电子传递水平氧化磷酸化，是生物体合成 ATP 的主要方式。代谢物脱下的氢原子对，在有氧条件下，经呼吸链传递给氧生成水，传递过程释放出的能量使 ADP 磷酸化生成 ATP，这种氧化过程与磷酸化过程相偶联的反应称为电子传递水平氧化磷酸化，简称氧化磷酸化。生物体通过生物氧化所产生的能量，除一部分用以维持体温外，大部分可以通过磷酸化作用转移至高能磷酸化合物 ATP 中。氧化磷酸化的全过程可用方程式表示如下：

$$NADH + H^+ + 3ADP + 3Pi + 1/2 O_2 \rightarrow NAD^+ + 4H_2O + 3ATP$$

氧化磷酸化是需氧生物获得 ATP 的一种主要方式，是生物体内能量转移的主要环节，需要氧分子的参与。真核生物氧化磷酸化过程在线粒体内膜进行，原核生物在细胞质膜上进行。

拓展知识

★氧化磷酸化的抑制剂主要有两类：一类是抑制电子传递的抑制剂（呼吸链抑制剂）；另一类是使氧化磷酸化拆离的解偶联剂。呼吸链抑制剂的作用与一定部位的电子传递体结合而阻碍其电子传递。

氧化磷酸化偶联的部位在 NADH 与辅酶 Q 之间、细胞色素 b 和细胞色素 c 之间、细胞色素 aa$_3$ 与 O$_2$ 之间（图 11-4）。

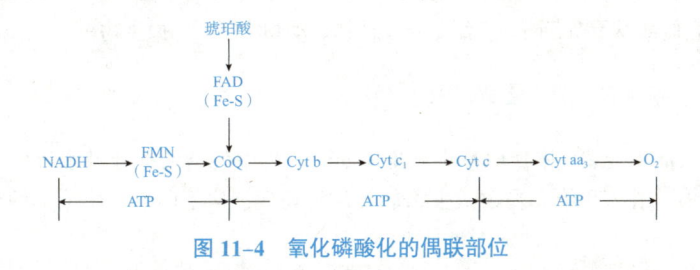

```
                        琥珀酸
                          ↓
                         FAD
                        (Fe-S)
                          ↓
NADH → FMN   → CoQ → Cyt b → Cyt c₁ → Cyt c → Cyt aa₃ → O₂
       (Fe-S)
     ├── ATP ──┤        ├── ATP ──┤     ├── ATP ──┤
```

图 11-4 氧化磷酸化的偶联部位

氧化磷酸化的偶联部位是通过试验确定的。试验方法通常是测定线粒体及其制剂的 P/O 比值或测定电子在呼吸链中经过相邻传递体时的自由能降等。P/O 比指物质氧化时，每消耗 1 mol 氧原子所消耗的无机磷酸的 mol 数（或 ADP mol 数），即生成 ATP 的 mol 数。由 P/O 比值可以间接测出 ATP 的生成量。NADH 呼吸链 P/O 比值 ≈ 3，FADH$_2$ 呼吸链 P/O 比值 ≈ 2。故推断从 NADH 到分子氧、FADH$_2$ 到分子氧的呼吸链中，可分别合成 3 个、2 个 ATP。

知识任务二　糖代谢

问题引导：
1. 多糖和低聚糖如何进行酶促降解？
2. 糖酵解途径共有几步？可划分为几个阶段？
3. 三羧酸循环是糖的有氧分解的第几个阶段？

微课视频
糖代谢

教学课件
糖代谢

糖代谢主要是指葡萄糖在体内的一系列复杂的化学反应，包括分解代谢和合成代谢。糖的分解代谢指大分子糖类经酶促降解成单糖后进一步降解，氧化成 H$_2$O 及 CO$_2$，同时释放出能量的过程。对绿色植物、光合微生物而言，糖的合成代谢指利用日光为能源、二氧化碳为碳源，与水合成葡萄糖并释放氧气的过程；对人体和动物来说，糖的合成代谢指将葡萄糖转化为糖原或将非糖物质转化为糖的过程。糖代谢与脂类代谢、蛋白质代谢等相互联系、互相转化，具有重要的生理意义。

一、多糖和低聚糖的酶促降解

糖类中多糖和低聚糖，由于分子大，不能透过细胞膜，所以在被生物体利用之前必须依靠酶水解成单糖或双糖，才能被细胞吸收，进入中间代谢。不同生物分泌的多糖降解酶不同，因此利用多糖的能力也不同。

多糖在细胞内和细胞外的降解方式不同，细胞外的降解（如动物消化道的消化、微生物胞外酶作用）是一种水解作用，细胞内的降解则是磷酸解（加磷酸分解）。

（一）双糖的酶促降解

双糖的酶促降解在双糖酶催化下进行，双糖酶主要有麦芽糖酶、纤维二糖酶、蔗糖酶、乳糖酶等，它们都属于糖苷酶，广泛分布于植物、动物小肠液、微生物中。

（二）淀粉或糖原的酶促降解

凡是能够催化淀粉（或糖原）分子及其分子片段中的葡萄糖苷键水解的酶都统称为淀粉酶。动物、植物和绝大多数微生物能分泌淀粉酶，但不同生物所分泌的淀粉酶种类不同。

1. α-淀粉酶

α-淀粉酶存在于动物的消化液、植物的种子和块根中。α-淀粉酶是内切酶，从淀粉（或糖原）分子内部随机切断 α-1,4-糖苷键，不能水解淀粉中的 α-1,6-糖苷键及其非还原端相邻的 α-1,4-糖苷键。因其能将淀粉首先打断成短片段的糊精，故又称淀粉-1,4-糊精酶。该酶作用于黏稠的淀粉糊时，能够迅速降低其黏度，将其转化为稀溶液状态，这一过程在工业上被称为"液化"。

2. β-淀粉酶

β-淀粉酶是外切酶，从淀粉分子的非还原末端依次切割 α-1,4-麦芽糖苷键（两个葡萄糖单位），生成麦芽糖，不能水解淀粉中的 α-1,6-糖苷键。当其作用于支链淀粉时，遇到分支点即停止作用。

3. γ-淀粉酶

γ-淀粉酶是外切酶，从淀粉分子非还原端依次切割 α-1,4-糖苷键和 α-1,6-糖苷键，与 β-淀粉酶类似，水解产生的游离半缩醛羟基发生转位作用，释放 β-葡萄糖。

4. 异淀粉酶

动物、植物、微生物都产生异淀粉酶。来源不同，名称也不同，如脱支酶、Q 酶、R 酶、普鲁兰酶等。异淀粉酶可水解支链淀粉或糖原的 α-1,6-糖苷键，生成长短不一的直链淀粉（糊精）。异淀粉酶主要由微生物发酵生产，菌种有酵母、细菌、放线菌。

（三）纤维素的酶促降解

人的消化道中没有水解纤维素的酶，但很多微生物（如细菌、真菌、放线菌、原生动物等）能产生纤维素酶及纤维二糖酶，它们能催化纤维素完全水解成葡萄糖。

（四）果胶的酶促降解

果胶酶主要源于植物和微生物，种类很多，特点各异。根据机理，果胶酶可分为裂解酶类和水解酶类。

二、糖类的分解代谢

糖的分解代谢主要途径包括糖在无氧条件下进行的无氧分解、在有氧条件下进行的有氧氧化和通过磷酸戊糖途径进行的分解代谢（图 11-5）。糖在无氧条件下进行的无氧分解和在有氧条件下进行的有氧氧化，开始时有一共同阶段，称为糖酵解。糖酵解是所有生物体进行葡萄糖分解代谢所必须经过的共同阶段，在整体代谢网络中处于核心位置，通过底物、产物

科技前沿

我国科研人员提出糖代谢疾病早期诊断新策略（科技日报 2024 年 01 月 17 日）

★记者 1 月 15 日获悉，哈尔滨医科大学药学院教授李洋团队首次通过非化学、无标记的表面增强拉曼光谱（SERS）手段，实现了葡萄糖的高灵敏检测，为糖代谢疾病的早期诊断提供了新策略。相关成果近日在线发表于国际期刊《先进功能材料》。

拓展知识
α-淀粉酶发酵的生产工艺流程图

拓展知识
糖代谢概况

和中间物与其他代谢途径相联系。糖酵解的第一个中间代谢物葡萄糖-6-磷酸就是一个重要的节点分子，连接着磷酸戊糖途径和糖原代谢，是三大代谢中间物之一。

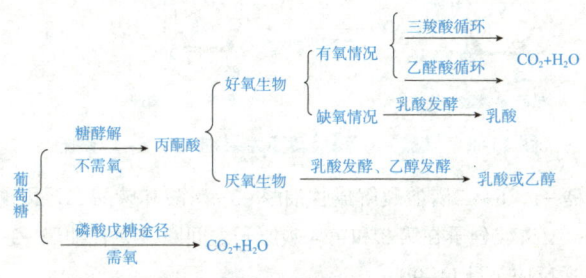

图 11-5　葡萄糖的主要分解代谢途径

（一）糖酵解

1. 糖酵解的概念

糖酵解途径又称 EMP 途径，指葡萄糖经 1，6-二磷酸果糖和 3-磷酸甘油酸降解，生成丙酮酸并产生 ATP 的代谢过程。糖酵解是动物、植物、微生物细胞中普遍存在的葡萄糖降解途径，有氧或无氧条件下都能进行。

2. 糖酵解的反应过程

糖酵解途径从葡萄糖到丙酮酸共有 10 步反应，分别由 10 种酶催化，这些酶都存在于胞质溶胶中，大部分过程都有 Mg^{2+} 离子作为辅助因子。糖酵解途径可分为葡萄糖的磷酸化、磷酸己糖的裂解、丙酮酸和 ATP 的生成 3 个阶段；也可划分为准备阶段和产生 ATP 的贮能阶段，前 5 步为准备阶段：葡萄糖通过磷酸化、异构化裂解为三碳糖，每裂解一个己糖分子，共消耗 2 分子 ATP，使己糖分子的 1，6 位磷酸化，磷酸化的己糖裂解和异构化，最后形成一个共同中间物即甘油醛-3-磷酸；后 5 步为产生 ATP 的贮能阶段，磷酸三碳糖转变成丙酮酸。每分子三碳糖产生 2 分子 ATP。

（1）葡萄糖转化为葡萄糖-6-磷酸。葡萄糖发生酵解作用的第一步是 D-葡萄糖分子在第 6 位的磷酸化，形成葡萄糖-6-磷酸（图 11-6）。这是一个磷酸基团转移的反应，ATP 的 γ-磷酸基团在己糖激酶的催化下，转移到葡萄糖分子上。哺乳类动物体内已发现有 4 种己糖激酶同工酶，分别称为Ⅰ至Ⅳ型。肝细胞中存在的是Ⅳ型，称为葡萄糖激酶。己糖激酶是 EMP 途径的第一个限速酶。

（2）葡萄糖-6-磷酸转变为果糖-6-磷酸。这一步反应的标准自由能变化极其微小，因此反应是可逆的。催化这一反应的酶是磷酸葡萄糖异构酶，又称为磷酸己糖异构酶（图 11-7）。

图 11-6　葡萄糖转化为葡萄糖-6-磷酸　　图 11-7　葡萄糖-6-磷酸转变为果糖-6-磷酸

（3）果糖-6-磷酸转变为果糖-1，6-二磷酸。这一步反应是糖酵解途径的第二次磷酸化反应，催化这一反应的酶是 6-磷酸果糖激酶，反应需 ATP 和 Mg^{2+} 参与。6-磷酸果糖激酶是 EMP 途径的第二个限速酶（图 11-8）。

科学史话

★ 1897 年，德国生化学家 E. 毕希纳发现离开活体的酿酶具有活性以后，极大地促进了生物体内糖代谢的研究。酿酶发现后的几年之内，就揭示了糖酵解是动植物和微生物体内普遍存在的过程。英国的 F.G. 霍普金斯等于 1907 年发现肌肉收缩同乳酸生成有直接关系。英国生理学家 A.V. 希尔、德国的生物化学家 O. 迈尔霍夫、O. 瓦尔堡等许多科学家经历了约 20 年，从每一个具体的化学变化及其所需用的酶、辅酶及化学能的传递等各方面进行探讨，于 1935 年终于阐明了从葡萄糖（6碳）转变其中乳酸（3碳）或酒精（2碳）经历的12个中间步骤，并且阐明在这过程中有几种酶、辅酶和 ATP 等参加反应。

拓展知识

★ 自然界里发现了两类醛缩酶：一类是在动物组织里；另一类主要由细菌和真菌产生。第一类醛缩酶，在有底物存在时，被钠的硼氢化物抑制；第二类醛缩酶被 EDTA 抑制。

食品生物化学

> **生化与健康**
> ★如缺失磷酸果糖醛缩酶，则果糖-1-磷酸在肝、肠及肾中堆积引起肝肿大及肝肾、肠吸收功能衰退，患这种病的儿童不能服用果糖或蔗糖。

图 11-8　果糖 -6- 磷酸转变为果糖 -1，6- 二磷酸

（4）1分子果糖 -1，6- 二磷酸裂解成甘油醛 -3- 磷酸和磷酸二羟丙酮。在醛缩酶的催化下，果糖 -1，6- 二磷酸分子在第 3 和第 4 碳原子之间断裂为甘油醛 -3- 磷酸和磷酸二羟丙酮，该反应为可逆反应（图 11-9）。

图 11-9　果糖 -1，6- 二磷酸裂解成甘油醛 -3- 磷酸和磷酸二羟丙酮

（5）磷酸丙糖的同分异构化。果糖 -1，6- 二磷酸裂解后形成的两分子三碳糖磷酸中，只有甘油醛 -3- 磷酸能继续进入糖酵解途径，磷酸二羟丙酮必须转变为甘油醛 -3- 磷酸才能进入糖酵解途径。而磷酸丙糖异构酶可催化甘油醛 -3- 磷酸和磷酸二羟丙酮进行同分异构体的互变。由于甘油醛 -3- 磷酸不断在糖酵解途径中被消耗，因此磷酸二羟丙酮不断地转变为甘油醛 -3- 磷酸（图 11-10）。

（6）甘油醛 -3- 磷酸氧化为甘油酸 -1，3- 二磷酸。这是 EMP 途径中唯一的一步氧化脱氢反应，这一步反应由磷酸甘油醛脱氢酶催化，生物体通过此反应可获得能量。在这步反应中，同时有脱氢和磷酸化反应，分子内能量储存在了甘油酸 -1，3- 二磷酸分子中，为下一步底物磷酸化作准备（图 11-11）。

图 11-10　磷酸丙糖的同分异构化　　图 11-11　甘油醛 -3- 磷酸氧化为甘油酸 -1，3- 二磷酸

（7）甘油酸 -1，3- 二磷酸转变成甘油酸 -3- 磷酸。在这步反应中，磷酸甘油酸激酶将高能磷酸基团转移给 ADP 生成 ATP。像这样底物分子内部能量重新分布，生成高能键，使 ADP 磷酸化生成 ATP 的过程，称为底物水平磷酸化（图 11-12）。

（8）甘油酸 -3- 磷酸转变为甘油酸 -2- 磷酸。这一步反应由甘油酸磷酸变位酶催化（图 11-13）。变位酶指能催化分子内化学基团移位的酶。

（9）甘油酸 -2- 磷酸转变为磷酸烯醇式丙酮酸。这一反应是由烯醇化酶催化的，氟化物对该酶有强烈的抑制作用（图 11-14）。

图 11-12　甘油酸 -1，3- 二磷酸转变成甘油酸 -3- 磷酸

> **生化与健康**
> ★磷酸甘油酸变位酶缺乏症（GSD X）是一种罕见的遗传性疾病，由于磷酸甘油酸变位酶（PGAM2）基因的突变导致。PGAM2 基因是负责编码 PGAM2 酶的基因，该酶在糖原代谢中起着重要作用。

项目十一 食物与人的密切关系——生物氧化与物质代谢

图 11-13 甘油酸-3-磷酸转变为甘油酸-2-磷酸

图 11-14 甘油酸-2-磷酸转变为磷酸烯醇式丙酮酸

（10）磷酸烯醇式丙酮酸转变成丙酮酸，并通过底物水平磷酸化生成ATP。这一反应是由葡萄糖形成丙酮酸的最后一步反应。催化此反应的酶称为丙酮酸激酶，是EMP途径的第三个限速酶（图11-15）。

以上是糖酵解途径的全部反应过程，从葡萄糖经酵解生成丙酮酸的总反应式如图11-16所示。

图 11-15 磷酸烯醇式丙酮酸转变成丙酮酸并生成 ATP

$$C_6H_{12}O_6+2NAD^++2H_3PO_4+2ADP \xrightarrow{EMP途径} 2CH_3COCOOH+2(NADH+H^+)+2ATP$$

图 11-16 葡萄糖经酵解生成丙酮酸

3. 丙酮酸的去路

糖酵解的最终产物是丙酮酸，丙酮酸的去路取决于生物的种类及机体所处的条件。

（1）乳酸发酵。人和动物在剧烈运动时肌肉组织供氧不足，丙酮酸在乳酸脱氢酶作用下还原为乳酸，乳酸菌在无氧条件下发酵也会发生此反应，化学反应式如图11-17所示。

由葡萄糖到乳酸的总反应式如图11-18所示。

图 11-17 丙酮酸在乳酸脱氢酶作用下还原为乳酸

（2）乙醇发酵。在无氧条件下，酵母等微生物及植物细胞中的丙酮酸继续转化为乙醇，同时释放出二氧化碳，化学反应式如图11-19所示。

$$C_6H_{12}O_6+2H_3PO_4+2ADP \xrightarrow{EMP乳酸发酵} 2CH_3CHOHCOOH+2ATP$$

图 11-18 葡萄糖到乳酸的总反应式

由葡萄糖到乙醇的总反应式如图11-20所示。

图 11-19 丙酮酸转化为乙醇

$$C_6H_{12}O_6+2H_3PO_4+2ADP \xrightarrow{EMP酒精发酵} 2CH_3CH_2OH+2CO_2+2ATP$$

图 11-20 葡萄糖到乙醇的总反应式

糖酵解反应综合如图11-21所示。

4. 糖酵解途径的生物学意义

（1）糖酵解途径是葡萄糖在生物体内进行有氧或无氧分解的共同途径，通过糖酵解，生物体获得生命活动所需要的能量。

（2）糖酵解途径形成多种重要的中间产物，在糖和非糖物质的转化中起重要作用，可作为合成其他物质的原料，为氨基酸、脂类合成提供碳骨架。如磷酸二羟丙酮可转化为甘油，用于脂肪的合成。

生化与健康

★乳酸是运动过程中，体内葡萄糖代谢产生的中间产物。由于运动相对过度，超过了有氧运动的强度，而导致机体内产生的乳酸不能在短时间内进一步分解为水和二氧化碳，氧气供应不足而形成无氧代谢，从而导致大量的过渡产物乳酸在体内形成堆积。乳酸堆积会引起局部肌肉的酸痛。

生化与健康

★在病理情况下，如呼吸或循环功能障碍、严重贫血、大量失血等造成机体缺氧时，导致糖酵解加速甚至过度，可因乳酸产生过多，造成乳酸酸中毒。

275

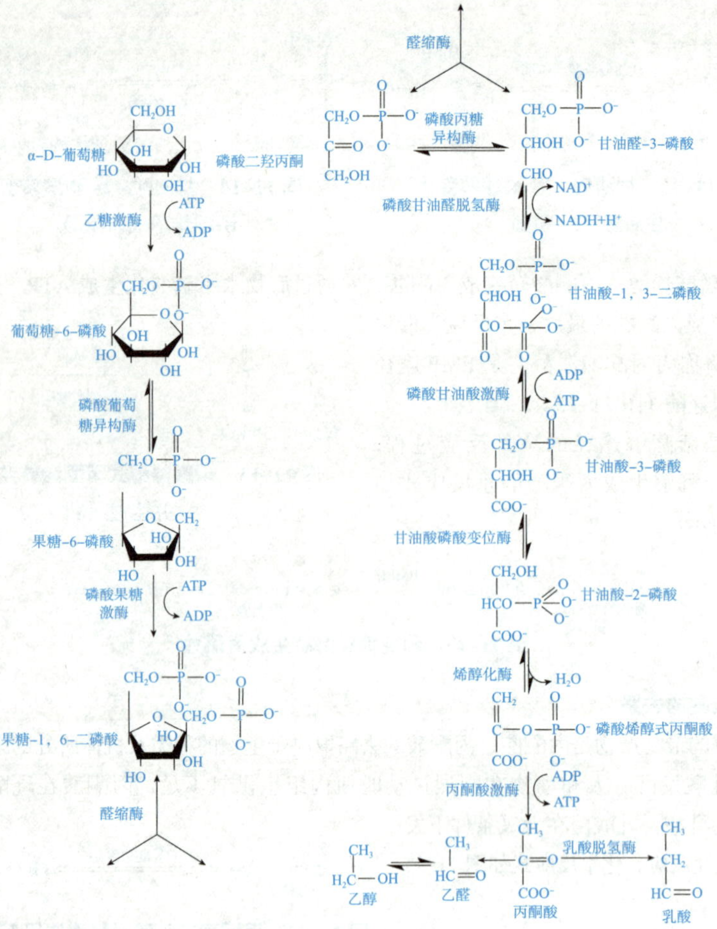

图 11-21 糖酵解途径

（3）糖酵解是机体在缺氧或其他特殊状态下获能的有效方式。当机体处于缺氧状态时，糖有氧氧化受阻，可通过糖酵解获得能量。对于厌氧微生物来说，糖酵解是糖分解的主要形式。于某些组织来说，糖酵解是供能的主要方式。如成熟红细胞中无线粒体，只能靠糖酵解供能；视网膜等组织即使在有氧条件下也靠糖酵解供能。

（二）糖的有氧分解

1. 糖的有氧分解的概念

葡萄糖或糖原通过糖酵解途径产生的丙酮酸，在氧气供给充足的情况下彻底氧化分解成 CO_2、H_2O，并产生大量能量的过程，称为糖的有氧分解或有氧氧化。糖的无氧分解仅产生少量的能量，因此糖的有氧分解是各种需氧生物获取能量最有效的途径。

2. 糖的有氧分解过程

糖的有氧氧化大致可分为 3 个阶段。第一阶段：葡萄糖或糖原通过糖酵解途径分解成丙酮酸，此阶段在细胞液中进行。第二阶段：丙酮酸进入线粒体，氧化脱羧生成乙酰辅酶 A（乙酰 CoA）。第三阶段：乙酰辅酶 A 进入三羧酸循环被彻底氧化分解成 CO_2、H_2O，并产生大量能量，此阶段又称三羧酸循环，也在线粒体中进行。糖酵解过程已经完成了第一阶段，因此，接下来主要介绍第二、第三阶段。

（1）第二阶段：丙酮酸氧化脱羧生成乙酰辅酶 A。丙酮酸进入线粒体后，在丙酮酸脱氢

科学史话

★ 弗里茨·阿尔贝特·李普曼（Fritz Albert Lipmann，1899 年 6 月 12 日—1986 年 7 月 24 日），生于德国的犹太裔美国籍生物化学家。由于发现辅酶 A 及其作为中间体在代谢中的重要作用而获得 1953 年的诺贝尔生理学或医学奖。

酶系的作用下，氧化脱羧，形成乙酰CoA（图11-22）。

丙酮酸脱氢酶系是一个多酶复合体，由三种酶和五种辅助因子组成。分别是丙酮酸脱羧酶（辅酶是TPP）、二氢硫辛酸乙酰基转移酶（辅酶是硫辛酸和CoA）、二氢硫辛酸脱氢酶（辅酶是FAD和NAD^+）。

$$CH_3COCOOH+HS\text{—}CoA+NAD^+ \xrightarrow{\text{丙酮酸脱氢酶系}} CH_3C\text{-}SCoA+CO_2+NADH+H^+$$

图 11-22　丙酮酸氧化脱羧生成乙酰辅酶A

（2）第三阶段：三羧酸循环。乙酰CoA的乙酰基部分经过一种循环反应被彻底氧化为CO_2和H_2O，该循环开始于草酰乙酸与乙酰CoA缩合生成含有三个羧基的柠檬酸，到重新生成草酰乙酸结束。因为柠檬酸含有三个羧基，所以称为三羧酸循环，简称为TCA循环，也称为柠檬酸循环。三羧酸循环不仅是糖的有氧分解的代谢途径，也是机体一切有机物的碳骨架氧化为CO_2和H_2O的必经途径。三羧酸循环包括8步酶促反应，全部在线粒体中进行。

1）草酰乙酸与乙酰CoA缩合成柠檬酸。草酰乙酸与乙酰CoA在柠檬酸合酶的催化下，缩合形成柠檬酸。该反应所需能量来自乙酰CoA中的高能硫酯键的水解，反应不可逆（图11-23）。

2）柠檬酸异构为异柠檬酸。在顺乌头酸酶的催化下，柠檬酸脱水生成顺乌头酸，然后再加水生成异柠檬酸，改变了分子内OH^-和H^+的位置，使不能氧化的叔醇转变为可氧化的仲醇（图11-24）。

图 11-23　草酰乙酸与乙酰辅酶A缩合成柠檬酸

3）异柠檬酸氧化脱羧生成α-酮戊二酸。异柠檬酸在异柠檬酸脱氢酶的催化下，脱去$2H^+$，生成中间产物草酰琥珀酸，草酰琥珀酸迅速脱羧形成α-酮戊二酸。该反应不可逆（图11-25）。

图 11-24　柠檬酸异构为异柠檬酸

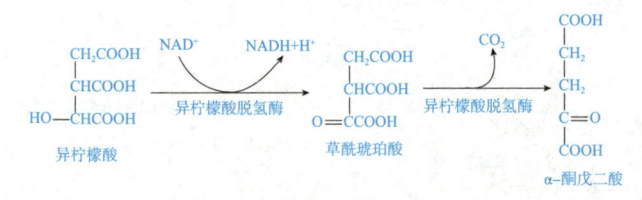

图 11-25　异柠檬酸氧化脱羧生成α-酮戊二酸

4）α-酮戊二酸氧化脱羧生成琥珀酰CoA。α-酮戊二酸在α-酮戊二酸脱氢酶系的催化下，氧化脱羧生成琥珀酰CoA。该反应是三羧酸循环中的第二次氧化脱羧，释放大量能量（图11-26）。反应过程、酶的作用模式与丙酮酸氧化脱羧相似。循环进行到此，被氧化的碳原子（生成2个CO_2）数目刚好等于进入三羧酸循环的碳原子数（乙酰CoA中乙酰基的2个碳）。

图 11-26　α-酮戊二酸氧化脱羧生成琥珀酰CoA

5）琥珀酰CoA转移硫酯键后生成琥珀酸。琥珀酰CoA在琥珀酰CoA合成酶（又称琥珀酸硫激酶）催化下，转移其硫酯键至鸟苷二磷酸（GDP）上，生成鸟苷三磷酸（GTP），同时生成琥珀酸（图11-27）。鸟苷三磷酸（GTP）再与ADP生成一个ATP（GTP+ADP→GDP+ATP）。该反应是三羧酸循环中唯一直接生成ATP的反应。

拓展知识

★将225 g草酰琥珀酸三乙酯与600 mL浓盐酸混合，放置过夜。蒸馏浓缩至140 ℃，剩余物冷却结晶，得α-酮基戊二酸110～112 g，收率92%～93%。

生化与健康

★ L-苹果酸是生物体可以利用的形式，它常配入复合氨基酸注射液（手术后重要的营养药品）中，以提高氨基酸的利用率，这对手术后虚弱和肝功能障碍的病人尤其重要。

科学史话

★ 汉斯·阿道夫·克雷布斯（1900年08月25日—1981年11月22日）是一位英籍德裔医生、生物化学家。1932年，他与其同事共同发现了脲循环，阐明了人体内尿素生成的途径。1937年，他发现了柠檬酸循环（又称三羧酸循环或克雷布斯循环），揭示了生物体内糖经酵解途径变为三碳物质后，进一步氧化为二氧化碳和水的途径及代谢能的主要来源。这一循环与糖、蛋白质、脂肪等的代谢均有密切关系，是所有需氧生物代谢中的重要环节。这一发现被公认为代谢研究的里程碑，以他的名字命名为克氏循环（Krebs cycle）。他也因此获得了1953年的诺贝尔生理学或医学奖。

虚拟仿真
三羧酸循环总反应式

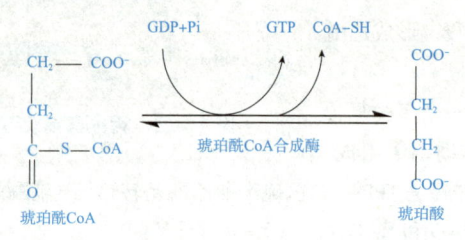

图 11-27　琥珀酰 CoA 转移硫酯键后生成琥珀酸

6）琥珀酸脱氢生成延胡索酸。此反应为可逆反应，由琥珀酸脱氢酶催化，辅酶是 FAD（图 11-28）。

7）延胡索酸加水生成 L-苹果酸。该反应为可逆反应，由延胡索酸酶催化。延胡索酸酶具有立体异构专一性，它催化延胡索酸的反式双键水合形成 L-苹果酸（图 11-29）。

图 11-28　琥珀酸脱氢生成延胡索酸

图 11-29　延胡索酸加水生成 L-苹果酸

8）L-苹果酸脱氢生成草酰乙酸。该反应为可逆反应，在苹果酸脱氢酶的催化下，L-苹果酸脱氢生成草酰乙酸（图 11-30）。至此，完成一次三羧酸循环。

三羧酸循环的总反应过程如图 11-31 所示。

图 11-30　L-苹果酸脱氢生成草酰乙酸

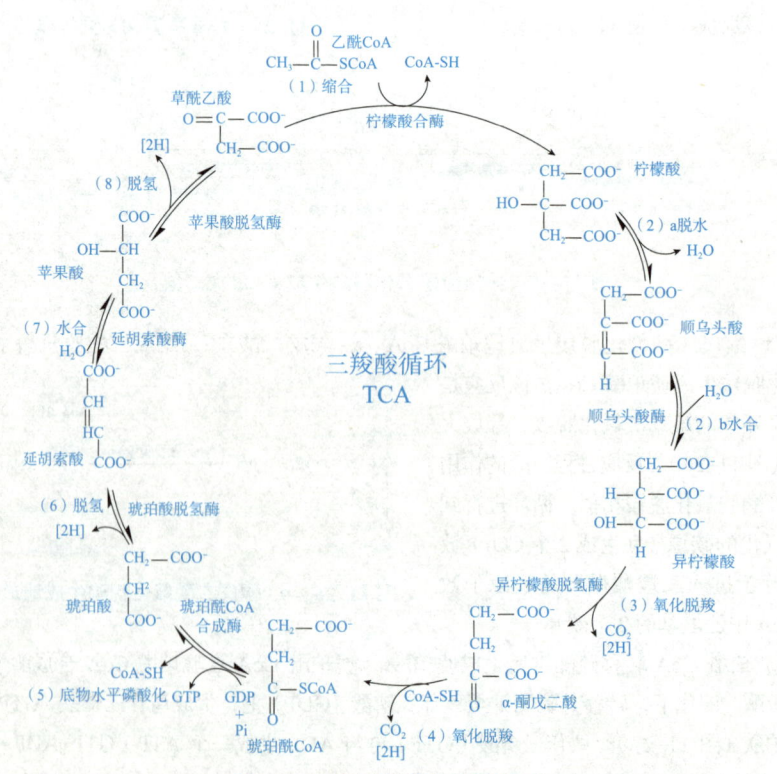

图 11-31　三羧酸循环总反应式

3. 葡萄糖有氧氧化分解的生理意义

（1）供给能量。1 mol 葡萄糖完全氧化分解为 CO_2 和 H_2O 时，底物水平磷酸化 3 次，生成 6 mol ATP；脱氢反应 6 次，生成 34 mol ATP；葡萄糖有氧分解过程消耗 2 mol ATP。总共 1 mol 葡萄糖完全氧化分解可净生成 38 mol ATP。

（2）三羧酸循环是体内营养物质彻底氧化分解的共同通路。凡是能够转变为糖有氧氧化中间产物的物质均可以参加三羧酸循环。所以三羧酸循环不仅是糖完全分解的途径和 ATP 生成的主要环节，也是甘油、脂肪、氨基酸等营养物质彻底氧化的共同通路。

（3）为生物合成提供碳链。EMP-TCA 循环的中间产物可以被挪用参与生物合成。例如丙酮酸、α- 酮戊二酸、草酰乙酸、反丁烯二酸可分别用于合成 L- 丙氨酸、L- 谷氨酸和 L- 天冬氨酸。琥珀酰 CoA 可与甘氨酸合成卟啉环；卟啉环是血红素、叶绿素、细胞色素等重要活性物质的前体；乙酰 CoA 可用于脂肪酸的生物合成；草酰乙酸脱羧生成磷酸烯醇式丙酮酸，可以逆 EMP 途径合成葡萄糖等。

（三）磷酸戊糖途径

试验表明，在组织中添加酵解抑制剂（如碘乙酸或氟化物等），葡萄糖仍可以被消耗，这说明生物体内糖代谢的主要途径是糖的无氧酵解和有氧氧化，但不是唯一途径。许多组织细胞中都存在有另一种葡萄糖氧化途径，由于此途径的中间产物有磷酸戊糖，故称为磷酸戊糖途径（PPP），也称为磷酸己糖旁路（HMP）（图 11-32）。参与磷酸戊糖途径的酶类都分布在动物细胞质中，动物体中约有 30% 的葡萄糖通过此途径分解。

1. 磷酸戊糖途径的过程

（1）氧化脱羧阶段。从葡萄糖 -6- 磷酸开始，经历两次脱氢反应，生成磷酸戊糖、NADPH 和 CO_2。

（2）非氧化分子重排阶段。通过基团之间的转移反应，磷酸戊糖转换为糖酵解的中间产物果糖 -6- 磷酸和 3- 磷酸甘油醛。

磷酸戊糖途径的总反应方程式：

$3\times$ 葡萄糖 -6- 磷酸 +6NADP$^+$ → $2\times$ 果糖 -6- 磷酸 +3- 磷酸甘油醛 +6NADPH+H$^+$ +3CO$_2$

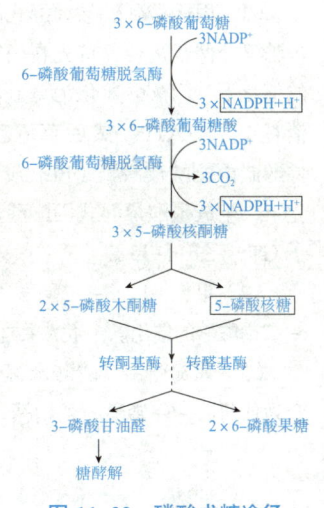

图 11-32 磷酸戊糖途径

2. 磷酸戊糖途径生理意义

（1）磷酸戊糖途径可产生大量 NADP+H$^+$ 供生物合成所需。

（2）磷酸戊糖途径中生成 C_3、C_4、C_5、C_6、C_7 等各种长短不等的碳链，这些中间产物都可作为生物合成的前体。

（3）在特殊情况下，磷酸戊糖途径也可为细胞提供能量。

（4）磷酸戊糖途径是戊糖代谢的主要途径。

三、糖类的合成代谢

自然界中的糖类主要来源于绿色植物及光能细菌的光合作用。人和动物不能从无机物合成糖类，只能利用食物中的糖获取能量，也可以利用非糖物质异生为糖。

虚拟仿真
磷酸戊糖途径

生化与健康

★蚕豆病是葡萄糖 -6- 磷酸脱氢酶（G-6-PD）缺乏症的一个类型，表现为进食蚕豆后引起溶血性贫血。某些具有氧化作用的外源性物质（如蚕豆、抗疟药、磺胺药等），可使机体产生较多的过氧化氢。正常人由于 G-6-PDH 活性正常，服用蚕豆或药物时，可通过增强磷酸戊糖途径生成较多 NADPH+H$^+$ 而增加 GSH 含量，可及时清除对红细胞有破坏作用的 H_2O_2，不会出现溶血。但遗传性 G-6-PDH 缺乏者，其磷酸戊糖途径不能正常进行，NADPH+H$^+$ 缺乏或不足，导致 GSH 生成量减少，由于平时机体产生的 H_2O_2 等物质并不多，故不会发病，与正常人无异。但当服用蚕豆或药物时，机体中的 GSH 不能及时清除过多生成的 H_2O_2，后者可破坏红细胞膜而发生溶血，从而诱发急性溶血性贫血。

(一) 糖异生作用

1. 糖异生作用的概念

糖异生是指生物体内由丙酮酸、甘油、乳酸及某些氨基酸等非糖物质合成为葡萄糖或糖原的过程。糖异生作用有特殊的酶调控，需要 ATP 供给能量。糖异生作用主要在肝脏中进行，在饥饿和酸中毒时，肾脏中也可进行糖异生，但是肾皮质异生的葡萄糖只有肝脏产量的 1/10。

2. 糖异生作用的过程

糖异生作用的途径是将非糖物质先转化为糖酵解或三羧酸循环中的某一中间产物，然后转变成葡萄糖。这一过程中许多反应是糖酵解的逆反应，但并不能简单地认为糖异生是糖酵解的逆反应。由于糖酵解中己糖激酶、磷酸果糖激酶及丙酮酸激酶催化的反应是不可逆的，因此，由丙酮酸到磷酸烯醇式丙酮酸、果糖 -1, 6- 二磷酸水解生成果糖 -6- 磷酸、葡萄糖 -6- 磷酸水解生成葡萄糖是由另外的酶催化的。这三个绕过糖酵解途径的不可逆反应也是糖异生作用的关键步骤。

（1）丙酮酸到磷酸烯醇式丙酮酸。该步骤又分两步进行，首先在丙酮酸羧化酶的催化下，丙酮酸羧化为草酰乙酸，反应消耗 1 分子 ATP。然后草酰乙酸在磷酸烯醇式丙酮酸羧激酶（PEP 羧激酶）的催化下，生成磷酸烯醇式丙酮酸，消耗 1 分子 GTP（图 11-33）。

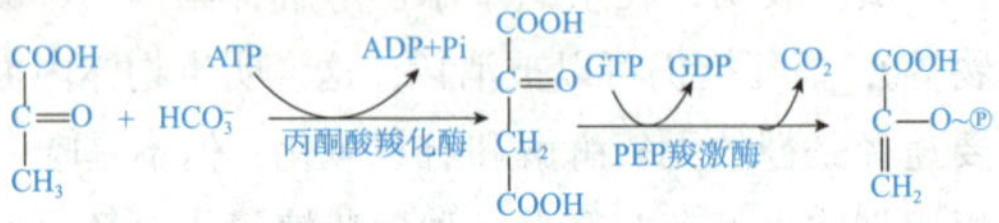

图 11-33　丙酮酸到磷酸烯醇式丙酮酸

（2）果糖 -1, 6- 二磷酸水解生成果糖 -6- 磷酸。果糖 -1, 6- 二磷酸在细胞液中果糖 -1, 6- 二磷酸酶的催化下，生成果糖 -6- 磷酸（图 11-34）。

（3）葡萄糖 -6- 磷酸水解生成葡萄糖。果糖 -6- 磷酸可在磷酸葡萄糖异构酶的催化下转变为葡萄糖 -6- 磷酸，葡萄糖 -6- 磷酸在葡萄糖 -6- 磷酸酶的催化下生成葡萄糖（图 11-35）。

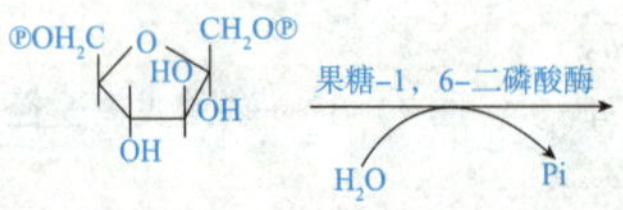

图 11-34　果糖 -1, 6- 二磷酸水解生成果糖 -6- 磷酸 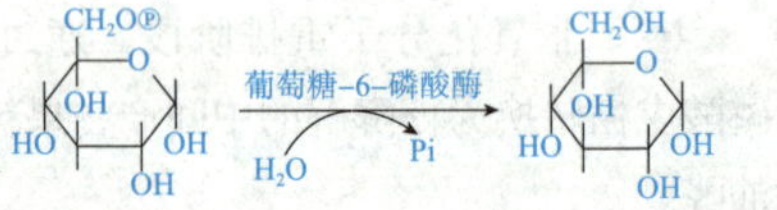　　图 11-35　葡萄糖 -6- 磷酸水解生成葡萄糖

以上过程可以看出，糖异生作用是个需能过程，由 2 分子丙酮酸合成 1 分子葡萄糖需要 4 分子 ATP 和 2 分子 GTP，相当于消耗 6 分子 ATP。

3. 糖异生作用的生理意义

（1）维持空腹或饥饿时血糖的相对恒定。体内糖贮存量有限，如果没有外源性补充，只需 10 多个小时糖原即可耗尽。事实上，禁食 24 h，血糖仍能保持正常水平，此时完全依赖糖的异生作用。糖的异生作用一直在进行，只是空腹和饥饿时明显加强。

（2）体内乳酸利用的主要方式。乳酸很容易通过细胞膜弥散入血，通过血液循环运到肝脏，经糖异生作用转变为葡萄糖；肝脏糖异生作用生成的葡萄糖又输送到血液循环，再被肌肉利用。这一过程叫作乳酸循环。可见，糖异生作用对乳酸的再利用、肝糖原更新、补充肌肉糖的消耗及防止乳酸中毒等方面都起着重要作用。

（3）协助氨基酸代谢。大多数氨基酸是生糖氨基酸，可以转变为丙酮酸、酮戊二酸和草酰乙酸，参加糖异生作用。由氨基酸转变成糖是氨基酸代谢的重要途径之一。在长期禁食、

> **拓展知识**
> ★ 反刍动物糖异生途径十分活跃，牛胃中的细菌分解纤维素成为乙酸、丙酸、丁酸等奇数脂肪酸，这些奇数脂肪酸可转变成为琥珀酰 CoA 参加糖异生途径合成葡萄糖。

糖尿病或肾上腺皮质激素分泌过多时，组织蛋白分解增加，糖异生作用增强。

（4）促进肾小管泌氨作用。人体长期禁食后，肾脏的糖异生作用明显加强，其原因可能是饥饿引起的代谢性酸中毒，体液 pH 值降低促进了磷酸烯醇式丙酮酸羧激酶合成而使糖异生增强。当肾脏中 α-酮戊二酸经草酰乙酸而转变成糖时，因 α-酮戊二酸减少，从而促进肾中谷氨酰胺脱氨成谷氨酸以及谷氨酸脱氨。肾小管细胞将 NH_3 分泌入管腔，与原尿中 H^+ 结合，降低原尿中 H^+ 浓度，有利于排 H^+ 保 Na^+ 作用的进行，对防止酸中毒有重要作用。

（二）糖原的合成

糖原是动物体内贮存糖的形式，是由葡萄糖分子聚合成的、有支链的高分子化合物，又被称为"动物淀粉"。食物中的葡萄糖被吸收后，一部分被转化为糖原，由葡萄糖合成糖原的过程称为糖原的合成，糖原合成的场所主要是肝脏和肌肉组织。

糖原合成首先以葡萄糖为原料，合成尿苷二磷酸葡萄糖，在糖原合酶的作用下，将尿苷二磷酸葡萄糖转给肝脏和肌肉组织中的糖原蛋白上，延长糖链，合成糖原。糖原合成的特点是直链的增长是在原有直链上逐步增加葡萄糖残基；支链的增多是把直链的一部分拆下来装配成侧链。因此，糖原合成可分为糖链延长阶段和支链增多阶段。

糖原合成过程如图 11-36 所示。

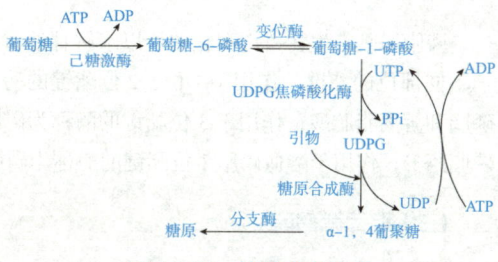

图 11-36　糖原合成过程

> **生化与健康**
>
> ★ 糖原累积病是一类由于先天性酶缺陷所造成的糖原代谢障碍疾病，多数属常染色体隐性遗传，发病因种族而异。根据欧洲资料，其发病率为 1/（2 万～2.5 万）。糖原合成和分解代谢中所必需的各种酶至少有 8 种，由于这些酶缺陷所造成的临床疾病有 12 种类型，其中 I、III、IV、VI、IX 型以肝脏病变为主；II、V、VII 型以肌肉组织受损为主。这类疾病有一个共同的生化特征，即糖原贮存异常，绝大多数是糖原在肝脏、肌肉、肾脏等组织中贮积量增加。仅少数病种的糖原贮积量正常，而糖原的分子结构异常。

知识任务三　脂类代谢

问题引导：
1. 人体内的脂类水解都在哪些部位？
2. 什么是脂肪酸的 β-氧化？具体过程是什么？
3. 脂肪酸的生物合成可分为几个阶段？

一、脂类的酶促水解

在动植物组织中含有不同种类的脂质水解酶，生物体内的脂质代谢都要先进行水解。常见的脂质水解酶有脂肪酶、磷脂酶、胆固醇酯酶等。

（一）脂肪酶

脂肪（甘油三酯）经脂肪酶水解成甘油和脂肪酸，甘油和脂肪酸在组织内氧化成二氧化碳和水，所放出的能量被用于各种生理机能。在人体内，脂肪的消化主要在小肠，由胰脂肪酶催化，胆汁酸盐和脂肪酶协助使脂肪逐步水解生成脂肪酸和甘油。对激素敏感的脂肪酶是限制脂解速度的限速酶。肾上腺素、高血糖素、肾上腺皮质激素等可加速脂解作用，胰岛素、前列腺素 E 作用相反，具有抗脂解作用。

脂肪酶广泛存在于动植物和微生物中。植物中含脂肪酶较多的是油料作物的种子，如蓖麻籽、油菜籽等，当油料种子发芽时，脂肪酶能与其他的酶协同发挥作用，催化分解油脂类物质生成糖类，提供种子生根发芽所必需的养料和能量；动物体内含脂肪酶较多的是高等动物的胰脏和脂肪组织，在肠液中含有少量的脂肪酶，用于补充胰脂肪酶对脂肪消化的不足，在肉食动物的胃液中含有少量的丁酸甘油酯酶。在动物体内，各类脂肪酶控制着消化、吸收、脂肪重建和脂蛋白代谢等过程；细菌、真菌和酵母中的脂肪酶含量更为丰富。由于微生物种类多、繁殖快、易发生遗传变异，具有比动植物更广的作用 pH 值，且微生物来源的脂肪酶一般是分泌性的胞外酶，适合于工业化大生产和获得高纯度样品，因此，微生物脂肪酶是工业用脂肪酶的重要来源。

> **生化趣事**
> ★ 微生物来源的脂肪酶可用来增强干酪制品的风味。牛奶中脂肪的有限水解可用于巧克力牛奶的生产。脂肪酶可使食品形成特殊的牛奶风味。

（二）磷脂酶

磷脂酶是在生物体内存在的可以水解甘油磷脂的一类酶。磷脂酶有多种，作用于磷脂分子不同部位的酯键。作用于 1 位、2 位酯键的酶分别称为磷脂酶 A_1 及磷脂酶 A_2，生成溶血磷脂和游离脂肪酸；作用于 3 位酯键的酶称为磷脂酶 C；作用于磷酸取代基间酯键的酶称为磷脂酶 D；作用于溶血磷脂 1 位酯键的酶称为磷脂酶 B_1。

（三）胆固醇酯酶

胆固醇酯是由脂肪酸和醇作用生成的酯，一般不溶于水而溶于脂溶性溶剂。胆固醇酯酶水解胆固醇酯，生成胆固醇和脂肪酸。小肠可吸收脂类的水解产物。胆汁酸盐帮助乳化，结合载脂蛋白形成乳糜微粒，经肠黏膜细胞吸收进入血循环。所以乳糜微粒是转运外源性脂类（主要是 TG）的脂蛋白。

二、脂类的分解代谢

（一）甘油的氧化分解

甘油在甘油激酶的催化下进行磷酸化作用，生成 α-磷酸甘油。α-磷酸甘油在磷酸甘油脱氢酶的催化下，转变为磷酸二羟丙酮（图 11-37）。磷酸二羟丙酮可以异构为 3-磷酸甘油醛进入糖酵解途径生成丙酮酸，再经三羧酸循环彻底氧化为 CO_2 和 H_2O；也可以进行糖异生作用生成 1-磷酸葡萄糖，进而形成糖原贮存在肝脏内。

图 11-37 甘油转变为磷酸二羟丙酮

> **科学史话**
> ★ 1904 年弗朗茨·克诺普根据用苯环标记脂肪酸饲喂狗的试验结果，提出了 β-氧化学说。

（二）脂肪酸的氧化分解

脂肪酸氧化分解的途径有 β-氧化、α-氧化、ω-氧化，其中 β-氧化是脂肪酸氧化的主要方式。

1. 脂肪酸的 β-氧化

β-氧化是指脂肪酸在一系列酶的作用下，羧基端的 β-碳原子上发生氧化，碳链在 α-位

和 β- 位碳原子之间断裂，生成一个乙酰 CoA 和少两个碳原子的脂酰 CoA 的过程。一个脂肪酸分子经过反复的 β- 氧化，最终可全部转变为乙酰 CoA。具体步骤如下：

（1）脂肪酸的活化。在脂酰 CoA 合成酶（硫激酶）的催化下，由 ATP 提供能量，将脂肪酸转变成脂酰 CoA（图 11-38）。

$$\text{ROOH+HS—CoA+ATP} \xrightarrow[\text{Mg}^{2+}]{\text{脂酰CoA合成酶}} \text{RCO~SCoA+AMP+PPi}$$

脂肪酸 　　　　　　　　　　　　　　　　　脂酰CoA

图 11-38　脂肪酸转变成脂酰 CoA

（2）脂酰 CoA 由线粒体膜外至膜内的转运。10 个碳原子以下的脂酰 CoA 可渗透通过线粒体内膜，但长链脂酰 CoA 不能透过，需要与极性的肉毒碱分子结合，形成脂酰肉毒碱（图 11-39），运送脂酰 CoA 进入线粒体。催化该反应的酶分别是肉毒碱脂酰转移酶Ⅰ和肉毒碱脂酰转移酶Ⅱ。其中转移酶Ⅰ位于线粒体内膜外侧，转移酶Ⅱ位于线粒体内膜内侧。脂酰 CoA 与肉毒碱在转移酶Ⅰ催化下形成脂酰肉毒碱，脂酰肉毒碱通过线粒体内膜的移位酶穿过内膜到达线粒体基质中，在转移酶Ⅱ的催化下，重新生成脂酰 CoA 和游离的肉毒碱，肉毒碱在移位酶作用下，重新回到细胞液中运送其他的脂酰 CoA。

图 11-39　脂酰 CoA 与脂酰肉毒碱相互转变

（3）脂肪酸 β- 氧化的反应过程。进入线粒体的脂酰 CoA，经过 β- 氧化作用后生成乙酰 CoA。一次 β- 氧化包括脱氢、水化、再脱氢、硫解四步。

1）脱氢。脂酰 CoA 在脂酰 CoA 脱氢酶的催化下，形成 α, β- 反烯脂酰 CoA（Δ^2- 反烯脂酰 CoA）（图 11-40）。

2）水化。α, β- 反烯脂酰 CoA 在烯脂酰 CoA 水化酶的催化下，水化生成 L-β- 羟脂酰 CoA（图 11-41）。

图 11-40　脂酰 CoA 转变形成 α, β- 反烯脂酰 CoA

图 11-41　α, β- 反烯脂酰 CoA 水化生成 L-β- 羟脂酰 CoA

3）再脱氢。L-β- 羟脂酰 CoA 在 β- 羟脂酰 CoA 脱氢酶的催化下，脱氢生成 β- 酮脂酰 CoA（图 11-42）。

图 11-42　L-β- 羟脂酰 CoA 脱氢生成 β- 酮脂酰 CoA

> **科学史话**
> ★ 20 世纪初，Franz Knoop 将末端甲基上连有苯环的脂肪酸饲喂狗，然后检测狗尿中的产物。结果发现，食用含偶数碳的脂肪酸的狗的尿中有苯乙酸的衍生物苯乙尿酸，而食用含奇数碳的脂肪酸的狗的尿中有苯甲酸的衍生物马尿酸。Knoop 由此推测无论脂肪酸链的长短，脂肪酸的降解总是每次水解下两个碳原子。据此，Knoop 提出脂肪酸的氧化发生在 β- 碳原子上，而后 C$_a$ 与 C$_b$ 之间的键发生断裂，从而产生二碳单位。

生化与健康
减肥药左旋肉碱是如何起作用的？

4）硫解。β-酮脂酰 CoA 在硫解酶催化下，与1分子 HS-CoA 作用，生成1分子乙酰 CoA 和1分子少两个碳的脂酰 CoA（图 11-43）。

$$RCCH_2CO\sim SCoA + HS-CoA \xrightleftharpoons[]{硫解酶} RCO\sim SCoA + CH_3CO\sim SCoA$$
β-酮脂酰CoA　　　　　　　　脂酰CoA（少两个碳）　乙酰CoA

图 11-43　β-酮脂酰 CoA 生成乙酰 CoA 和脂酰 CoA（少两个碳）

脂酰 CoA 每进行一次 β-氧化，需经脱氢、水化、再脱氢和硫解四步反应，同时释放出1分子乙酰 CoA。少了两个碳的脂酰 CoA 再作为底物，重复这四步反应，直至整个脂酰 CoA 都生成乙酰 CoA。生成的乙酰 CoA 可进入三羧酸循环氧化为 CO_2 和 H_2O，也可参加其他合成代谢。

脂肪酸 β-氧化作用的全过程如图 11-44 所示。

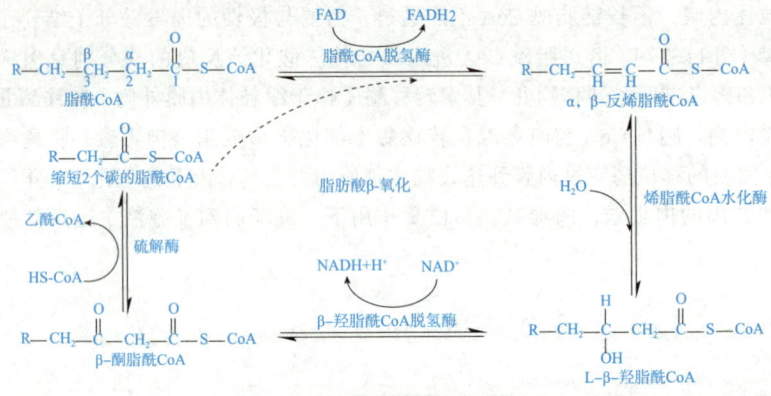

图 11-44　脂肪酸的 β-氧化

（4）脂肪酸 β-氧化的能量生成。以软脂酸 $C_{15}H_{31}COOH$ 为例。

软脂酸为十六碳酸，需经7次 β-氧化循环，共生成8分子乙酰 CoA。一次 β-氧化有两次脱氢反应，分别生成 $FADH_2$ 和 $NADH+H^+$，$FADH_2$ 可通过呼吸链产生1.5分子 ATP，$NADH+H^+$ 通过呼吸链产生2.5分子 ATP，故一次 β-氧化反应可生成4分子 ATP。软脂酸经7次 β-氧化循环可生成 7×4 即 28 个 ATP。

1分子乙酰 CoA 经 TCA 循环可产生 10 分子 ATP，软脂酸共生成8分子乙酰 CoA，经 TCA 循环可产生 8×10 即 80 个 ATP。

扣除脂肪酸活化成脂酰 CoA 时消耗2分子 ATP，故1分子软脂酸完全氧化成 H_2O 和 CO_2 生成的 ATP 分子数是 7×4+8×10-2=106。

2. 脂肪酸氧化的其他途径

（1）奇数碳脂肪酸的氧化。虽然天然脂质中的脂肪酸绝大部分碳原子个数为偶数，但在一些植物及海洋生物体内含有一定量的奇数碳原子脂肪酸。这些含奇数碳原子的脂肪酸与偶数碳原子脂肪酸氧化的方式相同，区别在于氧化的最后一轮生成的是乙酰 CoA 和丙酰 CoA。

（2）脂肪酸的 α-氧化。脂肪酸氧化作用发生在 α-碳原子上，分解出 CO_2，生成比原来少一个碳原子的脂肪酸，这种氧化作用称为 α-氧化作用（图 11-45）。

图 11-45　脂肪酸的 α-氧化

拓展知识
★ 不同于 β-氧化的是，α-氧化可以发生在游离的脂肪酸上，不需脂肪酸与 ATP 形成混酐而被活化；而且，这种过程不产生 ATP，既可在内质网发生，也可在线粒体或过氧化物酶体发生。

（3）脂肪酸的 ω-氧化 脂肪酸的末端甲基（ω-端）经氧化转变成羟基，继而再氧化成羧基,从而形成α,ω-二羧酸,再从两端同时进行β-氧化降解脂肪酸(图11-46)。ω-氧化在内质网中发生。

3. 酮体的生成和利用

脂肪酸在肝脏中经β-氧化所生成的乙酰CoA,可在酶的催化下转变成乙酰乙酸、β-羟丁酸和丙酮(图11-47),这三种物质统称为酮体。酮体的生成部位在肝细胞线粒体中,其原料为乙酰CoA。三分子乙酰CoA缩合,裂解出三种酮体物质。反应的限速酶是HMG-CoA合成酶。肝脏产生的酮体透过细胞膜随血液送到肝外组织(如心、肾、脑、骨骼肌等)进行氧化分解。

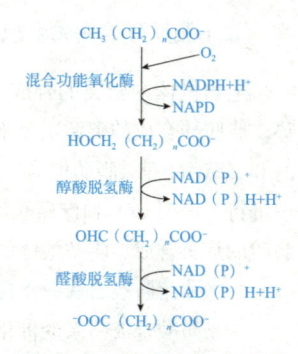

图11-46 脂肪酸的ω-氧化

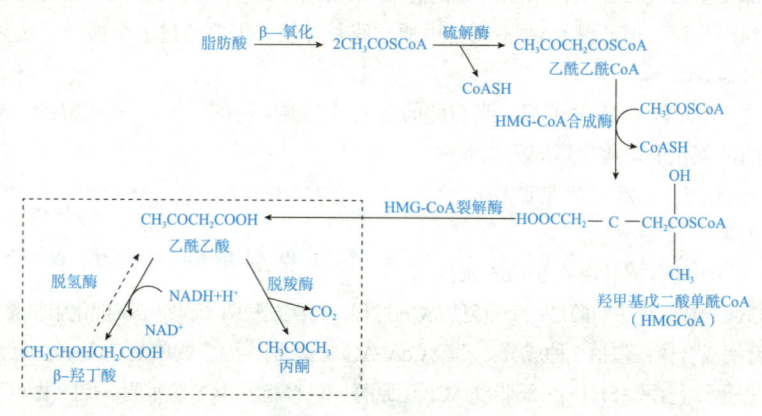

图11-47 酮体的生成

酮体是脂肪酸在肝脏中氧化分解时产生的正常中间产物,其分子小、溶于水、可透过血脑屏障及毛细血管、血中含量少,因此,酮体是肝脏向肝外组织提供可利用的能源的一种方式。当人体长期饥饿或糖供应不足时,脂肪动员加强,脂肪酸转化成酮体,以代替葡萄糖而成为脑或肌肉的主要能源物质。但在某些生理或病理情况下,如长期禁食或糖尿病时,肝内酮体生成的量超过肝外组织的利用能力,血酮体浓度就会过高,易导致酮血症、酮尿症、代谢性酸中毒等。

三、脂类的合成代谢

脂肪是一分子甘油与三分子脂肪酸形成的酯。人体内脂肪的合成有两个途径:一是糖类等转化为脂肪,这是体内脂肪的主要来源;二是食物中的脂肪转化为人体的脂肪。脂肪主要贮存于脂肪组织中。脂肪组织和肝脏是体内合成脂肪的主要部位。甘油和脂肪酸不能直接形成酯键,必须转化为活化形式α-磷酸甘油和脂酰CoA,才能合成脂肪。

(一)α-磷酸甘油的生物合成

合成脂肪所需的α-磷酸甘油可由糖酵解产生的磷酸二羟丙酮还原而成,也可由脂肪分解产生的甘油经脂肪组织外的甘油激酶催化与ATP作用而成(图11-48)。

图11-48 α-磷酸甘油的生物合成

拓展知识

★动物能合成不饱和脂肪酸,但由于缺少酶,只能合成单不饱和脂肪酸,而植物能合成多不饱和脂肪酸。

(二)脂肪酸的生物合成

生物机体内脂类的合成十分活跃，特别是在高等动物的肝脏、脂肪组织和乳腺中占优势。脂肪酸合成的碳源主要来自糖酵解产生的乙酰CoA，部分来自氨基酸降解和长链脂肪酸的β-氧化过程。脂肪酸合成步骤与氧化降解步骤完全不同。脂肪酸的生物合成是在细胞液中进行，需要CO_2和柠檬酸参加，而氧化降解是在线粒体中进行的。接下来分别讲解饱和脂肪酸的从头合成、脂肪酸链的延长、不饱和脂肪酸的合成。

1. 饱和脂肪酸的从头合成

在脂肪酸合成酶系的催化下，由乙酰CoA合成脂肪酸的过程，称为脂肪酸的从头合成。

（1）乙酰CoA的转运。乙酰CoA可由糖氧化分解或由脂肪酸、酮体和蛋白分解而成，这些反应都发生在线粒体中，而脂肪酸的合成在细胞液中进行，因此，乙酰CoA必须从线粒体转运到细胞液，但乙酰CoA不能自由通过线粒体膜，需要通过一个循环系统完成，即柠檬酸-丙酮酸循环。

（2）丙二酸单酰CoA的生成。脂肪酸的合成是二碳单位的延长过程。乙酰CoA在乙酰CoA羧化酶的催化下，羧化形成丙二酸单酰CoA（图11-49）。该反应是脂肪酸合成的限速步骤。

$$CH_3CO\sim SCoA+ATP+HCO_3^- \xrightarrow[\text{生物素}]{\text{乙酰CoA羧化酶}} HOOCCH_2CO\sim SCoA+ADP+Pi$$
乙酰CoA　　　　　　　　　　　　　丙二酸单酰CoA

图11-49　乙酰CoA形成丙二酸单酰CoA

（3）软脂酸的合成。由乙酰CoA及丙二酸单酰CoA合成长链脂肪酸是一个重复加成的过程，每次延长两个碳原子。催化脂肪酸合成的酶是脂肪酸合酶复合体，包括7种成分：乙酰CoA-ACP转酰酶、丙二酸单酰CoA-ACP转酰酶、β-酮酯酰ACP合酶（合酶-SH）、β-酮脂酰ACP还原酶、β-羟脂酰ACP脱水酶、烯脂酰ACP还原酶和酰基载体蛋白（ACP-SH）。脂肪酸合酶复合体总相对分子质量约为27万，各组分分开则会失活。

由乙酰-CoA起，经缩合、还原、脱水、再还原几个反应步骤，便生成含4个碳原子的丁酰基。总反应式如图11-50所示。

$$2乙酰-CoA+ATP+ACP+2NADPH+2H^+ \longrightarrow 丁酰-ACP+2CoA+ADP+Pi+2NADP^++H_2O$$

图11-50　乙酰CoA形成丁酰基-ACP

上述反应系列使碳链延长2个碳原子。如果以丁酰-ACP代替乙酰-ACP作为起始反应物，重复上述反应系列，又可以使碳链延长2个碳原子而生成己酰-ACP。如此重复下去，碳链最多可以延长到16个碳原子（棕榈酸）。

2. 脂肪酸链的延长

在生物细胞内还含有碳链长度在16以上的脂肪酸，这些脂肪酸是以16个碳原子的棕榈酸为基础，进一步延长碳链形成的。在动物体内，催化脂肪酸碳链延长的酶存在于线粒体和微粒体中。

（1）线粒体延长途径。在线粒体中进行的是与脂肪酸β-氧化相似的逆向反应过程。乙酰CoA为二碳供体，软脂酰CoA与乙酰CoA缩合形成β-酮十八碳脂酰CoA，再经还原、脱水、再还原，形成硬脂酰CoA。重复该过程一般可以使碳链延长至24个碳原子。

（2）微粒体延长途径。微粒体系统的特点是利用丙二酸单酰CoA加长碳链。在软脂酰CoA基础上进行缩合、还原、脱水、再还原，形成硬脂酰CoA，然后重复循环，生成二十碳以上的脂酰CoA。

3. 不饱和脂肪酸的合成

生物体内不饱和脂肪酸的合成途径有氧化脱氢途径和厌氧途径两种。其中氧化脱氢途径

拓展知识

★ 软脂酸广泛存在于自然界中，绝大多数的油脂中含有数量不等的软脂酸组分。中国产的乌桕种子的乌桕油中，软脂酸的含量可高达60%以上，棕榈油中含量大约为40%，菜油中的含量则不足2%。

存在于一切真核生物中，厌氧途径仅存在于原核生物中。

（1）氧化脱氢途径（图 11-51）。

$$CH_3(CH_2)_7CH_2CH_2(CH_2)_7CO-S-CoA \xrightarrow[NAD(P)H+H^+]{1/2O_2 \quad H_2O} CH_3(CH_2)_7CH=CH(CH_2)_7CO-S-CoA$$

图 11-51　不饱和脂肪酸合成的氧化脱氢途径

（2）厌氧途径（图 11-52）。

图 11-52　不饱和脂肪酸合成的厌氧途径

（三）三酰甘油的生物合成

3-磷酸甘油与 2 分子脂酰 CoA 反应，缩合生成磷脂酸。磷脂酸在磷酸酶催化下脱去磷酸，生成二酰甘油。二酰甘油与一分子脂酰 CoA 作用，生成三酰甘油。

三酰甘油的生物合成过程如图 11-53 所示。

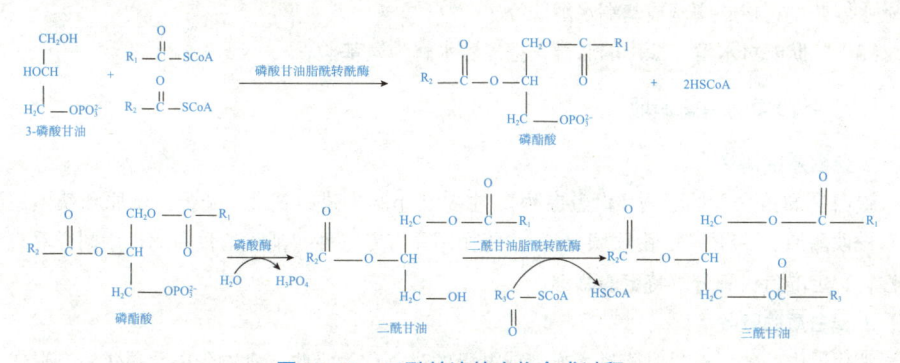

图 11-53　三酰甘油的生物合成过程

拓展知识

★ 二酰甘油含有两个脂溶性的脂肪酸残基，因此只能固定在细胞膜上，往往是细胞膜的胞内侧发挥作用，而不能进入细胞质。

知识任务四　蛋白质代谢

问题引导：
1. 蛋白质的酶促降解有何生理意义？
2. 氨基酸的脱氨基作用有哪几种方式？
3. 蛋白质如何进行生物合成？

教学课件
蛋白质代谢

生物体内的组分每时每刻都在进行更新，细胞不断从氨基酸合成蛋白质，又将蛋白质降解为氨基酸。这样的变化过程看似浪费，但实质上具有重要的生理意义：一方面可以除去不正常蛋白质，这些不正常蛋白质一旦积聚，对细胞危害很大；另一方面可以调节物质在细胞中的代谢，这种调节是通过排除累积过多的酶和调节蛋白来完成的。

一、蛋白质的酶促降解

蛋白质的酶促降解是指蛋白质在酶的作用下，使肽键发生水解，生成氨基酸的过程。人体从食物中摄取的蛋白质不能直接进入细胞，必须在消化道内经蛋白酶水解为小分子的氨基酸才能被吸收利用。人体从食物中获得的氨基酸为外源氨基酸；组织蛋白质降解产生的氨基酸和体内合成的氨基酸为内源氨基酸。分布于血液及各个组织中的游离氨基酸称为氨基酸代谢库。

（一）蛋白酶的种类及作用特点

水解蛋白质的酶统称为蛋白酶，广泛地存在于生物体内，包括肽链内切酶、肽链外切酶、二肽酶等。

（1）肽链内切酶又称内肽酶，水解蛋白质多肽链内部的肽键，对参与形成肽键的氨基酸残基有一定的专一性，水解蛋白质的产物是长度不等的肽链。

（2）肽链外切酶又称外肽酶、肽链端解酶，它们只作用于多肽链的末端，从肽链的一端水解肽键，将氨基酸逐一从肽链上切下来。肽链外切酶有氨肽酶和羧肽酶两种，氨肽酶从氨基端水解肽键；羧肽酶从羧基端水解肽键。

（3）二肽酶可水解二肽中的肽键，把二肽水解为氨基酸。

（二）蛋白质的消化吸收

1. 蛋白质的消化

蛋白质的消化开始于胃（胃蛋白酶），主要在小肠中进行消化（糜蛋白酶原和胰蛋白酶原，羧肽酶原 A 和 B 等，由胰腺分泌）。酶作用具有专一性，消化道蛋白酶作用同样具有专一性，特定的蛋白酶分解特定的肽键。

2. 蛋白质的吸收

消化道内的物质透过黏膜进入血液或淋巴的过程称为吸收。食物蛋白质消化后，形成的游离氨基酸和小肽通过肠黏膜的刷状缘细胞吸收。在肠细胞内，这些小肽大多会被进一步水解成氨基酸，随后，氨基酸通过门静脉被输送到肝脏进行进一步的代谢或利用。

（三）胞内蛋白质降解系统

参与细胞内蛋白质降解的蛋白酶大致可分为两类：一类是相对分子质量较小、专一性较低、催化过程不需要 ATP 的蛋白酶和肽酶；另一类是高分子量的多酶复合物，对底物蛋白有高度选择性，催化蛋白质水解不仅需消耗 ATP，而且受到严密的调控。

细胞质内有两个最重要的蛋白质降解系统。溶酶体系统包括多种在酸性 pH 值下活化的小分子量蛋白酶，因此又称为酸性系统，主要水解长寿命蛋白和外来蛋白；泛肽系统则在 pH 为 7.2 的胞液中起作用，因此又称为碱性系统，主要水解短寿命蛋白和反常蛋白。

（四）蛋白质酶促降解的生理意义

（1）基因突变、生物合成误差、自发变性、自由基破坏及环境胁迫和疾病均可导致反常蛋白的产生，其中有些通过蛋白质酶促降解等作用可以重新恢复成正常蛋白。

（2）短寿命蛋白虽然不到总蛋白的 10%，但却包括许多代谢途径的限速酶、调节基因表达的转录因子等，具有十分重要的生理功能。短寿命蛋白半衰期很短，便于通过基因表达和蛋白质酶促降解对其含量进行精确、快速的调控。

（3）蛋白质酶促降解可维持体内氨基酸代谢库。

（4）蛋白质酶促降解是机体防御机制的组成部分。

二、氨基酸的分解代谢

氨基酸代谢在蛋白质代谢中处于枢纽位置。天然氨基酸分子除侧链基团不同外，均含 α-氨基和 α-羧基，因此各氨基酸都有共同的代谢途径。氨基酸的共同代谢途径包括脱氨基作用和脱羧基作用，其中脱氨基作用是氨基酸分解代谢的主要途径。

（一）氨基酸的脱氨基作用

脱氨基作用是指氨基酸在酶的催化下脱去氨基的过程，包括氧化脱氨基作用、转氨基作用、联合脱氨基作用等。

1. 氧化脱氨基作用

氨基酸在酶的催化下，氧化脱氢的同时释放出游离的氨，生成相应的 α-酮酸的过程，称为氧化脱氨基作用（图 11-54）。反应分脱氨、水解两步进行。

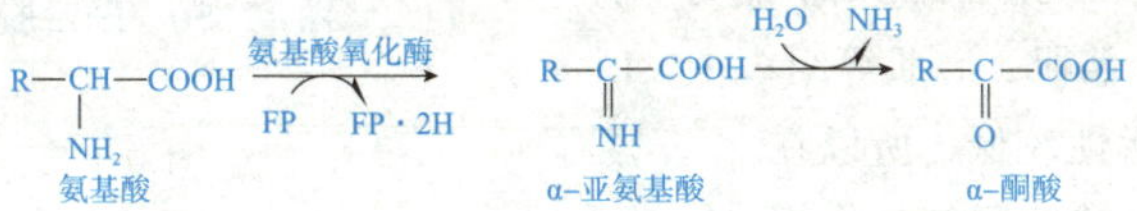

图 11-54 氧化脱氨基作用

催化氨基酸氧化脱氨基作用的酶有 L-氨基酸氧化酶、D-氨基酸氧化酶及和专一性氨基酸氧化酶用于氧化特定氨基酸。

（1）L-氨基酸氧化酶有两种类型，一类以黄素腺嘌呤二核苷酸（FAD）为辅基，另一类以黄素单核苷酸（FMN）为辅基。L-氨基酸氧化酶在体内分布不广，其最适 pH 值为 10，因此在生理条件下活性不高。

（2）D-氨基酸氧化酶是以 FAD 为辅基的黄素蛋白酶。D-氨基酸氧化酶分布广，活性高，但人体内的 D-氨基酸很少。

（3）氧化专一氨基酸的酶是专一性能强的只催化一种氨基酸氧化的酶，目前已发现的有甘氨酸氧化酶、D-天冬氨酸氧化酶及 L-谷氨酸脱氢酶等。其中 L-谷氨酸脱氢酶广泛存在于动植物体和微生物体内，且活性很强，是催化氨基酸氧化脱氨基作用的主要酶类，食品工业上可以利用此反应的逆反应生产味精。

2. 转氨基作用

转氨基作用又称氨基转换作用，指 α-氨基酸的氨基通过酶促反应，转移到 α-酮酸的酮基位置上，生成与原来的 α-酮酸相应的 α-氨基酸，原来的 α-氨基酸转变成相应的 α-酮酸（图 11-55）。

转氨基作用是可逆反应，氨基酸是氨基供体，α-酮酸是氨基受体，氨基酸和 α-酮酸可以互相转化。因

图 11-55 转氨基作用

> **拓展知识**
>
> ★蛇毒（SV）是由多种生物活性多肽、蛋白质、核苷、胺和金属离子等组成的复杂混合物。L-氨基酸氧化酶（LAAOs）作为蛇毒中的一个重要成分，有着多样的生物学活性，其通过催化氧化 L-氨基酸产生过氧化氢（H_2O_2）赋予蛇毒一定的毒性。

> **生化与健康**
>
> ★"转氨基作用"的临床意义：氨基转移酶属于胞内酶，广泛分布于各种组织细胞中，但在不同组织细胞中的含量相差甚远。正常情况下，血清中氨基转移酶的活性较低；当组织细胞受损（如细胞膜通透性增加或细胞破坏）时，大量氨基转移酶释放入血，血清中相应酶的活性则明显升高。如急性肝炎时血清 ALT 活性显著升高；心肌梗死时血清 AST 明显升高。因此，测定血清氨基转移酶的活性变化，可作为对某些疾病进行诊断和判断预后的重要参考指标之一。

此,转氨基作用不仅是氨基酸分解代谢的开始步骤,也是体内合成非必需氨基酸的重要途径。转氨基作用还沟通了糖代谢和蛋白质代谢之间的联系,如糖代谢中产生的丙酮酸、草酰乙酸和 α- 酮戊二酸可通过转氨基作用形成丙氨酸、天冬氨酸和谷氨酸;蛋白质分解产生的丙氨酸、天冬氨酸和谷氨酸也可转变为丙酮酸、草酰乙酸和 α- 酮戊二酸,进入三羧酸循环。

催化转氨基反应的酶称为转氨酶,种类很多,在动物、植物组织及微生物中分布很广。动物和高等植物的转氨酶一般都只催化 L- 氨基酸和 α- 酮酸的转氨作用。而某些细菌,例如枯草杆菌的转氨酶,能催化 D- 和 L- 两种氨基酸的转氨基作用。人体内最重要的两个转氨酶是谷丙转氨酶(GPT)和谷草转氨酶(GOT)。谷丙转氨酶催化谷氨酸和丙酮酸之间的转氨基反应,谷草转氨酶催化谷氨酸和草酰乙酸之间的转氨基反应。

3. 联合脱氨基作用

转氨基作用在生物体内普遍存在,但它所催化的转氨基作用未能将氨基真正脱去,只是把氨基传递给了 α- 酮酸,以新的氨基酸代替了原来的氨基酸。在体内,氨基酸是通过转氨基作用和脱氨基作用相联合的方式实现脱去氨基的。机体借助联合脱氨基作用可迅速地使各种不同的氨基作用转移到 α- 酮戊二酸的分子上,生成相应的 α- 酮酸和谷氨酸,然后谷氨酸在 L- 谷氨酸脱氢酶的作用下,脱去氨基又生成 α- 酮戊二酸(图 11-56)。

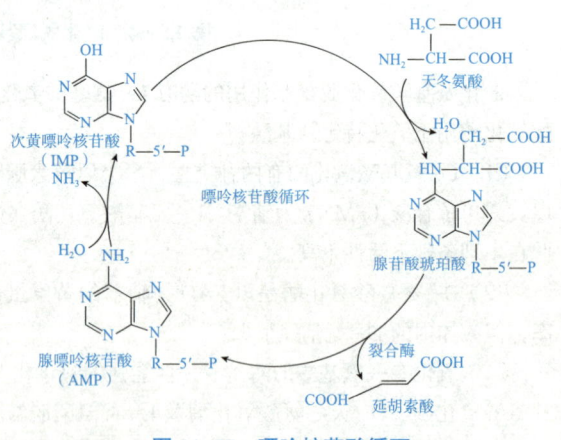

4. 嘌呤核苷酸循环

嘌呤核苷酸循环为联合脱氨基的另一种形式。在动物的骨骼肌、心肌等组织中,L- 谷氨酸脱氢酶的活性较低,所以在这些组织中,氨基酸的脱氨基作用主要是由嘌呤核苷酸循环来实现的。在此反应过程中,氨基酸分子上的 α- 氨基通过二次转氨基作用生成天冬氨酸,天冬氨酸与次黄嘌呤核苷酸在腺苷酸琥珀酸合成酶的催化下,利用 GTP 供能,合成腺苷酸琥珀酸;腺苷酸琥珀酸在腺苷酸琥珀酸裂解酶的催化下,裂解为延胡索酸和腺苷酸;腺苷酸在脱氨酶的作用下,水解脱去氨基,重新生成次黄嘌呤核苷酸;次黄嘌呤核苷酸可继续参加上述反应,因此称为嘌呤核苷酸循环(图 11-57)。

> **拓展知识**
> ★ 由于骨骼肌和心肌中 L- 谷氨酸脱氢酶的活性较弱,难以进行联合脱氨基作用,因此这些组织中的氨基酸主要通过嘌呤核苷酸循环进行脱氨基。

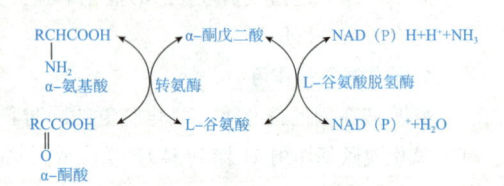

图 11-56 联合脱氨基作用

图 11-57 嘌呤核苷酸循环

(二)氨基酸的脱羧基作用

脱羧基作用指氨基酸在氨基酸脱羧酶催化下脱去羧基,生成二氧化碳和胺类的过程(图 11-58)。

氨基酸脱羧酶在生物体内分布广泛,专一性很强,除组氨酸外,所有的氨基酸脱羧酶都需要磷酸吡哆醛作为辅酶。

图 11-58 脱羧基作用

氨基酸的脱羧作用在微生物中很普遍，在高等动植物体内也有此作用，但不是氨基酸代谢的主要方式。氨基酸脱羧基后产生部分胺类具有生理活性，如组胺可以降低血压、酪胺可使血压升高、β-丙氨酸是维生素泛酸的组成成分。但多数氨基酸脱羧基后产生的胺类对机体有毒害作用，体内存在大量胺类会引起神经或心血管功能紊乱。体内广泛存在的胺氧化酶能催化胺类分解，防止机体病变，在此过程中胺先氧化为醛，醛再进一步氧化为酸，酸再分解为 CO_2 和 H_2O（图11-59）。

$$RCH_2NH_2+O_2+H_2O \xrightarrow{\text{胺氧化酶}} RCHO+NH_3+H_2O_2$$
$$RCHO+\frac{1}{2}O_2 \xrightarrow{\text{醛氧化酶}} RCOOH \longrightarrow CO_2+H_2O$$

图 11-59 胺氧化酶催化胺类分解

（三）氨基酸分解代谢产物的去路

1. α-酮酸的代谢去向

α-氨基酸脱氨基后生成的 α-酮酸有 3 种代谢途径：氧化生成 CO_2 和 H_2O 并产生 ATP 为机体供能，再合成新的氨基酸，转变为糖及脂肪。

脊椎动物体内氨基酸分解代谢过程中，20 种氨基酸由各自酶系催化氧化分解 α-酮酸，分别形成乙酰辅酶 A、α-酮戊二酸、琥珀酰辅酶 A、延胡索酸、草酰乙酸 5 种中间产物，进入三羧酸循环，氧化生成 CO_2 和 H_2O，并释放出能量用以合成 ATP。

机体内氨基酸的脱氨基作用与 α-酮酸的还原氨基化作用可看作一对逆反应，当体内氨基酸过剩时，脱氨基作用加强，反之，氨基化作用加强从而再合成新的氨基酸。

在体内可以转变为糖的氨基酸称为生糖氨基酸，按糖代谢途径进行代谢；可以转变为酮体的氨基酸称为生酮氨基酸，按脂肪酸代谢途径进行代谢；既可转变为糖又可转变为酮体的氨基酸称为生糖兼生酮氨基酸，部分按糖代谢途径进行代谢，部分按脂肪酸代谢途径进行代谢（图11-60）。

图 11-60 α-酮酸的转化示意

2. 氨的代谢去向

组织中氨基酸的分解生成的氨是体内氨的主要来源。高等动植物都有保留并再利用体内氨的能力，一部分氨可以合成谷氨酰胺和天冬酰胺，也可以合成其他非必需氨基酸。动植物体内产生的氨不可能全部都重新利用，有一部分氨不能被利用而以尿素或尿酸的形式排出体外，尿中排氨有利于排酸。

三、氨基酸的合成代谢

不同生物合成氨基酸的能力有所不同。植物和绝大部分微生物能合成全部氨基酸，动物体内自身能合成的非必需氨基酸都是生糖氨基酸，其原因是这些氨基酸与糖的转变是可逆过程；必需氨基酸中只有少部分是生糖氨基酸，这部分氨基酸转变成糖的过程是不可逆的。所有生酮氨基酸都是必需氨基酸，因为这些氨基酸转变成酮体的过程是不可逆的，因此，脂肪很少或不能用来合成氨基酸。

不同氨基酸生物合成途径不同，但许多氨基酸生物合成都与机体内的几个主要代谢途径相关。因此，可将氨基酸生物合成相关代谢途径的中间产物，看作氨基酸生物合成的起始物，并根据起始物不同划分为 6 大类型：α-酮戊二酸衍生类型、草酰乙酸衍生类型、丙酮酸

生化与健康

★芳香族 L-氨基酸脱羧酶缺乏症（aromatic L-amino acid decarboxylase deficiency, AADCD）是一种罕见的常染色体隐性遗传性疾病。由于 L-氨基酸脱羧酶缺乏，患儿多巴胺、儿茶酚胺、血清素等单胺类神经递质合成、代谢障碍，导致自主神经调节障碍。

温故知新

★必须由食物供给的氨基酸称为必需氨基酸，自身能合成的氨基酸称为非必需氨基酸。

拓展知识

★在原核生物中，翻译的过程是与转录同步进行的，而在真核生物中，转录和翻译在时空上是彼此分开的，转录在细胞核中完成，而翻译是在细胞质中完成的。

衍生类型、甘油酸-3-磷酸衍生类型、赤藓糖-4-磷酸和磷酸烯醇丙酮酸衍生类型、组氨酸生物合成衍生类型。

四、蛋白质的生物合成

贮存在 DNA 分子上的遗传信息，通过转录成 mRNA 的核苷酸序列，在蛋白质合成时，再转化为氨基酸序列，因此被称作翻译。蛋白质生物合成的过程非常复杂，涉及细胞内绝大多数种类的 RNA 分子和上百种蛋白质因子。

1. 蛋白质合成体系

在蛋白质生物合成的过程中，氨基酸先与 tRNA 结合形成氨酰-tRNA，然后在核糖体和 mRNA 的复合物上，将氨酰-tRNA 上的氨基酸加入多肽链。核糖体结合到 mRNA 分子的起始序列上，从 mRNA 的 5' 到 3' 阅读遗传密码，从蛋白质的氨基端到羧基端合成多肽链。在一个 mRNA 分子上可以结合多个不同时间开始翻译的核糖体，称多聚核糖体。

（1）mRNA。在原核生物中，mRNA 的转录和翻译发生在同一细胞空间内，且接近同时进行。原核细胞的 mRNA 半衰期非常短（约 2 min）。真核生物 mRNA 通常会有一个前体 RNA 出现在核内，只有成熟的、经过化学修饰的 mRNA 才能进入细胞质。所以真核生物 mRNA 合成和蛋白质合成发生在细胞不同的时空中，mRNA 半衰期也相对较长（1～24 h）。

（2）三联体密码。三联体密码又称遗传密码、密码子，A、C、G、T 四种不同的核苷酸按顺序每三个碱基组成一个密码，一共有 64 种，其中 61 个密码子分别编码各种氨基酸。UAA、UAG、UGA 为终止密码子，不编码氨基酸，当核糖体遇到这 3 个密码子中的任意一个时，蛋白质合成中止。AUG 和 GUG 为起始密码子。在真核生物中，多肽链都是从 AUG（甲硫氨酸）开始，原核生物起始密码子编码的是甲酰甲硫氨酸。

（3）核糖体。核糖体是细胞内蛋白质合成的"机器"，位于细胞质内。核糖体有大、小两个亚基，每个亚基包含一个主要的 rRNA 成分和许多不同功能的蛋白质分子。大亚基中还有一些含量较少的 RNA。

（4）tRNA。tRNA 是氨基酸的运载体，tRNA 分子上的功能位点至少有 4 个，分别为 3'-端 CCA 上的氨基酸接受位点、氨酰-tRNA 合成酶识别位点、核糖体识别位点及反密码子位点。

2. 蛋白质的合成过程

（1）氨基酸的活化。氨基酸在进行合成多肽链之前必须先经过活化，然后与其特异的 tRNA 结合，带到 mRNA 相应的位置上。

（2）活化氨基酸的转运。在此过程中，mRNA 识别的是 tRNA 而不是氨基酸。

（3）肽链合成的起始。原核细胞中肽链合成的起始需要 30S 亚基（小亚基）、50S 亚基（大亚基）、mRNA、N-甲酰甲硫氨酰-tRNA、起始因子 IF-1、IF-2 及 IF-3 及 GTP 和 Mg^{2+}。

（4）肽链合成的延长。此阶段包括进位、转肽、移位三步，这三个步骤重复一次，肽链上就增加一个氨基酸。

（5）肽链合成的终止。肽链合成的终止需要有肽链释放因子（RF）。RF 在 GTP 的存在下识别终止密码子，结合在 A 位点上。RF 的结合使得肽基转移酶的水解酶活性被激活，催化 P 位点上的 tRNA 与肽链之间的酯键水解。这时，多肽链的合成终止，新生的肽链和最后一个非酰基化的 tRNA 从核糖体 P 位点上释放，70S 核糖体解离成 50S、30S 亚基，再进入新一轮多肽合成。

3. 蛋白质合成后的加工

由 mRNA 翻译出来的多肽链需经过加工才能成为有功能的蛋白质。蛋白质合成后的加工包括 N 端氨基酸的切除、信号肽的切除、氨基酸的修饰、二硫键的形成、糖链的连接、蛋白质的剪切、辅基的附加、多肽链的正确折叠等步骤。

4. 蛋白质合成所需的能量

蛋白质合成所消耗的能量由 ATP 和 GTP 提供，约占全部生物合成反应总耗能量的 90%。形成一分子氨酰-tRNA 需要消耗 2 个高能磷酸键，在延长过程和移位过程中各有一分子 GTP 水解，因此每形成 1 个肽键至少需要 4 个高能键。1 mol 肽键水解的标准自由能变化为 –20.9 kJ，而合成肽键消耗能量为 122 kJ/mol（30.5 kJ/mol × 4），所以肽键合成标准自由能变化为 101 kJ/mol，说明蛋白质合成反应实际上是不可逆的。

知识任务五　核酸代谢

问题引导：
1. 核苷酸如何进行生物合成？
2. DNA 生物合成的过程有哪几步？
3. RNA 转录合成的特点是什么？

微课视频
核酸代谢

教学课件
核酸代谢

一、核苷酸的代谢

（一）核苷酸的分解代谢

1. 嘌呤核苷酸的分解代谢

不同生物分解嘌呤的代谢终产物各不相同，但所有生物均可以通过氧化和脱氨基将嘌呤转化为尿酸。

嘌呤的分解首先在脱氨酶的作用下脱去氨基，使腺嘌呤转化成次黄嘌呤，鸟嘌呤转化成黄嘌呤。动物组织中腺嘌呤脱氨基主要在核苷和核苷酸水平，鸟嘌呤脱氨基主要在碱基水平。嘌呤核苷可在嘌呤核苷磷酸酶（PNP）作用下加磷酸脱糖基，生成嘌呤碱基。在相应氧化酶作用下，次黄嘌呤生成黄嘌呤，鸟嘌呤生成黄嘌呤，黄嘌呤氧化成尿酸。其他生物嘌呤的脱氨基和氧化作用可在核苷酸、核苷和碱基 3 个水平上进行。

2. 嘧啶核苷酸的分解代谢

哺乳动物嘧啶的分解主要在肝脏中进行，包括脱氨基作用、氧化、还原、水解和脱羧基作用等。

胞嘧啶脱氨基转变为尿嘧啶，再被还原为二氢尿嘧啶，然后水解开环生成 β-脲基丙酸。后者脱羧、脱氨转变为 β-丙氨酸，再经转氨作用脱去氨基，参加酮酸代谢。β-丙氨酸也可参与泛酸及辅酶 A 的合成。

胸腺嘧啶被还原为二氢胸腺嘧啶，再水解生成 β-脲基异丁酸，然后生成 β-氨基异丁酸。β-氨基异丁酸将氨基转到 α-酮戊二酸，生成的甲基丙二酰-半醛进一步转变为

293

琥珀酰 CoA 进入三羧循环分解。部分 β- 氨基异丁酸也可随尿排出。

（二）核苷酸的生物合成

核苷酸的合成代谢包括从头合成途径和补救合成途径。利用核糖、某些氨基酸、CO_2 和 NH_3 等简单物质合成核苷酸，称为从头合成途径。利用体内游离的碱基或核苷合成核苷酸，称为补救合成途径。

1. 嘌呤核苷酸合成

（1）嘌呤核苷酸的从头合成途径。嘌呤的从头合成途径以 5- 磷酸核糖焦磷酸为起始物，经过一系列酶促反应，由谷氨酰胺、甘氨酸、一碳基团、CO_2 及天冬氨酸掺入氮原子或碳原子，逐步增加原子合成次黄嘌呤核苷酸（IMP）（图 11-61），然后由次黄嘌呤核苷酸（IMP）转变为腺嘌呤核苷酸（AMP）和鸟嘌呤核苷酸（GMP）。

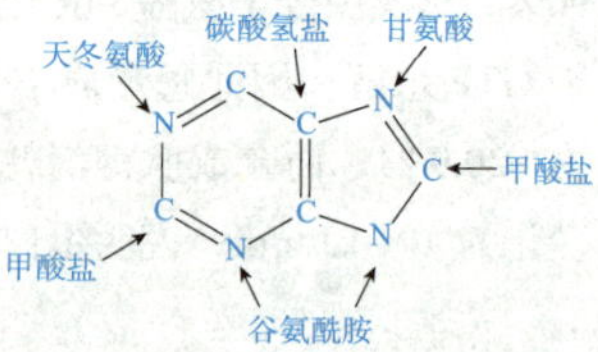

图 11-61　嘌呤环中不同来源的原子

（2）嘌呤核苷酸的补救合成途径。在核苷磷酸化酶的催化下，各种碱基可与核糖-1-磷酸反应生成核苷。产生的核苷在核苷磷酸激酶的作用下，由 ATP 供给磷酸基，生成核苷酸。

另一个途径是在核糖磷酸转移酶的作用下，嘌呤碱与 5- 磷酸核糖焦磷酸合成嘌呤核苷酸。AMP 的合成由腺嘌呤磷酸核糖转移酶催化，IMP 和 GMP 由次黄嘌呤-鸟嘌呤磷酸核糖转移酶催化。

2. 嘧啶核苷酸合成

（1）嘧啶核苷酸的从头合成途径。嘧啶环上的第二位碳原子来自 CO_2，第三位来自谷氨酰胺，其他部分来自天冬氨酸。生物体先利用小分子化合物形成嘧啶环，再与核糖磷酸结合成乳清酸核苷酸。其他嘧啶核苷酸则由乳清酸核苷酸转变而成。

（2）嘧啶核苷酸的补救合成途径。嘧啶核苷酸的补救合成主要是由嘧啶碱与 5- 磷酸核糖焦磷酸直接合成嘧啶核苷酸。还有一种方式是嘧啶碱或嘧啶核苷先被嘧啶核苷激酶磷酸化，生成嘧啶核苷，然后进一步磷酸化生成嘧啶核苷酸。

3. 核苷三磷酸的合成

核苷酸不直接参加核酸的生物合成，而是先转化成相应的核苷三磷酸后再掺入 RNA 或 DNA。

4. 脱氧核糖核苷酸的合成

生物体中的脱氧核糖核苷酸由核糖核苷酸还原形成。原核细胞以核苷三磷酸（NTP）为底物，在还原酶作用下生成脱氧核糖核苷酸。动物组织、高等植物和大肠杆菌以 4 种核苷二磷酸（NDP）为底物，通过核苷二磷酸（NDP）还原酶催化生成相应的脱氧核糖二磷酸，再进一步生成腺嘌呤脱氧核糖核苷酸、鸟嘌呤脱氧核糖核苷酸、胞嘧啶脱氧核糖核苷酸。胸腺嘧啶脱氧核糖核苷酸需要先由尿嘧啶核糖核苷酸还原形成尿嘧啶脱氧核糖核苷酸，再甲基化而生成。

二、DNA 的生物合成

（一）DNA 生物合成的相关概念

1. 复制起始点

原核生物只有一个复制起始点，真核生物染色体 DNA 有多个复制起始点，同时形成多

科学史话

★ 早在 1948 年，Buchanan 等采用同位素标记不同化合物喂养鸽子，并采用同位素示踪技术测定排出的尿酸中标记原子的位置，证实合成嘌呤的前身物为氨基酸（甘氨酸、天门冬氨酸、和谷氨酰胺）、CO_2 和一碳基团。

科技前沿

★ 同位素示踪技术（isotopic tracer technique）是利用放射性同位素或经富集的稀有稳定核素作为示踪剂，研究各种物理、化学、生物、环境和材料等领域中科学问题的技术。示踪剂是由示踪原子或分子组成的物质。示踪原子（又称标记原子）是其核性质易于探测的原子。含有示踪原子的化合物称为标记化合物。

拓展知识
复制子示意图

个复制单位，两个起始点之间的 DNA 片段称为复制子。

2. 复制叉

复制时双链打开，分开成两股，新链沿着张开的模板生成，复制中形成的这种 Y 形的结构称为复制叉。

3. 双向复制

原核生物的复制是从一个起始点开始，同时向两个方向进行，称为双向复制。复制中的 DNA 呈 θ 状。

（二）DNA 生物合成的过程

1. 复制的起始

DNA 复制的起始需要解开双链和生成引物。DNA 解成单链的过程首先是由拓扑异构酶松弛超螺旋，解螺旋酶解开双链，单链 DNA 结合蛋白（SSB）结合到单链上使其稳定，再由引发体引导引物酶到达适当位置合成引物。

2. 复制的延长

在 DNA 聚合酶的催化下，以解开的单链为模板，以 4 种 dNTP 为原料，进行聚合作用。

（1）半不连续复制。DNA 复制中出现一些不连续的片段，称为冈崎片段。领头链是顺着解链方向生成的子链，其复制是连续进行的，得到一条连续的子链。随从链复制方向与解链方向相反，得到的子链由不连续的片段所组成。

（2）滚环复制。一些简单低等生物或染色体以外的 DNA 复制的特殊形式。

3. 复制的终止

（1）随从链不连续片段的连接。

（2）原核生物复制的终止。原核生物环状 DNA 为双向复制，复制片段在复制的终止点汇合。每个方向的领头链和相反方向的随从链的连接与不连续片段的连接相同。

（3）真核生物复制的终止。染色体 DNA 呈线性，复制在末端停止。

三、RNA 的生物合成

转录是生物界 RNA 合成的主要方式。在 RNA 聚合酶的催化下，以一段 DNA 链为模板合成 RNA，从而将 DNA 所携带的遗传信息传递给 RNA 的过程称为转录。经转录生成的 RNA 有多种，主要的是 rRNA、tRNA、mRNA、snRNA 和 HnRNA 等。

（一）RNA 转录合成的特点

1. 转录的不对称性

转录的不对称性就是指以双链 DNA 中的一条链作为模板进行转录，从而将遗传信息由 DNA 传递给 RNA。对于不同的基因来说，其转录信息可以存在于两条不同的 DNA 链上。能够转录 RNA 的那条 DNA 链称为模板链，也称作有意义链或 Watson 链。与模板链互补的另一条 DNA 链称为编码链，也称为反义链或 Crick 链。

2. 转录的连续性

RNA 转录合成时，以 DNA 作为模板，在 RNA 聚合酶的催化下，连续合成一段 RNA 链，各条 RNA 链之间无须再进行连接。

3. 转录的单向性

RNA 转录合成时，只能向一个方向进行聚合，所依赖的模板 DNA 链的方向为 3' → 5'，

拓展知识
复制叉示意图

拓展知识
双向复制示意图

科学史话
★ 1968 年，日本生化学者冈崎用电镜及放射自显影技术，观察到 DNA 复制中出现一些不连续的片段，因而将这些不连续的片段称为冈崎片段。原核生物的冈崎片段为 1 000～2 000 千个核苷酸，真核生物约为数百个核苷酸。

拓展知识
滚环复制示意图

拓展知识
模板链和编码链的相对性

而 RNA 链的合成方向为 5'→3'。

4. 有特定的起始和终止位点

RNA 转录合成时，只能以 DNA 分子中的某一段作为模板，故存在特定的起始位点和特定的终止位点。特定起始点和特定终止点之间的 DNA 链构成一个转录单位，通常由转录区和有关的调节顺序构成。

（二）RNA 生物合成的过程

1. 原核生物转录过程

（1）转录起始。RNA 聚合酶全酶与模板结合，DNA 局部双链解开，在 RNA 聚合酶作用下发生第一次聚合反应，形成转录起始复合物。

（2）转录延长。σ 因子从全酶上脱离，余下的核心酶继续沿 DNA 链移动，按照碱基互补原则，不断聚合 RNA。σ 亚基脱落，RNA 聚合酶核心酶变构，与模板结合松弛，沿着 DNA 模板前移。在核心酶的作用下，NTP 不断聚合，RNA 链不断延长。

（3）转录终止。RNA 转录合成的终止机制有两种：一种是由终止因子识别特异的终止信号，并促使 RNA 的释放；另一种是模板 DNA 链在接近转录终止点处存在相连的富含 GC 和 AT 的区域，使 RNA 转录产物形成寡聚 U 及发夹形的二级结构，引起 RNA 聚合酶变构及移动停止，RNA 转录即终止。

2. 真核生物转录过程

真核生物转录的过程与原核生物转录的过程基本相似，需注意的是真核生物有 3 种 RNA 聚合酶，其转录步骤和调控过程更加复杂。

知识任务六　物质代谢相互关系与调控

问题引导：
1. 物质代谢有哪些特点？
2. 糖类、脂类、蛋白质、核酸代谢途径之间有何联系？
3. 物质代谢如何进行调节控制？

一、物质代谢的特点

（一）物质代谢具有整体性

生物的新陈代谢是生命活动的基础，生物体内糖、脂、蛋白质、水、无机盐、维生素等各种物质的代谢不是彼此孤立，而是同时进行、密切联系、相互促进、相互制约，构成统一的整体。

（二）物质代谢具有精细的调节机制

代谢调节普遍存在于生物界，是生物的重要特征。生物体内的物质代谢途径相互联系、错综复杂，但同时又能够适应内外环境的不断变化，有条不紊地正常进行，这表明生物体内具有精细的调节机制，不断调节各种物质代谢的强度、方向和速度。

（三）各组织及器官物质代谢各具特色

机体各组织及器官的结构和所含酶的种类和含量各不相同，因此，不同组织及器官的物质代谢途径各异，各具特色。

（四）各代谢物具有共同代谢库

代谢库又称代谢池，指接纳消耗或贮藏有机物质的组织或部位。体内各组织细胞的代谢物质及体外摄入的物质，只要具有同一化学结构，那么在进行中间代谢时均参与共同的代谢库参与代谢。

（五）ATP 是机体能量利用的共同形式

糖类、脂类及蛋白质在体内分解氧化释出的能量，均储存在 ATP 的高能磷酸键中，ATP 是机体能量利用的共同形式。

（六）NADPH 提供合成代谢所需的还原当量

参与还原合成代谢的还原酶多以 NADPH 为辅酶，提供还原当量。

二、代谢途径的相互联系

（一）糖代谢与脂类代谢的相互关系

在生物体内，脂肪不能大量转变为糖，但糖极易转变为脂肪，这一代谢过程在动植物及微生物中普遍存在，如家畜家禽的饲料若含糖较多，则脂肪会大量积累，获得育肥的效果；人体若长期进食高糖食物，即使摄取脂肪不多，也会引起高血脂及肥胖症；某些酵母在含糖培养基中培养，合成的脂肪可达干重的 40%。

不同生物体内糖转变为脂肪的步骤基本相似。糖经过糖酵解途径产生磷酸二羟丙酮和 3-磷酸甘油醛。磷酸二羟丙酮可还原为 α- 磷酸甘油；3- 磷酸甘油醛可继续通过糖酵解途径形成丙酮酸，丙酮酸经氧化脱羧后转变为乙酰辅酶 A，乙酰辅酶 A 是合成脂肪酸及胆固醇的原料；脂肪酸生物合成需要的还原剂 NADPH 主要由磷酸戊糖途径提供；最后由 α- 磷酸甘油和脂肪酸合成脂肪。需注意的是必需脂肪酸不能在人体内合成，也不能由糖转变生成，必须从食物中摄取。

脂肪分解可产生甘油和脂肪酸。其中甘油可经磷酸化生成 α- 磷酸甘油，脱氢氧化生成磷酸二羟丙酮，经糖异生途径可转变为葡萄糖。在人和动物体内，脂肪酸氧化分解产生的乙酰 CoA 不能逆行生成丙酮酸，所以脂肪酸不能转化为糖，由于甘油在脂肪分子中只占很小的比例，因此人和动物体内脂肪转化为糖的量很小。在植物和微生物体内，特别是油料作物的种子中，脂肪酸 β- 氧化产生的乙酰辅酶 A 可以经乙醛酸循环形成琥珀酸，在三羧酸循环中琥珀酸形成草酰乙酸，再转化成磷酸烯醇式丙酮酸，异生为葡萄糖。

（二）糖代谢与蛋白质代谢的相互关系

在生物体内，蛋白质降解产生游离的氨基酸，氨基酸可以转变为糖，糖可以转变为非必

拓展知识
糖代谢与脂类代谢的相互关系示意图

生化与健康
生酮饮食法是什么？对人体有何影响？

需氨基酸。α-酮酸是氨基酸代谢与糖类代谢共同的中间产物。

蛋白质水解后生成的氨基酸大部分是生糖氨基酸，构成蛋白质的20种氨基酸中，除赖氨酸和亮氨酸外，都能转变为糖。这些生糖氨基酸经脱氨基作用或转氨基作用后，生成相应的α-酮酸，可以转化为糖代谢的中间产物，如丙氨酸生成丙酮酸、天冬氨酸生成草酰乙酸、谷氨酸生成α-酮戊二酸、苯丙氨酸和酪氨酸变为延胡索酸等。这些中间产物可在酶的催化下转化成磷酸烯醇式丙酮酸，再通过糖异生作用转变为糖。

糖类可以转化为氨基酸。糖代谢的中间产物α-酮酸经氨基化反应可生成相应的氨基酸，如丙酮酸、草酰乙酸和α-酮戊二酸可以通过转氨基作用形成丙氨酸、天冬氨酸和谷氨酸。其他氨基酸可经若干酶促反应后形成。糖分解产生的能量可用于合成氨基酸和蛋白质。需注意的是糖类只能转变为非必需氨基酸。

（三）脂类代谢与蛋白质代谢的相互关系

蛋白质可以转化为脂类，但由脂肪转变为蛋白质较困难。

蛋白质降解产生氨基酸。生糖氨基酸可以直接或间接变为丙酮酸，经磷酸二羟丙酮转变为磷酸甘油；生糖氨基酸、生酮氨基酸、生糖兼生酮氨基酸脱氨基后形成的α-酮酸都能转变为乙酰CoA，从而合成脂肪酸或胆固醇。同时丝氨酸也可以合成乙醇胺、胆碱等物质，作为合成磷脂的原料。因此蛋白质可以转变为多种脂类物质。

脂肪分解可产生甘油和脂肪酸。甘油可转变为丙酮酸、草酰乙酸及α-酮戊二酸，分别接受氨基后转变为丙氨酸、天冬氨酸及谷氨酸。但甘油在脂类分子中所占比例很小，由甘油生成氨基酸的量也很少。脂肪酸经β-氧化生成乙酰辅酶A，乙酰辅酶A与草酰乙酸缩合进入三羧酸循环，可生成α-酮戊二酸，进而经转氨基作用合成谷氨酸，但该过程必须有草酰乙酸的参与，如无其他来源补充反应将无法进行，所以从脂肪酸合成氨基酸是受限制的。植物和微生物中存在乙醛酸循环，可促进脂肪酸合成氨基酸，但动物组织中不存在乙醛酸循环，因此动物体中极少利用脂肪来合成蛋白质。

（四）核酸与其他物质代谢的相互关系

核酸代谢与糖类、脂类、蛋白质代谢有密切的联系。物质代谢是在酶的催化下进行的，绝大部分酶是蛋白质，少部分是核酸，有些核苷酸是辅酶的组成成分，因此核酸直接或间接影响一切代谢过程。

作为生物体的遗传物质，核酸在蛋白质的生物合成中起着决定性的作用，可通过基因表达的调节，控制蛋白质的生物合成，进而影响细胞的组成成分和代谢类型。许多游离核苷酸在代谢中也起着重要的作用，如ATP是机体能量生成、利用和贮存的中心物质，UTP参与糖原的合成，CTP参与磷脂合成，GTP参与蛋白质合成。核苷酸的一些衍生物（如CoA、NAD$^+$、NADP$^+$、cAMP、cGMP等）也都具重要生理功能。

与此同时，核酸生物合成也需要糖和蛋白质的代谢中间产物参加，而且需要酶和多种蛋白质因子。蛋白质代谢为嘌呤和嘧啶的合成提供许多原料，如甘氨酸、天冬氨酸、谷氨酰胺及某些氨基酸代谢产生的一碳单位等。合成核苷酸所需的磷酸核糖来自糖代谢中的磷酸戊糖途径。脂类代谢可供应核苷酸合成所需的部分CO_2。

拓展知识
糖类、脂类、蛋白质和核酸之间的代谢联系

三、物质代谢的调节控制

代谢的调节能力是生物进化的结果。代谢的调节在分子水平、细胞水平和多细胞整体水平3个不同水平上进行，分子水平和细胞水平的调节是基本的调节方式，为动植物和单细胞生物所共有。高等动物和人类除分子水平和细胞水平的调节以外，还具有更高级的多细胞整体水平调节，多细胞整体水平调节是随着生物进化而发展起来的调节机制。

（一）分子水平调节

分子水平调节即酶水平的调节，是代谢基本的调节。生物体内的代谢过程是由酶催化的化学反应组成的，因而细胞水平上的代谢调节控制是通过酶实现的。酶活性的调节属于快速调节，包括酶的别构效应和共价修饰两种方式；酶浓度的调节属于慢速调节。

（二）细胞水平调节

原核细胞无明显的细胞器，其细胞质膜上连接有各种代谢所需的酶。真核细胞有多种细胞器，对代谢途径和各种物质的出入有调节作用。

（三）多细胞整体水平调节

多细胞整体水平调节包括激素对代谢的调节和神经系统对代谢的调节两方面。

（1）激素是多细胞生物的特殊细胞合成，经体液输送到其他部位显示特殊生理活性的微量化学物质。激素可进入细胞，与细胞液中专一的受体结合再去影响基因，控制RNA转录；也可与细胞表面专一受体结合，引起第二信使如cAMP等在靶细胞内增加，从而产生激素效应。

（2）高等动物有完善的神经系统，神经系统不仅控制各种生理活动，也控制物质代谢。神经可能直接或间接影响分子和细胞水平的调节机制，也可直接影响所受支配的器官组织代谢。

> **拓展知识**
> ★激素是动植物体内特定组织或细胞产生的、能特异地引起强烈激动效应的微量物质，分三类，即含氮类（多肽类、氨基酸类）、甾醇类、脂肪酸类。激素对代谢的调节是体液调节的重要方式。

知识任务七　动植物食品原料的组织代谢

问题引导：
1. 采收后植物组织呼吸的影响因素有哪些？
2. 植物组织成熟与衰老时有哪些生物化学变化？
3. 屠宰后肌肉的呼吸途径有哪些变化？

微课视频
动植物食品原料的组织代谢

教学课件
动植物食品原料的组织代谢

一、植物食品原料的组织代谢

1. 新鲜植物组织的类别及特点

根据含水率的高低，天然植物类食品可分为含水率低的种子类食品和含水率较高的果蔬类食品两类。含水率低的种子类食品水分含量一般为12%～15%，代谢强度很低，在采收后及贮藏过程中，组织结构和营养成分变化很小。含水率较高的果蔬类食品水分含量一般为70%～90%，代谢活跃，在采收后及贮藏过程中，组织结构和营养成分变化较大。

2. 采收后植物组织呼吸的生物化学变化

（1）呼吸途径。未发育成熟的植物组织主要是糖酵解－三羧酸循环，发育成熟的植物组织主要是糖酵解－三羧酸循环和磷酸己糖旁路代谢并存，采收后的植物深层组织中还会进行一定程度的无氧呼吸。

（2）呼吸强度。新鲜植物组织呼吸强度的总趋势是逐渐下降的，与植物组织器官的构造也有关系。叶片组织在结构上具有很发达的细胞间隙，气孔极多，表面积巨大，故呼吸强度大；肉质的植物组织，由于不易透过气体，其呼吸强度远比叶片组织低。

（3）呼吸的影响因素。

1）温度的影响。温度对植物组织各种呼吸途径的强度具有重要影响。在最适生长温度下，呼吸途径主要是糖酵解－三羧酸循环；随着温度的降低，磷酸戊糖旁路强度增加。各种呼吸途径相对强度的变化使植物组织对不同呼吸底物的利用程度不同，即温度影响呼吸底物的利用程度。

> **拓展知识**
> ★ 果蔬组织在平均温度相同的情况下，变温的平均呼吸强度显著高于恒温的呼吸强度。

一般情况下，降温冷藏可以降低呼吸强度，减少果蔬的贮藏损失。但并不是贮藏温度越低贮藏效果越好。各种果蔬都有自己最适合的贮藏温度。对于果蔬能发挥其固有贮藏性的温度，应该是能适应采前果蔬组织中正常代谢的温度，这个温度能够保证植物组织不致遭受冷害或冻害，不致发生生理失调现象。

当环境温度降到果蔬组织的冰点以下时，冰晶的形成损伤了原生质体，使生物膜的正常区域化作用遭到破坏，酶和底物游离出来，促进了分解作用，因此反而有刺激呼吸作用的效果。但果蔬受冻后细胞原生质遭到损伤，正常呼吸系统的功能不能维持，导致中间产物积累造成异味。

2）湿度的影响。采收后的果蔬仍在不断地进行水分蒸发，由于蒸发的水分得不到补充，很容易造成失水过多，致使正常的呼吸作用受到破坏，促进酶的活动趋向于水解作用，从而加速了细胞内可塑性物质的水解过程，酶的游离和可利用的呼吸底物增多，使细胞的呼吸作用增强。少量失水即可使呼吸底物的消耗成倍增加。

提高贮藏环境的相对湿度可有效降低果蔬的水分蒸发。通常情况下，相对湿度保持在80%～90%为宜。湿度过大时，水蒸气及呼吸产生的水分会凝结在果蔬表面，形成"结露"现象，微生物易滋生，引起腐烂。

> **拓展知识**
> ★ 由于呼吸作用而导致糖类消耗的平均速度，在正常空气中比在10%氧，其余为氮的空气中快1.2～1.4倍，在没有CO_2的空气中比在有10%CO_2的空气中快1.35～1.55倍。

3）环境气体组成的影响。改变环境气体组成可以有效地控制植物组织的呼吸强度。降低氧含量可减少用于合成代谢的ATP供给量而导致呼吸强度降低；增加CO_2则可以抑制某些氨基酸的形成，这些氨基酸为某些酶的合成所需要，CO_2还可以延缓某些酶抑制剂的分解。减氧与增CO_2对植物组织呼吸的抑制效应是可叠加的。需注意的是，每种果蔬都有其特有的气体成分"临界量"。如低于临界需氧量，组织就会因缺氧呼吸而受到损害。

对大多数果蔬而言，最适宜的贮藏条件为温度0～4.4 ℃、O_2 3%、CO_2 0%～5%。这三个贮藏条件是互相关联的，其中一个条件不适宜，将会增加植物组织对其他因素的敏感性；而当一个因素受到限制时，另一个适宜的因素也无法发挥其应有的效应。

4）机械损伤及微生物感染的影响。植物组织受到机械损伤及微生物感染后都可刺激呼吸强度提高。

5）植物组织的生理状态。幼嫩的正在旺盛生长的组织和器官的呼吸能力强，趋向成熟的水果、蔬菜的呼吸强度则逐渐降低。

3. 成熟与衰老及其生物化学变化

（1）成熟与衰老。

1）成熟一般是指果实生长的最后阶段，即达到充分长成的时候。此时，果品在色、香、味等方面已表现出其固有的特性。如含糖量增加，含酸量降低，果胶物质变化引起果肉变软，单宁物质变化导致涩味减退，芳香物质和果皮、果肉中的色素生成，叶绿素分解，抗坏血酸增加等。

2）完熟是成熟以后的阶段，指果实达到完全表现出本品种典型性状，而且是食用品质最好的阶段。

3）衰老是指生物个体发育的最后阶段，开始发生一系列不可逆的变化，最终导致细胞崩溃及整个器官死亡的过程。

（2）成熟与衰老的生物化学变化。成熟时，生物合成性质与降解性质并存；衰老时则更多地表现为生物降解性质。

1）糖类。糖类变化的速度和程度取决于贮存的条件、温度、时间及细胞的生理状态。例如，块茎植物在收获前后都是淀粉的合成占支配地位；在果蔬中淀粉只是一种短暂的贮存糖类，果蔬成熟时淀粉已基本代谢消失。

2）有机酸。不同类型的果蔬处于不同的发育时期，它们所含的有机酸的浓度是不同的。例如进入成熟期的葡萄和苹果含有最高量的游离酸，成熟后则趋于下降；香蕉和梨则与此相反，它们含有的酸在发育中逐渐下降，到达成熟期时，恰好达到最低值。

3）脂类。在果蔬成熟过程中，蜡质的发生量也达到高峰。如在苹果皮的表面上，类脂类形成微球状体，而在稍下的表皮层为不连接的片状。采收后，这些蜡质在相当程度上还在合成中，包括含不饱和链的化合物。

4）果胶物质。多汁果实的果肉在成熟过程中变软是由于果胶酶活力增大而将果肉组织细胞间的不溶性果胶物质分解，果肉细胞失去相互间的联系所致。

5）单宁。幼嫩果实常因含有单宁类物质而具有强烈涩味，在成熟过程中涩味逐渐消失。其原因可能是单宁被氧化、单宁与呼吸中间产物乙醛生成不溶性缩合产物，或单宁单体在成熟过程中聚合为不溶性大分子等。

6）色素物质。在果蔬成熟过程中，最明显的特征是叶绿体解体，叶绿素降解消失，类胡萝卜素和花青素等显现，使果蔬呈红色或橙色等。

7）维生素C。果实通常在成熟期间大量积累维生素C。

8）氨基酸与蛋白质。在果蔬成熟过程中，氨基酸与蛋白质代谢总的趋势是降解占优势。

（3）果蔬成熟过程中的呼吸作用特征。

1）呼吸跃变型。有一类果实进入完熟期时，呼吸强度骤然提高，随着果实衰老逐渐下降，这种现象称为呼吸跃变现象，这类果实称为跃变型果实，如苹果、香蕉、桃、梨等。呼吸跃变现象一般出现在果实变软变香，色泽变红或变黄，食用价值最佳的时期，是跃变型果实进入完熟的一种特征，呼吸高峰过后，果实品质会迅速下降。在跃变型果实贮藏和运输中，推迟呼吸跃变的发生，并降低其发生的强度，可达到延迟成熟、防止发热腐烂的目的。

2）非呼吸跃变型。非呼吸跃变型果实又可分为呼吸渐减型果实和呼吸后期上升型果实。呼吸渐减型果实在成熟期呼吸强度逐渐下降，无呼吸高峰出现，如柑橘、樱桃、葡萄等；呼吸后期上升型果实在成熟后期呼吸强度逐渐增加，无下降趋势，如草莓、柿、桃等。

拓展知识

★糖酸比是衡量水果风味的一个重要指标。在许多多汁果实成熟期间，随着温度的降低，贮存的淀粉转变为糖，而有机酸优先作为呼吸底物被消耗掉，因而糖分与有机酸的比例上升，风味增浓，口味变佳。

拓展知识

跃变型果实和非跃变型果实采收之后乙烯释放量和呼吸速率的变化对比

拓展知识

★植物的茎、叶和果实表面常有一层薄薄的蜡，它的主要成分是高级脂肪酸和高级一元醇所组成的酯，易于果蔬的贮藏（堵塞了部分气孔和皮孔），采收、包装、运输时应保护这层蜡质。

4. 成熟与衰老过程中的形态变化

（1）细胞器。在果实成熟和衰老过程中，首先是叶绿体开始崩溃；核糖体群体在前期变化不大，在成熟后期减少；内质网、细胞核和高尔基体在成熟的后期，可以看到产生很多较大的液泡，最后囊泡化而消失；线粒体变化不大，有时变小或减少，有时崤膨胀，它比其他细胞器更能抗崩溃，能保留到衰老晚期；液泡膜在细胞器解体前消失；核膜和质膜最后退化，质膜崩溃时细胞即宣告死亡。

（2）角质层与蜡。在活跃的生长期中角质层逐渐增厚，并且在成熟期及以后的贮藏期中继续增厚。在果实的发育期，硬蜡的增长速度远快于油分，在呼吸高峰期，油与硬蜡的比值达到最大。发育未完全的柑橘类果实，其果皮只有一层连续的软蜡薄膜，很少有表面结构。成熟之后，当更多更硬的上表皮蜡层形成之后，便出现明显的结构。

（3）细胞壁。在成熟过程中，细胞壁中的微纤维结构有所松弛。

二、动物食品原料的组织代谢

"肉"是指动物宰后的组织，还包括某些脂肪和骨骼。"肌肉"是指动物性运动组织。肉可分为来自牛、羊、猪的"红"肉和主要来自家禽的"白"肉及海产类的鲜肉。

1. 活体肌肉的代谢

肌肉中的糖原通过呼吸作用被氧化成二氧化碳和水，同时偶联合成 ATP，这是体内 ATP 的主要来源。静止的肌肉主要利用脂肪酸和乙酸乙酯作为呼吸底物，在此条件下，血液中的葡萄糖消耗得很少。但在运动量很大时，葡萄糖成为主要的呼吸底物。

（1）有氧代谢。对 ATP 的合成最有效、在红色肌肉和做功不是最大的肌肉中所发生的代谢是有氧的糖酵解作用。

（2）无氧代谢。当肌肉处于高度紧张状态时，即处于剧烈运动、异常的温度、湿度和大气压，或处于很低的氧分压、电休克或受伤时，线粒体的正常功能不能维持而使无氧代谢成为主要方式。

2. 屠宰后肌肉的代谢

（1）宰后肌肉的物理与生物化学变化。动物宰后会发生许多死亡后特有的生化过程，且在物理特征方面出现所谓死亡后尸僵的现象。动物死亡的生物化学与物理变化过程可以划分为"尸僵""成熟""自溶"及"腐败"4个阶段。

1）尸僵。胴体在宰后一定时间内，肌球蛋白和肌动蛋白形成永久性横桥，导致肉的弹性和伸展性消失，肉变成紧张、僵硬的状态，这种现象称为尸僵。尸僵肉坚硬有粗糙感、缺乏风味、黏结能力差、加热时肉汁流失多，不具备可食肉的特性。

2）成熟。肉的成熟指尸僵完全的肉在冰点以上温度条件下放置一定时间，尸僵解除，肉在组织蛋白酶作用下进一步成熟，质地变软，风味得到改善的过程。成熟后肉质的 pH 值回升到 5.7～6.0，保水性上升，嫩度改善，风味改善，是食用的最佳时期。

3）自溶。肉的自溶指在无菌状态下，肉在自溶酶作用下蛋白质分解的过程。自溶肉的特征是肌肉松弛，缺乏弹性，暗淡无光泽，呈褐红色、灰红色或灰绿色，具强酸气味，硫化氢反应为阳性，氨反应为阴性。

4）腐败。肉类腐败变质时，表面会产生明显的感官变化，例如发黏、变色、霉斑、变味等。

（2）宰后肌肉呼吸途径的变化。动物宰杀后，体内血液循环停止，供氧也随之停止，组织呼吸转变为无氧的酵解途径，最终产物为乳酸。死亡动物组织中糖原降解有两条途径。

1）水解途径：糖原→糊精→麦芽糖→葡萄糖→葡萄糖-6-磷酸→乳酸。

2）磷酸解途径：糖原→葡萄糖-1-磷酸→葡萄糖-6-磷酸→乳酸。

（3）ATP含量的变化及其重要性。宰后肌肉中由于糖原不能再继续被氧化为CO_2和H_2O，因而阻断了肌肉中ATP的主要来源。在刚屠宰的动物肌肉中，肌酸激酶与ATP酶的偶联作用可使一部分ATP得以再生（图11-62）。

磷酸肌酸一旦消耗完毕，ATP就会在ATP酶的作用下不断分解而减少（图11-63）。

（4）屠宰后肌肉组织中蛋白质的变化。蛋白质对于温度和pH值都很敏感，由于宰后动物肌肉组织中的酶解作用，在一短时间内，肌肉组织中的温度升高，pH值降低，肌肉蛋白质很容易因此而变性。

1）肌肉蛋白质变性。随着ATP浓度降低，肌动蛋白及肌球蛋白逐渐结合成没有弹性的肌动球蛋白。肌浆蛋白质在屠宰后很容易变性，使肌肉呈现一种浅淡的色泽。

2）肌肉蛋白质持水力的变化。肌肉蛋白质在尸僵前具有高度的持水力，随着尸僵的发生，在组织pH值降到最低点（pH=5.3～5.5）时，持水力也降到最低点；尸僵以后，肌肉的持水力又有所回升。

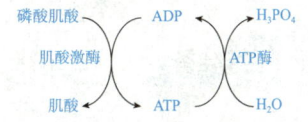

图11-62 肌酸激酶与ATP酶的偶联作用使部分ATP再生

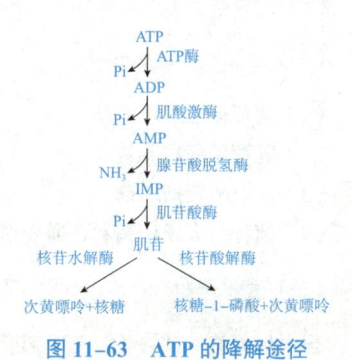

图11-63 ATP的降解途径

生化与健康

★磷酸肌酸为心肌保护剂。临床用于治疗横纹肌活性不足，作为心脏疾病辅助治疗药物，但不能代替心脏的动力学治疗。还可加入心脏停搏液，作为对心脏手术的保护手段之一。

技能任务一　糖发酵试验

问题引导：
1. 糖发酵试验鉴别微生物的原理是什么？
2. 杜氏小管的作用是什么？
3. 若某种微生物可以有氧代谢葡萄糖，会出现什么结果？

任务工单
糖发酵试验

"1+X"食品检验管理职业技能要求

★食品检测分析（高级）：
能正确管理和使用培养基、试剂和菌株。
能依据相关标准要求和检样性质制定完整的微生物检测方案。
能依据相关标准或检测方案对食品微生物指标进行全面检测。

一、任务导入

糖发酵试验是常用的鉴别微生物的生化反应，在肠道细菌的鉴定上尤为重要。绝大多数细菌能利用糖类作为碳源和能源，但是它们在分解糖类物质的能力上有很大的差异。有些细菌能分解某种糖产生有机酸（如乳酸、醋酸、丙酸等）和气体（如氢气、甲烷、二氧化碳等），有些细菌只产酸不产气。例如大肠杆菌和产气杆菌能分解乳糖和葡萄糖产酸并产气；伤寒杆菌分解葡萄糖产酸不产气，不能分解乳糖；普通变形杆菌分解葡萄糖产酸产气，不能分解乳糖。

· 303 ·

二、任务描述

发酵培养基含有蛋白胨、指示剂（溴甲酚紫）、倒置的德汉氏小管和不同的糖类（乳糖和葡萄糖）。当发酵产酸时，溴甲酚紫指示剂可由紫色（pH=6.8）变为黄色（pH=5.2）。气体的产生可由发酵管中倒置的杜氏小管中有无气泡来证明。

> **技术提示**
> ★ 杜氏小管又称德汉氏小管或发酵小套管。

三、任务准备

各小组分别依据任务描述及试验原理，讨论后制定试验方案。

四、任务实施

（一）试验试剂

（1）葡萄糖发酵培养基。
（2）乳糖发酵培养基。
（3）溴甲酚紫指示剂。
（4）菌种：大肠杆菌和普通变形杆菌（Proteus vulgaris）斜面各1支。

（二）试验器材

恒温培养箱、试管（六支）、杜氏小管（六支）、试管架、酒精灯、接种环。

（三）操作步骤

1. 编号

取6支试管，用记号笔在各试管上分别标明发酵培养基名称和所接种的菌名。3支装入葡萄糖发酵培养基，3支乳糖发酵培养基，并加入溴甲酚紫指示剂适量，使培养液呈紫色。

2. 接种

取盛有葡萄糖发酵培养基的试管3支，1支接种大肠杆菌，1支接种普通变形杆菌，第3支不接种，作为对照。

取乳糖发酵培养基的试管3支，1支接种大肠杆菌，1支接种普通变形杆菌，第3支不接种，作为对照。

3. 培养

将上述已接种的葡萄糖和乳糖发酵试管和对照管置37℃温室中，培养24h。取出观察结果，并填表记录。

> **技术提示**
> ★ 接种后应轻轻摇动试管，使其均匀，防止倒置的小管进入气泡。

（四）试验数据记录与分析

观察各管颜色变化及杜氏小管有无气泡，并将观察到的试验结果填入表11-1。分别用产酸产气、产酸不产气、不产酸不产气来表述。

表11-1 技能任务结果记录表

糖类发酵	大肠杆菌	普通变形杆菌	对照
葡萄糖发酵			
乳糖发酵			

五、任务总结

本次技能任务的试验现象和你预测的试验现象一致吗？如果不一致，问题可能出在哪里？你认为本次技能任务在操作过程中有哪些注意事项？你在本次技能任务中有哪些收获和感悟？（可上传至在线课相关讨论中，与全国学习者交流互动。）

六、成果展示

本次技能任务结束后，相信你已经有了很多收获，请将你的学习成果（试验过程及结果的照片和视频、试验报告、任务工单、检验报告单等均可）进行展示，与教师、同学一起互动交流吧。（可上传至在线课相关讨论中，与全国学习者交流互动。）

行成于思
★请思考：
1. 为什么要将上述已接种的六支试管置37℃温室中培养24 h？
2. 若某种待测微生物可有氧代谢葡萄糖，那么发酵试验会产生什么样的结果？

技能任务二　酮体测定法测定脂肪酸 β- 氧化作用

问题引导：
1. 什么是酮体？为什么正常代谢产生酮体很少？
2. 为何必须使用新鲜的肝脏？
3. 三氯乙酸有什么作用？

任务工单
酮体测定法测定脂肪酸 β- 氧化作用

一、任务导入

脂肪酸在肝脏中经 β- 氧化所生成的乙酰 CoA，可在酶的催化下转变成乙酰乙酸、β- 羟丁酸和丙酮，这三种物质统称为酮体。酮体的生成部位在肝细胞线粒体中，其原料为乙酰 CoA。

酮体是脂肪酸在肝脏中氧化分解时产生的正常中间产物，其分子小、溶于水、可透过血脑屏障及毛细血管、血中含量少，因此，酮体是肝脏向肝外组织提供可利用的能源的一种方式。当人体长期饥饿或糖供应不足时，脂肪动员加强，脂肪酸转化成酮体，以代替葡萄糖而成为脑或肌肉的主要能源物质。但在某些生理或病理情况下，如长期禁食或糖尿病时，肝内酮体生成的量超过肝外组织的利用能力，血酮体浓度就会过高，易导致酮血症、酮尿症、代谢性酸中毒等。

二、任务描述

在肝脏中，脂肪酸经 β- 氧化作用生成乙酰辅酶 A。2 分子乙酰 CoA 可缩合生成乙酰乙

305

酸。乙酰乙酸可脱羧生成丙酮，也可还原生成 β- 羟丁酸。本试验采用丁酸为底物，生成的丙酮在碱性条件下，与碘生成碘仿。反应式如下：

$$2NaOH+I_2 \longrightarrow NaOI+NaI+H_2O$$
$$CH_3COCH_3+3NaOI \longrightarrow CHI_3（碘仿）+CH_3COONa+2NaOH$$

剩余的碘，可以用标准硫代硫酸钠滴定。

$$NaOI+NaI+2HCl \longrightarrow I_2+2NaCl+H_2O$$
$$I_2+2Na_2S_2O_3 \longrightarrow Na_2S_4O_6+2NaI$$

根据滴定样品与滴定对照所消耗的硫代硫酸钠溶液体积之差，可以计算由丁酸氧化生成丙酮的量。

三、任务准备

各小组分别依据任务描述及试验原理，讨论后制定试验方案。

四、任务实施

（一）试验试剂

0.1% 淀粉溶液、1/15 mol/L pH = 7.6 磷酸盐缓冲溶液、0.9% 氯化钠溶液、0.5 mol/L 丁酸溶液、15% 三氯乙酸溶液、0.1 mol/L 碘溶液、10% 氢氧化钠溶液、10% 盐酸溶液、标准 0.01 mol/L 硫代硫酸钠溶液、新鲜猪肝。

（二）试验器材

高速组织捣碎机、分析天平、锥形瓶、碱式滴定管、水浴锅、试管、移液管、漏斗。

（三）操作步骤

技术提示
★ 肝糜必须新鲜，放置过久则失去氧化脂肪酸的能力。

（1）肝糜制备。取新鲜猪肝，用 0.9% 氯化钠溶液洗去污血。用滤纸吸去表面的水分。称取肝组织 5 g 置研钵中，剪成碎块。加少量 0.9% 氯化钠溶液，研磨成细浆。再加 0.9% 氯化钠溶液至总体积为 10 mL。

（2）取 2 个 50 mL 锥形瓶，各加入 3 mL 1/15 mol/L pH = 7.6 的磷酸盐缓冲液。向一个锥形瓶中加入 2 mL 正丁酸，另一个锥形瓶加入 2 mL 水，不加正丁酸作为对照。然后各加入 2 mL 肝组织糜。混匀，置于 43 ℃恒温水浴中保温。

（3）沉淀蛋白质。43 ℃保温 1.5 h 后，取出锥形瓶，各加入 3 mL 15% 三氯乙酸溶液，在对照瓶内追加 2 mL 正丁酸，混匀，静置 15 min 后过滤。将滤液分别收集在 2 支试管中，见表 11-2。

表 11-2 酮体的生成

编号 试剂 /mL	1 号试验组	2 号对照组
磷酸盐缓冲溶液	3	3
正丁酸溶液	2	—

续表

编号 试剂 /mL	1 号试验组	2 号对照组
H_2O	—	2
肝糜	2	2
43 ℃恒温水浴保温 1.5 h		
15% 三氯乙酸	3	3
正丁酸溶液	—	2
H_2O	2	—
混匀，静置 15 min，过滤，滤液分别收集于试管中		

（4）酮体的测定。吸取 2 种滤液各 2 mL 分别放在另 2 个锥形瓶中，再各加入 3 mL 0.1 mol/L 碘溶液和 3 mL 10% 氢氧化钠溶液。摇匀后，静置 10 min。加入 3 mL 10% 盐酸溶液中和。然后用 0.01 mol/L 标准硫代硫酸钠溶液滴定剩余的碘。滴至黄色时，加入 5 滴淀粉溶液做指示剂。摇匀，并继续滴到蓝色褪去。记录滴定样品与对照所用的硫代硫酸钠溶液的体积，见表 11-3。

技术提示

★ 1. 随加随滴定，要加一个滴定一个，不能都加好盐酸再滴定。
2. 滴定至黄色就滴加淀粉溶液，开始颜色比较深，随着滴定会逐渐变浅，出现淡紫色就说明很快到达终点。

表 11-3　酮体的测定

编号 试剂 /mL	1 号试验组	2 号对照组	3 号空白组
滤液	2	2	—
H_2O	—	—	2
0.1 mol/L 碘溶液	3	3	3
10% 氢氧化钠溶液	3	3	3
摇匀，静置 10 min			
10% 盐酸溶液	3	3	3

（四）试验数据记录与分析

肝糜催化生成的丙酮含量（m mol/g）=（$B-A$）× $C_{Na_2S_2O_3}$ × 1/6

式中　A——滴定试验管所消耗的 0.01 mol/L 硫代硫酸钠溶液的 mL 数；

B——滴定对照管所消耗的 0.01 mol/L 硫代硫酸钠溶液的 mL 数；

$C_{Na_2S_2O_3}$——标准硫代硫酸钠溶液浓度（mol/L）。

五、任务总结

本次技能任务的试验现象和你预测的试验现象一致吗？如果不一致，问题可能出在哪里？你认为本次技能任务在操作过程中有哪些注意事项？你在本次技能任务中有哪些收获和感悟？（可上传至在线课相关讨论中，与全国学习者交流互动。）

行成于思

★请思考：
1. 为何试样滴定时随加随滴定，要加一个滴定一个，不能都加好盐酸再滴定？
2. 脂肪酸的 β-氧化还有哪些测定方法？其原理是什么？

六、成果展示

本次技能任务结束后，相信你已经有了很多收获，请将你的学习成果（试验过程及结果的照片和视频、试验报告、任务工单、检验报告单等均可）进行展示，与教师、同学一起互动交流吧。（可上传至在线课相关讨论中，与全国学习者交流互动。）

技能任务三　脂肪转化成糖的定性试验

任务工单
脂肪转化成糖的定性试验

问题引导：
1. 为何必须选择油料作物种子作为试验对象？
2. 斐林试剂为何需要现用现配？
3. 为什么要检查淀粉的存在与否？

一、任务导入

脂肪分解可产生甘油和脂肪酸。其中甘油可经磷酸化生成 α-磷酸甘油，脱氢氧化生成磷酸二羟丙酮，经糖异生途径可转变为葡萄糖。在含油植物种子芽过程中，其中的油脂可以转化为葡萄糖，提供生命活动所需要的能量。

二、任务描述

通过油料作物种子发芽前后其中葡萄糖的定性检测，了解油料作物种子发芽时油脂可以转化为葡萄糖的生物化学现象。

三、任务准备

各小组分别依据任务描述及试验原理，讨论后制定试验方案。

四、任务实施

（一）试验试剂

斐林试剂、碘-碘化钾溶液、5%葡萄糖溶液、5%蔗糖溶液、黄豆汁滤液、花生汁滤液、发芽后的黄豆汁滤液、发芽后的花生汁滤液。

技术提示
★1. 碘-碘化钾溶液使用前需稀释10倍。
2. 花生及黄豆的幼苗需在25℃暗室中培养。

（二）试验器材

试管及试管架、试管夹、研钵、白瓷板、烧杯（100 mL）、小漏斗、滤纸、吸量管、吸量管架、量筒、水浴锅、铁三脚架、石棉网。

（三）操作步骤

（1）取试管两支，分别加入约 2 mL 的 5% 葡萄糖溶液、5% 蔗糖溶液，再加入约 5 滴斐林试剂，于约 90 ℃的热水中水浴加热，直至其中一支试管底部出现砖红色沉淀为止。正确的试验结果应该是装葡萄糖溶液的试管底部会出现砖红色沉淀，而装蔗糖溶液的试管底部不会出现。

（2）将黄豆、花生、发芽后的黄豆、发芽后的花生加热熟化或烘干、晒干，碾成粉末后加适量纯净水调和，取其滤液备用。

（3）在白瓷板上依次滴加上述备好的 4 种滤液，加入 1 滴碘-碘化钾溶液，观察有无蓝色产生，以此检验其中是否有淀粉的存在。

（4）取上述备好的 4 种滤液约 5 mL 放入 4 支试管，加入 1 mL 斐林试剂，混匀，在沸水中煮 2～3 min，观察试管底部是否出现红色沉淀。

（5）解释试验现象。

五、任务总结

本次技能任务的试验现象和你预测的试验现象一致吗？如果不一致，问题可能出在哪里？你认为本次技能任务在操作过程中有哪些注意事项？你在本次技能任务中有哪些收获和感悟？（可上传至在线课相关讨论中，与全国学习者交流互动。）

六、成果展示

本次技能任务结束后，相信你已经有了很多收获，请将你的学习成果（试验过程及结果的照片和视频、试验报告、任务工单、检验报告单等均可）进行展示，与教师、同学一起互动交流吧。（可上传至在线课相关讨论中，与全国学习者交流互动。）

行成于思

★请思考：
1. 碘-碘化钾溶液应如何配制？
2. 请尝试写出本次试验观察到现象的可能的转化途径，并简述生物体内糖、脂肪、蛋白质代谢间的相互关系。

试验操作视频
脂肪转化成糖的定性试验

企业案例：干红葡萄酒发酵过程影响因素分析

一家食品加工企业新引进了一条干红葡萄酒生产线，并按照图11-64所示工艺流程开始试生产，但生产出的葡萄酒进行完酒精发酵后，在苹果酸-乳酸发酵阶段进展缓慢。请你运用所学知识，帮助该企业分析产生该问题可能的原因，并总结干红葡萄酒酿造过程中的关键质量控制点。

虚拟仿真 干红葡萄酒生产工艺-1

虚拟仿真 干红葡萄酒生产工艺-2

学习进行时

★ 广大青年要继承和发扬五四精神，坚定不移听党话、跟党走，争做有理想、敢担当、能吃苦、肯奋斗的新时代好青年，在推进强国建设、民族复兴伟业中展现青春作为、彰显青春风采、贡献青春力量，奋力书写为中国式现代化挺膺担当的青春篇章。
——2024年5月3日，在五四青年节到来之际，习近平寄语新时代青年

扫码查看"企业案例"参考答案

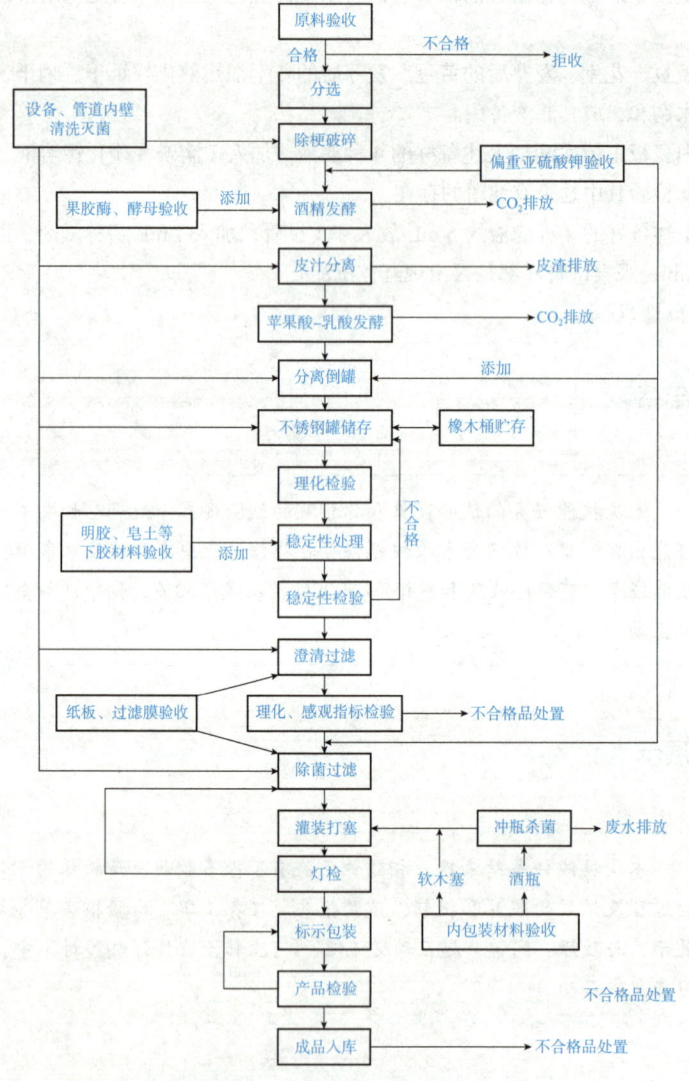

图 11-64　干红葡萄酒生产工艺流程

通过企业案例，同学们可以直观地了解企业在真实环境下面临的问题，探索和分析企业在解决问题时采取的策略和方法。

扫描左侧二维码，可查看自己和教师的参考答案有何异同。

考核评价

请同学们按照下面的几个表格（表11-4～表11-6），对本项目进行学习过程考核评价。

表11-4　学生自评表

评价项目	评价标准			
	非常优秀（8～10）	做得不错（6～8）	尚有潜力（4～6）	奋起直追（2～4）
1. 学习态度积极主动，能够及时完成教师布置的各项任务				
2. 能够完整地记录探究活动的过程，收集的有关学习信息和资料全面翔实				
3. 能够完全领会教师的授课内容，并迅速地掌握项目重难点知识与技能				
4. 积极参与各项课堂活动，并能够清晰地表达自己的观点				
5. 能够根据学习资料对项目进行合理分析，对所制定的技能任务试验方案进行可行性分析				
6. 能够独立或合作完成技能任务				
7. 能够主动思考学习过程中出现的问题，认识到自身知识的不足之处，并有效利用现有条件来解决问题				
8. 通过本项目学习达到所要求的知识目标				
9. 通过本项目学习达到所要求的能力目标				
10. 通过本项目学习达到所要求的素质目标				
总评				
改进方法				

表11-5　学生互评表

评价项目	评价标准			
	非常优秀（8～10）	做得不错（6～8）	尚有潜力（4～6）	奋起直追（2～4）
1. 按时出勤，遵守课堂纪律				
2. 能够及时完成教师布置的各项任务				
3. 学习资料收集完备、有效				
4. 积极参与学习过程中的各项课堂活动				
5. 能够清晰地表达自己的观点				
6. 能够独立或合作完成技能任务				
7. 能够正确评估自己的优点和缺点并充分发挥优势，努力改进不足				
8. 能够灵活运用所学知识分析、解决问题				
9. 能够为他人着想，维护良好工作氛围				
10. 具有团队意识、责任感				
总评				
改进方法				

表11-6　总评分表

评价内容		得分	总评
总结性评价	知识考核（20%）		
	技能考核（20%）		
过程性评价	教师评价（20%）		
项目	学习档案（10%）		
	小组互评（10%）		
	自我评价（10%）		
增值性评价	提升水平（10%）		

巩固提升

巩固提升参考答案

扫码自测　难度指数：★★★

扫码自测　难度指数：★★★★★

扫码自测参考答案　难度指数：★★★

扫码自测参考答案　难度指数：★★★★★

参考文献

[1] 张丽萍，杨建雄. 生物化学简明教程[M]. 5版. 北京：高等教育出版社，2015.
[2] 肖海峻，夏之云. 食品生物化学[M]. 北京：中国农业大学出版社，2020.
[3] 朱圣庚，徐长法. 生物化学[M]. 4版. 北京：高等教育出版社，2017.
[4] 郝涤非. 食品生物化学[M]. 4版. 大连：大连理工大学出版社，2022.
[5] 王永敏，姜华. 生物化学[M]. 2版. 北京：中国轻工业出版社，2021.
[6] 张邦建，崔雨荣. 食品生物化学实训教程[M]. 2版. 北京：科学出版社，2015.
[7] 张春玉，王中华. 生物化学[M]. 北京：化学工业出版社，2017.
[8] 杜克生. 食品生物化学[M]. 2版. 北京：中国轻工业出版社，2017.
[9] 夏红. 食品化学[M]. 3版. 北京：中国农业出版社，2016.
[10] 陈凌. 食品生物化学[M]. 北京：化学工业出版社，2019.
[11] 邵颖，刘洋. 食品生物化学[M]. 北京：中国轻工业出版社，2018.
[12] 刘靖. 食品生物化学[M]. 北京：中国农业出版社，2007.
[13] 江建军. 生物化学[M]. 北京：科学出版社，2011.
[14] 李清秀，张霁. 生物化学[M]. 北京：中国农业出版社，2013.
[15] 赵国华，白卫东，于国萍，等. 食品生物化学[M]. 北京：中国农业大学出版社，2019.